住房和城乡建设领域"十四五"热点培训教材

建设工程消防验收技术手册

李思成　刘同强　丁志敏　主编

U0196656

中国建筑工业出版社

图书在版编目（CIP）数据

建设工程消防验收技术手册／李思成，刘同强，丁
志敏主编. -- 北京：中国建筑工业出版社，2025. 1.（2025.3重印）
（住房和城乡建设领域"十四五"热点培训教材）.
ISBN 978-7-112-30735-7

Ⅰ. TU892

中国国家版本馆 CIP 数据核字第 2024S1U685 号

本手册立足于我国当前消防验收工作的实际需求，紧密结合最新政策和技术规范，系统地阐述了消防验收的详细内容及其对应的方法和依据，很多重要内容还附有图解。手册内容全面，编排精练，实践性强，可供建设单位、建设工程设计、施工、监理、消防技术服务机构和消防审验部门等人员作为工具书参考使用，并可作为消防技术人员的培训教材及相关消防专业的选修课教材。

责任编辑：葛又畅
责任校对：赵　菲

住房和城乡建设领域"十四五"热点培训教材

建设工程消防验收技术手册

李思成　刘同强　丁志敏　主编

*

中国建筑工业出版社出版、发行（北京海淀三里河路9号）

各地新华书店、建筑书店经销

北京红光制版公司制版

建工社（河北）印刷有限公司印刷

*

开本：787毫米×1092毫米　1/16　印张：20¼　字数：501千字

2025年1月第一版　　2025年3月第二次印刷

定价：**80.00**元

ISBN 978-7-112-30735-7

（43966）

《建设工程消防验收技术手册》编委会

主编单位：中国人民警察大学

　　　　　潍坊市住房和城乡建设局

　　　　　山东新科建工消防工程有限公司

参编单位：潍坊昌大建设集团有限公司

　　　　　山东城市建设职业学院

　　　　　山东中泰消防科技有限公司

　　　　　山东鸿辰建筑工程有限公司

　　　　　山东新鸿基建设有限公司

　　　　　济南安平职业培训学校

主　　编：李思成　刘同强　丁志敏

副 主 编：张晓君　张希林　宫海东　房　海

主要编写人员

法 规 组：李楠楠　赵安会　鲍万民　赵福兴　商建康

建 筑 组：危立腾　李建凯　张玉亮　刘　文　苏慧想

给排水组：卢启东　刘　强　陈学森　柴群峰　张　蓁

暖 通 组：侯乐宾　张福全　刘　帅　李东岳　张峻源

电 气 组：王文磊　王俊海　魏　飞　吕建敏　李东峰

序

上古时期，有巢氏教人构木为巢，燧人氏教人钻木取火，华夏文明从此有了赖以生存的基础，后经上百万年的发展传承至今。虽然经历了数不尽的沧海桑田，但"巢"与"火"这两大生存基础却从未改变。然日夜轮转，福祸相依，能助人生存的"巢"与"火"同样也会威胁到人的生命。如何在天道之中找到对人最为有利的平衡点，便是消防要研究的问题。

时至今日，我国脱贫攻坚战取得了全面胜利。但是，必须清醒地认识到一个新的风险，那就是民众手中所能支配的生活资料与生产资料数量越多、品质越高，周围存在的风险源数量就越多，单位空间内的火灾荷载也越大，所以"消防救援"中"防"的重要性更加突出。

党的二十大以来，习近平总书记对坚持高质量发展和高水平安全良性互动、以新安全格局保障新发展格局提出一系列新论断、新举措、新要求。坚持总体国家安全观，以人民安全为宗旨，以政治安全为根本，以经济安全为基础，以军事、文化、社会安全为保障。统筹发展和安全，是我们党治国理政的一个重大原则。

消防安全作为国家安全的重要组成部分，其重要性不言而喻。而消防验收作为消防安全管理的关键环节之一，对于人民生活安全稳定具有极其重要的意义。它不仅关乎人民群众的生命财产安全，更是衡量一个国家社会治理水平和能力的重要标志。消防验收工作的严谨与否直接影响到建筑物的消防安全性能，关系到社会的和谐稳定。因此，加强消防验收工作指导是贯彻落实党中央关于安全与发展重要指导思想的具体体现，是维护国家长治久安的必然要求。

随着我国社会经济的发展和城市化进程加快，高层建筑、大型综合体、地下工程等新型建筑形式层出不穷，这给消防安全管理带来了前所未有的挑战。为适应新形势下的消防安全管理工作需求，国家有关部门及时调整和完善消防验收相关政策，以期提高建筑消防安全水平，保障人民群众生命财产安全。2019 年与 2021 年《中华人民共和国消防法》两次修订和《消防设施通用规范》GB 55036—2022、《建筑防火通用规范》GB 55037—2022两个国家标准的颁布和实施，为消防验收工作提供了更为明确的法律依据和技术支持。这些政策的调整，不仅体现了国家对建筑消防安全的重视，也标志着我国建筑消防安全管理更加科学化、规范化。

消防验收是建设工程投入使用前的最后一道防线，它关乎建筑物的本质安全，是确保消防安全设施正常运行、预防火灾事故发生的关键环节。通过科学严谨的消防验收，我们可以及时发现并整改潜在的设计缺陷与施工质量问题，避免因消防设施不完善、设计不合理等原因导致的火灾事故，从而保障人民群众的生命财产安全，维护社会稳定。

《建设工程消防验收技术手册》一书立足于我国当前消防验收工作的实际需求，紧密结合最新政策和技术规范，系统地阐述了消防验收的详细内容及其对应的方法和依据，很多重要内容还附有图解。本手册中有不少独到的见解，特别是首次提出了"消防审验单元"的概念，并系统梳理了建设工程竣工验收各阶段的相互关系，对于消防验收实践具有重要指导作用。

本手册通过详细解读消防验收相关技术规范标准，为消防验收从业人员提供了涵盖消防验收方方面面的技术指导，有助于提高验收人员的业务水平和服务质量。同时，本手册为建筑设计从业人员提供了宝贵的参考资料，可以帮助设计人员在建筑规划设计过程中更好地把握消防安全设计尺度；为施工过程质量控制人员和竣工验收消防查验人员提供了翔实的技术指南，有助于提高消防施工过程管理能力；亦为消防安全管理人员和消防技术服务人员提供了实用的操作范例，有助于提升建筑消防安全管理水平。

随着我国社会经济的快速发展，超高层、新材料、新造型的建筑越来越多，大型化、智能化、高荷载的厂房、仓库不断涌现，新的消防产品与应用技术层出不穷，消防验收工作将面临更多新的挑战。本手册的出版无疑将为建设工程消防验收实践提供强有力的技术支持，对于推动消防验收工作的规范化、科学化发展起到积极的促进作用。

最后，衷心祝愿《建设工程消防验收技术手册》能成为广大消防工作者、建筑设计人员及消防安全管理人员的良师益友，为我国消防事业的发展贡献力量！

中国人民警察大学

吴立志

前　　言

　　建设工程消防验收是建设工程全生命周期中的一个重要环节，对于保障建设工程消防安全质量具有重要作用。习近平总书记曾指出："安全是发展的前提，发展是安全的保障，安全和发展要同步推进。"消防验收是对建设工程消防施工结果是否符合设计要求的最终确认，是防止建设工程启用之前就出现消防安全"先天不足"隐患的重要手段。为方便建设工程参建各方尽快完成消防验收工作，进一步提高消防验收工作水平，提高消防验收的工作效率，山东省建设工程消防技术服务中心组织相关单位编写了《建设工程消防验收技术手册》（以下简称本手册）。

　　本手册共12个章节，主要介绍了：建设工程竣工验收与消防验收、竣工验收备案之间的逻辑关系；消防验收内容、验收依据、验收流程和验收方法，将评定内容在基础性、通用性和专业性规范之间的不同要求作了对比，甚至延伸到"消防产品"生产标准中以寻求现有施工验收规范中未明确内容；对消防验收中常用检测仪器的应用范围、使用方法进行了图文并茂的详实讲解；首次提出了"消防审验单元"的概念，希望百家争鸣，早日为基层单位消除困惑，规范明晰"消防验收意见书或备案结果通知书"中"建设工程名称"所涵盖的具体内容，既不漏项又不越位。

　　本手册引用最新的标准规范条款，内容全面，编排精练，实践性强，作者均长期从事建设工程验收教学、政策制定、第三方技术服务等工作，具有较丰富的验收政策把握和实践经验。本手册对建设工程消防验收工作具有较好的指导作用，可供建设单位、建设工程设计、施工、监理、消防技术服务机构和消防审验部门等人员作为工具书参考使用，并可作为消防技术人员的培训教材及相关消防专业的选修课教材。

　　由于标准规范的更新速度较快以及本手册所涉及的内容较全面等，书中难免存在不妥之处，恳请广大读者批评指正。

目　　录

第1章 建设工程消防验收及备案

"消防验收"是建设工程全生命周期中一个重要的环节。广义的消防验收是指在施工、交工、竣工各环节，对建设工程涉及的各消防因素是否满足消防法律法规、国家工程建设消防技术标准、消防设计文件等进行检查、测试、验证的过程。按照组织形式共分 5 个层次：施工单位的自查自验；施工过程中由监理单位组织施工及相关单位进行的检查验收；建设单位组织监理、设计、施工等单位的单系统验收；建设单位组织各参建主体参加的竣工验收（含消防查验）；以及在竣工、交工阶段由消防设计审查验收主管部门（以下简称"消防审验部门"）组织的建设单位、设计单位、监理单位、施工单位、消防技术服务机构等参加的现场评定或备案抽查检查。狭义的消防验收是指由消防审验部门组织的特殊建设工程的消防验收以及其他建设工程的备案抽查检查。

根据《中华人民共和国消防法》和《建设工程消防设计审查验收管理暂行规定》（住房和城乡建设部令第 51 号公布、第 58 号修正，以下简称《暂行规定》）的规定，消防审验部门承担建设工程的消防设计审查、消防验收、备案和抽查工作。本手册重点介绍建筑工程的消防验收内容，对于其他类别的建设工程消防验收，在遵守《暂行规定》的前提下，可参照建筑工程的方法并结合自身行业的特点执行。

1.1 建设工程分类及消防审验单元确定

1.1.1 建设工程分类

依据《建设工程分类标准》GB/T 50841—2013，建设工程可按以下标准进行分类：

1. 按自然属性可分为建筑工程、土木工程和机电工程三大类。

2. 按使用功能可分为房屋建筑工程、铁路工程、公路工程、水利工程、市政工程、煤炭矿山工程、水运工程、海洋工程、民航工程、商业与物资工程、农业工程、林业工程、粮食工程、石油天然气工程、海洋石油工程、火电工程、水电工程、核工业工程、建材工程、冶金工程、有色金属工程、石化工程、化工工程、医药工程、机械工程、航天与航空工程、兵器与船舶工程、轻工工程、纺织工程、电子与通信工程和广播电影电视工程共 31 类。

各行业建设工程可按自然属性进行分类和组合。

根据《建设工程分类标准》GB/T 50841—2013，每一大类工程依次可分为工程类别、单项工程、单位工程和分部工程等，基本单元为分部工程。

建设工程是指经批准按照一个总体设计进行施工，经济上实行统一核算，行政上具有独立组织形式实行统一管理的建设工程基本单位，它由一个或若干个内在联系的单位工程组成，为人类生活、生产提供物质技术基础的各类建（构）筑物和工程设施。

单项工程是指具有独立设计文件，能够独立发挥生产能力、使用效益的工程，是建设项目的组成部分，由多个单位工程构成。

单位工程是指具备独立施工条件并能形成独立使用功能的建筑物及构筑物，是单项工程的组成部分，可分为多个分部工程。其在施工前可由建设、监理、施工单位商议确定，并据此收集整理施工技术资料和进行验收。

《暂行规定》和现行《建筑设计防火规范》GB 50016、《住宅设计规范》GB 50096、《民用建筑电气设计标准》GB 51348、《消防设施通用规范》GB 55036、《建筑防火通用规范》GB 55037 等诸多文件和标准规范中均没有提及单位工程的概念，而是多以单体建筑或单体工程的名称出现。本手册认为符合单位工程定义的单体建筑或单体工程即为单位工程。

1.1.2　消防审验单元

消防审验单元是指建设单位办理建设工程消防设计审查、消防验收、消防验收备案和抽查的建设工程基本单位。消防审验单元可以是一个单位工程，可以是单位工程（尤其是大型建设工程）中具有独立使用功能并能正常运行的局部区域，也可以是多个单位工程同时运行才能发挥生产能力和使用效益时组成的单项工程。

对于房屋建筑和市政基础设施工程，从规划办理、施工图设计、建设工程施工许可办理、施工技术资料整理到验收备案、产权办理等环节，均按单位工程组织实施，因此，房屋建筑和市政基础设施工程一般按单位工程为审验单元来进行消防验收。

在对化工生产装置、罐区、堆场等工业项目的消防验收工作中，经常发现消防审验单元的划分不尽合理。此类项目有的以建（构）筑物为主，有的以生产装置为主，不同的行业的项目有不同的特点。建设行业主管部门一般仅对建（构）筑物进行质量监管，涉及生产的装置及配套设备设施的验收应由其行业主管部门负责。不少建设单位申报消防审验时，仅将特殊建设工程中的建（构）筑物进行申报，与消防相关的必要设备、设施未纳入，并且消防审验现有的评定规则、申报文书等也缺少相关内容。但是，通常该类工程中某些关键的生产或储存装置，加上配套的管理、控制、道路、建（构）筑物等设施组合的整体才能成为特殊建设工程。如仅对建（构）筑物进行审验，实际上不符合特殊建设工程的规定，同时也失去了对特殊建设工程进行消防审验的本义。如何准确而又合理地将"消防验收意见书或备案结果通知书"中的"建设工程名称"所涵盖的具体内容完全体现，既不漏项又不越位就显得极为重要。如加油站工程，通常由站房、加油机罩棚、油罐等组成，站房、加油机罩棚等作为独立的单位工程均不属于《暂行规定》第十四条所规定的特殊建设工程，站房、加油机罩棚、油罐等单位工程组合在一起形成的加油站单项工程才属于《暂行规定》第十四条所规定的特殊建设工程，因此，加油站应按单项工程作为一个审验单元进行申报，罐区、堆场、单（多）装置的化工生产建设项目等工程与加油站类似。

此类建设工程消防审验单元，应根据工程的重要性和火灾危险性以及《暂行规定》第十四条所规定的特殊建设工程范围，在满足设计使用功能的基础上综合确定。与建筑关联的生产、运输设备及配套设施是否包含在特殊建设工程范围内，其应在设计中即予以明确。

同理，该类工程消防验收时，通常无常规性范本，应针对不同类别工程的特点，有针对性地确定消防查验及验收评定的方法和具体内容。

1.1.3　建设工程竣工验收阶段各环节流程

建设工程竣工验收阶段是指从工程施工完成、组织竣工验收到竣工验收备案的过程，是对前期施工工作成果的全面检验，是至关重要的阶段，具体环节包含工程竣工验收（其中包括竣工验收消防查验）、消防验收（消防验收备案抽查）、建设工程竣工验收备案。

一直以来，建设工程尤其是房屋建筑和市政基础设施工程，消防验收与工程竣工验收的先后次序存在争议，一种观点认为应先进行消防验收再组织工程竣工验收，另一种观点认为应先进行工程竣工验收再组织消防验收。本手册以房屋建筑工程为例，将建设工程竣工验收阶段各环节关系进行梳理，详见表 1.1-1。

表 1.1-1　建设工程竣工验收阶段各环节关系

建设工程竣工验收阶段进度环节				前置条件	时间节点
建设工程竣工验收 竣工验收消防查验				工程竣工并调试完毕	竣工验收同时进行消防查验
建设工程消防验收/备案	特殊建设工程			消防查验合格、竣工验收合格	竣工验收后，竣工验收备案前
	其他建设工程	一般项目	备案（承诺制）		竣工验收合格之日起 5 个工作日内，备案时按比例抽查，具体按各地相关规定执行
			备案		
		重点项目	备案		
竣工验收备案				其他建设工程竣工验收合格	竣工验收合格之日起 15 日内
				特殊建设工程消防验收合格	

一、建设工程竣工验收

建设工程竣工验收是建设工程质量在施工单位自行检查合格的基础上，由建设单位组织工程建设勘察、设计、监理、施工等相关单位参加，对工程的质量进行抽样检验，对技术文件进行审核，并根据设计文件和相关标准以书面形式对工程质量是否达到合格作出确认的活动。对于房屋建筑和市政基础设施工程，竣工验收时应报请工程质量监督机构对验收进行监督。

根据住房和城乡建设部出台的《房屋建筑和市政基础设施工程竣工验收规定》（建质〔2013〕171 号）第五条的规定，工程符合下列要求方可进行竣工验收：

（一）完成工程设计和合同约定的各项内容。

（二）施工单位在工程完工后对工程质量进行了检查，确认工程质量符合有关法律、法规和工程建设强制性标准，符合设计文件及合同要求，并提出工程竣工报告。工程竣工报告应经项目经理和施工单位有关负责人审核签字。

（三）对于委托监理的工程项目，监理单位对工程进行了质量评估，具有完整的监理资料，并提出工程质量评估报告。工程质量评估报告应经总监理工程师和监理单位有关负责人审核签字。

（四）勘察、设计单位对勘察、设计文件及施工过程中由设计单位签署的设计变更通知书进行了检查，并提出质量检查报告。质量检查报告应经该项目勘察、设计负责人和勘察、设计单位有关负责人审核签字。

（五）有完整的技术档案和施工管理资料。

（六）有工程使用的主要建筑材料、建筑构配件和设备的进场试验报告，以及工程质量检测和功能性试验资料。

（七）建设单位已按合同约定支付工程款。

（八）有施工单位签署的工程质量保修书。

（九）对于住宅工程，进行分户验收并验收合格，建设单位按户出具《住宅工程质量分户验收表》。

（十）建设主管部门及工程质量监督机构责令整改的问题全部整改完毕。

（十一）法律、法规规定的其他条件。

注意：该规定并未把消防验收列为竣工验收的前置条件。

二、建设工程竣工验收消防查验

建设工程竣工验收消防查验是指建设工程施工完成并符合现行《建筑工程施工质量验收统一标准》GB 50300 等国家工程建设标准规定后，建设单位组织竣工验收时将工程消防内容一并纳入竣工验收中，具体由建设单位组织设计、施工、工程监理、技术服务等单位参加，依据消防法律法规、经审查合格的消防设计文件、消防设计审查意见、特殊消防设计专家评审意见和涉及消防的建设工程竣工图纸等文件，对工程消防设计和合同约定内容的完成情况、工程消防技术档案和施工管理资料的完整性、工程消防质量、消防设施性能、联调联试消防设施的系统功能等进行专项检查的活动。消防查验是对消防工程能否满足设计要求的全面检验。

依据《暂行规定》第二十八条，建设单位组织竣工验收时，应当对建设工程是否符合下列要求进行查验：

（一）完成工程消防设计和合同约定的消防各项内容；

（二）有完整的工程消防技术档案和施工管理资料（含涉及消防的建筑材料、建筑构配件和设备的进场试验报告）；

（三）建设单位对工程涉及消防的各分部分项工程验收合格；施工、设计、工程监理、技术服务等单位确认工程消防质量符合有关标准；

（四）消防设施性能、系统功能联调联试等内容检测合格。

根据此条规定可知，消防查验应在工程竣工验收时同步完成。消防查验合格是编制竣工验收报告的前提，查验报告为工程竣工验收报告的附件。消防查验不合格的，建设单位不得编制工程竣工验收报告。

《暂行规定》第八条：建设单位依法对建设工程消防设计、施工质量负首要责任。设计、施工、工程监理、技术服务等单位依法对建设工程消防设计、施工质量负主体责任。建设、设计、施工、工程监理、技术服务等单位的从业人员依法对建设工程消防设计、施工质量承担相应的个人责任。

消防查验是各责任主体是否尽职履责的重要体现，各责任主体应详细查验，把好消防工程的质量关口，不能本末倒置依赖于消防审验部门以查促改。

三、建设工程消防验收

建设工程消防验收，是指按照国家工程建设消防技术标准进行消防设计的建设工程竣工验收后，消防审验主管部门根据建设单位的申请，在申请材料的形式与内容均审核无误后，按照有关法律法规，经审查合格的消防设计文件和涉及消防的建设工程竣工图纸、消防设计审查意见，对建筑物防（灭）火设施的外观进行现场抽样查看；通过专业仪器设备对涉及距离、高度、宽度、长度、面积、厚度等可测量的指标进行现场抽样测量；对消防设施的功能进行抽样测试、联调联试消防设施的系统功能等，对建设工程的消防状况进行现场评定，确认其消防安全条件在现场评定时是否满足合格标准，并作出行政许可的行为。

《暂行规定》第二十七条：对特殊建设工程实行消防验收制度。

特殊建设工程竣工验收后，建设单位应当向消防设计审查验收主管部门申请消防验收；未经消防验收或者消防验收不合格的，禁止投入使用。

现场评定判定合格，发放消防验收合格意见书；现场评定判定不合格，发放不合格意见书。

四、其他建设工程消防验收备案

消防验收备案，是指建设单位组织竣工验收合格后，在规定的期限内，将满足要求的备案材料报送消防审验部门进行备案。

消防验收备案抽查，是指主管部门在备案材料形式审核无误后，按照规定的比例进行抽查。对未被抽中的，直接出具建设工程消防验收备案凭证，备案完毕；对被抽中的，由消防审验部门进行现场检查，检查合格的，发放建设工程消防验收备案抽查结果通知书，备案完毕；检查不合格的，发放建设工程消防验收备案抽查结果通知书，建设单位应当立即停止使用相关建筑物并进行整改，整改完成后提交备案抽查复查申请表，申请复查。复查时不仅应当检查整改的内容，亦应检查其他原合格内容是否因整改而受到不利影响。

依据《暂行规定》第三十四条，对其他建设工程实行备案抽查制度，分类管理。第三十六条，其他建设工程竣工验收合格之日起五个工作日内，建设单位应当报消防设计审查验收主管部门备案。

其他建设工程消防验收备案，分为一般项目和重点项目。一般项目可采用告知承诺制的方式申请备案，消防审验部门依据承诺书出具备案凭证。消防审验部门应当加强对重点项目的抽查。

五、房屋建筑和市政基础设施工程竣工验收备案

建设工程竣工验收备案是工程建设的最终环节，对于房屋建筑和市政基础设施工程而言，竣工验收备案完成意味着工程建设阶段程序上的全面完成。

《房屋建筑和市政基础设施工程竣工验收规定》第九条：建设单位应当自工程竣工验收合格之日起 15 日内，依照《房屋建筑和市政基础设施工程竣工验收备案管理办法》（住房和城乡建设部令第 2 号，以下简称《备案管理办法》）的规定，向工程所在地的县级以上地方人民政府建设主管部门备案。

《备案管理办法》第五条：建设单位办理工程竣工验收备案应当提交下列文件：

（一）工程竣工验收备案表；

（二）工程竣工验收报告。竣工验收报告应当包括工程报建日期，施工许可证号，施工图设计文件审查意见，勘察、设计、施工、工程监理等单位分别签署的质量合格文件及验收人员签署的竣工验收原始文件，市政基础设施的有关质量检测和功能性试验资料以及备案机关认为需要提供的有关资料；

（三）法律、行政法规规定应当由规划、环保等部门出具的认可文件或者准许使用文件；

（四）法律规定应当由公安消防部门出具的对大型的人员密集场所和其他特殊建设工程验收合格的证明文件；

（五）施工单位签署的工程质量保修书；

（六）法规、规章规定必须提供的其他文件。

住宅工程还应当提交《住宅质量保证书》和《住宅使用说明书》。

根据《备案管理办法》的要求，对"大型的人员密集场所和其他特殊建设工程"，竣工验收备案时应提供消防验收合格证明文件。但由于目前并没有相应的标准界定何为大型人员密集场所，而且特殊建设工程的范围中已包括规模较大的人员密集场所，因此，本办法中的"大型的人员密集场所和其他特殊建设工程"可认为是现行消防法律法规中的特殊建设工程。

对于特殊建设工程，消防验收合格是工程竣工验收备案的前置条件。

对于其他建设工程，工程竣工验收备案时未明确要求提供消防验收备案材料。

注意：建设工程竣工验收与竣工验收备案通常由建设工程质量监督机构和备案机关分别进行监管，从建设程序上来说是两个不同的环节。

六、竣工验收、竣工验收消防查验、消防验收及备案、竣工验收备案次序

综上可知，建设工程竣工后，首先由建设单位组织各方责任主体进行竣工验收，竣工验收的同时进行消防查验。

对于特殊建设工程，竣工验收后申报消防验收，消防验收合格以后，根据《备案管理办法》的规定，工程竣工验收合格之日起15日内办理工程竣工验收备案。

对于其他建设工程应当在竣工验收合格之日起五个工作日内，报消防审验部门备案。工程竣工验收合格之日起15日内办理工程竣工验收备案。二者之间的先后顺序，现有法律法规规章及规范性文件并没有具体规定。根据对特殊建设工程竣工验收备案管理规定的理解，本手册认为，消防验收备案也应在工程竣工验收备案前完成，见图1.1-1。

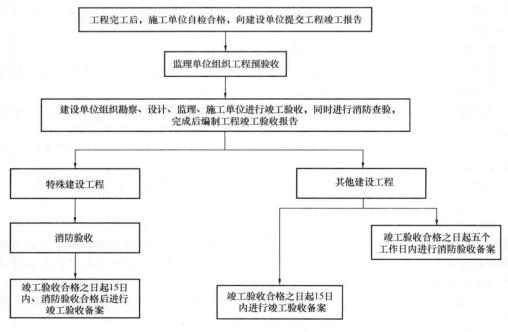

图 1.1-1 竣工验收阶段流程图

1.2　建设工程消防验收及备案流程

1.2.1　消防验收与备案流程

消防验收的具体流程，本手册以流程图的形式进行说明。

一、特殊建设工程消防验收流程（图 1.2-1）

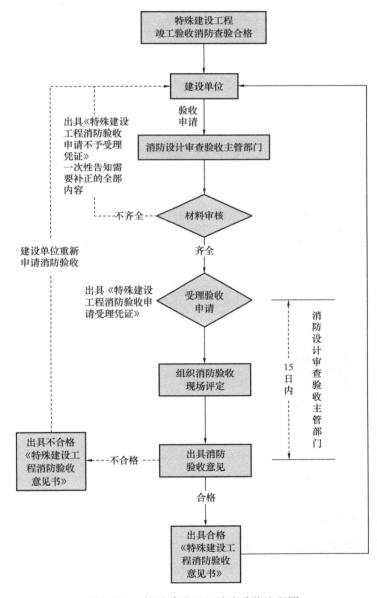

图 1.2-1　特殊建设工程消防验收流程图

二、其他建设工程消防验收备案流程（图 1.2-2）

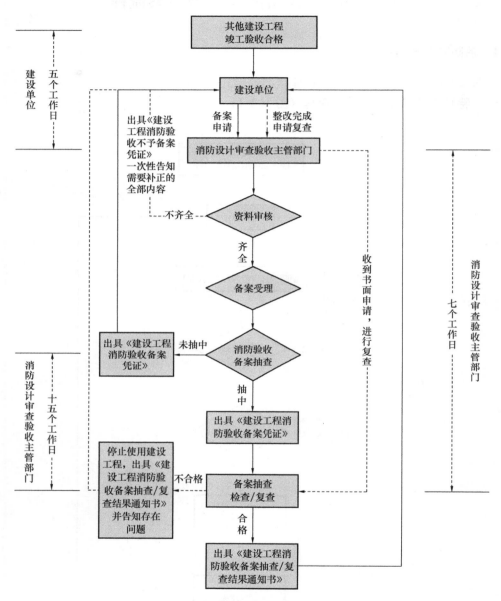

图 1.2-2　其他建设工程消防验收备案流程图

1.2.2　建设工程竣工验收消防查验

一、消防查验应具备的基本条件

查验时，建筑工程除满足《房屋建筑和市政基础设施工程竣工验收规定》（建质〔2013〕171 号）第五条的规定外，尚应具备以下条件：

1. 满足设计要求的水源、电源已接通。

2. 消防车道、项目的出入口已与市政道路连通，能够满足消防车通行。

应当注意的是对房屋建筑工程来说，消防验收与工程竣工验收的范围往往有所差别。在项目实际实施过程中，单位工程的设计施工图纸仅包含本单位工程的相关内容，而且工程的发包往往以单位工程作为发包标的物，其他室外配套设施如消防车道、登高场地、室外水电管路敷设、消防水池、泵房、消防水箱与稳压设施等可能不在本单位工程的设计施工图纸范围内，因此，该部分工程施工内容不属于总包单位施工范围。这样很容易形成单位工程、室外配套等由不同的施工单位、不同的时间节点完成的情况。单位工程与室外相关配套设施全部完成才能具备消防验收条件。此外，共用已建成的公共消防设施不满足现行消防规范的要求时，如消防水泵的启动方式、消防水泵控制柜机械应急启动装置或防护等级等，须由建设单位统筹协调，做好改造施工和过程管理。

二、消防查验报告的内容与要求

建设工程竣工验收消防查验报告应由以下基本内容组成：

1. 工程概况。

2. 组织与形式，包括查验组成人员、查验程序等。

3. 建设工程的各分部、分项工程的查验检查表。

4. 工程技术档案和施工管理资料。

5. 涉及消防的建筑材料、建筑构配件、设备的常规见证取样报告和性能测试报告等，涉及的消防产品强制性产品认证报告。

6. 消防工程竣工验收报告（各消防内容施工主体分别对应各自施工范围填写）。

7. 消防工程设计质量检查报告（包括施工图、装饰装修等其他专项设计单位）。

8. 消防工程质量评估报告（监理单位）。

9. 体现消防设施性能、系统功能联调联试的检测报告（可由建设单位自身或技术服务机构出具）。

10. 其他行业类别的建设工程的消防查验报告，应根据各行业特点执行行业主管部门的规定，没有具体要求的可以参照以上要求执行。

查验报告的内容应齐全、完整，语言简练，字迹清楚，意见结论应清晰、明确。查验报告是建设单位实施消防查验的结果汇总，作为工程竣工验收报告的附件，在申请消防验收或备案时向消防审验部门一并提交，查验报告是消防审验部门实施消防验收现场评定的重要依据。

1.2.3　建设工程消防验收和消防验收备案申请

一、一般规定

建设工程的消防验收和消防验收备案，应由建设单位向消防审验部门提出申请，消防审验部门受理后，进行消防验收现场评定和备案抽查。

《暂行规定》第二十九条：建设单位申请消防验收，应当提交下列材料：

（一）消防验收申请表；

（二）工程竣工验收报告；

（三）涉及消防的建设工程竣工图纸。

消防设计审查验收主管部门收到建设单位提交的消防验收申请后，对申请材料齐全的，应当出具受理凭证；申请材料不齐全的，应当一次性告知需要补正的全部内容。

第三十六条：其他建设工程竣工验收合格之日起五个工作日内，建设单位应当报消防设计审查验收主管部门备案。

建设单位办理备案，应当提交下列材料：

（一）消防验收备案表；

（二）工程竣工验收报告；

（三）涉及消防的建设工程竣工图纸。

二、材料要求

（一）消防验收申请表（消防验收备案表）填写

消防验收申请表（消防验收备案表）应按照《建设工程消防设计审查验收工作细则》中规定的"特殊建设工程消防验收申请表和建设工程消防验收备案表"文书样式执行。申请表内容信息应齐全、完整。

"特殊建设工程消防验收申请表和建设工程消防验收备案表"有"建筑工程施工许可证号、批准开工报告编号或证明文件编号（依法需办理的）"一栏，此栏应填写施工许可证号。

对于限额以上的建筑工程，根据《中华人民共和国建筑法》和《建筑工程施工许可管理办法》（住房和城乡建设部令第52号）的规定，建设单位应向工程所在地的县级以上地方人民政府住房城乡建设主管部门申请领取施工许可证。这里限额以上工程是指两层（不含两层）以上以及其他建设工程投资额在30万元以上或者建筑面积在300m²以上的建筑工程。目前，不少省市对于限额的标准进行了提高，各地应参照属地规定执行。

对于限额以下的建筑工程管理住房和城乡建设部无统一规定。山东省曾出台《山东省房屋建筑和市政工程质量监督管理办法》，其中，限额以下小型工程，建设单位和个人应当在开工前持规划许可证、施工图、施工方案报县级人民政府住房城乡建设主管部门备案。其他各地应根据属地的规定和要求执行。

申请消防验收备案的建设工程，依法应办理施工许可（限额以上）或备案（限额以下）而未办理的，消防验收申请表和备案表该项信息无法填写完整，消防审验部门可能会因此不予办理。

目前消防审验部门只负责消防验收和备案抽查，消防验收主要侧重于验收时建筑防火性能和消防设施的功能检验，施工过程监管由住房城乡建设主管部门负责。根据《暂行规定》，施工许可不作为消防验收和备案的前置条件，但从社会普遍情况来看，未办理施工许可、没有过程监管的工程，施工质量水平普遍不高，质量难以保证。虽然消防验收时可能暂时实现了性能、功能要求，但设施的耐久性难以保证，影响建筑物的消防安全。近几年发生的消防火灾事故，如浙江武义伟嘉利工贸公司"4·17"重大火灾事故、河南安阳凯信达商贸有限公司"11·21"特大火灾事故、吉林长春市李氏婚纱梦想城"7·24"重大火灾事故、山西太原台骀山滑世界农林生态游乐园有限公司冰雕馆"10·1"重大火灾事故中，均存在未办理施工许可、违法建设的情况。因此，对未依法办理施工许可、无过程监管的项目，首先确认工程质量能够满足安全要求，并依法依规处理后再申报消防验收或办理消防验收备案是非常有必要的，这有利于保证建筑物的消防安全，也有利于减少消防审验主管部门的风险。

结合实际情况，近几年其他建设工程消防备案抽查检查一次合格率普遍不高。对于未抽中的其他建设工程的消防施工质量状况可想而知，因此，仅靠各方参建单位的自我约束很难达到合格水平。另外，对于其他建设工程，消防方面的法律法规仅能对其备不备案进行处罚；对于检查不合格的项目，除要求停止使用外，无其他处罚措施。为保证工程消防质量安全，消防验收备案前加强过程监管或对是否具备备案条件进行核查也是有必要的。

房屋建筑和市政基础设施工程之外的其他行业的建设工程，应依照其本行业管理相关规定执行。

（二）工程竣工验收报告

工程竣工验收报告应由建设单位编制。报告的内容、格式应符合竣工验收相关规定，能够全面、真实反映工程的实际情况。竣工验收消防查验报告应作为竣工验收报告的附件。

（三）竣工图纸编制

建设工程竣工图纸，是工程竣工验收后真实反映建设工程项目施工结果的图样及说明。竣工图的编制应由建设单位负责，也可委托设计、监理、施工单位进行。

涉及消防的建设工程竣工图纸的形式和深度，应参照《国家基本建设委员会关于编制基本建设工程竣工图的几项暂行规定》执行，根据形式和深度不同分如下几类：

1. 凡按图施工没有变动的，可由施工单位在通过消防设计审查的原施工图上加盖"竣工图"标志后，即作为竣工图。

2. 施工过程中，发生一般性设计变更，但能将原施工图加以修改补充作为竣工图的，可不重新绘制，由施工单位负责在原施工图（蓝图）上注明修改的部分，并附以设计变更通知单和施工说明，加盖"竣工图"标志后，即作为竣工图。

3. 当图纸变更内容较多时，不宜再在原施工图上修改、补充者，应重新绘制改变后的竣工图。重新绘制的竣工图比例应与原施工图一致，利用电子版施工图改绘的竣工图设计图签中应有原设计单位人员签字。

竣工图要保证图纸质量，做到规格统一，图面整洁，字迹清楚。不得用圆珠笔或其他易于褪色的墨水绘制。竣工图要经承担施工的技术负责人审核签认。"竣工图章"应按照《建设工程文件归档规范》GB/T 50328—2014（2019 年版）的要求制作。

应当特别注意的是，根据《暂行规定》第二十六条"建设、设计、施工单位不得擅自修改经审查合格的消防设计文件。确需修改的，建设单位应当依照本规定重新申请消防设计审查"，也就是说，应按照审查通过的图纸进行施工；确需修改的，建设单位应当依照《暂行规定》的要求重新申请消防设计审查。在存在设计变更的情况下，建设单位在图审图纸上直接加盖"竣工图章"作为竣工图提报验收，这种做法显然是不符合要求的。有设计变更时，除应对设计变更重新提交审查外，尚应按照竣工图编制的要求在竣工图上标出或重新绘制竣工图，竣工图纸必须与经审查合格的消防设计文件相符，并与现场一致，建设单位应对竣工图真实性、一致性负责。

1.2.4　特殊建设工程消防验收申请受理

消防审验部门收到建设单位提交的特殊建设工程消防验收申请后，符合下列条件的，应当予以受理；不符合其中任意一项的，应当一次性告知需要补正的全部内容：

1. 特殊建设工程消防验收申请表信息齐全、完整。

2. 有符合相关规定的工程竣工验收报告，且竣工验收消防查验内容完整、符合要求。

3. 涉及消防的建设工程竣工图纸与经审查合格的消防设计文件相符。

消防审验部门应严格按照《暂行规定》规定的内容要求，不得随意要求增加或减少申报材料。消防审验部门应当自受理消防验收申请之日起十五日内出具消防验收意见。

消防审验部门对建设单位提交的特殊建设工程消防验收申报材料进行审查，审查包括形式审查和内容审查，受理窗口对形式审查一般能够即时完成，但对内容审查需要核对消防设计文件及图纸，难以即时完成。根据规定，当形式审查和内容审查均通过后，申请才可以被受理。因此，特殊建设工程消防验收的申请受理并不适合被设置为"即办件"。

1.2.5 其他建设工程消防验收备案受理

对于其他建设工程，消防审验部门收到建设单位的备案材料后，符合下列条件的，应当出具备案凭证；不符合其中任意一项的，应当一次性告知需要补正的全部内容：

1. 消防验收备案表信息完整。

2. 具有工程竣工报告。

3. 具有涉及消防的建设工程竣工图纸。

属于省、自治区、直辖市人民政府住房城乡建设主管部门公布的其他建设工程分类管理目录清单中一般项目的，可以采用告知承诺制的方式申请备案。省、自治区、直辖市人民政府住房城乡建设主管部门应当公布告知承诺的内容要求，包括建设工程设计和施工时间、国家工程建设消防技术标准的执行情况、竣工验收消防查验情况以及需要履行的法律责任等。

建设单位采用告知承诺制的方式申请备案的，消防审验部门收到建设单位提交的消防验收备案表信息完整、告知承诺书符合要求，应当依据承诺书出具备案凭证。消防审验部门应当对申请备案的重点项目适当提高抽取比例，具体由省、自治区、直辖市人民政府住房城乡建设主管部门制定。

对被确定为检查对象的其他建设工程，应当按照建设工程消防验收有关规定，检查建设单位提交的工程竣工验收报告的编制是否符合相关规定，竣工验收消防查验内容是否完整、符合要求。其他建设工程被确定为检查对象之日起十五个工作日内，消防审验部门按照建设工程消防验收有关规定完成检查，制作检查记录。检查结果应当通知建设单位，并向社会公示。

备案抽查的现场检查应当依据涉及消防的建设工程竣工图纸、国家工程建设消防技术标准和建设工程消防验收现场评定有关规定进行。

对于现场检查不合格的，建设单位收到检查不合格整改通知后，应当停止使用建设工程，并组织整改，整改完成后，向消防审验部门申请复查。消防审验部门应当自收到书面申请之日起七个工作日内进行复查，并出具复查意见。建设工程复查合格后方可使用。

1.2.6 建设工程消防验收现场评定

一、消防验收的组织形式

与消防竣工验收查验由建设单位负责不同，消防验收的主体是消防审验部门。根据

《中华人民共和国消防法》第十三条的规定，"依法应当进行消防验收的建设工程，未经消防验收或者消防验收不合格的，禁止投入使用；其他建设工程经依法抽查不合格的，应当停止使用"。建设工程消防验收是一项行政许可事项，消防备案不属于行政许可，是其他事项，抽中的检查属于行政检查、行政确认，不属于行政许可事项。从法律法规的规定来看，其他建设工程只需竣工验收后到消防审验部门备案即可。

二、消防验收现场评定

特殊建设工程消防验收现场评定和其他建设工程消防验收备案抽查由消防审验部门负责组织，现场评定的内容是基本一致的。其他建设工程备案抽查的现场检查应参照建设工程消防验收现场评定有关规定进行。

（一）验收评定准备

1. 组建消防验收评定小组，确定现场评定负责人，根据工程的具体情况，对验收评定小组各评定人员进行系统分工。

2. 验收评定人员应预先查阅验收工程的设计图纸和审核意见书，对报验工程进行初步了解，梳理关键要素，制定验收方案。

3. 提前通知建设单位现场评定时间、参加单位人员以及需要准备的资料、工具等。

（二）现场评定

1. 评定流程

（1）召开首次会议。依据《山东省建设工程消防设计审查验收实施细则》第十一条，"消防审验主管部门开展特殊建设工程消防验收时，建设、设计、施工、工程监理、技术服务等单位应当予以配合"，因此，首次会议参会人员应由消防审验主管部门验收人员或技术服务机构验收人员（由住建主管部门聘请技术服务机构进行现场评定的）、消防工程各参建单位项目负责人（查验组成人员）参加，由主管部门验收人员主持召开。首次会议对于验收工作能否顺利完成非常重要。

参建单位根据各自职责分别介绍工程情况，建设单位介绍工程概况和查验情况，监理单位介绍工程监理情况，设计单位介绍消防工程设计及参加消防查验的情况，施工单位介绍工程施工和调试情况，技术服务机构介绍设施检测等服务情况。重点汇报内容如下：

1）建设单位、设计单位：介绍工程设计基本情况与完成情况，内容包括建筑名称、建筑高度、结构类型、建筑层数（地上、地下）、各层建筑面积、使用功能（如果有两种以上使用功能如含有住宅、客房、底商、汽车库、自行车库、库房、办公、人防、商场、餐饮、娱乐等应分别说明位置、建筑面积、功能定位等情况）、各层或各功能区防火分区的划分及分隔、疏散通道及出口的设置、室外消防通道及室外消火栓配置及位置、室内消防设施的配置情况、施工单位及分别的施工范围等。

2）施工单位：介绍施工资质等级是否与工程规模匹配及各自施工范围的调试、查验、试运行情况（分别介绍消火栓、自动喷水灭火、火灾自动报警、防排烟、应急照明和疏散指示、可燃气体报警、电气火灾监控、防火门监控、消防电源监控、灭火器配置、气体灭火等各类灭火设施、消防水池、消防水箱、防火门、防火窗、防火卷帘、消防电梯、防火封堵、钢结构、木结构、混凝土、电缆等防火涂料、装修材料使用情况等）。

汇报完毕后，验收人员可以进一步询问，对各要点梳理清楚后，按照"先宏观、后微观，先合后分再汇总"的方式，进行现场评定工作。

（2）工程现场查看、测量、测试。查看建筑物防（灭）火设施的外观；测量涉及距离、高度、宽度、长度、面积、厚度等可测量的指标；测试消防设施性能、消防系统功能；查看建筑内部外部装饰装修对消防设施、疏散设施、灭火救援等的影响等。

（3）结合现场验收情况，查阅有关验收的竣工验收资料；审阅各参建单位提供的消防技术档案，施工管理资料和应用的消防产品的强制性认证报告，装饰装修材料、内外保温材料等建筑材料、建筑构配件和设备的见证取样报告等。

（4）召开末次会议。现场验收完毕，验收小组汇总验收情况，根据验收情况进行反馈。

2. 评定内容

消防验收现场评定应当依据消防法律法规、经审查合格的消防设计文件和涉及消防的建设工程竣工图纸、消防设计审查意见，对建筑物防（灭）火设施的外观进行现场抽样查看；通过专业仪器设备对涉及距离、高度、宽度、长度、面积、厚度等可测量的指标进行现场抽样测量；对消防设施的功能进行抽样测试、联调联试消防设施的系统功能等。必要时可邀请消防救援部门协助测试消防车道、消防车登高操作场地等涉及消防救援的事项。

现场评定人员应如实填写《特殊建设工程消防验收记录表》和《建设工程消防验收/备案抽查现场评定记录表》，委托技术服务机构开展特殊建设工程消防验收的，《建设工程消防验收/备案抽查现场评定记录表》由技术服务机构填写。技术服务机构开展消防验收现场评定，应将技术服务合同或技术服务委托书、现场评定参与人员名单、现场评定全过程影像记录等资料与消防验收现场评定记录表一并归档。

现场评定具体项目包括：

（1）建筑类别与耐火等级。

（2）总平面布局，应当包括防火间距、消防车道、消防车登高面、消防车登高操作场地等项目。

（3）平面布置，应当包括消防控制室、消防水泵房等建设工程消防用房的布置，国家工程建设消防技术标准中有位置要求场所（如儿童活动场所、展览厅等）的设置位置等项目。

（4）建筑外墙、屋面保温和建筑外墙装饰。

（5）建筑内部装修防火，应当包括装修情况，纺织织物、木质材料、高分子合成材料、复合材料及其他材料的防火性能，用电装置发热情况和周围材料的燃烧性能和防火隔热、散热措施，对消防设施的影响，对疏散设施的影响等项目。

（6）防火分隔，应当包括防火分区，防火墙，防火门、窗，竖向管道井、其他有防火分隔要求的部位等项目。

（7）防爆，应当包括泄压设施，以及防静电、防积聚、防流散等措施。

（8）安全疏散，应当包括安全出口、疏散门、疏散走道、避难层（间）、消防应急照明和疏散指示标志等项目。

（9）消防电梯。

（10）消火栓系统，应当包括供水水源、消防水池、消防水泵、管网、室内外消火栓、系统功能等项目。

（11）自动喷水灭火系统，应当包括供水水源、消防水池、消防水泵、报警阀组、喷头、系统功能等项目。

（12）火灾自动报警系统，应当包括系统形式、火灾探测器的报警功能、系统功能，以及火灾报警控制器、联动设备和消防控制室图形显示装置等项目。

（13）防排烟系统及通风、空调系统防火，应当包括系统设置、排烟风机、管道、系统功能等项目。

（14）消防电气，应当包括消防电源、柴油发电机房、变配电房、消防配电、用电设施等项目。

（15）建筑灭火器，应当包括种类、数量、配置、布置等项目。

（16）泡沫灭火系统，应当包括泡沫灭火系统防护区，以及泡沫比例混合、泡沫发生装置等项目。

（17）气体灭火系统功能。

（18）经审查合格的消防设计文件中包含的其他国家工程建设消防技术标准强制性条文规定的项目，以及带有"严禁""必须""应""不应""不得"要求的非强制性条文规定的项目。

（19）按照相关规定组织的建设工程消防专题研究（论证）、建筑高度大于 250m 的民用建筑的防火设计加强性措施专题研究论证、特殊消防设计专家评审意见所涉及的内容。

3. 评定方法

本手册以《山东省建设工程消防验收技术导则》中的消防现场评定方法，对具体现场验收评定进行说明。

首先把消防系统工程验收内容进行分类，根据各消防要素不同的性质、特点，分为子项、单项。子项是指组成防火设施、灭火系统或使用性能、功能单一的涉及消防安全的项目。单项是指由若干使用性质或功能相近的子项组成并涉及消防安全的项目，如建筑内部装修防火，防火防烟分隔、防爆，火灾自动报警系统，防排烟系统等。现场抽样检查及功能测试应按照先子项评定、后单项评定的程序进行。子项评定结果决定了单项评定结果，单项评定结果和资料审查结果的综合评定是建设工程消防验收的结论。

（1）将消防现场评定子项按其影响消防安全的重要程度分为 A、B、C 三类，分类标准如下：

1）A 类是指国家工程建设消防技术标准强制性条文规定的内容；

2）B 类是指国家工程建设消防技术标准中带有"严禁""必须""应""不应""不得"要求的非强制性条文规定的内容；

3）C 类是指国家工程建设消防技术标准中除 A 类及 B 类以外的其他非强制性条文规定的内容。

（2）现场抽样查看、测量、设施及系统功能测试应符合下列要求：

1）抽样基本原则：抽样的防火分区（楼层）、部位、设备设施等必须具有典型性和代表性，如保证首层、顶层、地下层、避难层（间）、消防设备机房以及人员密集场所、易燃易爆场所及公共娱乐场所所在部位，标准层尽量选择代表性楼层，如消防水系统压力分区转换层、功能多的楼层或设有大型会议室、宴会厅、歌舞娱乐放映游艺场所的楼层等；

2）每一子项的抽样数量不少于 2 处，当总数不大于 2 处时，全部检查；当抽样数量不少于 2 处时，宜按照不同楼层或不同防火分区选取；

3）防火间距、消防车登高操作场地、消防车道的设置及安全出口的形式和数量应全部检查；

4）抽查中若发现 B 类子项 1 处不合格的，应再抽查不少于 2 处，不足 2 处的全部抽查；抽查中若发现 C 类子项 1 处不合格的，应再抽查不少于 2 处，不足 2 处的全部抽查；

5）子项的检查内容涉及消防产品的，应核查产品质量证明文件，属强制性认证产品范围的，应核查其强制认证证书和强制认证标识。

（3）消防验收现场评定子项结论的判定应符合下列要求：

1）子项内容符合消防技术标准和经消防设计审查合格的消防设计文件要求；

2）有距离、高度、宽度、长度、面积、厚度等要求的内容，其与设计图纸标示的数值误差满足国家工程建设消防技术标准的要求；国家工程建设消防技术标准没有数值误差要求的，误差应不超过 5％，且不影响正常使用功能和消防安全；

3）子项抽查中，A 类项抽查到 1 处不合格的，该项评定为不合格；B 类项抽查到 1 处不合格，应再抽查不少于 2 处，不足 2 处的全部抽查；再抽查到 1 处及以上不合格的，或无再抽查样本的，该项评定为不合格；C 类项抽查到 1 处不合格，应再抽查 2 处；应再抽查到 2 处及以上不合格的，或无再抽查样本的，该项评定为不合格；其中，已经全数检查的，如能够现场完成整改，则该项评定更改为合格；

4）抽查的消防产品与其产品质量证明文件不一致的，评定为不合格；

5）子项名称为系统功能的，系统主要功能满足设计文件要求并能正常实现的，评定为合格；

6）未按照消防设计文件施工建设，造成子项内容缺少或与设计文件严重不符、影响建设工程消防安全功能实现的，评定为不合格。

4. 评定结论判定

（1）单项合格判定标准

消防验收现场评定所有的子项结论为合格，且符合下列条件的，单项结论为合格，否则单项结论为不合格：

1）现场评定发现 A 类不合格项为 0 处；

2）现场评定发现 B 类不合格项数量累计不大于 4 处，并由责任主体单位提供在 5 日内完成整改的承诺书（就不合格项所反映的系列问题进行检查整改）；

3）现场评定发现 C 类不合格项数量累计不大于 8 处，并由责任主体单位提供在 5 日内完成整改的承诺书（就不合格项所反映的系列问题进行检查整改）。

（2）消防验收现场评定合格标准

消防验收现场评定符合下列条件的，结论为合格；不符合下列任意一项的，结论为不合格：

1）现场评定内容符合经消防设计审查合格的消防设计文件；

2）有距离、高度、宽度、长度、面积、厚度等要求的内容，其与设计图纸标示的数值误差满足国家工程建设消防技术标准的要求；国家工程建设消防技术标准没有数值误差要求的，误差不超过 5％，且不影响正常使用功能和消防安全；

3）现场评定内容为消防设施性能的，满足设计文件要求并能正常实现；

4）现场评定内容为系统功能的，系统主要功能满足设计文件要求并能正常实现。

三、委托技术服务机构开展消防设施检测、现场评定

《建设工程消防设计审查验收工作细则》第十六条"消防审验部门可以委托具备相应能力的技术服务机构开展特殊建设工程消防验收的消防设施检测、现场评定，并形成意见或者报告，作为出具特殊建设工程消防验收意见的依据"，为消防审验部门采用技术服务机构提供了政策依据。2021 年 6 月 30 日《住房和城乡建设部办公厅关于做好建设工程消防设计审查验收工作的通知》（建办科〔2021〕31 号）要求"各地主管部门要推进建设工程消防设计技术审查、全过程消防技术咨询、竣工验收消防查验、建设工程消防验收现场评定、消防验收备案抽查的现场检查等技术服务市场化工作，促进公平竞争，提高审验效率"，对此进行了进一步强调。即将出台的《建设工程消防设计审查验收技术服务管理办法》也将会对从事消防审验技术服务的单位和从业人员作出明确规定。

1.2.7　消防验收意见的出具

一、消防验收合格标准

依据《暂行规定》第三十一条，消防设计审查验收主管部门应当自受理消防验收申请之日起十五日内出具消防验收意见。对符合下列条件的，应当出具消防验收合格意见：

（一）申请材料齐全、符合法定形式；

（二）工程竣工验收报告内容完备；

（三）涉及消防的建设工程竣工图纸与经审查合格的消防设计文件相符；

（四）现场评定结论合格。

对不符合前款规定条件的，消防设计审查验收主管部门应当出具消防验收不合格意见，并说明理由。

二、不合格处理

消防工程施工依据审核通过的图纸和各专业施工规范施工完成，并符合现行《建筑工程施工质量验收统一标准》GB 50300 等国家工程建设标准规定后，由建设单位组织竣工验收消防查验合格的基础上，才能申报消防验收。建设工程消防验收现场评定是对报验项目的小比例抽查，现场评定不合格，说明各方责任主体未认真履行各自职责进行消防查验。《暂行规定》没有复验的概念，消防验收不合格的项目，需重新组织竣工验收和消防查验，并重新申报消防验收。

第2章 建 筑 防 火

2.1 建筑分类与耐火等级

2.1.1 建筑分类

一、验收内容

1. 建筑使用性质、建筑规模（面积、高度、层数）、建筑分类（工业建筑含火灾危险性分类）及适用的标准。

2. 局部改建、内部装修以及改变用途的项目，改建、内部装修以及改变用途的部分，该建筑整体的使用性质、建筑分类（工业建筑含火灾危险性分类）及消防设计。

二、验收方法

1. 对照消防设计文件及竣工图纸，现场核对建筑的使用性质、建筑规模、建筑分类。

2. 查阅有关技术证明文件及设计文件，现场核对改建、内部装修以及改变用途的部分其使用性质、建筑分类。

三、规范依据

对于建筑分类的要求，见表 2.1-1。

表 2.1-1　建筑分类的要求

验收内容	规范名称	建筑类别	主要内容
建筑分类	《建筑设计防火规范》GB 50016—2014（2018 年版）	工业建筑	**建筑高度、层数：** 2.1.1　高层工业建筑：建筑高度大于 24m 的非单层厂房、仓库。 **火灾危险性：** 3.1.1　生产的火灾危险性应根据生产中使用或产生的物质性质及其数量等因素划分，可分为甲、乙、丙、丁、戊类，并应符合表 2.1-2、表 2.1-3 的规定
		民用建筑	5.1.1　民用建筑根据其建筑高度和层数可分为单、多层民用建筑和高层民用建筑。高层民用建筑根据其建筑高度、使用功能和楼层的建筑面积可分为一类和二类。民用建筑的分类应符合表 2.1-4 的规定
	《汽车库、修车库、停车场设计防火规范》GB 50067—2014	汽车库、修车库、停车场	3.0.1　汽车库、修车库、停车场的分类应根据停车（车位）数量和总建筑面积确定，并应符合表 2.1-5 的规定

表 2.1-2　生产的火灾危险性分类

生产的火灾危险性类别	使用或产生下列物质生产的火灾危险性特征
甲	1. 闪点小于28℃的液体； 2. 爆炸下限小于10%的气体； 3. 常温下能自行分解或在空气中氧化能导致迅速自燃或爆炸的物质； 4. 常温下受到水或空气中水蒸气的作用，能产生可燃气体并引起燃烧或爆炸的物质； 5. 遇酸、受热、撞击、摩擦、催化以及遇有机物或硫黄等易燃的无机物，极易引起燃烧或爆炸的强氧化剂； 6. 受撞击、摩擦或与氧化剂、有机物接触时引起燃烧或爆炸的物质； 7. 在密闭设备内操作温度不小于物质本身自燃点的生产
乙	1. 闪点不小于28℃但小于60℃的液体； 2. 爆炸下限不小于10%的气体； 3. 不属于甲类的氧化剂； 4. 不属于甲类的易燃固体； 5. 助燃气体； 6. 能与空气形成爆炸性混合物的浮游状态的粉尘、纤维、闪点不小于60℃的液体雾滴
丙	1. 闪点不小于60℃的液体； 2. 可燃固体
丁	1. 对不燃烧物质进行加工，并在高温或熔化状态下经常产生强辐射热、火花或火焰的生产； 2. 利用气体、液体、固体作为燃料或将气体、液体进行燃烧作其他用的各种生产； 3. 常温下使用或加工难燃烧物质的生产
戊	常温下使用或加工不燃烧物质的生产

注：本表引自《建筑设计防火规范》GB 50016—2014（2018年版）第3.1.1条中表3.1.1。

表 2.1-3　储存物品的火灾危险性分类

储存物品的火灾危险性类别	储存物品的火灾危险性特征
甲	1. 闪点小于28℃的液体； 2. 爆炸下限小于10%的气体，受到水或空气中水蒸气的作用能产生爆炸下限小于10%气体的固体物质； 3. 常温下能自行分解或在空气中氧化能导致迅速自燃或爆炸的物质； 4. 常温下受到水或空气中水蒸气的作用，能产生可燃气体并引起燃烧或爆炸的物质； 5. 遇酸、受热、撞击、摩擦以及遇有机物或硫黄等易燃的无机物，极易引起燃烧或爆炸的强氧化剂； 6. 受撞击、摩擦或与氧化剂、有机物接触时能引起燃烧或爆炸的物质
乙	1. 闪点不小于28℃但小于60℃的液体； 2. 爆炸下限不小于10%的气体； 3. 不属于甲类的氧化剂； 4. 不属于甲类的易燃固体； 5. 助燃气体； 6. 常温下与空气接触能缓慢氧化，积热不散引起自燃的物品

续表

储存物品的火灾危险性类别	储存物品的火灾危险性特征
丙	1. 闪点不小于 60℃的液体； 2. 可燃固体
丁	难燃烧物品
戊	不燃烧物品

注：本表引自《建筑设计防火规范》GB 50016—2014（2018 年版）第 3.1.3 条中表 3.1.3。

表 2.1-4　民用建筑的分类

名称	高层民用建筑		单、多层民用建筑
	一类	二类	
住宅建筑	建筑高度大于 54m 的住宅建筑（包括设置商业服务网点的住宅建筑）	建筑高度大于 27m，但不大于 54m 的住宅建筑（包括设置商业服务网点的住宅建筑）	建筑高度不大于 27m 的住宅建筑（包括设置商业服务网点的住宅建筑）
公共建筑	1. 建筑高度大于 50m 的公共建筑； 2. 建筑高度 24m 以上部分任一楼层建筑面积大于 1000m² 的商店、展览、电信、邮政、财贸金融建筑和其他多种功能组合的建筑； 3. 医疗建筑、重要公共建筑、独立建造的老年人照料设施； 4. 省级及以上的广播电视和防灾指挥调度建筑、网局级和省级电力调度建筑； 5. 藏书超过 100 万册的图书馆、书库	除一类高层公共建筑外的其他高层公共建筑	1. 建筑高度大于 24m 的单层公共建筑； 2. 建筑高度不大于 24m 的其他公共建筑

注：1　本表引自《建筑设计防火规范》GB 50016—2014（2018 年版）第 5.1.1 条中表 5.1.1。

　　2　表中未列入的建筑，其类别应根据本表类比确定。

　　3　除本规范另有规定外，宿舍、公寓等非住宅类居住建筑的防火要求，应符合本规范有关公共建筑的规定。

　　4　除本规范另有规定外，裙房的防火要求应符合本规范有关高层民用建筑的规定。

表 2.1-5　汽车库、修车库、停车场的分类

名称		Ⅰ	Ⅱ	Ⅲ	Ⅳ
汽车库	停车数量（辆）	>300	151~300	51~150	≤50
	总建筑面积 S（m²）	$S>10000$	$5000<S≤10000$	$2000<S≤5000$	$S≤2000$
修车库	车位数（个）	>15	6~15	3~5	≤2
	总建筑面积 S（m²）	$S>3000$	$1000<S≤3000$	$500<S≤1000$	$S≤500$
停车场	停车数量（辆）	>400	251~400	101~250	≤100

注：1　本表引自《汽车库、修车库、停车场设计防火规范》GB 50067—2014 第 3.0.1 条中表 3.0.1。

　　2　当屋面露天停车场与下部汽车库共用汽车坡道时，其停车数量应计算在汽车库的车辆总数内。

　　3　室外坡道、屋面露天停车场的建筑面积可不计入汽车库的建筑面积之内。

　　4　公交汽车库的建筑面积可按本表的规定值增加 2.0 倍。

2.1.2　耐火等级

一、验收内容

1. 建筑耐火等级、建筑主要构件燃烧性能。

2. 钢结构构件防火保护措施、隐蔽构件等防火措施。

二、验收方法

1. 查阅消防设计文件及竣工图纸，确定该建筑耐火等级及火灾危险性等内容，核查其耐火等级以及构件的燃烧性能和耐火极限。

2. 对照消防设计文件及竣工图纸、相关质量控制资料及钢结构防火检测报告，核对钢结构构件防火保护措施、隐蔽构件等防火措施。

3. 测量防火涂料的涂刷厚度，膨胀型（超薄型、薄涂型）防火涂料采用防火涂料测厚仪进行测量；厚涂型防火涂料采用测针（涂料测厚仪）进行测量。

三、规范依据

（一）耐火等级

对于建筑物耐火等级的要求，见表2.1-6。

表2.1-6　建筑物耐火等级的要求

验收内容	规范要求（表格中为条文索引，具体要求见表格后内容）	
建筑物的耐火等级	《建筑防火通用规范》GB 55037—2022 第5.1.2、5.1.3条，第5.1.5～5.1.7条，第5.2.1～5.2.4条，第5.3.1～5.3.3条	1. 规定了地下、半地下建筑的耐火等级； 2. 规定了各类工业与民用建筑上人屋顶及建筑高度大于100m建筑的楼板应具备的最低耐火极限； 3. 规定了大型的或火灾危险性大的汽车库、修车库、电动汽车充电站建筑、Ⅱ类汽车库、Ⅱ类修车库、变电站的最低耐火等级； 4. 规定了不同类型和不同火灾危险性类别工业建筑的最低耐火等级； 5. 规定了丙、丁类物流建筑耐火和布置的防火要求； 6. 规定了耐火等级应为一级、二级、三级的民用建筑
	《建筑设计防火规范》GB 50016—2014（2018年版）第3.2.3条、第3.2.5～3.2.7条	1. 规定了不同类型和不同火灾危险性类别工业建筑的最低耐火等级； 2. 规定了独立建造的工业辅助建筑的最低耐火等级
	《汽车库、修车库、停车场设计防火规范》GB 50067—2014 第3.0.3条	规定了各类汽车库、修车库的耐火等级

1. 《建筑防火通用规范》GB 55037—2022 的规定

第5.1.2条规定，地下、半地下建筑（室）的耐火等级应为一级。

第5.1.3条规定，建筑高度大于100m的工业与民用建筑楼板的耐火极限不应低于2.00h。一级耐火等级工业与民用建筑的上人平屋顶，屋面板的耐火极限不应低于1.50h；二级耐火等级工业与民用建筑的上人平屋顶，屋面板的耐火极限不应低于1.00h。

第5.1.5条规定，下列汽车库的耐火等级应为一级：

1　Ⅰ类汽车库、Ⅰ类修车库；

2　甲、乙类物品运输车的汽车库或修车库；

3   其他高层汽车库。

第5.1.6条规定，电动汽车充电站建筑、II类汽车库、II类修车库、变电站的耐火等级不应低于二级。

第5.1.7条规定，裙房的耐火等级不应低于高层建筑主体的耐火等级。

工业建筑：

第5.2.1条规定，下列工业建筑的耐火等级应为一级：

1   建筑高度大于50 m的高层厂房；

2   建筑高度大于32 m的高层丙类仓库，储存可燃液体的多层丙类仓库，每个防火分隔间建筑面积大于3000 ㎡的其他多层丙类仓库；

3   I类飞机库。

第5.2.2条规定，除本规范第5.2.1条规定的建筑外，下列工业建筑的耐火等级不应低于二级：

1   建筑面积大于300 ㎡的单层甲、乙类厂房，多层甲、乙类厂房；

2   高架仓库；

3   II、III类飞机库；

4   使用或储存特殊贵重的机器、仪表、仪器等设备或物品的建筑；

5   高层厂房、高层仓库。

第5.2.3条规定，除本规范第5.2.1条和第5.2.2条规定的建筑外，下列工业建筑的耐火等级不应低于三级：

1   甲、乙类厂房；

2   单、多层丙类厂房；

3   多层丁类厂房；

4   单、多层丙类仓库；

5   多层丁类仓库。

第5.2.4条规定，丙、丁类物流建筑应符合下列规定：

1   建筑的耐火等级不应低于二级。

民用建筑：

第5.3.1条规定，下列民用建筑的耐火等级应为一级：

1   一类高层民用建筑；

2   二层和二层半式、多层式民用机场航站楼；

3   A类广播电影电视建筑；

4   四级生物安全实验室。

第5.3.2条规定，下列民用建筑的耐火等级不应低于二级：

1   二类高层民用建筑；

2   一层和一层半式民用机场航站楼；

3   总建筑面积大于1500㎡的单、多层人员密集场所；

4   B类广播电影电视建筑；

5   一级普通消防站、二级普通消防站、特勤消防站、战勤保障消防站；

6   设置洁净手术部的建筑，三级生物安全实验室；

7　用于灾时避难的建筑。

第5.3.3条规定，除本规范第5.3.1条、第5.3.2条规定的建筑外，下列民用建筑的耐火等级不应低于三级：

1　城市和镇中心区内的民用建筑；

2　老年人照料设施、教学建筑、医疗建筑。

2.《建筑设计防火规范》GB 50016—2014（2018年版）的规定

第3.2.3条规定，单、多层丙类厂房和多层丁、戊类厂房的耐火等级不应低于三级。使用或产生丙类液体的厂房和有火花、赤热表面、明火的丁类厂房，其耐火等级均不应低于二级，当为建筑面积不大于500m²的单层丙类厂房或建筑面积不大于1000m²的单层丁类厂房时，可采用三级耐火等级的建筑。

第3.2.5条规定，锅炉房的耐火等级不应低于二级，当为燃煤锅炉房且锅炉的总蒸发量不大于4t/h时，可采用三级耐火等级的建筑。

第3.2.6条规定，油浸变压器室、高压配电装置室的耐火等级不应低于二级，其他防火设计应符合现行国家标准《火力发电厂与变电站设计防火标准》GB 50229等标准的规定。

第3.2.7条规定，高架仓库、高层仓库、甲类仓库、多层乙类仓库和储存可燃液体的多层丙类仓库，其耐火等级不应低于二级。单层乙类仓库，单层丙类仓库，储存可燃固体的多层丙类仓库和多层丁、戊类仓库，其耐火等级不应低于三级。

3.《汽车库、修车库、停车场设计防火规范》GB 50067—2014的规定

第3.0.3条规定，汽车库和修车库的耐火等级应符合下列规定：

3　Ⅱ、Ⅲ类汽车库、修车库的耐火等级不应低于二级；

4　Ⅳ类汽车库、修车库的耐火等级不应低于三级。

（二）结构构件燃烧性能及防火保护

对于结构构件燃烧性能及防火保护的要求，见表2.1-7。

表2.1-7　结构构件燃烧性能及防火保护的要求

验收内容	规范要求（表格中为条文索引，具体要求见表格后内容）	
结构构件燃烧性能及防火保护	《建筑防火通用规范》GB 55037—2022第5.1.4条	要求对各类建筑构件或结构进行耐火性能验算和防火保护设计，以确定其具有要求的耐火性能或采取相应的防火保护措施
	《建筑设计防火规范》GB 50016—2014（2018年版）第3.2.16、3.2.17、3.2.19条，第5.1.5~5.1.9条	1. 规定了一、二级耐火等级厂房（仓库）屋面板的燃烧性能及屋面防水层材料的燃烧性能和相应的防火保护措施； 2. 严格限制了可燃或难燃金属夹芯板材的使用； 3. 规定了预制钢筋混凝土构件外露节点的防火要求与性能，确保结构在高温作用下的安全； 4. 规定了不同耐火等级、不同面积的建筑内房间隔墙、预应力楼板的耐火极限； 5. 规定了不同类型建筑、不同场所、部位的吊顶的耐火极限
	《建筑钢结构防火技术规范》GB 51249—2017第3.1.1、3.1.2条	1. 规定了钢结构构件的设计耐火极限确定依据，补充增加了柱间支撑、楼盖支撑、屋盖支撑等的规定； 2. 规定了钢结构构件的耐火极限不满足设计要求时的处理方法

1.《建筑防火通用规范》GB 55037—2022 的规定

第5.1.4条规定，建筑中承重的下列结构或构件应根据设计耐火极限和受力情况等进行耐火性能验算和防火保护设计，或采用耐火试验验证其耐火性能：

1 金属结构或构件；

2 木结构或构件；

3 组合结构或构件。

2.《建筑设计防火规范》GB 50016—2014（2018 年版）的规定

第3.2.16、5.1.5条规定，一、二级耐火等级建筑的屋面板应采用不燃材料。

屋面防水层宜采用不燃、难燃材料，当采用可燃防水材料且铺设在可燃、难燃保温材料上时，防水材料或可燃、难燃保温材料应采用不燃材料作防护层。

第3.2.17、5.1.7条规定，建筑中的非承重外墙、房间隔墙和屋面板，当确需采用金属夹芯板材时，其芯材应为不燃材料，且耐火极限应符合本规范有关规定。

第3.2.19、5.1.9条规定，预制钢筋混凝土构件的节点外露部位，应采取防火保护措施，且节点的耐火极限不应低于相应构件的耐火极限。

第5.1.6条规定，二级耐火等级建筑内采用难燃性墙体的房间隔墙，其耐火极限不应低于0.75h；当房间的建筑面积不大于$100m^2$时，房间隔墙可采用耐火极限不低于0.50h 的难燃性墙体或耐火极限不低于0.30h 的不燃性墙体。

二级耐火等级多层住宅建筑内采用预应力钢筋混凝土的楼板，其耐火极限不应低于0.75h。

第5.1.8条规定，二级耐火等级建筑内采用不燃材料的吊顶，其耐火极限不限。

三级耐火等级的医疗建筑、中小学校的教学建筑、老年人照料设施及托儿所、幼儿园的儿童用房和儿童游乐厅等儿童活动场所的吊顶，应采用不燃材料；当采用难燃材料时，其耐火极限不应低于0.25h。

二、三级耐火等级建筑内门厅、走道的吊顶应采用不燃材料。

3.《建筑钢结构防火技术规范》GB 51249—2017 的规定

第3.1.1条规定，钢结构构件的设计耐火极限应根据建筑的耐火等级，按现行国家标准《建筑设计防火规范》GB 50016 的规定确定。柱间支撑的设计耐火极限应与柱相同，楼盖支撑的设计耐火极限应与梁相同，屋盖支撑和系杆的设计耐火极限应与屋顶承重构件相同。

第3.1.2条规定，钢结构构件的耐火极限经验算低于设计耐火极限时，应采取防火保护措施。

2.2 总 平 面 布 局

2.2.1 防火间距

一、验收内容

建筑与周围相邻建（构）筑物之间的防火间距。

二、验收方法

对照消防设计文件及竣工图纸，环建筑一周，采用测距仪、卷尺测量建筑物防火间距，并现场查看图纸中标注的外墙上"防火墙""甲级防火门""防火窗"设置是否与图纸一致。

三、规范依据

对于建（构）筑物之间防火间距的要求，见表 2.2-1。

表 2.2-1　建（构）筑物之间防火间距的要求

建筑类别	规范要求（表格中为条文索引，具体要求见表格后内容）		
工业建筑	《建筑防火通用规范》GB 55037—2022 第 3.2.1～3.2.3 条		1. 规定了甲类厂房与人员密集场所、明火或散发火花地点的最小防火间距； 2. 规定了甲类仓库之间、甲类仓库与高层民用建筑和设置人员密集场所的民用建筑的最小防火间距； 3. 规定了乙类仓库与人员密集场所的最小防火间距
	《建筑设计防火规范》GB 50016—2014（2018年版）	厂房及附属建筑（第 3.4.1～3.4.12 条）	1. 规定了各类厂房之间、各类厂房与各类仓库、民用建筑之间的防火间距； 2. 规定了甲类厂房与重要公共建筑、明火或散发火花地点的防火间距； 3. 规定了散发可燃气体、可燃蒸气的甲类厂房与铁路、道路的防火间距； 4. 规定了高层厂房与各类储罐（区）、堆场的防火间距； 5. 规定了一、二级耐火等级的民用建筑与一、二级耐火等级的丙、丁、戊类厂房相邻时可减小防火间距的条件； 6. 规定了设置在厂房外为保证生产需要的化学易燃物品的设备与相邻厂房、设备的防火间距； 7. 规定了同一座"U"形或"山"形厂房中相邻两翼之间的间距； 8. 规定了厂房可成组布置的条件及组与组、组与相邻建筑的防火间距； 9. 限制了在城市建成区内建设一级加油站、一级加气站和一级加油加气合建站； 10. 明确了加油站、加气站和加油加气站的站内建筑之间及与站外其他建（构）筑物的防火间距； 11. 规定了室外变、配电站与其他建筑的防火间距； 12. 规定了厂区围墙与厂区内外建筑的关系
		仓库（第 3.5.1～3.5.3 条）	1. 规定了甲类仓库之间、甲类仓库与厂房、甲类仓库与其他火灾类别的仓库、甲类仓库与民用建筑、甲类仓库与明火或散发火花地点、铁路、道路等的防火间距； 2. 规定了乙、丙、丁、戊类仓库之间，乙、丙、丁、戊类仓库与民用建筑等之间的防火间距； 3. 规定了一、二级耐火等级丁、戊类仓库与民用建筑的防火间距可以调整的条件
	《精细化工企业工程设计防火标准》GB 51283—2020 第 4.1.2、4.2.1 条		1. 根据企业、相邻企业或设施的特点和火灾危险类别，结合风向与地形等自然条件规定了精细化工企业与相邻工厂或设施的防火间距； 2. 规定了厂区内部各生产设施、储罐等建（构）筑物的防火间距
	《石油化工企业设计防火标准》GB 50160—2008（2018 年版）第 4.1.1、4.2.1 条		1. 根据石油化工企业及其相邻工厂或设施的特点和火灾危险性，结合地形、风向等条件，规定了厂区的布置情况，并明确了石油化工企业与相邻工厂或设施、油库及公用设施、铁路走行线的防火间距； 2. 规定了厂区内部各生产装置、储罐等建（构）筑物的防火间距

建筑类别	规范要求（表格中为条文索引，具体要求见表格后内容）	
民用建筑	《建筑防火通用规范》GB 55037—2022 第3.3.1、3.3.2条	1. 规定了建筑高度大于100m的民用建筑与相邻各类民用建筑之间的最小防火间距； 2. 规定了利用连廊、天桥等连接的两座民用建筑之间的防火间距确定原则
	《建筑设计防火规范》GB 50016—2014（2018年版）第5.2.1～5.2.6条、第6.6.4条	1. 规定了不同耐火等级高层和单、多层民用建筑之间的防火间距，明确了民用建筑之间防火间距可以减小的条件，明确了通过连廊、天桥等方式连接的民用建筑之间的防火间距； 2. 规定了民用建筑与单独建造的室外变、配电站及预装式变电站的防火间距； 3. 规定了民用建筑与单独建造的锅炉房的防火间距； 4. 规定了一、二级耐火等级的小型住宅建筑、办公建筑，可成组布置以及成组布置时组与组或组与其他相邻建筑的防火间距和每组建筑的总占地面积要求； 5. 明确了民用建筑与燃气调压站、液化石油气气化站或混气站、城市液化石油气供应站瓶库等的防火间距的确定依据； 6. 规定了建筑高度大于100m的民用建筑与相邻建筑的防火间距； 7. 规定了防止火灾通过建筑间的天桥、栈桥和连廊等相互蔓延的要求，以及火灾时用于疏散时应具备的条件
汽车库、修车库	《建筑防火通用规范》GB 55037—2022 第3.1.3条	规定了甲、乙类物品运输车的汽车库、修车库和停车场与其他建筑之间的最小防火间距
	《汽车库、修车库、停车场设计防火规范》GB 50067—2014 第4.2.1～4.2.5条	1. 规定了汽车库、修车库、停车场之间及汽车库、修车库、停车场与除甲类物品仓库外的其他建筑物的防火间距； 2. 规定了汽车库、修车库之间或汽车库、修车库与其他建筑之间的防火间距可适当减少的情况； 3. 规定了汽车库、修车库、停车场与甲类物品仓库的防火间距； 4. 确定了甲、乙类物品运输车的汽车库、修车库、停车场与相邻厂房、库房的防火间距

（一）《建筑防火通用规范》GB 55037—2022 的规定

第3.1.3条规定，甲、乙类物品运输车的汽车库、修车库、停车场与人员密集场所的防火间距不应小于50m，与其他民用建筑的防火间距不应小于25m；甲类物品运输车的汽车库、修车库、停车场与明火或散发火花地点的防火间距不应小于30m。

第3.2.1～3.2.3条规定，甲类厂房和甲、乙类仓库与相邻建筑的防火间距应符合表2.2-2的规定。

表2.2-2 甲类厂房和甲、乙类仓库与相邻建筑的防火间距（m）

建筑类别	甲类厂房	甲类仓库	乙类仓库（除乙类第5项、第6项物品仓库）
人员密集场所	50	—	—
高层民用建筑	—	50	50
设置人员密集场所的民用建筑	—	50	50
明火或散发火花地点	30	—	—
甲类仓库	—	20	

第 3.3.1 条规定，除裙房与相邻建筑的防火间距可按单、多层建筑确定外，建筑高度大于 100m 的民用建筑与相邻建筑的防火间距应符合表 2.2-3 的规定。

表 2.2-3　建筑高度大于 100m 的民用建筑与相邻建筑的防火间距（m）

建筑类别		建筑高度大于 100m 的民用建筑
高层民用建筑		13
单、多层民用建筑	一、二级	9
	三级	11
	四级	14
木结构民用建筑		14

第 3.3.2 条规定，相邻两座通过连廊、天桥或下部建筑物等连接的建筑，防火间距应按照两座独立建筑确定。

（二）《建筑设计防火规范》GB 50016—2014（2018 年版）的规定

第 3.4.1 条规定，厂房之间及与乙、丙、丁、戊类仓库、民用建筑等的防火间距不应小于表 2.2-4 的规定。

表 2.2-4　厂房之间及与乙、丙、丁、戊类仓库、民用建筑的防火间距（m）

名称			甲类厂房	乙类厂房（仓库）			丙、丁、戊类厂房（仓库）				民用建筑				
			单、多层	单、多层		高层	单、多层			高层	裙房,单、多层			高层	
			一、二级	一、二级	三级	一、二级	一、二级	三级	四级	一、二级	一、二级	三级	四级	一类	二类
甲类厂房	单、多层	一、二级	12	12	14	13	12	14	16	13	25	25	25	50	50
乙类厂房	单、多层	一、二级	12	10	12	13	10	12	14	13	25	25	25	50	50
		三级	14	12	14	15	12	14	16	15	25	25	25	50	50
	高层	一、二级	13	13	15	13	13	15	17	13	25	25	25	50	50
丙类厂房	单、多层	一、二级	12	10	12	13	10	12	14	13	10	12	14	20	15
		三级	14	12	14	15	12	14	16	15	12	14	16	25	20
		四级	16	14	16	17	14	16	18	17	14	16	18	25	20
	高层	一、二级	13	13	15	13	13	15	17	13	13	15	17	20	15
丁、戊类厂房	单、多层	一、二级	12	10	12	13	10	12	14	13	10	12	14	13	13
		三级	14	12	14	15	12	14	16	15	12	14	16	18	15
		四级	16	14	16	17	14	16	18	17	14	16	18	18	15
	高层	一、二级	13	13	15	13	13	15	17	13	13	15	17	15	13

续表

名称		甲类厂房	乙类厂房（仓库）		丙、丁、戊类厂房（仓库）				民用建筑					
		单、多层	单、多层	高层	单、多层			高层	裙房，单、多层			高层	
		一、二级	一、二级	三级	一、二级	一、二级	三级	四级	一、二级	一、二级	三级	四级	一类	二类
室外变、配电站	变压器总油量（t） ≥5，≤10	25	25	25	25	12	15	20	12	15	20	25	20
	>10，≤50					15	20	25	15	20	25	30	25
	>50					20	25	30	20	25	30	35	30

注：1 本表引自《建筑设计防火规范》GB 50016—2014（2018 年版）第 3.4.1 条中表 3.4.1。
  2 乙类厂房与重要公共建筑的防火间距不宜小于 50m；与明火或散发火花地点，不宜小于 30m。单、多层戊类厂房之间及与戊类仓库的防火间距可按本表的规定减少 2m，与民用建筑的防火间距可将戊类厂房等同民用建筑按本规范第 5.2.2 条的规定执行。为丙、丁、戊类厂房服务而单独设置的生活用房应按民用建筑确定，与所属厂房的防火间距不小于 6m。确需相邻布置时，应符合本表注 3、4 的规定。
  3 两座厂房相邻较高一面外墙为防火墙，或相邻两座高度相同的一、二级耐火等级建筑中相邻任一侧外墙为防火墙且屋顶的耐火极限不低于 1.00h 时，其防火间距不限，但甲类厂房之间不应小于 4m。两座丙、丁、戊类厂房相邻两面外墙均为不燃性墙体，当无外露的可燃性屋檐，每面外墙上的门、窗、洞口面积之和各不大于外墙面积的 5%，且门、窗、洞口不正对开设时，其防火间距可按本表的规定减少 25%。甲、乙类厂房（仓库）不应与本规范第 3.3.5 规定外的其他建筑贴邻。
  4 两座一、二级耐火等级的厂房，当相邻较低一面外墙为防火墙且较低一座厂房的屋顶无天窗，屋顶的耐火极限不低于 1.00h，或相邻较高一面外墙的门、窗等开口部位设置甲级防火门、窗或防火分隔水幕或按本规范第 6.5.3 条的规定设置防火卷帘时，甲、乙类厂房之间的防火间距不应小于 6m；丙、丁、戊类厂房之间的防火间距不应小于 4m。
  5 发电厂内的主变压器，其油量可按单台确定。
  6 耐火等级低于四级的既有厂房，其耐火等级可按四级确定。
  7 当丙、丁、戊类厂房与丙、丁、戊类仓库相邻时，应符合本表注 3、4 的规定。

第 3.4.2 条规定，甲类厂房与重要公共建筑的防火间距不应小于 50m，与明火或散发火花地点的防火间距不应小于 30m。

第 3.4.3 规定，散发可燃气体、可燃蒸气的甲类厂房与铁路、道路等的防火间距不应小于表 2.2-5 的规定，但甲类厂房所属厂内铁路装卸线当有安全措施时，防火间距不受该表规定的限制。

表 2.2-5　散发可燃气体、可燃蒸气的甲类厂房与铁路、道路等的防火间距（m）

名称	厂外铁路线中心线	厂内铁路线中心线	厂外道路路边	厂内道路路边	
				主要	次要
甲类厂房	30	20	15	10	5

注：本表引自《建筑设计防火规范》GB 50016—2014（2018 年版）第 3.4.3 条中表 3.4.3。

第 3.4.4 条规定，高层厂房与甲、乙、丙类液体储罐，可燃、助燃气体储罐，液化石油气储罐，可燃材料堆场（除煤和焦炭场外）的防火间距，应符合本规范第 4 章的规定，且不应小于 13m。

第 3.4.5 条规定，丙、丁、戊类厂房与民用建筑的耐火等级均为一、二级时，丙、丁、戊类厂房与民用建筑的防火间距可适当减小，但应符合下列规定：

1 当较高一面外墙为无门、窗、洞口的防火墙，或比相邻较低一座建筑屋面高 15m

及以下范围内的外墙为无门、窗、洞口的防火墙时，其防火间距不限；

　　2　相邻较低一面外墙为防火墙，且屋顶无天窗或洞口、屋顶的耐火极限不低于1.00h，或相邻较高一面外墙为防火墙，且墙上开口部位采取了防火措施，其防火间距可适当减小，但不应小于4m。

　　第3.4.6条规定，厂房外附设化学易燃物品的设备，其外壁与相邻厂房室外附设设备的外壁或相邻厂房外墙的防火间距，不应小于本规范第3.4.1条的规定。用不燃材料制作的室外设备，可按一、二级耐火等级建筑确定。

　　总容量不大于15m³的丙类液体储罐，当直埋于厂房外墙外，且面向储罐一面4.0m范围内的外墙为防火墙时，其防火间距不限。

　　第3.4.7条规定，同一座"U"形或"山"形厂房中相邻两翼之间的防火间距，不宜小于本规范第3.4.1条的规定，但当厂房的占地面积小于本规范第3.3.1条规定的每个防火分区最大允许建筑面积时，其防火间距可为6m。

　　第3.4.8条规定，除高层厂房和甲类厂房外，其他类别的数座厂房占地面积之和小于本规范第3.3.1条规定的防火分区最大允许建筑面积（按其中较小者确定，但防火分区的最大允许建筑面积不限者，不应大于10000m²）时，可成组布置。当厂房建筑高度不大于7m时，组内厂房之间的防火间距不应小于4m；当厂房建筑高度大于7m时，组内厂房之间的防火间距不应小于6m。

　　组与组或组与相邻建筑的防火间距，应根据相邻两座中耐火等级较低的建筑，按本规范第3.4.1条的规定确定。

　　第3.4.9条规定，一级汽车加油站、一级汽车加气站和一级汽车加油加气合建站不应布置在城市建成区内。

　　第3.4.10条规定，汽车加油、加气站和加油加气合建站的分级，汽车加油、加气站和加油加气合建站及其加油（气）机、储油（气）罐等与站外明火或散发火花地点、建筑、铁路、道路的防火间距以及站内各建筑或设施之间的防火间距，应符合现行国家标准《汽车加油加气加氢站技术标准》GB 50156的规定。

　　第3.4.11条规定，电力系统电压为35kV～500kV且每台变压器容量不小于10MV·A的室外变、配电站以及工业企业的变压器总油量大于5t的室外降压变电站，与其他建筑的防火间距不应小于本规范第3.4.1条和第3.5.1条的规定。

　　第3.4.12条规定，厂区围墙与厂区内建筑的间距不宜小于5m，围墙两侧建筑的间距应满足相应建筑的防火间距要求。

　　第3.5.1条规定，甲类仓库之间及与其他建筑、明火或散发火花地点、铁路、道路等的防火间距不应小于表2.2-6的规定。

表2.2-6　甲类仓库之间及与其他建筑、明火或散发火花地点、铁路、道路等的防火间距（m）

名称	甲类仓库（储量，t）			
	甲类储存物品第3、4项		甲类储存物品第1、2、5、6项	
	≤5	>5	≤10	>10
高层民用建筑、重要公共建筑	50			
裙房、其他民用建筑、明火或散发火花地点	30	40	25	30

续表

名称		甲类仓库（储量，t）			
		甲类储存物品第3、4项		甲类储存物品第1、2、5、6项	
		≤5	>5	≤10	>10
甲类仓库		20	20	20	20
厂房和乙、丙、丁、戊类仓库	一、二级	15	20	12	15
	三级	20	25	15	20
	四级	25	30	20	25
电力系统电压为35kV～500kV且每台变压器容量不小于10MV·A的室外变、配电站，工业企业的变压器总油量大于5t的室外降压变电站		30	40	25	30
厂外铁路线中心线		40			
厂内铁路线中心线		30			
厂外道路路边		20			
厂内道路路边	主要	10			
	次要	5			

注：1 本表引自《建筑设计防火规范》GB 50016—2014（2018年版）第3.5.1条中表3.5.1。
    2 甲类仓库之间的防火间距，当第3、4项物品储量不大于2t，第1、2、5、6项物品储量不大于5t时，不应小于12m。甲类仓库与高层仓库的防火间距不应小于13m。

第3.5.2条规定，乙、丙、丁、戊类仓库之间及与民用建筑的防火间距，不应小于表2.2-7的规定。

表2.2-7　乙、丙、丁、戊类仓库之间及与民用建筑的防火间距（m）

名称			乙类仓库			丙类仓库				丁、戊类仓库			
			单、多层		高层	单、多层			高层	单、多层			高层
			一、二级	三级	一、二级	一、二级	三级	四级	一、二级	一、二级	三级	四级	一、二级
乙、丙、丁、戊类仓库	单、多层	一、二级	10	12	13	10	12	14	13	10	12	14	13
		三级	12	14	15	12	14	16	15	12	14	16	15
		四级	14	16	17	14	16	18	17	14	16	18	17
	高层	一、二级	13	15	13	13	15	17	13	13	15	17	13
民用建筑	裙房，单、多层	一、二级	25			10	12	14	13	10	12	14	13
		三级				12	14	16	15	12	14	16	15
		四级				14	16	18	17	14	16	18	17
	高层	一类	50			20	25	25	20	20	25	25	20
		二类				15	20	20	15	15	20	20	13

注：1 本表引自《建筑设计防火规范》GB 50016—2014（2018年版）第3.5.2条中表3.5.2。
    2 单、多层戊类仓库之间的防火间距，可按本表的规定减少2m。
    3 两座仓库的相邻外墙均为防火墙时，防火间距可以减小，但丙类仓库，不应小于6m；丁、戊类仓库，不应小于4m。两座仓库相邻较高一面外墙为防火墙，或相邻两座高度相同的一、二级耐火等级建筑中相邻任一侧外墙为防火墙且屋顶的耐火极限不低于1.00h，且总占地面积不大于本规范第3.3.2条一座仓库的最大允许占地面积规定时，其防火间距不限。
    4 除乙类第6项物品外的乙类仓库，与民用建筑的防火间距不宜小于25m，与重要公共建筑的防火间距不应小于50m，与铁路、道路等的防火间距不宜小于表3.5.1中甲类仓库与铁路、道路等的防火间距。

第 3.5.3 条规定，丁、戊类仓库与民用建筑的耐火等级均为一、二级时，仓库与民用建筑的防火间距可适当减小，但应符合下列规定：

1　当较高一面外墙为无门、窗、洞口的防火墙，或比相邻较低一座建筑屋面高 15m 及以下范围内的外墙为无门、窗、洞口的防火墙时，其防火间距不限；

2　相邻较低一面外墙为防火墙，且屋顶无天窗或洞口、屋顶耐火极限不低于 1.00h，或相邻较高一面外墙为防火墙，且墙上开口部位采取了防火措施，其防火间距可适当减小，但不应小于 4m。

第 5.2.1 条规定，在总平面布局中，应合理确定建筑的位置、防火间距、消防车道和消防水源等，不宜将民用建筑布置在甲、乙类厂（库）房，甲、乙、丙类液体储罐，可燃气体储罐和可燃材料堆场的附近。

第 5.2.2 条规定，民用建筑之间的防火间距不应小于表 2.2-8 的规定，与其他建筑的防火间距，除应符合本节规定外，尚应符合本规范其他章的有关规定。

表 2.2-8　民用建筑之间的防火间距（m）

建筑类别		高层民用建筑	裙房和其他民用建筑		
		一、二级	一、二级	三级	四级
高层民用建筑	一、二级	13	9	11	14
裙房和其他民用建筑	一、二级	9	6	7	9
	三级	11	7	8	10
	四级	14	9	10	12

注：1　本表引自《建筑设计防火规范》GB 50016—2014（2018 年版）第 5.2.2 条中表 5.2.2。

　　2　相邻两座单、多层建筑，当相邻外墙为不燃性墙体且无外露的可燃性屋檐，每面外墙上无防火保护的门、窗、洞口不正对开设且该门、窗、洞口的面积之和不大于外墙面积的 5% 时，其防火间距可按本表的规定减少 25%。

　　3　两座建筑相邻较高一面外墙为防火墙，或高出相邻较低一座一、二级耐火等级建筑的屋面 15m 及以下范围内的外墙为防火墙时，其防火间距不限。

　　4　相邻两座高度相同的一、二级耐火等级建筑中相邻任一侧外墙为防火墙，屋顶的耐火极限不低于 1.00h 时，其防火间距不限。

　　5　相邻两座建筑中较低一座建筑的耐火等级不低于二级，相邻较低一面外墙为防火墙且屋顶无天窗，屋顶的耐火极限不低于 1.00h 时，其防火间距不应小于 3.5m；对于高层建筑，不应小于 4m。

　　6　相邻两座建筑中较低一座建筑的耐火等级不低于二级且屋顶无天窗，相邻较高一面外墙高出较低一座建筑的屋面 15m 及以下范围内的开口部位设置甲级防火门、窗，或设置符合现行国家标准《自动喷水灭火系统设计规范》GB 50084 规定的防火分隔水幕或本规范第 6.5.3 条规定的防火卷帘时，其防火间距不应小于 3.5m；对于高层建筑，不应小于 4m。

　　7　相邻建筑通过连廊、天桥或底部的建筑物等连接时，其间距不应小于本表的规定。

　　8　耐火等级低于四级的既有建筑，其耐火等级可按四级确定。

第 5.2.3 条规定，民用建筑与单独建造的变电站的防火间距应符合本规范第 3.4.1 条有关室外变、配电站的规定，但与单独建造的终端变电站的防火间距，可根据变电站的耐火等级按本规范第 5.2.2 条有关民用建筑的规定确定。

民用建筑与 10kV 及以下的预装式变电站的防火间距不应小于 3m。

民用建筑与燃油、燃气或燃煤锅炉房的防火间距应符合本规范第 3.4.1 条有关丁类厂房的规定，但与单台蒸汽锅炉的蒸发量不大于 4t/h 或单台热水锅炉的额定热功率不大于 2.8MW 的燃煤锅炉房的防火间距，可根据锅炉房的耐火等级按本规范第 5.2.2 条有关民用建筑的规定确定。

第 5.2.4 条规定，除高层民用建筑外，数座一、二级耐火等级的住宅建筑或办公建筑，当建筑物的占地面积总和不大于 2500m² 时，可成组布置，但组内建筑物之间的间距不宜小于 4m。组与组或组与相邻建筑物的防火间距不应小于本规范第 5.2.2 条的规定。

第 5.2.5 条规定，民用建筑与燃气调压站、液化石油气气化站或混气站、城市液化石油气供应站瓶库等的防火间距，应符合现行国家标准《城镇燃气设计规范》GB 50028 的规定。

第 5.2.6 条规定，建筑高度大于 100m 的民用建筑与相邻建筑的防火间距，当符合本规范第 3.4.5 条、第 3.5.3 条、第 4.2.1 条和第 5.2.2 条允许减小的条件时，仍不应减小。

第 6.6.4 条规定，连接两座建筑物的天桥、连廊，应采取防止火灾在两座建筑间蔓延的措施。当仅供通行的天桥、连廊采用不燃材料，且建筑物通向天桥、连廊的出口符合安全出口的要求时，该出口可作为安全出口（图 2.2-1）。

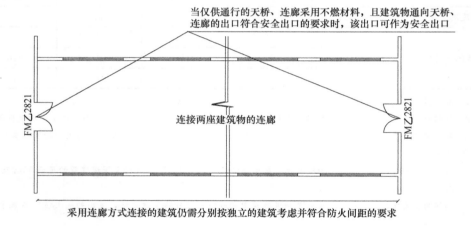

图 2.2-1　连廊平面示意图

（三）《精细化工企业工程设计防火标准》GB 51283—2020 的规定

第 4.1.2 条规定，厂址应根据企业、相邻企业或设施的特点和火灾危险类别，结合风向与地形等自然条件合理确定。其厂址选择详见第 4.1 节。

第 4.2.1 条规定，工厂总平面布置，应根据生产工艺流程及生产特点和火灾危险性、地形、风向、交通运输等条件，按生产、辅助、公用、仓储、生产管理及生活服务设施的功能分区集中布置。其厂区总平面布置详见第 4.2 节。

（四）《石油化工企业设计防火标准》GB 50160—2008（2018 年版）的规定

第 4.1.1 条规定，在进行区域规划时，应根据石油化工企业及其相邻工厂或设施的特点和火灾危险性，结合地形、风向等条件，合理布置。其规划布置详见第 4.1 节。

第 4.2.1 条规定，工厂总平面应根据工厂的生产流程及各组成部分的生产特点和火灾危险性，结合地形、风向等条件，按功能分区集中布置。其总平面布置详见第 4.2 节。

（五）《汽车库、修车库、停车场设计防火规范》GB 50067—2014 的规定

第4.2.1条规定，汽车库、修车库、停车场之间及汽车库、修车库、停车场与除甲类物品仓库外的其他建筑物的防火间距，不应小于表2.2-9的规定。其中，高层汽车库与其他建筑物，汽车库、修车库与高层建筑的防火间距应按该表的规定值增加3m；汽车库、修车库与甲类厂房的防火间距应按该表的规定值增加2m。

表 2.2-9　汽车库、修车库、停车场之间及汽车库、修车库、停车场与除甲类物品
仓库外的其他建筑物的防火间距（m）

名称和耐火等级	汽车库、修车库		厂房、仓库、民用建筑		
	一、二级	三级	一、二级	三级	四级
一、二级汽车库、修车库	10	12	10	12	14
三级汽车库、修车库	12	14	12	14	16
停车场	6	8	6	8	10

注：1　本表引自《汽车库、修车库、停车场设计防火规范》GB 50067—2014第4.2.1条中表4.2.1。
　　2　防火间距应按相邻建筑物外墙的最近距离算起，如外墙有凸出的可燃物构件时，则应从其凸出部分外缘算起，停车场从靠近建筑物的最近停车位置边缘算起。
　　3　厂房、仓库的火灾危险性分类应符合现行国家标准《建筑设计防火规范》GB 50016的有关规定。

第4.2.2条规定，汽车库、修车库之间或汽车库、修车库与其他建筑之间的防火间距可适当减少，但应符合下列规定：

1　当两座建筑相邻较高一面外墙为无门、窗、洞口的防火墙或当较高一面外墙比较低一座一、二级耐火等级建筑屋面高15m及以下范围内的外墙为无门、窗、洞口的防火墙时，其防火间距可不限；

2　当两座建筑相邻较高一面外墙上，同较低建筑等高的以下范围内的墙为无门、窗、洞口的防火墙时，其防火间距可按表2.2-9的规定值减小50%；

3　相邻的两座一、二级耐火等级建筑，当较高一面外墙的耐火极限不低于2.00h，墙上开口部位设置甲级防火门、窗或耐火极限不低于2.00h的防火卷帘、水幕等防火设施时，其防火间距可减小，但不应小于4m；

4　相邻的两座一、二级耐火等级建筑，当较低一座的屋顶无开口，屋顶的耐火极限不低于1.00h，且较低一面外墙为防火墙时，其防火间距可减小，但不应小于4m。

第4.2.3条规定，停车场与相邻的一、二级耐火等级建筑之间，当相邻建筑的外墙为无门、窗、洞口的防火墙，或比停车部位高15m范围以下的外墙均为无门、窗、洞口的防火墙时，防火间距可不限。

第4.2.4条规定，汽车库、修车库、停车场与甲类物品仓库的防火间距不应小于表2.2-10的规定。

表 2.2-10　汽车库、修车库、停车场与甲类物品仓库的防火间距（m）

名称		总容量（t）	汽车库、修车库		停车场
			一、二级	三级	
甲类物品仓库	3、4项	≤5	15	20	15
		>5	20	25	20

名称		总容量 （t）	汽车库、修车库		停车场
			一、二级	三级	
甲类物品 仓库	1、2、5、6项	≤10	12	15	12
		>10	15	20	15

注：1 本表引自《汽车库、修车库、停车场设计防火规范》GB 50067—2014 第4.2.4条中表4.2.4。

2 甲类物品的分项应符合现行国家标准《建筑设计防火规范》GB 50016 的有关规定。

3 甲、乙类物品运输车的汽车库、修车库、停车场与甲类物品仓库的防火间距应按本表的规定值增加5m。

第4.2.5条规定，甲、乙类物品运输车的汽车库、修车库、停车场与民用建筑的防火间距不应小于25m，与重要公共建筑的防火间距不应小于50m。甲类物品运输车的汽车库、修车库、停车场与明火或散发火花地点的防火间距不应小于30m，与厂房、仓库的防火间距应按表2.2-9的规定值增加2m。

2.2.2 消防车道

一、验收内容

1. 消防车道的设置位置和形式，回车场的设置应能满足消防车工作要求。

2. 消防车道的净高、净宽、转弯半径。

3. 消防车道与建筑外墙的距离、消防车道坡度。

二、验收方法

1. 对照消防设计文件及竣工图纸，现场核对消防车道的设置及路面情况，采用卷尺测量回车场长度、宽度及消防车道净宽度、净高；或根据实际设置情况进行消防车通行试验。

2. 对照消防设计文件及竣工图纸，现场核对消防车道与建筑之间是否设置妨碍消防车操作的障碍物。用测距仪、卷尺测量消防车道与建筑物的距离，用数字坡度仪测量消防车道坡度。

三、规范依据

对于消防车道的设置要求，见表2.2-11。

表 2.2-11 消防车道的设置要求

验收内容	规范名称	主要内容
车道设置位置、设置形式	《建筑防火通用规范》GB 55037—2022	3.4.1 工业与民用建筑周围、工厂厂区内、仓库库区内、城市轨道交通的车辆基地内、其他地下工程的地面出入口附近，均应设置可通行消防车并与外部公路或街道连通的道路。 3.4.2 下列建筑应至少沿建筑的两条长边设置消防车道： 1 高层厂房，占地面积大于3000m²的单、多层甲、乙、丙类厂房； 2 占地面积大于1500m²的乙、丙类仓库。 3.4.3 除受环境地理条件限制只能设置1条消防车道的公共建筑外，其他高层公共建筑和占地面积大于3000m²的其他单、多层公共建筑应至少沿建筑的两条长边设置消防车道。住宅建筑应至少沿建筑的一条长边设置消防车道。当建筑仅设置1条消防车道时，该消防车道应位于建筑的消防车登高操作场地一侧。 3.4.4 供消防车取水的天然水源和消防水池应设置消防车道，天然水源和消防水池的最低水位应满足消防车可靠取水的要求

续表

验收内容	规范名称	主要内容
车道设置位置、设置形式	《建筑设计防火规范》GB 50016—2014（2018 年版）	7.1.1　街区内的道路应考虑消防车的通行，道路中心线间的距离不宜大于 160m。 当建筑物沿街道部分的长度大于 150m 或总长度大于 220m 时，应设置穿过建筑物的消防车道。确有困难时，应设置环形消防车道。 7.1.2　高层民用建筑，超过 3000 个座位的体育馆，超过 2000 个座位的会堂，占地面积大于 3000m² 的商店建筑、展览建筑等单、多层公共建筑应设置环形消防车道，确有困难时，可沿建筑的两个长边设置消防车道；对于高层住宅建筑和山坡地或河道边临空建造的高层民用建筑，可沿建筑的一个长边设置消防车道，但该长边所在建筑立面应为消防车登高操作面。 7.1.4　有封闭内院或天井的建筑物，当内院或天井的短边长度大于 24m 时，宜设置进入内院或天井的消防车道；当该建筑物沿街时，应设置连通街道和内院的人行通道（可利用楼梯间），其间距不宜大于 80m。 7.1.5　在穿过建筑物或进入建筑物内院的消防车道两侧，不应设置影响消防车通行或人员安全疏散的设施。 7.1.7　供消防车取水的天然水源和消防水池应设置消防车道。消防车道的边缘距离取水点不宜大于 2m
车道设置位置、设置形式	《精细化工企业工程设计防火标准》GB 51283—2020	4.3.3　厂内消防车道布置应符合下列规定： 1　高层厂房，甲、乙、丙类厂房或生产设施，乙、丙类仓库，可燃液体罐区，液化烃罐区和可燃气体罐区消防车道设置，应符合现行国家标准《建筑设计防火规范》GB 50016 的规定
车道设置位置、设置形式	《汽车库、修车库、停车场设计防火规范》GB 50067—2014	4.3.1　汽车库、修车库周围应设置消防车道。 4.3.2　消防车道的设置应符合下列要求： 1　除Ⅳ类汽车库和修车库以外，消防车道应为环形，当设置环形车道有困难时，可沿建筑物的一个长边和另一边设置
回车场的设置	《建筑防火通用规范》**GB 55037—2022**	**3.4.5**　消防车道或兼作消防车道的道路应符合下列规定： **6**　长度大于 40m 的尽头式消防车道应设置满足消防车回转要求的场地或道路
回车场的设置	《建筑设计防火规范》GB 50016—2014（2018 年版）	7.1.9　环形消防车道至少应有两处与其他车道连通。尽头式消防车道应设置回车道或回车场，回车场的面积不应小于 12m×12m；对于高层建筑，不宜小于 15m×15m；供重型消防车使用时，不宜小于 18m×18m
车道具体设置要求	《建筑防火通用规范》**GB 55037—2022**	**3.4.5**　消防车道或兼作消防车道的道路应符合下列规定： **1**　道路的净宽度和净空高度应满足消防车安全、快速通行的要求； **2**　转弯半径应满足消防车转弯的要求； **3**　路面及其下面的建筑结构、管道、管沟等，应满足承受消防车满载时压力的要求； **4**　坡度应满足消防车满载时正常通行的要求，且不应大于 10%，兼作消防救援场地的消防车道，坡度尚应满足消防车停靠和消防救援作业的要求； **5**　消防车道与建筑外墙的水平距离应满足消防车安全通行的要求，位于建筑消防扑救面一侧兼作消防救援场地的消防车道应满足消防救援作业的要求； **7**　消防车道与建筑消防扑救面之间不应有妨碍消防车操作的障碍物，不应有影响消防安全作业的架空高压电线。

验收内容	规范名称	主要内容
车道具体设置要求	《建筑防火通用规范》GB 55037—2022	**12.0.2** 建筑周围的消防车道和消防车登高操作场地应保持畅通，其范围内不应存放机动车辆，不应设置隔离桩、栏杆等可能影响消防车通行的障碍物，并应设置明显的消防车道或消防车登高操作场地的标识和不得占用、阻塞的警示标志
	《建筑设计防火规范》GB 50016—2014（2018 年版）	7.1.8 消防车道应符合下列要求： 1 车道的净宽度和净空高度均不应小于 4.0m； 4 消防车道靠建筑外墙一侧的边缘距离建筑外墙不宜小于 5m。 7.1.9 消防车道可利用城乡、厂区道路等，但该道路应满足消防车通行、转弯和停靠的要求
	《精细化工企业工程设计防火标准》GB 51283—2020	4.3.3 厂内消防车道布置应符合下列规定： 2 主要消防车道路面宽度不应小于 6m，路面上的净空高度不应小于 5m，路面内缘转弯半径应满足消防车转弯半径的要求

2.2.3 消防车登高操作场地

一、验收内容

1. 消防车登高操作面的设置。
2. 消防车登高操作场地的长度、宽度、坡度。
3. 消防车登高操作场地应与消防车道连通，场地与建筑外墙的距离。

二、验收方法

1. 对照消防设计文件及竣工图纸，现场核对建筑的外立面、登高操作面的设置情况，核查相对应范围内直通室外的楼梯及直通楼梯间入口的设置情况。

2. 对照消防设计文件及竣工图纸，采用卷尺测量消防车登高操作场地的长度、宽度，用数字坡度仪测量消防车登高操作场地的坡度。

3. 现场核查连通情况，采用测距仪、卷尺测量核对场地与建筑外墙的距离。

三、规范依据

对于消防车登高操作场地的设置要求，见表 2.2-12。

表 2.2-12 消防车登高操作场地的设置要求

验收内容	规范名称	主要内容
消防车登高操作面的设置位置	《建筑防火通用规范》GB 55037—2022	**3.4.6** 高层建筑应至少沿其一条长边设置消防车登高操作场地。未连续布置的消防车登高操作场地，应保证消防车的救援作业范围能覆盖该建筑的全部消防扑救面
	《建筑设计防火规范》GB 50016—2014（2018 年版）	7.2.1 高层建筑应至少沿一个长边或周边长度的 1/4 且不小于一个长边长度的底边连续布置消防车登高操作场地，该范围内的裙房进深不应大于 4m。 建筑高度不大于 50m 的建筑，连续布置消防车登高操作场地确有困难时，可间隔布置，但间隔距离不宜大于 30m，且消防车登高操作场地的总长度仍应符合上述规定

续表

验收内容	规范名称	主要内容
消防车登高操作面的具体设置要求	《建筑防火通用规范》**GB 55037—2022**	3.4.7　消防车登高操作场地应符合下列规定： 1　场地与建筑之间不应有进深大于 **4m** 的裙房及其他妨碍消防车操作的障碍物或影响消防车作业的架空高压电线； 2　场地及其下面的建筑结构、管道、管沟等应满足承受消防车满载时压力的要求； 3　场地的坡度应满足消防车安全停靠和消防救援作业的要求
	《建筑设计防火规范》GB 50016—2014（2018 年版）	7.2.2　消防车登高操作场地应符合下列规定： 2　场地的长度和宽度分别不应小于 15m 和 10m。对于建筑高度大于 50m 的建筑，场地的长度和宽度分别不应小于 20m 和 10m。 4　场地应与消防车道连通，场地靠建筑外墙一侧的边缘距离建筑外墙不宜小于 5m，且不应大于 10m，场地的坡度不宜大于 3%。 7.2.3　建筑物与消防车登高操作场地相对应的范围内，应设置直通室外的楼梯或直通楼梯间的入口

2.3　平　面　布　置

2.3.1　消防控制室

一、验收内容

1. 消防控制室的设置位置。

2. 消防控制室的防火分隔、安全出口、应急照明及消防控制室防淹措施。

3. 管道布置，应无与消防设施无关的电气线路及管路穿越消防控制室。

二、验收方法

1. 对照消防设计文件及竣工图纸，现场核查消防控制室设置位置及安全出口设置情况，并查看安全出口畅通情况。

2. 查阅相关证明资料，核对防火门防火性能。

3. 核查防淹措施有效性。

4. 查看消防控制室应急照明、备用照明、疏散指示标志，并现场测试照度、持续时间。

5. 现场核查消防控制室内电气线路、管路的敷设情况。

三、规范依据

对于消防控制室的设置要求，见表 2.3-1。

表 2.3-1　消防控制室的设置要求

验收内容	规范名称	主要内容
设置位置及安全出口设置	《建筑防火通用规范》**GB 55037—2022**	**4.1.8** 消防控制室的布置应符合下列规定： **3** 消防控制室应位于建筑的首层或地下一层，疏散门应直通室外或安全出口（"疏散门应直通室外"，要求进出相应房间不需要经过其他房间或使用区域就可以直接到达建筑外；"疏散门应直通安全出口"，要求相应房间的疏散门可以经疏散走道直接到达疏散楼梯间的楼梯入口或直通室外的门口，不需要经过其他场所或区域）； **4** 消防控制室的环境条件不应干扰或影响消防控制室内火灾报警与控制设备的正常运行
	《火灾自动报警系统设计规范》GB 50116—2013	3.4.8　消防控制室内设备的布置应符合下列规定： 5　与建筑其他弱电系统合用的消防控制室内，消防设备应集中设置，并应与其他设备间有明显间隔
防火分隔	《建筑防火通用规范》**GB 55037—2022**	**4.1.8** 消防控制室的防火分隔应符合下列规定： **1** 单独建造的消防控制室，耐火等级不应低于二级； **2** 附设在建筑内的消防控制室应采用防火门、防火窗、耐火极限不低于 2.00h 的防火隔墙和耐火极限不低于 1.50h 的楼板与其他部位分隔
	《建筑设计防火规范》GB 50016—2014（2018 年版）	6.2.7　附设在建筑内的消防控制室、灭火设备室、消防水泵房和通风空气调节机房、变配电室等，应采用耐火极限不低于 2.00h 的防火隔墙和 1.50h 的楼板与其他部位分隔。 设置在丁、戊类厂房内的通风机房，应采用耐火极限不低于 1.00h 的防火隔墙和 0.50h 的楼板与其他部位分隔。 通风、空气调节机房和变配电室开向建筑内的门应采用甲级防火门，消防控制室和其他设备房开向建筑内的门应采用乙级防火门
	《火灾自动报警系统设计规范》GB 50116—2013	3.4.5　消防控制室送、回风管的穿墙处应设防火阀
应急照明、备用照明、防淹设施	《建筑防火通用规范》**GB 55037—2022**	**4.1.8** 消防控制室的布置和防火分隔应符合下列规定： **6** 消防控制室应采取防水淹、防潮、防啮齿动物等的措施。 **10.1.11** 消防控制室、消防水泵房、自备发电机房、配电室、防排烟机房以及发生火灾时仍需正常工作的消防设备房应设置备用照明，其作业面的最低照度不应低于正常照明的照度
	《消防应急照明和疏散指示系统技术标准》GB 51309—2018	3.8.1　避难间（层）及配电室、消防控制室、消防水泵房、自备发电机房等发生火灾时仍需工作、值守的区域应同时设置备用照明、疏散照明和疏散指示标志
管道布置及其他要求	《建筑防火通用规范》**GB 55037—2022**	**4.1.8** 消防控制室的布置和防火分隔应符合下列规定： **5** 消防控制室内不应敷设或穿过与消防控制室无关的管线

2.3.2　消防水泵房

一、验收内容

1. 消防水泵房的设置位置、防火分隔、安全出口等建筑防火要求。

2. 消防水泵房备用照明、应急照明、防淹、供暖措施及其他要求。

二、验收方法

1. 对照消防设计文件及竣工图纸，现场核查消防控制室设置位置及安全出口设置情况，并查看安全出口畅通情况。

2. 查阅有关资料，核对防火门防火性能。

3. 核对供暖及防淹措施有效性。

4. 查看消防水泵房备用照明、疏散照明和疏散指示标志灯，并现场测试照度、持续时间。

三、规范依据

对于消防水泵房的设置要求，见表 2.3-2。

表 2.3-2　消防水泵房的设置要求

验收内容	规范名称	主要内容
设置位置及安全出口设置	《建筑防火通用规范》GB 55037—2022	**4.1.7**　消防水泵房的布置应符合下列规定： **3**　除地铁工程、水利水电工程和其他特殊工程中的地下消防水泵房可根据工程要求确定其设置楼层外，其他建筑中的消防水泵房不应设置在建筑的地下三层及以下楼层； **4**　消防水泵房的疏散门应直通室外或安全出口
	《建筑设计防火规范》GB 50016—2014（2018 年版）	8.1.6　消防水泵房的设置应符合下列规定： 2　附设在建筑内的消防水泵房，不应设置在地下三层及以下或室内地面与室外出入口地坪高差大于 10m 的地下楼层
	《石油化工企业设计防火标准》GB 50160—2008（2018 年版）	8.3.3　消防水泵房宜与生活或生产水泵房合建，其耐火等级不应低于二级
防火分隔	《建筑防火通用规范》GB 55037—2022	**4.1.7**　消防水泵房的防火分隔应符合下列规定： **1**　单独建造的消防水泵房，耐火等级不应低于二级； **2**　附设在建筑内的消防水泵房应采用防火门、防火窗、耐火极限不低于 2.00h 的防火隔墙和耐火极限不低于 1.50h 的楼板与其他部位分隔
	《消防给水及消火栓系统技术规范》GB 50974—2014	5.5.12　消防水泵房应符合下列规定： 3　附设在建筑物内的消防水泵房，应采用耐火极限不低于 2.0h 的隔墙和 1.50h 的楼板与其他部位隔开，其疏散门应直通安全出口，且开向疏散走道的门应采用甲级防火门

续表

验收内容	规范名称	主要内容
应急照明、备用照明、防淹设施及其他要求	《建筑防火通用规范》 GB 55037—2022	**4.1.7** 消防水泵房的布置应符合下列规定： **5** 消防水泵房的室内环境温度不应低于 5℃； **6** 消防水泵房应采取防水淹等的措施。 **10.1.11** 消防水泵房应设置备用照明，其作业面的最低照度不应低于正常照明的照度
	《消防应急照明和疏散指示系统技术标准》 GB 51309—2018	**3.8.1** 避难间（层）及配电室、消防控制室、消防水泵房、自备发电机房等发生火灾时仍需工作、值守的区域应同时设置备用照明、疏散照明和疏散指示标志
	《消防给水及消火栓系统技术规范》 GB 50974—2014	**5.5.9** 消防水泵房的设计应根据具体情况设计相应的采暖、通风和排水设施，并应符合下列规定： **1** 严寒、寒冷等冬季结冰地区采暖温度不应低于 10℃，但当无人值守时不应低于 5℃； **2** 消防水泵房的通风宜按 6 次/h 设计； **3** 消防水泵房应设置排水设施
	《石油化工企业设计防火标准》 GB 50160—2008 （2018 年版）	**9.1.1** 大中型石油化工企业消防水泵房用电负荷应为一级负荷。 **9.1.2** 消防水泵房及其配电室应设消防应急照明，照明可采用蓄电池做备用电源，其连续供电时间不应少于 3h

2.3.3 柴油发电机房

一、验收内容

1. 柴油发电机房的设置位置、防火分隔、疏散门等建筑防火要求。

2. 应急照明、储油间、油箱及通气管的设置，油料储存量。

二、验收方法

1. 对照消防设计文件及竣工图纸，现场核查柴油发电机房设置位置。

2. 查阅有关资料，核对防火门防火性能。

3. 现场通过油箱液位显示核查储油间内总储量，核查通气管及防止油品流散设施的设置情况。

4. 现场切断柴油发电机房内电源，测试内部应急照明照度、持续时间。

三、规范依据

对于柴油发电机房的设置要求，见表 2.3-3。

表 2.3-3 柴油发电机房的设置要求

验收内容	规范名称	主要内容
柴油发电机房设置位置、防火分隔及疏散门设置	《建筑防火通用规范》 GB 55037—2022	**4.1.4** 燃油或燃气锅炉、可燃油油浸变压器、充有可燃油的高压电容器和多油开关、柴油发电机房等独立建造的设备用房与民用建筑贴邻时，应采用防火墙分隔，且不应贴邻建筑中人员密集的场所。上述设备用房附设在建筑内时，应符合下列规定：

验收内容	规范名称	主要内容
柴油发电机房设置位置、防火分隔及疏散门设置	《建筑防火通用规范》 GB 55037—2022	**1**　当位于人员密集的场所的上一层、下一层或贴邻时，应采取防止设备用房的爆炸作用危及上一层、下一层或相邻场所的措施； **2**　设备用房的疏散门应直通室外或安全出口； **3**　设备用房应采用耐火极限不低于 2.00h 的防火隔墙和耐火极限不低于 1.50h 的不燃性楼板与其他部位分隔，防火隔墙上的门、窗应为甲级防火门、窗
	《民用建筑设计统一标准》 GB 50352—2019	8.3.3　柴油发电机房应符合下列规定： **3**　当发电机间、控制及配电室长度大于 7.0m 时，至少应设 2 个出入口门。其中一个门及通道的大小应满足运输机组的需要，否则应预留运输条件。 **4**　发电机间的门应向外开启。发电机间与控制及配电室之间的门和观察窗应采取防火措施，门应开向发电机间
储油间、油箱、燃油或燃气管道及通气管的设置，油料储存量	《建筑防火通用规范》 GB 55037—2022	4.1.5　附设在建筑内的燃油或燃气锅炉房、柴油发电机房，除应符合本规范第 4.1.4 条的规定外，尚应符合下列规定： **2**　建筑内单间储油间的燃油储存量不应大于 1m³。油箱的通气管设置应满足防火要求，油箱的下部应设置防止油品流散的设施。储油间应采用耐火极限不低于 3.00h 的防火隔墙与发电机间、锅炉间分隔。 **3**　柴油机的排烟管、柴油机房的通风管、与储油间无关的电气线路等，不应穿过储油间。 **4**　燃油或燃气管道在设备间内及进入建筑物前，应分别设置具有自动和手动关闭功能的切断阀
	《建筑设计防火规范》 GB 50016—2014 （2018 年版）	5.4.15　设置在建筑内的锅炉、柴油发电机，其燃料供给管道应符合下列规定： **2**　储油间的油箱应密闭且应设置通向室外的通气管，通气管应设置带阻火器的呼吸阀，油箱的下部应设置防止油品流散的设施
应急照明、备用照明及其他要求	《建筑防火通用规范》 GB 55037—2022	10.1.11　消防控制室、消防水泵房、自备发电机房、配电室、防排烟机房以及发生火灾时仍需正常工作的消防设备房应设置备用照明，其作业面的最低照度不应低于正常照明的照度
	《建筑设计防火规范》 GB 50016—2014 （2018 年版）	5.4.13　布置在民用建筑内的柴油发电机房应符合下列规定： **5**　应设置火灾报警装置。 **6**　应设置与柴油发电机容量和建筑规模相适应的灭火设施，当建筑内其他部位设置自动喷水灭火系统时，机房内应设置自动喷水灭火系统
	《消防应急照明和疏散指示系统技术标准》 GB 51309—2018	3.8.1　避难间（层）及配电室、消防控制室、消防水泵房、自备发电机房等发生火灾时仍需工作、值守的区域应同时设置备用照明、疏散照明和疏散指示标志

2.3.4 变配电房

一、验收内容

1. 变配电房的设置位置、耐火等级、防火分隔、疏散门等建筑防火要求。
2. 应急照明的设置。

二、验收方法

1. 对照消防设计文件及竣工图纸，现场核查变配电房设置位置。
2. 查阅有关资料，核对防火门防火性能；现场核查疏散门的设置情况。
3. 现场切断变配电室内双电源箱内主电源，测试备用照明。

三、规范依据

对于变配电房的设置要求，见表 2.3-4。

表 2.3-4 变配电房的设置要求

验收内容	规范名称	主要内容
设置位置、耐火等级、防火分隔、疏散门设置	《建筑防火通用规范》 GB 55037—2022	4.1.4 燃油或燃气锅炉、可燃油油浸变压器、充有可燃油的高压电容器和多油开关、柴油发电机房等独立建造的设备用房与民用建筑贴邻时，应采用防火墙分隔，且不应贴邻建筑中人员密集的场所。上述设备用房附设在建筑内时，应符合下列规定： 1 当位于人员密集的场所的上一层、下一层或贴邻时，应采取防止设备用房的爆炸作用危及上一层、下一层或相邻场所的措施； 2 设备用房的疏散门应直通室外或安全出口； 3 设备用房应采用耐火极限不低于 2.00h 的防火隔墙和耐火极限不低于 1.50h 的不燃性楼板与其他部位分隔，防火隔墙上的门、窗应为甲级防火门、窗。 4.1.6 附设在建筑内的可燃油油浸变压器、充有可燃油的高压电容器和多油开关等的设备用房，除应符合本规范第 4.1.4 条的规定外，尚应符合下列规定： 1 油浸变压器室、多油开关室、高压电容器室均应设置防止油品流散的设施； 2 变压器室应位于建筑的靠外侧部位，不应设置在地下二层及以下楼层； 3 变压器室之间、变压器室与配电室之间应采用防火门和耐火极限不低于 2.00h 的防火隔墙分隔
	《民用建筑电气设计标准》 GB 51348—2019	4.10.1 可燃油油浸变压器室以及电压为 35kV、20kV 或 10kV 的配电装置室和电容器室的耐火等级不得低于二级。 4.10.2 非燃或难燃介质的变压器室以及低压配电装置室和电容器室的耐火等级不宜低于二级。 4.10.3 民用建筑内的变电所对外开的门应为防火门，并应符合下列规定： 1 变电所位于高层主体建筑或裙房内时，通向其他相邻房间的门应为甲级防火门，通向过道的门应为乙级防火门； 2 变电所位于多层建筑物的二层或更高层时，通向其他相邻房间的门应为甲级防火门，通向过道的门应为乙级防火门； 3 变电所位于多层建筑物的首层时，通向相邻房间或过道的门应为乙级防火门；

验收内容	规范名称	主要内容
设置位置、耐火等级、防火分隔、疏散门设置	《民用建筑电气设计标准》GB 51348—2019	4　变电所位于地下层或下面有地下层时，通向相邻房间或过道的门应为甲级防火门； 　5　变电所通向汽车库的门应为甲级防火门； 　6　当变电所设置在建筑首层，且向室外开门的上层有窗或非实体墙时，变电所直接通向室外的门应为丙级防火门。 　4.10.9　变压器室、配电装置室、电容器室的门应向外开，并应装锁。相邻配电装置室之间设有防火隔墙时，隔墙上的门应为甲级防火门，并向低电压配电室开启，当隔墙仅为管理需求设置时，隔墙上的门应为双向开启的不燃材料制作的弹簧门
	《民用建筑设计统一标准》GB 50352—2019	8.3.1　民用建筑物内设置的变电所应符合下列规定： 　3　变电所宜设在一个防火分区内。当在一个防火分区内设置的变电所，建筑面积不大于 200.0m² 时，至少应设置 1 个直接通向疏散走道（安全出口）或室外的疏散门；当建筑面积大于 200.0m² 时，至少应设置 2 个直接通向疏散走道（安全出口）或室外的疏散门；当变电所长度大于 60.0m 时，至少应设置 3 个直接通向疏散走道（安全出口）或室外的疏散门。 　4　当变电所内设置值班室时，值班室应设置直接通向室外或疏散走道（安全出口）的疏散门。 　5　当变电所设置 2 个及以上疏散门时，疏散门之间的距离不应小于 5.0m，且不应大于 40.0m。 　6　变压器室、配电室、电容器室的出入口门应向外开启。同一个防火分区内的变电所，其内部相通的门应为不燃材料制作的双向弹簧门。当变压器室、配电室、电容器室长度大于 7.0m 时，至少应设 2 个出入口门。 　7　变压器室、配电室、电容器室等应设置防雨雪和小动物从采光窗、通风窗、门、电缆沟等进入室内的设施
	《精细化工企业工程设计防火标准》GB 51283—2020	11.2.1　全厂性的 20kV 以上的变配电所宜独立设置。变配电所、配电室、控制室应布置在爆炸危险区域范围外，当为正压室时，可布置在 1 区、2 区。对于可燃物质比空气重的爆炸性气体环境，位于爆炸危险附加 2 区内的变配电所、配电室、控制室的电气和仪表的设备层地面，应高出室外地面 0.6m
应急照明、备用照明及其他要求	**《建筑防火通用规范》GB 55037—2022**	**　10.1.11　消防控制室、消防水泵房、自备发电机房、配电室、防排烟机房以及发生火灾时仍需正常工作的消防设备房应设置备用照明，其作业面的最低照度不应低于正常照明的照度**
	《建筑设计防火规范》GB 50016—2014（2018 年版）	5.4.12　燃油或燃气锅炉、油浸变压器、充有可燃油的高压电容器和多油开关等，宜设置在建筑外的专用房间内；确需贴邻民用建筑布置时，应采用防火墙与所贴邻的建筑分隔，且不应贴邻人员密集场所，该专用房间的耐火等级不应低于二级；确需布置在民用建筑内时，不应布置在人员密集场所的上一层、下一层或贴邻，并应符合下列规定： 　7　应设置火灾报警装置。 　8　应设置与锅炉、变压器、电容器和多油开关等的容量及建筑规模相适应的灭火设施，当建筑内其他部位设置自动喷水灭火系统时，应设置自动喷水灭火系统

验收内容	规范名称	主要内容
应急照明、备用照明及其他要求	《消防应急照明和疏散指示系统技术标准》GB 51309—2018	3.8.1 避难间（层）及配电室、消防控制室、消防水泵房、自备发电机房等发生火灾时仍需工作、值守的区域应同时设置备用照明、疏散照明和疏散指示标志

2.3.5 锅炉房及其他使用可燃气体、液体作燃料的场所

一、验收内容

1. 锅炉房的耐火等级、设置位置、防火分隔及疏散门。

2. 锅炉房储油间及燃油、燃气管道布置。

3. 建筑内使用可燃气体、液体作燃料时，其燃料的储存、供给和使用要求。

二、验收方法

1. 对照消防设计文件及竣工图纸，现场核查锅炉房设置位置，核对防火门防火性能及疏散门的设置情况。

2. 对照设计文件，现场核查锅炉房储油间、燃油管道或燃气管道的布置。

3. 对照设计文件，现场核查建筑内放置的可燃气体、液体作燃料储存、供给和使用情况。

三、规范依据

对于锅炉房及其他使用可燃气体、液体作燃料的场所的设置要求，见表2.3-5。

表 2.3-5　锅炉房及其他使用可燃气体、液体作燃料的场所的设置要求

验收内容	规范名称	主要内容
锅炉房耐火等级、设置位置、防火分隔、泄爆设施及疏散门设置	《建筑防火通用规范》GB 55037—2022	4.1.3 下列场所应采用防火门、防火窗、耐火极限不低于2.00h的防火隔墙和耐火极限不低于1.00h的楼板与其他区域分隔： 1 住宅建筑中的汽车库和锅炉房； 4.1.4 燃油或燃气锅炉、可燃油油浸变压器、充有可燃油的高压电容器和多油开关、柴油发电机房等独立建造的设备用房与民用建筑贴邻时，应采用防火墙分隔，且不应贴邻建筑中人员密集的场所。上述设备用房附设在建筑内时，应符合下列规定： 1 当位于人员密集的场所的上一层、下一层或贴邻时，应采取防止设备用房的爆炸作用危及上一层、下一层或相邻场所的措施； 2 设备用房的疏散门应直通室外或安全出口； 3 设备用房应采用耐火极限不低于2.00h的防火隔墙和耐火极限不低于1.50h的不燃性楼板与其他部位分隔，防火隔墙上的门、窗应为甲级防火门、窗。 4.1.5 附设在建筑内的燃油或燃气锅炉房、柴油发电机房，除应符合本规范第4.1.4条的规定外，尚应符合下列规定： 1 常（负）压燃油或燃气锅炉不应位于地下二层及以下，位于屋顶的常（负）压燃气锅炉房与通向屋面的安全出口的最小水平距离不应小于6m；其他燃油或燃气锅炉房应位于建筑首层的靠外墙部位或地下一层的靠外侧部位，不应贴邻消防救援专用出入口、疏散楼梯（间）或人员的主要疏散通道

验收内容	规范名称	主要内容
锅炉房耐火等级、设置位置、防火分隔、泄爆设施及疏散门设置	《建筑设计防火规范》GB 50016—2014（2018年版）	5.4.12　燃油或燃气锅炉、油浸变压器、充有可燃油的高压电容器和多油开关等，宜设置在建筑外的专用房间内；确需贴邻民用建筑布置时，应采用防火墙与所贴邻的建筑分隔，且不应贴邻人员密集场所，该专用房间的耐火等级不应低于二级；确需布置在民用建筑内时，不应布置在人员密集场所的上一层、下一层或贴邻，并应符合下列规定： 1　燃油或燃气锅炉房、变压器室应设置在首层或地下一层的靠外墙部位，但常（负）压燃油或燃气锅炉可设置在地下二层或屋顶上。设置在屋顶上的常（负）压燃气锅炉，距离通向屋面的安全出口不应小于6m。 采用相对密度（与空气密度的比值）不小于0.75的可燃气体为燃料的锅炉，不得设置在地下或半地下
	《锅炉房设计标准》GB 50041—2020	15.1.1　锅炉房的火灾危险性分类和耐火等级应符合下列规定： 1　锅炉间应属于丁类生产厂房，建筑不应低于二级耐火等级；当为燃煤锅炉间且锅炉的总蒸发量小于或等于4t/h或热水锅炉总额定热功率小于或等于2.8MW时，锅炉间建筑不应低于三级耐火等级； 2　油箱间、油泵间和重油加热器间应属于丙类生产厂房，其建筑均不应低于二级耐火等级； 3　燃气调压间及气瓶专用房间应属于甲类生产厂房，其建筑不应低于二级耐火等级。 15.1.2　锅炉房的外墙、楼地面或屋面应有相应的防爆措施，并应有相当于锅炉间占地面积10%的泄压面积，泄压方向不得朝向人员聚集的场所、房间和人行通道，泄压处也不得与这些地方相邻。地下锅炉房采用竖井泄爆方式时，竖井的净横断面积应满足泄压面积的要求。 15.1.3　燃油、燃气锅炉房锅炉间与相邻的辅助间之间应设置防火隔墙，并应符合下列规定： 1　锅炉间与油箱间、油泵间和重油加热器间之间的防火隔墙，其耐火极限不应低于3.00h，隔墙上开设的门应为甲级防火门； 2　锅炉间与调压间之间的防火隔墙，其耐火极限不应低于3.00h； 3　锅炉间与其他辅助间之间的防火隔墙，其耐火极限不应低于2.00h，隔墙上开设的门应为甲级防火门。 15.1.4　锅炉房和其他建筑物贴邻时，应采用防火墙与贴邻的建筑分隔。 15.1.5　调压间的门窗应向外开启并不应直接通向锅炉间，地面应采用不产生火花地坪
锅炉房储油间及燃油、燃气管道布置及其他要求	《建筑防火通用规范》GB 55037—2022	4.1.5　附设在建筑内的燃油或燃气锅炉房、柴油发电机房，除应符合本规范第4.1.4条的规定外，尚应符合下列规定： 2　建筑内单间储油间的燃油储存量不应大于1m³。油箱的通气管设置应满足防火要求，油箱的下部应设置防止油品流散的设施。储油间应采用耐火极限不低于3.00h的防火隔墙与发电机间、锅炉间分隔。 4　燃油或燃气管道在设备间内及进入建筑物前，应分别设置具有自动和手动关闭功能的切断阀

验收内容	规范名称	主要内容
锅炉房储油间及燃油、燃气管道布置及其他要求	《建筑设计防火规范》GB 50016—2014（2018 年版）	5.4.12 燃油或燃气锅炉、油浸变压器、充有可燃油的高压电容器和多油开关等，宜设置在建筑外的专用房间内；确需贴邻民用建筑布置时，应采用防火墙与所贴邻的建筑分隔，且不应贴邻人员密集场所，该专用房间的耐火等级不应低于二级；确需布置在民用建筑内时，不应布置在人员密集场所的上一层、下一层或贴邻，并应符合下列规定： 7 应设置火灾报警装置。 8 应设置与锅炉的容量及建筑规模相适应的灭火设施，当建筑内其他部位设置自动喷水灭火系统时，应设置自动喷水灭火系统。 10 燃气锅炉房应设置爆炸泄压设施。燃油或燃气锅炉应设置独立的通风系统，并应符合本规范第 9 章的规定。 5.4.15 设置在建筑内的锅炉、柴油发电机，其燃料供给管道应符合下列规定： 2 储油间的油箱应密闭且应设置通向室外的通气管，通气管应设置带阻火器的呼吸阀，油箱的下部应设置防止油品流散的设施； 3 燃气供给管道的敷设应符合现行国家标准《城镇燃气设计规范》GB 50028 的规定
建筑内使用可燃气体、液体作燃料时，其燃料的储存、供给和使用要求	《建筑防火通用规范》GB 55037—2022	**4.3.11 燃气调压用房、瓶装液化石油气瓶组用房应独立建造，不应与居住建筑、人员密集的场所及其他高层民用建筑贴邻；贴邻其他民用建筑的，应采用防火墙分隔，门、窗应向室外开启。瓶装液化石油气瓶组用房应符合下列规定：** **1 当与所服务建筑贴邻布置时，液化石油气瓶组的总容积不应大于 1m³，并应采用自然气化方式供气；** **2 瓶组用房的总出气管道上应设置紧急事故自动切断阀；** **3 瓶组用房内应设置可燃气体探测报警装置。** **4.3.12 建筑内使用天然气的部位应便于通风和防爆泄压**
	《建筑设计防火规范》GB 50016—2014（2018 年版）	5.4.14 供建筑内使用的丙类液体燃料，其储罐应布置在建筑外，应符合下列规定： 1 当总容量不大于 15m³，且直埋于建筑附近、面向油罐一面 4.0m 范围内的建筑外墙为防火墙时，储罐与建筑的防火间距不限； 2 当总容量大于 15m³ 时，储罐的布置应符合本规范第 4.2 节的规定； 3 当设置中间罐时，中间罐的容量不应大于 1m³，并应设置在一、二级耐火等级的单独房间内，房间门应采用甲级防火门。 5.4.16 高层民用建筑内使用可燃气体燃料时，应采用管道供气。使用可燃气体的房间或部位宜靠外墙设置，并应符合现行国家标准《城镇燃气设计规范》GB 50028 的规定。 5.4.17 建筑采用瓶装液化石油气瓶组供气时，应符合下列规定： 1 应设置独立的瓶组间； 3 液化石油气气瓶的总容积大于 1m³、不大于 4m³ 的独立瓶组间，与所服务建筑的防火间距应符合表 2.3-6 的规定
	《燃气工程项目规范》GB 55009—2021	5.3.3 用户燃气管道及附件应结合建筑物的结构合理布置，并应设置在便于安装、检修的位置，不得设置在下列场所： 1 卧室、客房等人员居住和休息的房间； 2 建筑内的避难场所、电梯井和电梯前室、封闭楼梯间、防烟楼梯间及其前室； 3 空调机房、通风机房、计算机房和变、配电室等设备房间； 4 易燃或易爆品的仓库、有腐蚀性介质等场所； 5 电线（缆）、供暖和污水等沟槽及烟道、进风道和垃圾道等地方

表 2.3-6　液化石油气气瓶的独立瓶组间与所服务建筑的防火间距（m）

名称		液化石油气气瓶的独立瓶组间的总容积 V（m³）	
		V≤2	2＜V≤4
明火或散发火花地点		25	30
重要公共建筑、一类高层民用建筑		15	20
裙房和其他民用建筑		8	10
道路（路边）	主要	10	
	次要	5	

注：1　本表引自《建筑设计防火规范》GB 50016—2014（2018 年版）第 5.4.17 条中表 5.4.17。
　　2　气瓶总容积应按配置气瓶个数与单瓶几何容积的乘积计算。

2.3.6　民用建筑中的其他特殊场所

2.3.6.1　民用建筑中的特殊场所——人员密集场所

一、验收内容

1. 歌舞娱乐放映游艺场所，儿童活动场所，医疗建筑病房，老年人照料设施，的设置位置、防火分隔；商业营业厅、展览厅，剧场、电影院、礼堂，会议厅、多功能厅的设置位置；木结构中各类场所的布置。

2. 交通车站、码头和机场的候车（船、机）建筑乘客公共区、交通换乘区和通道的布置。

二、验收方法

1. 对照消防设计文件及竣工图纸，现场核查上述特殊场所的设置位置。

2. 查阅有关资料，核查其设置及防火分隔是否满足规范要求。

三、规范依据

对于民用建筑中的特殊场所——人员密集场所的设置要求，见表 2.3-7。

表 2.3-7　民用建筑中的特殊场所——人员密集场所的设置要求

验收内容	规范名称	主要内容
儿童活动场所的布置及防火分隔	《建筑防火通用规范》GB 55037—2022	**4.1.3　下列场所应采用防火门、防火窗、耐火极限不低于 2.00h 的防火隔墙和耐火极限不低于 1.00h 的楼板与其他区域分隔：** **4　建筑中的儿童活动场所、老年人照料设施。** **4.3.4　儿童活动场所的布置应符合下列规定：** **1　不应布置在地下或半地下；** **2　对于一、二级耐火等级建筑，应布置在首层、二层或三层；** **3　对于三级耐火等级建筑，应布置在首层或二层；** **4　对于四级耐火等级建筑，应布置在首层**
	《建筑设计防火规范》GB 50016—2014（2018 年版）	5.4.4　托儿所、幼儿园的儿童用房和儿童游乐厅等儿童活动场所宜设置在独立的建筑内，且不应设置在地下或半地下；当采用一、二级耐火等级的建筑时，不应超过 3 层；采用三级耐火等级的建筑时，不应超过 2 层；采用四级耐火等级的建筑时，应为单层；确需设置在其他民用建筑内时，应符合下列规定：

验收内容	规范名称	主要内容
儿童活动场所的布置及防火分隔	《建筑设计防火规范》GB 50016—2014（2018 年版）	4 设置在高层建筑内时，应设置独立的安全出口和疏散楼梯； 5 设置在单、多层建筑内时，宜设置独立的安全出口和疏散楼梯
医疗建筑病房布置及防火分隔	《建筑防火通用规范》GB 55037—2022	4.3.6 医疗建筑中住院病房的布置和分隔应符合下列规定： 1 不应布置在地下或半地下； 2 对于三级耐火等级建筑，应布置在首层或二层； 3 建筑内相邻护理单元之间应采用耐火极限不低于 2.00h 的防火隔墙和甲级防火门分隔
老年人照料设施的布置	《建筑防火通用规范》GB 55037—2022	4.1.3 下列场所应采用防火门、防火窗、耐火极限不低于 2.00h 的防火隔墙和耐火极限不低于 1.00h 的楼板与其他区域分隔： 4 建筑中的儿童活动场所、老年人照料设施。 4.3.5 老年人照料设施的布置应符合下列规定： 1 对于一、二级耐火等级建筑，不应布置在楼地面设计标高大于 54m 的楼层上； 2 对于三级耐火等级建筑，应布置在首层或二层； 3 居室和休息室不应布置在地下或半地下； 4 老年人公共活动用房、康复与医疗用房，应布置在地下一层及以上楼层，当布置在半地下或地下一层、地上四层及以上楼层时，每个房间的建筑面积不应大于 200m² 且使用人数不应大于 30 人
歌舞娱乐放映游艺场所的布置及防火分隔	《建筑防火通用规范》GB 55037—2022	4.3.7 歌舞娱乐放映游艺场所的布置和分隔应符合下列规定： 1 应布置在地下一层及以上且埋深不大于 10m 的楼层； 2 当布置在地下一层或地上四层及以上楼层时，每个房间的建筑面积不应大于 200m²； 3 房间之间应采用耐火极限不低于 2.00h 的防火隔墙分隔； 4 与建筑的其他部位之间应采用防火门、耐火极限不低于 2.00h 的防火隔墙和耐火极限不低于 1.00h 的不燃性楼板分隔
营业厅、展览厅的布置	《建筑防火通用规范》GB 55037—2022	4.3.3 商店营业厅、公共展览厅等的布置应符合下列规定： 1 对于一、二级耐火等级建筑，应布置在地下二层及以上的楼层； 2 对于三级耐火等级建筑，应布置在首层或二层； 3 对于四级耐火等级建筑，应布置在首层
	《建筑设计防火规范》GB 50016—2014（2018 年版）	5.4.3 商店建筑、展览建筑采用三级耐火等级建筑时，不应超过 2 层；采用四级耐火等级建筑时，应为单层。营业厅、展览厅设置在三级耐火等级的建筑内时，应布置在首层或二层；设置在四级耐火等级的建筑内时，应布置在首层。 营业厅、展览厅不应设置在地下三层及以下楼层。地下或半地下营业厅、展览厅不应经营、储存和展示甲、乙类火灾危险性物品

验收内容	规范名称	主要内容
剧场、电影院、礼堂的布置	《建筑设计防火规范》GB 50016—2014（2018 年版）	5.4.7　剧场、电影院、礼堂宜设置在独立的建筑内；采用三级耐火等级建筑时，不应超过 2 层；确需设置在其他民用建筑内时，至少应设置 1 个独立的安全出口和疏散楼梯，并应符合下列规定： 　1　应采用耐火极限不低于 2.00h 的防火隔墙和甲级防火门与其他区域分隔。 　2　设置在一、二级耐火等级的建筑内时，观众厅宜布置在首层、二层或三层；确需布置在四层及以上楼层时，一个厅、室的疏散门不应少于 2 个，且每个观众厅的建筑面积不宜大于 400m²。 　3　设置在三级耐火等级的建筑内时，不应布置在三层及以上楼层。 　4　设置在地下或半地下时，宜设置在地下一层，不应设置在地下三层及以下楼层。 　5　设置在高层建筑内时，应设置火灾自动报警系统及自动喷水灭火系统等自动灭火系统
会议厅、多功能厅的布置	《建筑设计防火规范》GB 50016—2014（2018 年版）	5.4.8　建筑内的会议厅、多功能厅等人员密集的场所，宜布置在首层、二层或三层。设置在三级耐火等级的建筑内时，不应布置在三层及以上楼层。确需布置在一、二级耐火等级建筑的其他楼层时，应符合下列规定： 　1　一个厅、室的疏散门不应少于 2 个，且建筑面积不宜大于 400m²； 　2　设置在地下或半地下时，宜设置在地下一层，不应设置在地下三层及以下楼层； 　3　设置在高层建筑内时，应设置火灾自动报警系统和自动喷水灭火系统等自动灭火系统
木结构中各类场所的布置	《建筑防火通用规范》GB 55037—2022	4.3.8　Ⅰ级木结构建筑中的下列场所应布置在首层、二层或三层： 　1　商店营业厅、公共展览厅等； 　2　儿童活动场所、老年人照料设施； 　3　医疗建筑中的住院病房； 　4　歌舞娱乐放映游艺场所。 4.3.9　Ⅱ级木结构建筑中的下列场所应布置在首层或二层： 　1　商店营业厅、公共展览厅等； 　2　儿童活动场所、老年人照料设施； 　3　医疗建筑中的住院病房。 4.3.10　Ⅲ级木结构建筑中的下列场所应布置在首层： 　1　商店营业厅、公共展览厅等； 　2　儿童活动场所
交通车站、码头和机场的候车（船、机）建筑乘客公共区、交通换乘区和通道的布置	《建筑防火通用规范》GB 55037—2022	4.3.14　交通车站、码头和机场的候车（船、机）建筑乘客公共区、交通换乘区和通道的布置应符合下列规定： 　1　不应设置公共娱乐、演艺或经营性住宿等场所； 　2　乘客通行的区域内不应设置商业设施，用于防火隔离的区域内不应布置任何可燃物体； 　3　商业设施内不应使用明火

2.3.6.2 民用建筑中的特殊场所——汽车库、修车库

一、验收内容

汽车库、修车库等设置位置、防火分隔等建筑防火要求。

二、验收方法

对照设计文件，现场核查汽车库、修车库的设置位置、防火分隔。

三、规范依据

对于民用建筑中的特殊场所——汽车库、修车库的设置要求，见表2.3-8。

表 2.3-8 民用建筑中的特殊场所——汽车库、修车库的设置要求

验收内容	规范名称	主要内容
汽车库、修车库等设置位置及防火分隔	《建筑防火通用规范》GB 55037—2022	**4.1.3 下列场所应采用防火门、防火窗、耐火极限不低于2.00h的防火隔墙和耐火极限不低于1.00h的楼板与其他区域分隔：** **1 住宅建筑中的汽车库和锅炉房**
	《建筑设计防火规范》GB 50016—2014（2018年版）	5.5.6 直通建筑内附设汽车库的电梯，应在汽车库部分设置电梯候梯厅，并应采用耐火极限不低于2.00h的防火隔墙和乙级防火门与汽车库分隔。 6.2.3 建筑内的下列部位应采用耐火极限不低于2.00h的防火隔墙与其他部位分隔，墙上的门、窗应采用乙级防火门、窗，确有困难时，可采用防火卷帘，但应符合本规范第6.5.3条的规定： 6 附设在住宅建筑内的机动车库
	《汽车库、修车库、停车场设计防火规范》GB 50067—2014	4.1.4 汽车库不应与托儿所、幼儿园，老年人建筑，中小学校的教学楼，病房楼等组合建造。当符合下列要求时，汽车库可设置在托儿所、幼儿园，老年人建筑，中小学校的教学楼，病房楼等的地下部分： 1 汽车库与托儿所、幼儿园，老年人建筑，中小学校的教学楼，病房楼等建筑之间，应采用耐火极限不低于2.00h的楼板完全分隔； 2 汽车库与托儿所、幼儿园，老年人建筑，中小学校的教学楼，病房楼等的安全出口和疏散楼梯应分别独立设置。 4.1.6 Ⅰ类修车库应单独建造；Ⅱ、Ⅲ、Ⅳ类修车库可设置在一、二级耐火等级建筑的首层或与其贴邻，但不得与托儿所、幼儿园、中小学校的教学楼，老年人建筑，病房楼及人员密集场所组合建造或贴邻。 4.1.7 为汽车库、修车库服务的下列附属建筑，可与汽车库、修车库贴邻，但应采用防火墙隔开，并应设置直通室外的安全出口： 1 贮存量不大于1.0t的甲类物品库房； 2 总安装容量不大于5.0m²/h的乙炔发生器间和贮存量不超过5个标准钢瓶的乙炔气瓶库； 3 1个车位的非封闭喷漆间或不大于2个车位的封闭喷漆间； 4 建筑面积不大于200m²的充电间和其他甲类生产场所。 4.1.8 地下、半地下汽车库内不应设置修理车位、喷漆间、充电间、乙炔间和甲、乙类物品库房。 4.1.9 汽车库和修车库内不应设置汽油罐、加油机、液化石油气或液化天然气储罐、加气机

2.3.6.3　民用建筑中的特殊场所——商业设施中步行街

一、验收内容

商业设施中步行街的耐火等级、防火分隔、安全疏散、自然排烟设施、消防设施要求。

二、验收方法

对照消防设计文件及竣工图纸，现场核查商业设施中步行街的耐火等级、防火分隔、安全疏散、自然排烟设施、消防设施要求。

三、规范依据

《建筑设计防火规范》GB 50016—2014（2018年版）的规定

第5.3.6条规定，餐饮、商店等商业设施通过有顶棚的步行街连接，且步行街两侧的建筑需利用步行街进行安全疏散时，应符合下列规定：

1　步行街两侧建筑的耐火等级不应低于二级。

2　步行街两侧建筑相对面的最近距离均不应小于本规范对相应高度建筑的防火间距要求且不应小于9m。步行街的端部在各层均不宜封闭，确需封闭时，应在外墙上设置可开启的门窗，且可开启门窗的面积不应小于该部位外墙面积的一半。步行街的长度不宜大于300m。

3　步行街两侧建筑的商铺之间应设置耐火极限不低于2.00h的防火隔墙，每间商铺的建筑面积不宜大于300m²。

4　步行街两侧建筑的商铺，其面向步行街一侧的围护构件的耐火极限不应低于1.00h，并宜采用实体墙，其门、窗应采用乙级防火门、窗；当采用防火玻璃墙（包括门、窗）时，其耐火隔热性和耐火完整性不应低于1.00h；当采用耐火完整性不低于1.00h的非隔热性防火玻璃墙（包括门、窗）时，应设置闭式自动喷水灭火系统进行保护。相邻商铺之间面向步行街一侧应设置宽度不小于1.0m、耐火极限不低于1.00h的实体墙。

当步行街两侧的建筑为多个楼层时，每层面向步行街一侧的商铺均应设置防止火灾竖向蔓延的措施，并应符合本规范第6.2.5条的规定；设置回廊或挑檐时，其出挑宽度不应小于1.2m；步行街两侧的商铺在上部各层需设置回廊和连接天桥时，应保证步行街上部各层楼板的开口面积不应小于步行街地面面积的37%，且开口宜均匀布置。

5　步行街两侧建筑内的疏散楼梯应靠外墙设置并宜直通室外，确有困难时，可在首层直接通至步行街；首层商铺的疏散门可直接通至步行街，步行街内任一点到达最近室外安全地点的步行距离不应大于60m。步行街两侧建筑二层及以上各层商铺的疏散门至该层最近疏散楼梯口或其他安全出口的直线距离不应大于37.5m。

6　步行街的顶棚材料应采用不燃或难燃材料，其承重结构的耐火极限不应低于1.00h。步行街内不应布置可燃物。

7　步行街的顶棚下檐距地面的高度不应小于6.0m，顶棚应设置自然排烟设施并宜采用常开式的排烟口，且自然排烟口的有效面积不应小于步行街地面面积的25%。常闭式自然排烟设施应能在火灾时手动和自动开启。

8　步行街两侧建筑的商铺外应每隔30m设置DN65的消火栓，并应配备消防软管卷盘或消防水龙，商铺内应设置自动喷水灭火系统和火灾自动报警系统；每层回廊均应设置自动喷水灭火系统。步行街内宜设置自动跟踪定位射流灭火系统。

9　步行街两侧建筑的商铺内外均应设置疏散照明、灯光疏散指示标志和消防应急广播系统。

2.3.7　工业建筑中的其他特殊场所

一、验收内容

工业建筑中甲、乙类火灾危险性场所、中间仓库以及控制室、员工宿舍、办公室、休息室及汽车库、修车库等场所的设置位置、防火分隔要求。

二、验收方法

对照消防设计文件及竣工图纸，现场核查工业建筑中甲、乙类火灾危险性场所、中间仓库以及控制室、员工宿舍、办公室和休息室等场所的设置位置及防火分隔是否满足设计及规范要求。

三、规范依据

对于工业建筑中其他特殊场所的设置要求，见表 2.3-9。

表 2.3-9　工业建筑中其他特殊场所的设置要求

验收内容	规范名称	主要内容
甲、乙类火灾危险性场所的布置	《建筑防火通用规范》GB 55037—2022	4.2.1　除特殊工艺要求外，下列场所不应设置在地下或半地下： 1　甲、乙类生产场所； 2　甲、乙类仓库； 3　有粉尘爆炸危险的生产场所、滤尘设备间； 4　邮袋库、丝麻棉毛类物质库
控制室、员工宿舍、办公室、休息室的布置及防火分隔	《建筑防火通用规范》GB 55037—2022	4.2.2　厂房内不应设置宿舍。直接服务于生产的办公室、休息室等辅助用房的设置，应符合下列规定： 1　不应设置在甲、乙类厂房内； 2　与甲、乙类厂房贴邻的辅助用房的耐火等级不应低于二级，并应采用耐火极限不低于 3.00h 的抗爆墙与厂房中有爆炸危险的区域分隔，安全出口应独立设置； 3　设置在丙类厂房内的辅助用房应采用防火门、防火窗、耐火极限不低于 2.00h 的防火隔墙和耐火极限不低于 1.00h 的楼板与厂房内的其他部位分隔，并应设置至少 1 个独立的安全出口。 4.2.7　仓库内不应设置员工宿舍及与库房运行、管理无直接关系的其他用房。甲、乙类仓库内不应设置办公室、休息室等辅助用房，不应与办公室、休息室等辅助用房及其他场所贴邻。丙、丁类仓库内的办公室、休息室等辅助用房，应采用防火门、防火窗、耐火极限不低于 2.00h 的防火隔墙和耐火极限不低于 1.00h 的楼板与其他部位分隔，并应设置独立的安全出口
	《石油化工企业设计防火标准》GB 50160—2008（2018 年版）	5.2.16　装置的控制室、机柜间、变配电所、化验室、办公室等不得与设有甲、乙A类设备的房间布置在同一建筑物内。装置的控制室与其他建筑物合建时，应设置独立的防火分区。 5.2.17　装置的控制室、化验室、办公室等宜布置在装置外，并宜全厂性或区域性统一设置。当装置的控制室、机柜间、变配电所、化验室、办公室等布置在装置内时，应布置在装置的一侧，位于爆炸危险区范围以外，并宜位于可燃气体、液化烃和甲B、乙A类设备全年最小频率风向的下风侧。

验收内容	规范名称	主要内容
控制室、员工宿舍、办公室、休息室的布置及防火分隔	《石油化工企业设计防火标准》GB 50160—2008（2018 年版）	5.2.18　布置在装置内的控制室、机柜间、变配电所、化验室、办公室等的布置应符合下列规定： 1　控制室宜设在建筑物的底层； 2　平面布置位于附加 2 区的办公室、化验室室内地面及控制室、机柜间、变配电所的设备层地面应高于室外地面，且高差不应小于 0.6m； 3　控制室、机柜间面向有火灾危险性设备侧的外墙应为无门窗洞口、耐火极限不低于 3h 的不燃烧材料实体墙； 4　化验室、办公室等面向有火灾危险性设备侧的外墙宜为无门窗洞口不燃烧材料实体墙。当确需设置门窗时，应采用防火门窗； 5　控制室或化验室的室内不得安装可燃气体、液化烃和可燃液体的在线分析仪器
中间仓库的布置	《建筑防火通用规范》**GB 55037—2022**	**4.2.3　设置在厂房内的甲、乙、丙类中间仓库，应采用防火墙和耐火极限不低于 1.50h 的不燃性楼板与其他部位分隔**
	《建筑设计防火规范》GB 50016—2014（2018 年版）	3.3.6　厂房内设置中间仓库时，应符合下列规定： 1　甲、乙类中间仓库应靠外墙布置，其储量不宜超过 1 昼夜的需要量； 3　丁、戊类中间仓库应采用耐火极限不低于 2.00h 的防火隔墙和 1.00h 的楼板与其他部位分隔； 4　仓库的耐火等级和面积应符合本规范第 3.3.2 条和第 3.3.3 条的规定。 3.3.7　厂房内的丙类液体中间储罐应设置在单独房间内，其容量不应大于 5m³。设置中间储罐的房间，应采用耐火极限不低于 3.00h 的防火隔墙和 1.50h 的楼板与其他部位分隔，房间门应采用甲级防火门
变、配电室的布置及防火分隔	《建筑防火通用规范》**GB 55037—2022**	**4.2.4　与甲、乙类厂房贴邻并供该甲、乙类厂房专用的 10kV 及以下的变（配）电站，应采用无开口的防火墙或抗爆墙一面贴邻，与乙类厂房贴邻的防火墙上的开口应为甲级防火窗。其他变（配）电站应设置在甲、乙类厂房以及爆炸危险性区域外，不应与甲、乙类厂房贴邻**
	《建筑设计防火规范》GB 50016—2014（2018 年版）	3.3.8　变、配电站不应设置在甲、乙类厂房内或贴邻，且不应设置在爆炸性气体、粉尘环境的危险区域内。供甲、乙类厂房专用的 10kV 及以下的变、配电站，当采用无门、窗、洞口的防火墙分隔时，可一面贴邻，并应符合现行国家标准《爆炸危险环境电力装置设计规范》GB 50058 等标准的规定。 乙类厂房的配电站确需在防火墙上开窗时，应采用甲级防火窗
	《精细化工企业工程设计防火标准》GB 51283—2020	8.3.1　厂房（仓库）设计应符合下列规定： 5　变配电所不应设置在甲、乙类厂房内或贴邻建造，且不应设置在爆炸性气体、粉尘环境的危险区域内。供甲、乙类厂房专用的 20kV 及以下的变配电所，当采用无门窗洞口的防火墙隔开并贴邻建造时，应符合下列规定： 1）有含油设备的变配电所可一面贴邻建造； 2）无含油设备的变配电所可一面或两面贴邻建造； 3）爆炸危险环境电力装置设计应按现行国家标准《爆炸危险环境电力装置设计规范》GB 50058 执行

验收内容	规范名称	主要内容
汽车库、修车库等设置位置及防火分隔	《建筑防火通用规范》GB 55037—2022	**4.1.9 汽车库不应与甲、乙类生产场所或库房贴邻或组合建造**
	《汽车库、修车库、停车场设计防火规范》GB 50067—2014	4.1.2 汽车库、修车库、停车场不应布置在易燃、可燃液体或可燃气体的生产装置区和贮存区内。 4.1.6 Ⅱ、Ⅲ、Ⅳ类修车库可设置在一、二级耐火等级建筑的首层或与其贴邻，但不得与甲、乙类厂房、仓库，明火作业的车间组合建造或贴邻

2.3.8 住宅与其他使用功能合建

一、验收内容

防火分隔、安全出口和疏散楼梯的设置。

二、验收方法

对照消防设计文件及竣工图纸，现场核查防火分隔、安全出口和疏散楼梯是否符合设计要求。

三、规范依据

对于住宅与其他使用功能合建时的设置要求，见表2.3-10。

表2.3-10 住宅与其他使用功能合建时的设置要求

验收内容	规范名称	主要内容	
住宅与其他使用功能合建的建筑之间的防火分隔、各自安全疏散	《建筑防火通用规范》GB 55037—2022	4.3.2 住宅与非住宅功能合建的建筑应符合下列规定： 1 除汽车库的疏散出口外，住宅部分与非住宅部分之间应采用耐火极限不低于2.00h，且无开口的防火隔墙和耐火极限不低于2.00h的不燃性楼板完全分隔。 2 住宅部分与非住宅部分的安全出口和疏散楼梯应分别独立设置。 3 为住宅服务的地上车库应设置独立的安全出口或疏散楼梯，地下车库的疏散楼梯间应按本规范第7.1.10条的规定分隔。 4 住宅与商业设施合建的建筑按照住宅建筑的防火要求建造的，应符合下列规定： 1）商业设施中每个独立单元之间应采用耐火极限不低于2.00h且无开口的防火隔墙分隔； 2）每个独立单元的层数不应大于2层，且2层的总建筑面积不应大于300m²； 3）每个独立单元中建筑面积大于200m²的任一楼层均应设置至少2个疏散出口	
	《建筑设计防火规范》GB 50016—2014（2018年版）	其他建筑为非商业服务网点	5.4.10 除商业服务网点外，住宅建筑与其他使用功能的建筑合建时，应符合下列规定： 3 住宅部分和非住宅部分的安全疏散、防火分区和室内消防设施配置，可根据各自的建筑高度分别按照本规范有关住宅建筑和公共建筑的规定执行；该建筑的其他防火设计应根据建筑的总高度和建筑规模按本规范有关公共建筑的规定执行

验收内容	规范名称	主要内容
住宅与其他使用功能合建的建筑之间的防火分隔、各自安全疏散	《建筑设计防火规范》GB 50016—2014（2018 年版）其他建筑为商业服务网点	5.4.11　设置商业服务网点的住宅建筑，其居住部分与商业服务网点之间应采用耐火极限不低于 2.00h 且无门、窗、洞口的防火隔墙和 1.50h 的不燃性楼板完全分隔，住宅部分和商业服务网点部分的安全出口和疏散楼梯应分别独立设置。 商业服务网点中每个分隔单元之间应采用耐火极限不低于 2.00h 且无门、窗、洞口的防火隔墙相互分隔，当每个分隔单元任一层建筑面积大于 200m² 时，该层应设置 2 个安全出口或疏散门。每个分隔单元内的任一点至最近直通室外的出口的直线距离不应大于本规范表 5.5.17 中有关多层其他建筑位于袋形走道两侧或尽端的疏散门至最近安全出口的最大直线距离。 注：室内楼梯的距离可按其水平投影长度的 1.50 倍计算

2.4　建筑外墙、屋面保温和建筑外墙装饰

2.4.1　建筑外墙、屋面保温

一、验收内容

1. 建筑外墙保温系统的设置位置、设置形式，保温材料的燃烧性能。

2. 保温系统防护层设置。

3. 建筑外墙上门、窗的耐火完整性。

4. 保温系统水平防火隔离带的设置，防火隔离带的燃烧性能、高度和宽度。

5. 建筑外墙外保温系统与基层墙体、装饰层之间的空腔，应在每层楼板处采用防火封堵材料封堵。

6. 建筑的屋面外保温系统的耐火极限、保温材料的燃烧性能。

7. 建筑的屋面外保温系统防护层设置。

二、验收方法

1. 对照消防设计文件及竣工图纸，查阅外墙、屋面保温材料及防护层防火性能证明文件，核查保温材料的燃烧性能；查阅建筑外墙、屋面保温系统质量检测证明文件或施工记录，确定外墙保温设置形式。

2. 对照消防设计文件及竣工图纸，查阅防火性能证明文件，核对保温材料的燃烧性能和门窗耐火完整性、防火隔离带的设置及保温系统空腔的层间封堵，核查隐蔽工程影像资料。

三、规范依据

对于建筑外墙、屋面保温的设置要求，见表 2.4-1。

表 2.4-1 建筑外墙、屋面保温的设置要求

验收内容	规范名称	主要内容
外墙、屋面保温系统的设置位置、设置形式，保温材料的燃烧性能	《建筑防火通用规范》GB 55037—2022	6.6.1 建筑的外保温系统不应采用燃烧性能低于 B₂ 级的保温材料或制品。当采用 B₁ 级或 B₂ 级燃烧性能的保温材料或制品时，应采取防止火灾通过保温系统在建筑的立面或屋面蔓延的措施或构造。 6.6.4 除本规范第 6.6.2 条规定的情况外，下列老年人照料设施的内、外保温系统和屋面保温系统均应采用燃烧性能为 A 级的保温材料或制品： 1 独立建造的老年人照料设施； 2 与其他功能的建筑组合建造且老年人照料设施部分的总建筑面积大于 500m² 的老年人照料设施。 6.6.5 除本规范第 6.6.2 条规定的情况外，下列建筑或场所的外墙外保温材料的燃烧性能应为 A 级： 1 人员密集场所； 2 设置人员密集场所的建筑。 6.6.6 除本规范第 6.6.2 条规定的情况外，住宅建筑采用与基层墙体、装饰层之间无空腔的外墙外保温系统时，保温材料或制品的燃烧性能应符合下列规定： 1 建筑高度大于 100m 时，应为 A 级； 2 建筑高度大于 27m、不大于 100m 时，不应低于 B₁ 级。 6.6.7 除本规范第 6.6.3 条～第 6.6.6 条规定的建筑外，其他建筑采用与基层墙体、装饰层之间无空腔的外墙外保温系统时，保温材料或制品的燃烧性能应符合下列规定： 1 建筑高度大于 50m 时，应为 A 级； 2 建筑高度大于 24m、不大于 50m 时，不应低于 B₁ 级。 6.6.8 除本规范第 6.6.3 条～第 6.6.5 条规定的建筑外，其他建筑采用与基层墙体、装饰层之间有空腔的外墙外保温系统时，保温系统应符合下列规定： 1 建筑高度大于 24m 时，保温材料或制品的燃烧性能应为 A 级； 2 建筑高度不大于 24m 时，保温材料或制品的燃烧性能不应低于 B₁ 级； 3 外墙外保温系统与基层墙体、装饰层之间的空腔，应在每层楼板处采取防火分隔与封堵措施。 6.6.9 下列场所或部位内保温系统中保温材料或制品的燃烧性能应为 A 级： 1 人员密集场所； 2 使用明火、燃油、燃气等有火灾危险的场所； 3 疏散楼梯间及其前室； 4 避难走道、避难层、避难间； 5 消防电梯前室或合用前室
	《建筑设计防火规范》GB 50016—2014（2018 年版）	6.7.2 建筑外墙采用内保温系统时，保温系统应符合下列规定： 1 对于人员密集场所，用火、燃油、燃气等具有火灾危险性的场所以及各类建筑内的疏散楼梯间、避难走道、避难间、避难层等场所或部位，应采用燃烧性能为 A 级的保温材料。 2 对于其他场所，应采用低烟、低毒且燃烧性能不低于 B₁ 级的保温材料。 6.7.3 建筑外墙采用保温材料与两侧墙体构成无空腔复合保温结构体时，该结构体的耐火极限应符合本规范的有关规定；当保温材料的燃烧性能为 B₁、B₂ 级时，保温材料两侧的墙体应采用不燃材料且厚度均不应小于 50mm。

续表

验收内容	规范名称	主要内容
外墙、屋面保温系统的设置位置、设置形式，保温材料的燃烧性能	《建筑设计防火规范》GB 50016—2014（2018 年版）	6.7.5　与基层墙体、装饰层之间无空腔的建筑外墙外保温系统，其保温材料应符合下列规定： 1　住宅建筑： 3）建筑高度不大于 27m 时，保温材料的燃烧性能不应低于 B₂ 级。 2　除住宅建筑和设置人员密集场所的建筑外，其他建筑： 3）建筑高度不大于 24m 时，保温材料的燃烧性能不应低于 B₂ 级
外墙、屋面保温系统防护层设置	《建筑防火通用规范》GB 55037—2022	**6.6.2**　**建筑的外围护结构采用保温材料与两侧不燃性结构构成无空腔复合保温结构体时，该复合保温结构体的耐火极限不应低于所在外围护结构的耐火性能要求。当保温材料的燃烧性能为 B₁ 级或 B₂ 级时，保温材料两侧不燃性结构的厚度均不应小于 50mm。** **6.6.10**　**除本规范第 6.6.3 条和第 6.6.9 条规定的场所或部位外，其他场所或部位内保温系统中保温材料或制品的燃烧性能均不应低于 B₁ 级。当采用 B₁ 级燃烧性能的保温材料时，保温系统的外表面应采取使用不燃材料设置防护层等防火措施**
	《建筑设计防火规范》GB 50016—2014（2018 年版）	6.7.2　建筑外墙采用内保温系统时，保温系统应符合下列规定： 3　保温系统应采用不燃材料做防护层。采用燃烧性能为 B₁ 级的保温材料时，防护层的厚度不应小于 10mm。 6.7.8　建筑的外墙外保温系统应采用不燃材料在其表面设置防护层，防护层应将保温材料完全包覆。除本规范第 6.7.3 条规定的情况外，当按本节规定采用 B₁、B₂ 级保温材料时，防护层厚度首层不应小于 15mm，其他层不应小于 5mm。 6.7.10　建筑的屋面外保温系统，当屋面板的耐火极限不低于 1.00h 时，保温材料的燃烧性能不应低于 B₂ 级；当屋面板的耐火极限低于 1.00h 时，不应低于 B₁ 级。采用 B₁、B₂ 级保温材料的外保温系统应采用不燃材料作防护层，防护层的厚度不应小于 10mm。 当建筑的屋面和外墙外保温系统均采用 B₁、B₂ 级保温材料时，屋面与外墙之间应采用宽度不小于 500mm 的不燃材料设置防火隔离带进行分隔
外墙上门、窗的耐火完整性及防火隔离带	《建筑设计防火规范》GB 50016—2014（2018 年版）	6.7.7　除本规范第 6.7.3 条规定的情况外，当建筑的外墙外保温系统按本节规定采用燃烧性能为 B₁、B₂ 级的保温材料时，应符合下列规定： 1　除采用 B₁ 级保温材料且建筑高度不大于 24m 的公共建筑或采用 B₁ 级保温材料且建筑高度不大于 27m 的住宅建筑外，建筑外墙上门、窗的耐火完整性不应低于 0.50h。 2　应在保温系统中每层设置水平防火隔离带。防火隔离带应采用燃烧性能为 A 级的材料，防火隔离带的高度不应小于 300mm。 6.7.10　建筑的屋面外保温系统，当屋面板的耐火极限不低于 1.00h 时，保温材料的燃烧性能不应低于 B₂ 级；当屋面板的耐火极限低于 1.00h 时，不应低于 B₁ 级。采用 B₁、B₂ 级保温材料的外保温系统应采用不燃材料作防护层，防护层的厚度不应小于 10mm。 当建筑的屋面和外墙外保温系统均采用 B₁、B₂ 级保温材料时，屋面与外墙之间应采用宽度不小于 500mm 的不燃材料设置防火隔离带进行分隔

2.4.2　建筑外墙装饰、电气安装与建筑保温

一、验收内容

1. 建筑外墙的装饰层的燃烧性能。

2. 户外电致发光广告牌不应直接设置在有可燃、难燃材料的墙体上。户外广告牌的设置不应遮挡建筑的外窗，不应影响外部灭火救援行动。

3. 电气线路不应穿越或敷设在燃烧性能为 B₁ 或 B₂ 级的保温材料中；确需穿越或敷设时，应采取穿金属管并在金属管周围采用不燃隔热材料进行防火隔离等防火保护措施。设置开关、插座等电器配件的部位周围应采取不燃隔热材料进行防火隔离等防火保护措施。

二、验收方法

1. 对照消防设计文件及竣工图纸，查阅装饰层防火性能证明文件，核查装饰层的燃烧性能，核查隐蔽工程影像资料。

2. 现场检查户外发光广告牌是否直接设置在有可燃、难燃材料的墙体上；核查户外广告牌是否遮挡外窗。

3. 对照消防设计文件及竣工图纸，查阅隐蔽工程影像资料，核查电气线路敷设或穿越保温材料时是否采取防火保护措施；现场查看开关、插座等是否采取保护措施。

三、规范依据

对于建筑外墙装饰、电气安装与建筑保温的设置要求，见表 2.4-2。

表 2.4-2　建筑外墙装饰、电气安装与建筑保温的设置要求

验收内容	规范名称	主要内容
建筑外墙装饰、电气安装与建筑保温	《建筑防火通用规范》GB 55037—2022	**6.5.8**　建筑的外部装修和户外广告牌的设置，应满足防止火灾通过建筑外立面蔓延的要求，不应妨碍建筑的消防救援或火灾时建筑的排烟与排热，不应遮挡或减小消防救援口
	《建筑设计防火规范》GB 50016—2014（2018 年版）	6.7.12　建筑外墙的装饰层应采用燃烧性能为 A 级的材料，但建筑高度不大于 50m 时，可采用 B₁ 级材料。 6.2.10　户外电致发光广告牌不应直接设置在有可燃、难燃材料的墙体上。 户外广告牌的设置不应遮挡建筑的外窗，不应影响外部灭火救援行动。 6.7.11　电气线路不应穿越或敷设在燃烧性能为 B₁ 或 B₂ 级的保温材料中；确需穿越或敷设时，应采取穿金属管并在金属管周围采用不燃隔热材料进行防火隔离等防火保护措施。设置开关、插座等电器配件的部位周围应采取不燃隔热材料进行防火隔离等防火保护措施

2.5　建筑内部装修防火

2.5.1　装饰装修材料

一、验收内容

顶棚、墙面、地面、隔断、固定家具、装饰织物及其他装饰装修材料的防火性能。

二、验收方法

现场核对装修范围、使用功能，对照有关防火性能的证明文件，核对装修材料的燃烧性能，核查装修材料燃料性能检测报告、见证取样检测报告，现场检查、核对材料的一致性。

三、规范依据

对于不同场所、不同位置的装饰装修材料的燃烧性能的要求，见表 2.5-1。

表 2.5-1　不同场所、不同位置的装饰装修材料的燃烧性能的要求

建筑类别		规范要求（表格中为条文索引，具体要求见表格后内容）
特殊场所	《建筑防火通用规范》 GB 55037—2022 第 6.5.3-6.5.7 条	**1. 规定了建筑内相应区域中主要部位的内部装修材料均应采用不燃性材料；** **2. 规定了建筑中保障消防设施正常运行的重要房间和火灾危险性大的房间的内部装修材料的燃烧性能**
	《建筑内部装修设计防火规范》 GB 50222—2017 第 4.0.4-4.0.19 条	一般规定： 　1. 规定了疏散走道和安全出口的门厅、疏散楼梯和前室顶棚、墙面、地面内部装修材料的燃烧性能； 　2. 规定了建筑物内设有上下层相连通的中庭、走马廊、开敞楼梯、自动扶梯时，其连通部位的顶棚、墙面及其他部位内部装修材料的燃烧性能； 　3. 规定了建筑内部变形缝两侧基层的表面装修材料的燃烧性能； 　4. 规定了消防水泵房、机械加压送风排烟机房、固定灭火系统钢瓶间、配电室、变压器室、发电机房、储油间、通风和空调机房及消防控制室等重要房间装修材料的燃烧性能； 　5. 规定了民用建筑内的库房或贮藏间装修材料的燃烧性能； 　6. 规定了展览性场所、住宅建筑装修设计要求
		装修材料需提高燃烧性能等级的场所（第 4.0.8、4.0.11、4.0.12 条）： 　1. 规定了无窗房间内部装修材料的燃烧性能； 　2. 规定了建筑物内的厨房及经常使用明火器具的餐厅、科研试验室的装修材料的燃烧性能
民用建筑	《建筑防火通用规范》 GB 55037—2022	**1. 规定了歌舞娱乐放映游艺场所内部装修材料的燃烧性能；** **2. 规定了交通建筑中位于地下或半地下的公共区域装修材料燃烧性能的基本要求**
	《建筑内部装修设计防火规范》 GB 50222—2017	单层、多层民用建筑一般要求见规范第 5.1.1 条
		高层民用建筑一般要求见规范第 5.2.1 条
		地下民用建筑一般要求见规范第 5.3.1 条
		装修材料燃烧性能等级可降低的情形见规范第 5.1.2、5.1.3 条，第 5.2.2-5.2.4 条，第 5.3.2 条
工业建筑	《建筑防火通用规范》 GB 55037—2022	规定了火灾危险性大的甲、乙类生产场所，甲、乙、丙类储存场所，部分丁类生产场所中室内装修材料的燃烧性能要求
	《建筑内部装修设计防火规范》 GB 50222—2017	厂房一般要求见规范第 6.0.1、6.0.3、6.0.4 条
		厂房内部装修材料燃烧性能等级可降低的情形见规范第 6.0.2 条
		仓库一般要求见规范第 6.0.5 条

（一）《建筑防火通用规范》GB 55037—2022 的规定

第 6.5.3 条规定，下列部位的顶棚、墙面和地面内部装修材料的燃烧性能均应为 A 级：

1　避难走道、避难层、避难间；

2　疏散楼梯间及其前室；

3　消防电梯前室或合用前室。

第 6.5.4 条规定，消防控制室地面装修材料的燃烧性能不应低于 B₁ 级，顶棚和墙面内部装修材料的燃烧性能均应为 A 级。下列设备用房的顶棚、墙面和地面内部装修材料的燃烧性能均应为 A 级：

1　消防水泵房、机械加压送风机房、排烟机房、固定灭火系统钢瓶间等消防设备间；

2　配电室、油浸变压器室、发电机房、储油间；

3　通风和空气调节机房；

4　锅炉房。

第 6.5.5 条规定，歌舞娱乐放映游艺场所内部装修材料的燃烧性能应符合下列规定：

1　顶棚装修材料的燃烧性能应为 A 级；

2　其他部位装修材料的燃烧性能均不应低于 B₁ 级；

3　设置在地下或半地下的歌舞娱乐放映游艺场所，墙面装修材料的燃烧性能应为 A 级。

第 6.5.6 条规定，下列场所设置在地下或半地下时，室内装修材料不应使用易燃材料、石棉制品、玻璃纤维、塑料类制品，顶棚、墙面、地面的内部装修材料的燃烧性能均应为 A 级：

1　汽车客运站、港口客运站、铁路车站的进出站通道、进出站厅、候乘厅；

2　地铁车站、民用机场航站楼、城市民航值机厅的公共区；

3　交通换乘厅、换乘通道。

第 6.5.7 条规定，除有特殊要求的场所外，下列生产场所和仓库的顶棚、墙面、地面和隔断内部装修材料的燃烧性能均应为 A 级：

1　有明火或高温作业的生产场所；

2　甲、乙类生产场所；

3　甲、乙类仓库；

4　丙类高架仓库、丙类高层仓库；

5　地下或半地下丙类仓库。

（二）《建筑内部装修设计防火规范》GB 50222—2017 的规定

第 4.0.4 条规定，地上建筑的水平疏散走道和安全出口的门厅，其顶棚应采用 A 级装修材料，其他部位应采用不低于 B₁ 级的装修材料；地下民用建筑的疏散走道和安全出口的门厅，其顶棚、墙面和地面均应采用 A 级装修材料。

第 4.0.5 条规定，疏散楼梯间和前室的顶棚、墙面和地面均应采用 A 级装修材料。

第 4.0.6 条规定，建筑物内设有上下层相连通的中庭、走马廊、开敞楼梯、自动扶梯时，其连通部位的顶棚、墙面应采用 A 级装修材料，其他部位应采用不低于 B₁ 级的装修材料。

第 4.0.7 条规定，建筑内部变形缝（包括沉降缝、伸缩缝、抗震缝等）两侧基层的表面装修应采用不低于 B_1 级的装修材料。

第 4.0.8 条规定，无窗房间内部装修材料的燃烧性能等级除 A 级外，应在规定的基础上提高一级。

第 4.0.9 条规定，消防水泵房、机械加压送风排烟机房、固定灭火系统钢瓶间、配电室、变压器室、发电机房、储油间、通风和空调机房等，其内部所有装修均应采用 A 级装修材料。

第 4.0.10 条规定，消防控制室等重要房间，其顶棚和墙面应采用 A 级装修材料，地面及其他装修应采用不低于 B_1 级的装修材料。

第 4.0.11 条规定，建筑物内的厨房，其顶棚、墙面、地面均应采用 A 级装修材料。

第 4.0.12 条规定，经常使用明火器具的餐厅、科研试验室，其装修材料的燃烧性能等级除 A 级外，应在规定的基础上提高一级。

第 4.0.13 条规定，民用建筑内的库房或贮藏间，其内部所有装修除应符合相应场所规定外，且应采用不低于 B_1 级的装修材料。

第 4.0.14 条规定，展览性场所装修设计应符合下列规定：

1　展台材料应采用不低于 B_1 级的装修材料。

2　在展厅设置电加热设备的餐饮操作区内，与电加热设备贴邻的墙面、操作台均应采用 A 级装修材料。

3　展台与卤钨灯等高温照明灯具贴邻部位的材料应采用 A 级装修材料。

第 4.0.15 条规定，住宅建筑装修设计尚应符合下列规定：

1　不应改动住宅内部烟道、风道。

2　厨房内的固定橱柜宜采用不低于 B_1 级的装修材料。

3　卫生间顶棚宜采用 A 级装修材料。

4　阳台装修宜采用不低于 B_1 级的装修材料。

第 4.0.18 条规定，当室内顶棚、墙面、地面和隔断装修材料内部安装电加热供暖系统时，室内采用的装修材料和绝热材料的燃烧性能等级应为 A 级。当室内顶棚、墙面、地面和隔断装修材料内部安装水暖（或蒸汽）供暖系统时，其顶棚采用的装修材料和绝热材料的燃烧性能应为 A 级，其他部位的装修材料和绝热材料的燃烧性能不应低于 B_1 级，且尚应符合本规范有关公共场所的规定。

第 4.0.19 条规定，建筑内部不宜设置采用 B_3 级装饰材料制成的壁挂、布艺等，当需要设置时，不应靠近电气线路、火源或热源，或采取隔离措施。

2.5.2　电气安装与装修

一、验收内容

1. 配电线路敷设在有可燃物的闷顶、吊顶内时，应采取穿金属导管、采用封闭式金属槽盒等防火保护措施。

2. 开关、插座和照明灯具靠近可燃物时，应采取隔热、散热等防火措施。

二、验收方法

对照消防设计文件及竣工图纸，现场核查配电线路敷设防护措施，以及开关、插座和照明灯具等的防火措施是否符合要求。

三、规范依据

对于电气安装与装修的消防要求，见表 2.5-2。

表 2.5-2　电气安装与装修的消防要求

验收内容	规范名称	主要内容
配电线路敷设	《建筑防火通用规范》**GB 55037—2022**	**10.2.3　电气线路的敷设应符合下列规定：** **1　电气线路敷设应避开炉灶、烟囱等高温部位及其他可能受高温作业影响的部位，不应直接敷设在可燃物上；** **2　室内明敷的电气线路，在有可燃物的吊顶或难燃性、可燃性墙体内敷设的电气线路，应具有相应的防火性能或防火保护措施**
	《建筑设计防火规范》GB 50016—2014（2018 年版）	10.2.3　配电线路不得穿越通风管道内腔或直接敷设在通风管道外壁上，穿金属导管保护的配电线路可紧贴通风管道外壁敷设。 配电线路敷设在有可燃物的闷顶、吊顶内时，应采取穿金属导管、采用封闭式金属槽盒等防火保护措施
开关、插座和照明灯具靠近可燃物时采取的防火措施	《建筑防火通用规范》**GB 55037—2022**	**12.0.7　照明灯具使用应满足消防安全要求，开关、插座和照明灯具靠近可燃物时，应采取隔热、散热等防火措施**
	《建筑设计防火规范》GB 50016—2014（2018 年版）	10.2.4　开关、插座和照明灯具靠近可燃物时，应采取隔热、散热等防火措施。 卤钨灯和额定功率不小于 100W 的白炽灯泡的吸顶灯、槽灯、嵌入式灯，其引入线应采用瓷管、矿棉等不燃材料作隔热保护。 额定功率不小于 60W 的白炽灯、卤钨灯、高压钠灯、金属卤化物灯、荧光高压汞灯（包括电感镇流器）等，不应直接安装在可燃物体上或采取其他防火措施
	《建筑内部装修设计防火规范》GB 50222—2017	4.0.16　照明灯具及电气设备、线路的高温部位，当靠近非 A 级装修材料或构件时，应采取隔热、散热等防火保护措施，与窗帘、帷幕、幕布、软包等装修材料的距离不应小于 500mm；灯饰应采用不低于 B_1 级的材料。 4.0.17　建筑内部的配电箱、控制面板、接线盒、开关、插座等不应直接安装在低于 B_1 级的装修材料上；用于顶棚和墙面装修的木质类板材，当内部含有电器、电线等物体时，应采用不低于 B_1 级的材料

2.5.3　建筑内部装修对安全疏散、消防设施的影响

一、验收内容

1. 建筑内部装修不应妨碍疏散走道的正常使用，不应减少安全出口、疏散出口或疏散走道的设计疏散所需净宽度和数量。

2. 建筑内部装修不应影响消防设施的使用功能。

二、验收方法

现场核查建筑内部装修对安全疏散、消防设施是否有影响。

三、规范依据

对于建筑内部装修对安全疏散、消防设施的影响的相关要求，见表 2.5-3。

表 2.5-3　建筑内部装修对安全疏散、消防设施的影响

验收内容	规范名称	主要内容
建筑内部装修对建筑安全疏散及消防设施的影响	《建筑防火通用规范》 GB 55037—2022	6.5.2　下列部位不应使用影响人员安全疏散和消防救援的镜面反光材料： 1　疏散出口的门； 2　疏散走道及其尽端、疏散楼梯间及其前室的顶棚、墙面和地面； 3　供消防救援人员进出建筑的出入口的门、窗； 4　消防专用通道、消防电梯前室或合用前室的顶棚、墙面和地面
	《建筑内部装修设计防火规范》 GB 50222—2017	4.0.2　建筑内部消火栓箱门不应被装饰物遮掩，消火栓箱门四周的装修材料颜色应与消火栓箱门的颜色有明显区别或在消火栓箱门表面设置发光标志。 4.0.3　疏散走道和安全出口的顶棚、墙面不应采用影响人员安全疏散的镜面反光材料

2.6　防火分隔、防烟分隔

2.6.1　防火分区

一、验收内容

防火分区的位置、形式、完整性和建筑面积。

二、验收方法

对照消防设计文件及竣工图纸，现场核查防火分区的位置、形式、完整性，并采用测距仪测量建筑面积。

三、规范依据

对于防火分区划分的规定，见表 2.6-1。

表 2.6-1　防火分区的划分

验收内容	建筑类别	规范要求（表格中为条文索引，具体要求见表格后内容）
防火分区划分	工业建筑	《建筑防火通用规范》 GB 55037—2022 第 4.1.2、4.2.5、4.2.6、5.2.4 条　规定了各类工业建筑划分防火分区的原则，并提出了防火分区之间防火分隔的基本要求

续表

验收内容	建筑类别	规范要求（表格中为条文索引，具体要求见表格后内容）	
防火分区划分	工业建筑	《建筑设计防火规范》GB 50016—2014（2018 年版）第 3.3.1-3.3.3 条、第 3.3.10 条	1. 规定了不同耐火等级、不同类别火灾危险性生产厂房、库房内一个防火分区最大允许建筑面积的基本要求及相应的允许建筑层数或高度； 2. 规定了生产厂房、库房内防火分区的分隔方式； 3. 根据生产厂房的工艺要求和实际火灾危险性，对部分纺织厂房、造纸生产联合厂房、卷烟生产联合厂房等的防火分区最大允许建筑面积做了有条件的调整； 4. 明确了生产厂房内可以不计入防火分区建筑面积的部位； 5. 对部分库房的占地面积防火分区最大允许建筑面积做了调整
		《精细化工企业工程设计防火标准》GB 51283—2020 第 8.2.5 条	规定了封闭区域的面积应计入所在防火分区的建筑面积内。半敞开式厂房的封闭部分参照此条执行
		《石油化工企业设计防火标准》GB 50160—2008（2018 年版）	规定了当丙类的合成纤维、合成橡胶、合成树脂及塑料、尿素产品仓库面积超过现行国家标准《建筑设计防火规范》GB 50016 规定时，应满足该条款规定的占地面积及防火分区的要求，并应按照该标准第 8.11.4 条的规定设置消防安全设施
		《冷库设计标准》GB 50072—2021 第 4.2.2-4.2.7 条	1. 明确了总占地面积限值是指每座冷库库房内冷藏间部分的总占地面积之和，明确了防火分区内建筑面积限值是指每一防火分区内冷藏间最大允许总建筑面积，同时明确了冷库库房耐火极限、层数和库房内冷藏间最大允许总占地面积与库房内每个防火分区冷藏间最大允许建筑面积的相互关系； 2. 对防火隔墙上冷库门的材料的燃烧性能做了相关规定，并对洞口超过本条规定尺寸的冷库门提出耐火完整性的要求； 3. 明确了装配式冷库库房最大允许总占地面积和防火分区建筑面积的规定； 4. 明确了穿堂或封闭站台的最大建筑面积
	民用建筑	《建筑防火通用规范》GB 55037—2022 第 4.1.2 条、第 4.3.14-4.3.17 条	**规定了各类民用建筑划分防火分区的原则，对每个防火分区的最大允许建筑面积做出要求，并针对总建筑面积大于 20000m² 的地下、半地下商店，提出了较防火分区更严格的防火分隔措施**
		《建筑设计防火规范》GB 50016—2014（2018 年版）第 5.3.2-5.3.5 条、第 6.4.12-6.4.14 条	1. 规定了不同耐火等级各类民用建筑及其地下、半地下室或地下、半地下民用建筑的防火分区最大允许建筑面积和最多允许层数； 2. 规定了各类耐火等级老年人照料设施的最大允许建筑高度或最多允许层数； 3. 规定了建筑内上下楼层具有连通开口时的防火分区建筑面积计算与分区划分要求； 4. 明确了建筑内中庭连通区域的建筑面积之和大于一个防火分区的最大允许建筑面积时的防火分隔要求和常见措施； 5. 规定了总建筑面积大于 20000m² 的地下、半地下商店，应分隔为多个总建筑面积分别不大于 20000m² 的区域以及这些区域必须连通时的连通方式，并规定了其防火分隔方式的技术要求

验收内容	建筑类别	规范要求（表格中为条文索引，具体要求见表格后内容）
防火分区划分	汽车库、修车库	《汽车库、修车库、停车场设计防火规范》GB 50067—2014 第 5.1.1-5.1.5 条	1. 规定了不同汽车库的形式、不同的耐火等级的防火分区面积； 2. 规定了机械式立体汽车库车辆数、防火分隔措施及消防设施设置等； 3. 对甲、乙类物品运输车的汽车库、修车库的防火分区面积进行了特殊要求； 4. 规定了修车库的防火分区面积

（一）工业建筑防火分区划分

1.《建筑防火通用规范》GB 55037—2022 的规定

第 4.1.2 条规定，防火分区的划分应符合下列规定：

1　建筑内横向应采用防火墙等划分防火分区，且防火分隔应保证火灾不会蔓延至相邻防火分区；

2　建筑内竖向按自然楼层划分防火分区时，除允许设置敞开楼梯间的建筑外，防火分区的建筑面积应按上、下楼层中在火灾时未封闭的开口所连通区域的建筑面积之和计算；

3　高层建筑主体与裙房之间未采用防火墙和甲级防火门分隔时，裙房的防火分区应按高层建筑主体的相应要求划分；

4　除建筑内游泳池、消防水池等的水面、冰面或雪面面积，射击场的靶道面积，污水沉降池面积，开敞式的外走廊或阳台面积等可不计入防火分区的建筑面积外，其他建筑面积均应计入所在防火分区的建筑面积。

第 4.2.5 条规定，甲、乙类仓库和储存丙类可燃液体的仓库应为单、多层建筑。

第 4.2.6 条规定，仓库内的防火分区或库房之间应采用防火墙分隔，甲、乙类库房内的防火分区或库房之间应采用无任何开口的防火墙分隔。

第 5.2.4 条规定，丙、丁类物流建筑应符合下列规定：

1　建筑的耐火等级不应低于二级；

2　物流作业区域和辅助办公区域应分别设置独立的安全出口或疏散楼梯；

3　物流作业区域与辅助办公区域之间应采用耐火极限不低于 3.00h 的防火隔墙和耐火极限不低于 2.00h 的楼板分隔。

2.《建筑设计防火规范》GB 50016—2014（2018 年版）的规定

第 3.3.1 条规定，厂房的层数和每个防火分区的最大允许建筑面积应符合表 2.6-2 的规定。

表 2.6-2　厂房的层数和每个防火分区的最大允许建筑面积

生产的火灾危险性类别	厂房的耐火等级	最多允许层数	每个防火分区的最大允许建筑面积（m²）			
			单层厂房	多层厂房	高层厂房	地下或半地下厂房（包括地下或半地下室）
甲	一级 二级	宜采用单层	4000 3000	3000 2000	— —	— —

续表

生产的火灾危险性类别	厂房的耐火等级	最多允许层数	每个防火分区的最大允许建筑面积(m²)			
			单层厂房	多层厂房	高层厂房	地下或半地下厂房（包括地下或半地下室）
乙	一级	不限	5000	4000	2000	—
	二级	6	4000	3000	1500	—
丙	一级	不限	不限	6000	3000	500
	二级	不限	8000	4000	2000	500
	三级	2	3000	2000	—	—
丁	一、二级	不限	不限	不限	4000	1000
	三级	3	4000	2000	—	—
	四级	1	1000	—	—	—
戊	一、二级	不限	不限	不限	6000	1000
	三级	3	5000	3000	—	—
	四级	1	1500	—	—	—

注：1　本表引自《建筑设计防火规范》GB 50016—2014（2018 年版）第 3.3.1 条中表 3.3.1。

2　防火分区之间应采用防火墙分隔。除甲类厂房外的一、二级耐火等级厂房，当其防火分区的建筑面积大于本表规定，且设置防火墙确有困难时，可采用防火卷帘或防火分隔水幕分隔。

3　除麻纺厂房外，一级耐火等级的多层纺织厂房和二级耐火等级的单、多层纺织厂房，其每个防火分区的最大允许建筑面积可按本表的规定增加 0.5 倍，但厂房内的原棉开包、清花车间与厂房内其他部位之间均应采用耐火极限不低于 2.50h 的防火隔墙分隔，需要开设门、窗、洞口时，应设置甲级防火门、窗。

4　一、二级耐火等级的单、多层造纸生产联合厂房，其每个防火分区的最大允许建筑面积可按本表的规定增加 1.5 倍。一、二级耐火等级的湿式造纸联合厂房，当纸机烘缸罩内设置自动灭火系统，完成工段设置有效灭火设施保护时，其每个防火分区的最大允许建筑面积可按工艺要求确定。

5　一、二级耐火等级的谷物筒仓工作塔，当每层工作人数不超过 2 人时，其层数不限。

6　一、二级耐火等级卷烟生产联合厂房内的原料、备料及成组配方、制丝、储丝和卷接包、辅料周转、成品暂存、二氧化碳膨胀烟丝等生产用房应划分独立的防火分隔单元，当工艺条件许可时，应采用防火墙进行分隔。其中制丝、储丝和卷接包车间可划分为一个防火分区，且每个防火分区的最大允许建筑面积可按工艺要求确定，但制丝、储丝及卷接包车间之间应采用耐火极限不低于 2.00h 的防火隔墙和 1.00h 的楼板进行分隔。厂房内各水平和竖向防火分区之间的开口应采取防止火灾蔓延的措施。

7　厂房内的操作平台、检修平台，当使用人数少于 10 人时，平台的面积可不计入所在防火分区的建筑面积内。

8　"—"表示不允许。

第 3.3.2 条规定，除本规范另有规定外，仓库的层数和面积应符合表 2.6-3 的规定。

表 2.6-3　仓库的层数和面积

储存物品的火灾危险性类别		仓库的耐火等级	最多允许层数	每座仓库的最大允许占地面积和每个防火分区的最大允许建筑面积（m²）						
				单层仓库		多层仓库		高层仓库		地下或半地下仓库（包括地下或半地下室）
				每座仓库	防火分区	每座仓库	防火分区	每座仓库	防火分区	防火分区
甲	3、4 项	一级	1	180	60					
	1、2、5、6 项	一、二级	1	750	250					

续表

储存物品的火灾危险性类别		仓库的耐火等级	最多允许层数	每座仓库的最大允许占地面积和每个防火分区的最大允许建筑面积（m²）						
				单层仓库		多层仓库		高层仓库		地下或半地下仓库（包括地下或半地下室）
				每座仓库	防火分区	每座仓库	防火分区	每座仓库	防火分区	防火分区
乙	1、3、4 项	一、二级	3	2000	500	900	300	—		—
		三级	1	500	250	—		—		—
	2、5、6 项	一、二级	5	2800	700	1500	500	—		—
		三级	1	900	300	—		—		—
丙	1 项	一、二级	5	4000	1000	2800	700	—		150
		三级	1	1200	400	—		—		—
	2 项	一、二级	不限	6000	1500	4800	1200	4000	1000	300
		三级	3	2100	700	1200	400	—		—
丁		一、二级	不限	不限	3000	不限	1500	4800	1200	500
		三级	3	3000	1000	1500	500	—		—
		四级	1	2100	700	—		—		—
戊		一、二级	不限	不限	不限	不限	2000	6000	1500	1000
		三级	3	3000	1000	2100	700	—		—
		四级	1	2100	700	—		—		—

注：1　本表引自《建筑设计防火规范》GB 50016—2014（2018 年版）第 3.3.1 条中表 3.3.1。

2　仓库内的防火分区之间必须采用防火墙分隔，甲、乙类仓库内防火分区之间的防火墙不应开设门、窗、洞口；地下或半地下仓库（包括地下或半地下室）的最大允许占地面积，不应大于相应类别地上仓库的最大允许占地面积。

3　石油库区内的桶装油品仓库应符合现行国家标准《石油库设计规范》GB 50074 的规定。

4　一、二级耐火等级的煤均化库，每个防火分区的最大允许建筑面积不应大于 12000m²。

5　独立建造的硝酸铵仓库、电石仓库、聚乙烯等高分子制品仓库、尿素仓库、配煤仓库、造纸厂的独立成品仓库，当建筑的耐火等级不低于二级时，每座仓库的最大允许占地面积和每个防火分区的最大允许建筑面积可按本表的规定增加 1.0 倍。

6　一、二级耐火等级粮食平房仓的最大允许占地面积不应大于 12000m²，每个防火分区的最大允许建筑面积不应大于 3000m²；三级耐火等级粮食平房仓的最大允许占地面积不应大于 3000m²，每个防火分区的最大允许建筑面积不应大于 1000m²。

7　一、二级耐火等级且占地面积不大于 2000m² 的单层棉花库房，其防火分区的最大允许建筑面积不应大于 2000m²。

8　一、二级耐火等级冷库的最大允许占地面积和防火分区的最大允许建筑面积，应符合现行国家标准《冷库设计标准》GB 50072 的规定。

9　"—"表示不允许。

第 3.3.3 条规定，厂房内设置自动灭火系统时，每个防火分区的最大允许建筑面积可按本规范第 3.3.1 条的规定增加 1.0 倍。当丁、戊类的地上厂房内设置自动灭火系统时，每个防火分区的最大允许建筑面积不限。厂房内局部设置自动灭火系统时，其防火分区的增加面积可按该局部面积的 1.0 倍计算。

仓库内设置自动灭火系统时，除冷库的防火分区外，每座仓库的最大允许占地面积和每个防火分区的最大允许建筑面积可按本规范第 3.3.2 条的规定增加 1.0 倍。

第 3.3.10 条规定，物流建筑的防火设计应符合下列规定：

1　当建筑功能以分拣、加工等作业为主时，应按本规范有关厂房的规定确定，其中仓储部分应按中间仓库确定；

2　当建筑功能以仓储为主或建筑难以区分主要功能时，应按本规范有关仓库的规定确定，但当分拣等作业区采用防火墙与储存区完全分隔时，作业区和储存区的防火要求可分别按本规范有关厂房和仓库的规定确定。其中，当分拣等作业区采用防火墙与储存区完全分隔且符合下列条件时，除自动化控制的丙类高架仓库外，储存区的防火分区最大允许建筑面积和储存区部分建筑的最大允许占地面积，可按本规范表 3.3.2（不含注）的规定增加 3.0 倍：

1）储存除可燃液体、棉、麻、丝、毛及其他纺织品、泡沫塑料等物品外的丙类物品且建筑的耐火等级不低于一级；

2）储存丁、戊类物品且建筑的耐火等级不低于二级；

3）建筑内全部设置自动水灭火系统和火灾自动报警系统。

3.《精细化工企业工程设计防火标准》GB 51283—2020 的规定

第 8.2.5 条规定，受工艺特点或自然条件限制必须布置在封闭式厂房内的多层构架设备平台，若各层设备平台板采用格栅板时，该格栅板平台可作为操作平台或检修平台，该平台面积可不计入所在防火分区的建筑面积内，并应符合下列规定：

1　有围护结构的无人员操作的辅助功能房间形成的封闭区域所占面积应小于该楼层面积的 5%；

2　操作人员总数应少于 10 人；

3　各层应设置自动灭火系统，并宜采用雨淋自动喷水灭火系统；

4　各层设备平台疏散要求应符合现行国家标准《建筑设计防火规范》GB 50016 的有关规定；

5　格栅板透空率不应低于 50%；

6　屋顶宜设易熔性采光带，采光带面积不宜小于屋面面积的 15%；外墙面应设置采光带或采光窗，任一层外墙室内净高度的 1/2 以上设置的采光带或采光窗有效面积应大于该层四周外墙体总表面面积的 25%。外墙及屋顶采光带或采光窗应均匀布置。

4.《石油化工企业设计防火标准》GB 50160—2008（2018 年版）的规定

第 6.6.2 条规定，单层丙类仓库跨度不应大于 150m。每座尿素单层仓库的占地面积不应大于 12000m²；每座合成纤维、合成橡胶、合成树脂及塑料单层仓库的占地面积不应大于 24000m²。当企业设有消防站和专职消防队且仓库设有工业电视监视系统时，每座尿素单层仓库的占地面积可扩大至 24000m²；每座合成树脂及塑料单层仓库的占地面积可扩大至 48000m²。单层仓库的每个防火分区的建筑面积应符合下列规定：

1　合成纤维、合成橡胶、合成树脂及塑料仓库不应大于 6000m²；

2　尿素散装仓库不应大于 12000m²，尿素袋装仓库不应大于 6000m²。

第8.11.4条规定，单层丙类仓库的消防设计应符合下列规定：

1　下列单层仓库应设自动喷水灭火系统，自动喷水灭火系统应由厂区稳高压消防给水系统供水：

1）占地面积超过6000m² 的合成橡胶、合成树脂及塑料的产品仓库；

2）合成橡胶、合成树脂及塑料的产品仓库内，建筑面积超过3000m² 的防火分区；

3）占地面积超过1000m² 的合成纤维仓库。

2　高架仓库的货架间运输通道宜设置遥控式高架水炮。

3　应设置火灾自动报警系统；当每座仓库占地面积超过12000m² 时尚应设置工业电视监控系统。

4　设有自动喷水灭火系统的仓库宜设置消防排水设施。

5　应按现行国家标准《建筑灭火器配置设计规范》GB 50140的要求设置手提式和推车式灭火器。

5.《冷库设计标准》GB 50072—2021的规定

第4.2.2条规定，每座冷库库房耐火等级、层数和冷藏间建筑面积应符合表4.2.2的规定。

第4.2.3条规定，冷藏间与穿堂或封闭站台之间的隔墙应为防火隔墙，且防火隔墙的耐火极限不应低于3.00h。防火隔墙上的冷库门表面应为不燃材料，芯材的燃烧性能等级不应低于B_1级。当防火隔墙上冷库门洞口的净宽度大于2.1m，净高度大于2.7m时，冷库门的耐火完整性不应小于0.50h。

第4.2.4条规定，装配式冷库不设置本标准第4.2.3条规定的防火隔墙时，耐火等级、层数和面积应符合表4.2.4的规定。

第4.2.5条规定，库房内设置自动灭火系统时，每座库房冷藏间的最大允许总占地面积或装配式冷库库房的最大允许总占地面积可按本标准表4.2.2或表4.2.4的规定增加1倍，但表4.2.2中每个防火分区内冷藏间最大允许建筑面积或表4.2.4中每个防火分区最大允许建筑面积的规定值不可增加。

第4.2.6条规定，单层和多层库房每层穿堂或封闭站台的建筑面积不应大于1500m²，高层库房每层穿堂或封闭站台的建筑面积不应大于1200m²。

第4.2.7条规定，当库房的穿堂或封闭站台设置自动灭火系统和火灾自动报警系统时，穿堂或封闭站台每层最大允许建筑面积可按本标准第4.2.6条的规定增加1倍。

（二）民用建筑防火分区划分

1.《建筑防火通用规范》GB 55037—2022的规定

第4.1.2条规定，防火分区的划分应符合下列规定：

1　建筑内横向应采用防火墙等划分防火分区，且防火分隔应保证火灾不会蔓延至相邻防火分区；

2　建筑内竖向按自然楼层划分防火分区时，除允许设置敞开楼梯间的建筑外，防火分区的建筑面积应按上、下楼层中在火灾时未封闭的开口所连通区域的建筑面积之和计算；

3　高层建筑主体与裙房之间未采用防火墙和甲级防火门分隔时，裙房的防火分区应按高层建筑主体的相应要求划分；

4 除建筑内游泳池、消防水池等的水面、冰面或雪面面积，射击场的靶道面积，污水沉降池面积，开敞式的外走廊或阳台面积等可不计入防火分区的建筑面积外，其他建筑面积均应计入所在防火分区的建筑面积。

第 4.3.14 条规定，交通车站、码头和机场的候车（船、机）建筑乘客公共区、交通换乘区和通道的布置应符合下列规定：

1 不应设置公共娱乐、演艺或经营性住宿等场所；

2 乘客通行的区域内不应设置商业设施，用于防火隔离的区域内不应布置任何可燃物体；

3 商业设施内不应使用明火。

第 4.3.15 条规定，一、二级耐火等级建筑内的商店营业厅，当设置自动灭火系统和火灾自动报警系统并采用不燃或难燃装修材料时，每个防火分区的最大允许建筑面积应符合下列规定：

1 设置在高层建筑内时，不应大于 4000m²；

2 设置在单层建筑内或仅设置在多层建筑的首层时，不应大于 10000m²；

3 设置在地下或半地下时，不应大于 2000m²。

第 4.3.16 条规定，除有特殊要求的建筑、木结构建筑和附建于民用建筑中的汽车库外，其他公共建筑中每个防火分区的最大允许建筑面积应符合表 2.6-4 规定：

表 2.6-4　不同耐火等级建筑的防火分区最大允许建筑面积

名称	耐火等级	防火分区的最大允许建筑面积（m²）	备注
高层民用建筑	一、二级	1500	当防火分区全部设置自动灭火系统时，上述面积可以增加 1.0 倍；当局部设置自动灭火系统时，可按该局部区域建筑面积的 1/2 计入所在防火分区的总建筑面积
单、多层民用建筑	一、二级	2500	
	三级	1200	
	四级	600	
地下或半地下建筑（室）	一级	500	
地下设备房	一级	1000	

第 4.3.17 条规定，总建筑面积大于 20000m² 的地下或半地下商店，应分隔为多个建筑面积不大于 20000m² 的区域且防火分隔措施应可靠、有效。

2.《建筑设计防火规范》GB 50016—2014（2018 年版）的规定

第 5.3.2 条规定，建筑内设置自动扶梯、敞开楼梯等上、下层相连通的开口时，其防火分区的建筑面积应按上、下层相连通的建筑面积叠加计算；当叠加计算后的建筑面积大于本规范第 5.3.1 条的规定时，应划分防火分区。建筑内设置中庭时，其防火分区的建筑面积应按上、下层相连通的建筑面积叠加计算；当叠加计算后的建筑面积大于第 5.3.1 条的规定时，应符合下列规定：

1 与周围连通空间应进行防火分隔：采用防火隔墙时，其耐火极限不应低于 1.00h；采用防火玻璃墙时，其耐火隔热性和耐火完整性不应低于 1.00h，采用耐火完整性不低于 1.00h 的非隔热性防火玻璃墙时，应设置自动喷水灭火系统进行保护；采用防火卷帘时，其耐火极限不应低于 3.00h，并应符合本规范第 6.5.3 条的规定；与中庭相连通的门、窗，应采用火灾时能自行关闭的甲级防火门、窗；

　　2　高层建筑内的中庭回廊应设置自动喷水灭火系统和火灾自动报警系统；

　　3　中庭应设置排烟设施；

　　4　中庭内不应布置可燃物。

　　第5.3.3条规定，防火分区之间应采用防火墙分隔，确有困难时，可采用防火卷帘等防火分隔设施分隔。采用防火卷帘分隔时，应符合本规范第6.5.3条的规定。

　　第5.3.5条规定，总建筑面积大于20000m²的地下或半地下商店，应采用无门、窗、洞口的防火墙、耐火极限不低于2.00h的楼板分隔为多个建筑面积不大于20000m²的区域。相邻区域确需局部连通时，应采用下沉式广场等室外开敞空间、防火隔间、避难走道、防烟楼梯间等方式进行连通，并应符合下列规定：

　　1　下沉式广场等室外开敞空间应能防止相邻区域的火灾蔓延和便于安全疏散，并应符合本规范第6.4.12条的规定；

　　2　防火隔间的墙应为耐火极限不低于3.00h的防火隔墙，并应符合本规范第6.4.13条的规定；

　　3　避难走道应符合本规范第6.4.14条的规定；

　　4　防烟楼梯间的门应采用甲级防火门。

　　第6.4.12条规定，用于防火分隔的下沉式广场等室外开敞空间，应符合下列规定：

　　1　分隔后的不同区域通向下沉式广场等室外开敞空间的开口最近边缘之间的水平距离不应小于13m。室外开敞空间除用于人员疏散外不得用于其他商业或可能导致火灾蔓延的用途，其中用于疏散的净面积不应小于169m²。

　　2　下沉式广场等室外开敞空间内应设置不少于1部直通地面的疏散楼梯。当连接下沉广场的防火分区需利用下沉广场进行疏散时，疏散楼梯的总净宽度不应小于任一防火分区通向室外开敞空间的设计疏散总净宽度。

　　3　确需设置防风雨篷时，防风雨篷不应完全封闭，四周开口部位应均匀布置，开口的面积不应小于该空间地面面积的25%，开口高度不应小于1.0m；开口设置百叶时，百叶的有效排烟面积可按百叶通风口面积的60%计算。

　　第6.4.13条规定，防火隔间的设置应符合下列规定：

　　1　防火隔间的建筑面积不应小于6.0m²；

　　2　防火隔间的门应采用甲级防火门；

　　3　不同防火分区通向防火隔间的门不应计入安全出口，门的最小间距不应小于4m；

　　4　防火隔间内部装修材料的燃烧性能应为A级；

　　5　不应用于除人员通行外的其他用途。

　　第6.4.14条规定，避难走道的设置应符合下列规定：

　　1　避难走道防火隔墙的耐火极限不应低于3.00h，楼板的耐火极限不应低于1.50h。

　　2　避难走道直通地面的出口不应少于2个，并应设置在不同方向；当避难走道仅与一个防火分区相通且该防火分区至少有1个直通室外的安全出口时，可设置1个直通地面的出口。任一防火分区通向避难走道的门至该避难走道最近直通地面的出口的距离不应大于60m。

　　3　避难走道的净宽度不应小于任一防火分区通向该避难走道的设计疏散总净宽度。

4　避难走道内部装修材料的燃烧性能应为 A 级。

5　防火分区至避难走道入口处应设置防烟前室，前室的使用面积不应小于 6.0m²，开向前室的门应采用甲级防火门，前室开向避难走道的门应采用乙级防火门。

6　避难走道内应设置消火栓、消防应急照明、应急广播和消防专线电话。

（三）汽车库、修车库防火分区划分

《汽车库、修车库、停车场设计防火规范》GB 50067—2014 的规定

第 5.1.1 条规定，汽车库防火分区的最大允许建筑面积应符合表 2.6-5 的规定。其中，敞开式、错层式、斜楼板式汽车库的上下连通层面积应叠加计算，每个防火分区的最大允许建筑面积不应大于该表规定的 2.0 倍；室内有车道且有人员停留的机械式汽车库，其防火分区最大允许建筑面积应按该表的规定减少 35%。

表 2.6-5　汽车库防火分区的最大允许建筑面积（m²）

耐火等级	单层汽车库	多层汽车库、半地下汽车库	地下汽车库、高层汽车库
一、二级	3000	2500	2000
三级	1000	不允许	不允许

注：1　本表引自《汽车库、修车库、停车场设计防火规范》GB 50067—2014 第 5.1.1 条中表 5.1.1。
　　2　除本规范另有规定外，防火分区之间应采用符合本规范规定的防火墙、防火卷帘等分隔。

第 5.1.2 条规定，设置自动灭火系统的汽车库，其每个防火分区的最大允许建筑面积不应大于本规范第 5.1.1 条规定的 2.0 倍。

第 5.1.3 条规定，室内无车道且无人员停留的机械式汽车库，应符合下列规定：

1　当停车数量超过 100 辆时，应采用无门、窗、洞口的防火墙分隔为多个停车数量不大于 100 辆的区域，但当采用防火隔墙和耐火极限不低于 1.00h 的不燃性楼板分隔成多个停车单元，且停车单元内的停车数量不大于 3 辆时，应分隔为停车数量不大于 300 辆的区域。

第 5.1.4 条规定，甲、乙类物品运输车的汽车库、修车库，每个防火分区的最大允许建筑面积不应大于 500m²。

第 5.1.5 条规定，修车库每个防火分区的最大允许建筑面积不应大于 2000m²，当修车部位与相邻使用有机溶剂的清洗和喷漆工段采用防火墙分隔时，每个防火分区的最大允许建筑面积不应大于 4000m²。

2.6.2　防烟分区

一、验收内容

核对防烟分区设置位置、形式及完整性。

二、验收方法

对照消防设计文件及竣工图纸，现场核查防烟分区设置位置、形式及完整性，防烟分区不应跨越防火分区。

三、规范依据

对于防烟分区的划分，见表 2.6-6。

表 2.6-6　防烟分区的划分

验收内容	规范名称	主要内容
防烟分区划分	《消防设施通用规范》GB 55036—2022	**11.3.1**　同一个防烟分区应采用同一种排烟方式。 **11.3.2**　设置机械排烟系统的场所应结合该场所的空间特性和功能分区划分防烟分区。防烟分区及其分隔应满足有效蓄积烟气和阻止烟气向相邻防烟分区蔓延的要求
	《建筑防烟排烟系统技术标准》GB 51251—2017	4.2.1　设置排烟系统的场所或部位应采用挡烟垂壁、结构梁及隔墙等划分防烟分区。防烟分区不应跨越防火分区。 4.2.2　挡烟垂壁等挡烟分隔设施的深度不应小于本标准第 4.6.2 条规定的储烟仓厚度。对于有吊顶的空间，当吊顶开孔不均匀或开孔率小于或等于 25% 时，吊顶内空间高度不得计入储烟仓厚度。 4.2.4　公共建筑、工业建筑防烟分区的最大允许面积及其长边最大允许长度应符合表 2.6-7 的规定，当工业建筑采用自然排烟系统时，其防烟分区的长边长度尚不应大于建筑内空间净高的 8 倍
	《汽车库、修车库、停车场设计防火规范》GB 50067—2014	8.2.2　防烟分区的建筑面积不宜大于 2000m²，且防烟分区不应跨越防火分区。防烟分区可采用挡烟垂壁、隔墙或从顶棚下突出不小于 0.5m 的梁划分

表 2.6-7　公共建筑、工业建筑防烟分区的最大允许面积及其长边最大允许长度

空间净高 H（m）	最大允许面积（m²）	长边最大允许长度（m）
$H \leqslant 3.0$	500	24
$3.0 < H \leqslant 6.0$	1000	36
$H > 6.0$	2000	60m，具有自然对流条件时，不应大于 75m

注：1　本表引自《建筑防烟排烟系统技术标准》GB 51251—2017 第 4.2.4 条中表 4.2.4。

　　2　公共建筑、工业建筑中的走道宽度不大于 2.5m 时，其防烟分区的长边长度不应大于 60m。

　　3　当空间净高大于 9m 时，防烟分区之间可不设置挡烟设施。

　　4　汽车库防烟分区的划分及其排烟量应符合现行国家规范《汽车库、修车库、停车场设计防火规范》GB 50067 的相关规定。

2.6.3　防火墙

一、验收内容

1. 防火墙的设置方式、位置、耐火极限。

2. 防火墙上不应开设门、窗、洞口，确需开设时，应设置不可开启或火灾时能自动关闭的甲级防火门、窗。可燃气体和甲、乙、丙类液体的管道严禁穿过防火墙。防火墙内不应设置排气道。

3. 其他管道不宜穿过防火墙，确需穿过时，应采用防火封堵材料将墙与管道之间的空隙紧密填实，穿过防火墙处的管道保温材料，应采用不燃材料；当管道为难燃及可燃材料时，应在防火墙两侧的管道上采取防火措施。

4. 防火墙两侧及转角处洞口等防火分隔措施。

二、验收方法

1. 对照消防设计文件及竣工图纸，查阅相关施工资料，核对防火墙的耐火极限，现场核查防火墙的设置方式、位置。

2. 对照消防设计文件及竣工图纸，查阅相关施工资料，核查防火墙上门、窗、洞口的开设及穿过防火墙的管道封堵情况。

3. 对照消防设计文件及竣工图纸，查阅相关施工资料，采用卷尺测量防火墙两侧及转角处洞口距离。

三、规范依据

对于防火墙设置的规定，见表 2.6-8。

表 2.6-8　防火墙的设置

验收内容	规范名称	主要内容
防火墙的设置方式、位置、耐火极限	《建筑防火通用规范》GB 55037—2022	6.1.1　防火墙应直接设置在建筑的基础或具有相应耐火性能的框架、梁等承重结构上，并应从楼地面基层隔断至结构梁、楼板或屋面板的底面。防火墙与建筑外墙、屋顶相交处，防火墙上的门、窗等开口，应采取防止火灾蔓延至防火墙另一侧的措施。 6.1.2　防火墙任一侧的建筑结构或构件以及物体受火作用发生破坏或倒塌并作用到防火墙时，防火墙应仍能阻止火灾蔓延至防火墙的另一侧。 6.1.3　防火墙的耐火极限不应低于 3.00h。甲、乙类厂房和甲、乙、丙类仓库内的防火墙，耐火极限不应低于 4.00h
	《建筑设计防火规范》GB 50016—2014（2018 年版）	6.1.1　防火墙应直接设置在建筑的基础或框架、梁等承重结构上，框架、梁等承重结构的耐火极限不应低于防火墙的耐火极限。 防火墙应从楼地面基层隔断至梁、楼板或屋面板的底面基层。当高层厂房（仓库）屋顶承重结构和屋面板的耐火极限低于 1.00h，其他建筑屋顶承重结构和屋面板的耐火极限低于 0.50h 时，防火墙应高出屋面 0.5m 以上（图 2.6-1）。 6.1.2　防火墙横截面中心线水平距离天窗端面小于 4.0m，且天窗端面为可燃性墙体时，应采取防止火势蔓延的措施。 6.1.3　建筑外墙为难燃性或可燃性墙体时，防火墙应凸出墙的外表面 0.4m 以上，且防火墙两侧的外墙均应为宽度均不小于 2.0m 的不燃性墙体，其耐火极限不应低于外墙的耐火极限。 建筑外墙为不燃性墙体时，防火墙可不凸出墙的外表面，紧靠防火墙两侧的门、窗、洞口之间最近边缘的水平距离不应小于 2.0m；采取设置乙级防火窗等防止火灾水平蔓延的措施时，该距离不限（图 2.6-2）
防火墙上开口及管道穿越时的防火封堵	《建筑设计防火规范》GB 50016—2014（2018 年版）	6.1.4　建筑内的防火墙不宜设置在转角处，确需设置时，内转角两侧墙上的门、窗、洞口之间最近边缘的水平距离不应小于 4.0m；采取设置乙级防火窗等防止火灾水平蔓延的措施时，该距离不限（图 2.6-3）。 6.1.5　防火墙上不应开设门、窗、洞口，确需开设时，应设置不可开启或火灾时能自动关闭的甲级防火门、窗。 可燃气体和甲、乙、丙类液体的管道严禁穿过防火墙。防火墙内不应设置排气道。 6.1.6　除本规范第 6.1.5 条规定外的其他管道不宜穿过防火墙，确需穿过时，应采用防火封堵材料将墙与管道之间的空隙紧密填实，穿过防火墙处的管道保温材料，应采用不燃材料；当管道为难燃及可燃材料时，应在防火墙两侧的管道上采取防火措施

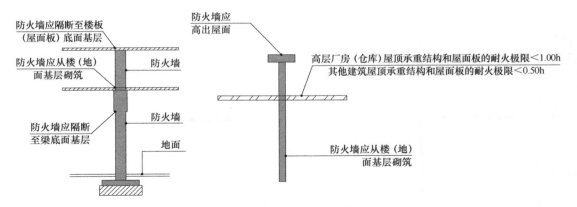

图 2.6-1　防火墙的设置示意图一

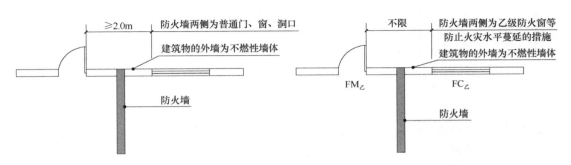

图 2.6-2　防火墙的设置示意图二

2.6.4　建筑构件

一、验收内容

1. 防火隔墙的设置方式、位置、耐火极限。

2. 附设在建筑内的灭火设备室、通风空气调节机房等设备用房及特殊功能区域的防火隔墙和防火门的耐火极限、类别；设置在丁、戊类厂房内的通风机房等防火隔墙和防火门的耐火极限、类别。

3. 查看窗间墙、窗槛墙、玻璃幕墙等防火分隔措施。

4. 冷库的防火分隔、墙体绝热层的燃烧性能，冷库设备机房的布置及防火分隔。

二、验收方法

1. 对照消防设计文件、竣工图纸、施工记录及相关质量证明材料，检查防火隔墙、实体墙、防火挑檐和隔板的耐火极限和燃烧性能。

2. 对照消防设计文件、竣工图纸、施工记录及相关质量证明材料，检查灭火设备室、通风空气调节机房等的防火分隔。

3. 对照消防设计文件及竣工图纸，查阅相关施工资料，采用卷尺测量窗间墙宽度、窗槛墙高度；现场核查玻璃幕墙防火措施。

4. 对照消防设计文件及竣工图纸，查阅相关施工资料，检查冷库绝热层的燃烧性能

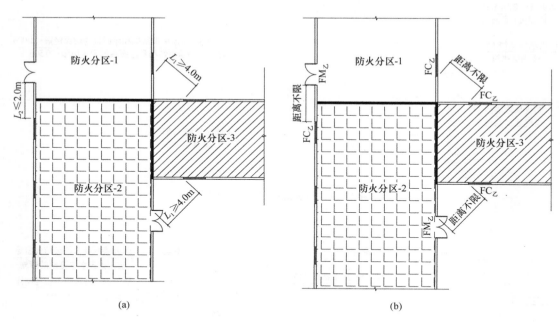

图 2.6-3　防火墙的设置示意图三

和保护层，现场核查与冷库及相关设备机房的布置及防火分隔。

三、规范依据

对于建筑构件设置的规定，见表 2.6-9。

表 2.6-9　建筑构件的设置

验收内容	规范名称	主要内容
防火隔墙的设置	《建筑防火通用规范》 GB 55037—2022	**6.2.1　防火隔墙应从楼地面基层隔断至梁、楼板或屋面板的底面基层，防火隔墙上的门、窗等开口应采取防止火灾蔓延至防火隔墙另一侧的措施（图 2.6-4）**
	《建筑设计防火规范》 GB 50016—2014 （2018 年版）	6.2.4　建筑内的防火隔墙应从楼地面基层隔断至梁、楼板或屋面板的底面基层。住宅分户墙和单元之间的墙应隔断至梁、楼板或屋面板的底面基层，屋面板的耐火极限不应低于 0.50h
附设在建筑内的设备室的防火分隔	《建筑防火通用规范》 GB 55037—2022	**4.1.3　下列场所应采用防火门、防火窗、耐火极限不低于 2.00h 的防火隔墙和耐火极限不低于 1.00h 的楼板与其他区域分隔：** **2　除居住建筑中的套内自用厨房可不分隔外，建筑内的厨房；** **3　医疗建筑中的手术室或手术部、产房、重症监护室、贵重精密医疗装备用房、储藏间、实验室、胶片室等；** **5　除消防水泵房的防火分隔符合本规范第 4.1.7 条的规定，消防控制室的防火分隔应符合本规范第 4.1.8 条的规定外，其他消防设备或器材用房**
	《建筑设计防火规范》 GB 50016—2014 （2018 年版）	6.2.1　剧场等建筑的舞台与观众厅之间的隔墙应采用耐火极限不低于 3.00h 的防火墙。 舞台上部与观众厅闷顶之间的隔墙可采用耐火极限不低于 1.50h 的防火隔墙，隔墙上的门应采用乙级防火门。

验收内容	规范名称	主要内容
附设在建筑内的设备室的防火分隔	《建筑设计防火规范》GB 50016—2014（2018 年版）	舞台下部的灯光操作室和可燃物储藏室应采用耐火极限不低于 2.00h 的防火隔墙与其他部位分隔。 电影放映室、卷片室应采用耐火极限不低于 1.50h 的防火隔墙与其他部位分隔，观察孔和放映孔应采取防火分隔措施。 6.2.3　建筑内的下列部位应采用耐火极限不低于 2.00h 的防火隔墙与其他部位分隔，墙上的门、窗应采用乙级防火门、窗，确有困难时，可采用防火卷帘，但应符合本规范第 6.5.3 条的规定： 1　甲、乙类生产部位和建筑内使用丙类液体的部位； 2　厂房内有明火和高温的部位； 3　甲、乙、丙类厂房（仓库）内布置有不同火灾危险性类别的房间； 4　民用建筑内的附属库房，剧场后台的辅助用房。 6.2.7　附设在建筑内的消防控制室、灭火设备室、消防水泵房和通风空气调节机房、变配电室等，应采用耐火极限不低于 2.00h 的防火隔墙和 1.50h 的楼板与其他部位分隔。 设置在丁、戊类厂房内的通风机房，应采用耐火极限不低于 1.00h 的防火隔墙和 0.50h 的楼板与其他部位分隔。 通风、空气调节机房和变配电室开向建筑内的门应采用甲级防火门，消防控制室和其他设备房开向建筑内的门应采用乙级防火门
窗间墙、窗槛墙、玻璃幕墙防火分隔措施	《建筑防火通用规范》GB 55037—2022	**6.2.2**　住宅分户墙、住宅单元之间的墙体、防火隔墙与建筑外墙、楼板、屋顶相交处，应采取防止火灾蔓延至另一侧的防火封堵措施。 **6.2.3**　建筑外墙上、下层开口之间应采取防止火灾沿外墙开口蔓延至建筑其他楼层内的措施。在建筑外墙上水平或竖向相邻开口之间用于防止火灾蔓延的墙体、隔板或防火挑檐等实体分隔结构，其耐火性能均不应低于该建筑外墙的耐火性能要求。住宅建筑外墙上相邻套房开口之间的水平距离或防火措施应满足防止火灾通过相邻开口蔓延的要求。 **6.2.4**　建筑幕墙应在每层楼板外沿处采取防止火灾通过幕墙空腔等构造竖向蔓延的措施
	《建筑设计防火规范》GB 50016—2014（2018 年版）	6.2.5　除本规范另有规定外，建筑外墙上、下层开口之间应设置高度不小于 1.2m 的实体墙或挑出宽度不小于 1.0m、长度不小于开口宽度的防火挑檐；当室内设置自动喷水灭火系统时，上、下层开口之间的实体墙高度不应小于 0.8m。当上、下层开口之间设置实体墙确有困难时，可设置防火玻璃墙，但高层建筑的防火玻璃墙的耐火完整性不应低于 1.00h，多层建筑的防火玻璃墙的耐火完整性不应低于 0.50h。外窗的耐火完整性不应低于防火玻璃墙的耐火完整性要求。 住宅建筑外墙上相邻户开口之间的墙体宽度不应小于 1.0m；小于 1.0m 时，应在开口之间设置突出外墙不小于 0.6m 的隔板。 实体墙、防火挑檐和隔板的耐火极限和燃烧性能，均不应低于相应耐火等级建筑外墙的要求。 6.2.6　建筑幕墙应在每层楼板外沿处采取符合本规范第 6.2.5 条规定的防火措施，幕墙与每层楼板、隔墙处的缝隙应采用防火封堵材料封堵（图 2.6-5）

验收内容	规范名称	主要内容
冷库的防火分隔、墙体绝热层的燃烧性能，冷库设备机房的布置及防火分隔	《建筑设计防火规范》GB 50016—2014（2018 年版）	6.2.8　冷库、低温环境生产场所采用泡沫塑料等可燃材料作墙体内的绝热层时，宜采用不燃绝热材料在每层楼板处做水平防火分隔。防火分隔部位的耐火极限不应低于楼板的耐火极限。冷库阁楼层和墙体的可燃绝热层宜采用不燃性墙体分隔。 　　冷库、低温环境生产场所采用泡沫塑料作内绝热层时，绝热层的燃烧性能不应低于 B_1 级，且绝热层的表面应采用不燃材料做防护层。 　　冷库的库房与加工车间贴邻建造时，应采用防火墙分隔，当确需开设相互连通的开口时，应采取防火隔间等措施进行分隔，隔间两侧的门应为甲级防火门。当冷库的氨压缩机房与加工车间贴邻时，应采用不开门窗洞口的防火墙分隔
	《冷库设计标准》GB 50072—2021	4.6.2　氨制冷机房应符合下列规定： 　　1　氨制冷机房的控制室应采用耐火极限不低于 3.00h 的防火隔墙隔开，隔墙上的观察窗应采用固定甲级防火窗，连通门应采用开向制冷机房的甲级防火门； 　　2　变配电所与氨制冷机房或控制室贴邻共用的隔墙应采用防火墙，该墙上应只穿过与配电有关的管道、沟道，穿过部位周围应防火封堵。 　　4.6.3　氨制冷机房应至少有 1 个建筑长边不与其他建筑贴邻，并开设可满足自然通风的外门窗

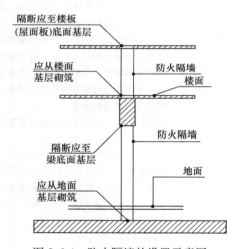

图 2.6-4　防火隔墙的设置示意图

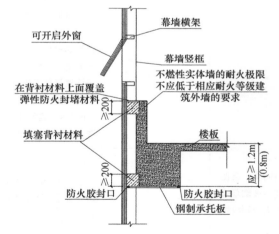

图 2.6-5　建筑幕墙防火封堵示意图

2.6.5　竖井、管线防火和防火封堵

一、验收内容

1. 电梯井、电缆井、管道井、排烟道、排气道、垃圾道的设置。

2. 建筑内的电缆井、管道井穿越楼板、墙体的封堵。

3. 防烟、排烟、供暖、通风和空气调节系统中的管道及建筑内的其他管道穿越防火隔墙、楼板和防火墙处的防火封堵。

4. 跨越防火分区的变形缝、伸缩缝的封堵。

二、验收方法

1. 对照消防设计文件及竣工图纸，查阅相关施工资料及相关材料质量证明文件，核对电梯井、电缆井、管道井、排烟道、排气道、垃圾道的设置，核查门的类型。

2. 现场核查电缆井、管道井应在每层楼板处的防火封堵及其与房间、走道等相连通的孔隙防火封堵情况。

3. 核查防烟、排烟、供暖、通风和空气调节系统中的管道及建筑内的其他管道在穿越防火隔墙、楼板和防火墙处的防火封堵情况。

4. 查阅变形缝、伸缩缝填充材料燃烧性能证明文件，核查其防火封堵情况。

三、规范依据

对于竖井、管线防火和防火封堵的设置要求，见表2.6-10。

表 2.6-10　竖井、管线防火和防火封堵的设置要求

验收内容	规范名称	主要内容
电梯井等竖井设置及防火封堵	《建筑防火通用规范》GB 55037—2022	6.3.1　电梯井应独立设置，电梯井内不应敷设或穿过可燃气体和甲、乙、丙类液体管道及与电梯运行无关的电线或电缆等。电梯层门的耐火完整性不应低于2.00h。 6.3.2　电气竖井、管道井、排烟或通风道、垃圾井等竖井应分别独立设置，井壁的耐火极限均不应低于1.00h。 6.3.3　除通风管道井、送风管道井、排烟管道井、必须通风的燃气管道竖井及其他有特殊要求的竖井可不在层间的楼板处分隔外，其他竖井应在每层楼板处采取防火分隔措施，且防火分隔组件的耐火性能不应低于楼板的耐火性能
	《建筑设计防火规范》GB 50016—2014（2018年版）	3.8.8　除一、二级耐火等级的多层戊类仓库外，其他仓库内供垂直运输物品的提升设施宜设置在仓库外，确需设置在仓库内时，应设置在井壁的耐火极限不于2.00h的井筒内。室内外提升设施通向仓库的入口应设置乙级防火门或符合本规范第6.5.3条规定的防火卷帘。 6.2.9　建筑内的电梯井等竖井应符合下列规定： 1　电梯井的井壁除设置电梯门、安全逃生门和通气孔洞外，不应设置其他开口。 2　电缆井、管道井、排烟道、排气道、垃圾道等竖向井道井壁上的检查门应采用丙级防火门。 3　建筑内的电缆井、管道井应在每层楼板处采用不低于楼板耐火极限的不燃材料或防火封堵材料封堵。 建筑内的电缆井、管道井与房间、走道等相连通的孔隙应采用防火封堵材料封堵。 4　建筑内的垃圾道宜靠外墙设置，垃圾道的排气口应直接开向室外，垃圾斗应采用不燃材料制作，并应能自行关闭
管道的穿墙、楼板孔洞及变形缝、伸缩缝的防火封堵	《建筑防火通用规范》GB 55037—2022	6.3.4　电气线路和各类管道穿过防火墙、防火隔墙、竖井井壁、建筑变形缝处和楼板处的孔隙应采取防火封堵措施。防火封堵组件的耐火性能不应低于防火分隔部位的耐火性能要求。 6.3.5　通风和空气调节系统的管道、防烟与排烟系统的管道穿过防火墙、防火隔墙、楼板、建筑变形缝处，建筑内未按防火分区独立设置的通风和空气调节系统中的竖向风管与每层水平风管交接的水平管段处，均应采取防止火灾通过管道蔓延至其他防火分隔区域的措施。

验收内容	规范名称	主要内容
管道的穿墙、楼板孔洞及变形缝、伸缩缝的防火封堵	《建筑防火通用规范》GB 55037—2022	**10.2.3** 电气线路的敷设应符合下列规定： 1 电气线路敷设应避开炉灶、烟囱等高温部位及其他可能受高温作业影响的部位，不应直接敷设在可燃物上； 2 室内明敷的电气线路，在有可燃物的吊顶或难燃性、可燃性墙体内敷设的电气线路，应具有相应的防火性能或防火保护措施； 3 室外电缆沟或电缆隧道在进入建筑、工程或变电站处应采取防火分隔措施，防火分隔部位的耐火极限不应低于 2.00h，门应采用甲级防火门
	《建筑设计防火规范》GB 50016—2014（2018 年版）	6.3.4 变形缝内的填充材料和变形缝的构造基层应采用不燃材料。 电线、电缆、可燃气体和甲、乙、丙类液体的管道不宜穿过建筑内的变形缝，确需穿过时，应在穿过处加设不燃材料制作的套管或采取其他防变形措施，并应采用防火封堵材料封堵。 6.3.5 防烟、排烟、供暖、通风和空气调节系统中的管道及建筑内的其他管道，在穿越防火隔墙、楼板和防火墙处的孔隙应采用防火封堵材料封堵。 风管穿过防火隔墙、楼板和防火墙时，穿越处风管上的防火阀、排烟防火阀两侧各 2.0m 范围内的风管应采用耐火风管或风管外壁应采取防火保护措施，且耐火极限不应低于该防火分隔体的耐火极限（图 2.6-6）。 6.3.6 建筑内受高温或火焰作用易变形的管道，在贯穿楼板部位和穿越防火隔墙的两侧宜采取阻火措施

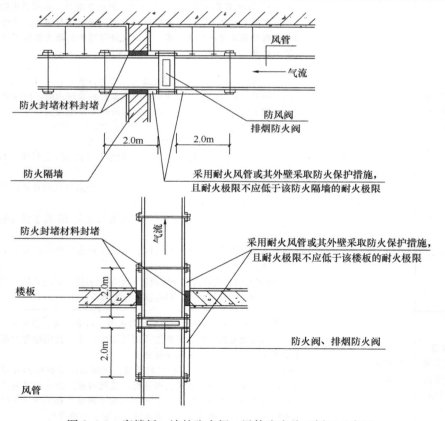

图 2.6-6　穿楼板、墙的防火阀、风管防火处理剖面示意图

2.6.6　防火门

一、验收内容

1. 防火门的设置位置、类型、耐火等级、开启方式、数量。
2. 检查常闭防火门、常开防火门的安装质量、功能。

二、验收方法

1. 对照消防设计文件及竣工图纸，查阅防火门合格标识及相关证明文件，现场检查防火门标识牌。

2. 现场查看防火门的安装质量。

3. 现场测试常闭防火门的功能：从门的任意一侧手动开启，测试常闭防火门的自动关闭功能及双扇防火门按顺序自动关闭的功能，当装有信号反馈装置时，查看开、关状态信号是否反馈至消防控制室。

4. 测试常开防火门的功能：

（1）用火灾报警系统功能检测工具使常开防火门一侧的火灾探测器发出模拟火灾报警信号，观察防火门监控器联动防火门动作情况及消防控制室信号显示情况。

（2）在消防控制室启动防火门关闭功能，观察防火门动作情况及消防控制室信号显示情况。

（3）现场手动启动防火门关闭装置，观察防火门动作情况及消防控制室信号显示情况。

三、规范依据

对于防火门的设置要求，见表 2.6-11。

表 2.6-11　防火门的设置要求

验收内容	规范名称	主要内容
防火门的设置	《建筑防火通用规范》GB 55037—2022	6.4.1　防火门、防火窗应具有自动关闭的功能，在关闭后应具有烟密闭的性能。宿舍的居室、老年人照料设施的老年人居室、旅馆建筑的客房开向公共内走廊或封闭式外走廊的疏散门，应在关闭后具有烟密闭的性能。宿舍的居室、旅馆建筑的客房的疏散门，应具有自动关闭的功能。 6.4.2　下列部位的门应为甲级防火门： 　1　设置在防火墙上的门、疏散走道在防火分区处设置的门； 　2　设置在耐火极限要求不低于 3.00h 的防火隔墙上的门； 　3　电梯间、疏散楼梯间与汽车库连通的门； 　4　室内开向避难走道前室的门、避难间的疏散门； 　5　多层乙类仓库和地下、半地下及多、高层丙类仓库中从库房通向疏散走道或疏散楼梯间的门。 6.4.3　除建筑直通室外和屋面的门可采用普通门外，下列部位的门的耐火性能不应低于乙级防火门的要求，且其中建筑高度大于 100m 的建筑相应部位的门应为甲级防火门： 　1　甲、乙类厂房，多层丙类厂房，人员密集的公共建筑和其他高层工业与民用建筑中封闭楼梯间的门； 　2　防烟楼梯间及其前室的门； 　3　消防电梯前室或合用前室的门； 　4　前室开向避难走道的门；

验收内容	规范名称	主要内容
防火门的设置	《建筑防火通用规范》 GB 55037—2022	5 地下、半地下及多、高层丁类仓库中从库房通向疏散走道或疏散楼梯的门； 6 歌舞娱乐放映游艺场所中的房间疏散门； 7 从室内通向室外疏散楼梯的疏散门； 8 设置在耐火极限要求不低于 2.00h 的防火隔墙上的门。 6.4.4 电气竖井、管道井、排烟道、排气道、垃圾道等竖井井壁上的检查门，应符合下列规定： 1 对于埋深大于 10m 的地下建筑或地下工程，应为甲级防火门； 2 对于建筑高度大于 100m 的建筑，应为甲级防火门； 3 对于层间无防火分隔的竖井和住宅建筑的合用前室，门的耐火性能不应低于乙级防火门的要求； 4 对于其他建筑，门的耐火性能不应低于丙级防火门的要求，当竖井在楼层处无水平防火分隔时，门的耐火性能不应低于乙级防火门的要求。 6.4.5 平时使用的人民防空工程中代替甲级防火门的防护门、防护密闭门、密闭门，耐火性能不应低于甲级防火门的要求，且不应用于平时使用的公共场所的疏散出口处
	《建筑设计防火规范》 GB 50016—2014 (2018 年版)	6.4.10 疏散走道在防火分区处应设置常开甲级防火门。 6.5.1 防火门的设置应符合下列规定： 1 设置在建筑内经常有人通行处的防火门宜采用常开防火门。常开防火门应能在火灾时自行关闭，并应具有信号反馈的功能。 2 除允许设置常开防火门的位置外，其他位置的防火门均应采用常闭防火门。常闭防火门应在其明显位置设置"保持防火门关闭"等提示标识。 3 除管井检修门和住宅的户门外，防火门应具有自行关闭功能。双扇防火门应具有按顺序自行关闭的功能。 4 除本规范第 6.4.11 条第 4 款的规定外，防火门应能在其内外两侧手动开启。 5 设置在建筑变形缝附近时，防火门应设置在楼层较多的一侧，并应保证防火门开启时门扇不跨越变形缝。 6 防火门关闭后应具有防烟性能
防火门的安装质量及功能	《防火卷帘、防火门、防火窗施工及验收规范》 GB 50877—2014	5.3.1 除特殊情况外，防火门应向疏散方向开启，防火门在关闭后应从任何一侧手动开启。 5.3.2 常闭防火门应安装闭门器等，双扇和多扇防火门应安装顺序器。 5.3.3 常开防火门，应安装火灾时能自动关闭门扇的控制、信号反馈装置和现场手动控制装置，且应符合产品说明书要求。 5.3.8 钢质防火门门框内应充填水泥砂浆。门框与墙体应用预埋钢件或膨胀螺栓等连接牢固，其固定点间距不宜大于 600mm。 5.3.11 防火门安装完成后，其门扇应启闭灵活，并应无反弹、翘角、卡阻和关闭不严现象。 6.3.1 常闭防火门，从门的任意一侧手动开启，应自动关闭。当装有信号反馈装置时，开、关状态信号应反馈到消防控制室。 6.3.2 常开防火门，其任意一侧的火灾探测器报警后，应自动关闭，并应将关闭信号反馈至消防控制室。 6.3.3 常开防火门，接到消防控制室手动发出的关闭指令后，应自动关闭，并应将关闭信号反馈至消防控制室。 6.3.4 常开防火门，接到现场手动发出的关闭指令后，应自动关闭，并应将关闭信号反馈至消防控制室

2.6.7　防火窗

一、验收内容

1. 防火窗的设置位置、类型、耐火等级、数量。

2. 设置在防火墙、防火隔墙上的防火窗，应采用不可开启的窗扇或具有火灾时能自行关闭的功能。

3. 检查防火窗的安装质量及活动式防火窗的功能。

二、验收方法

1. 对照消防设计文件及竣工图纸，查阅相关证明文件，现场检查防火窗标识牌，核对防火窗的类型。

2. 现场检查防火窗的安装质量。

3. 测试活动式防火窗的功能：

（1）用火灾报警系统功能检测工具使活动式防火窗任一侧的火灾探测器发出模拟火灾报警信号，观察消防联动控制器联动防火窗动作情况及消防控制室信号显示情况。

（2）在消防控制室启动防火窗关闭功能，观察防火窗动作情况及消防控制室信号显示情况。

（3）切断电源，加热温控释放装置，使其热敏感元件动作，观察防火窗动作情况。

三、规范依据

对于防火窗的设置要求，见表 2.6-12。

表 2.6-12　防火窗的设置要求

验收内容	规范名称	主要内容
防火窗的设置	《建筑防火通用规范》GB 55037—2022	**6.4.1**　防火门、防火窗应具有自动关闭的功能，在关闭后应具有烟密闭的性能。宿舍的居室、老年人照料设施的老年人居室、旅馆建筑的客房开向公共内走廊或封闭式外走廊的疏散门，应在关闭后具有烟密闭的性能。宿舍的居室、旅馆建筑的客房的疏散门，应具有自动关闭的功能。 **6.4.6**　设置在防火墙和要求耐火极限不低于 3.00h 的防火隔墙上的窗应为甲级防火窗。 **6.4.7**　下列部位的窗的耐火性能不应低于乙级防火窗的要求： **1**　歌舞娱乐放映游艺场所中房间开向走道的窗； **2**　设置在避难间或避难层中避难区对应外墙上的窗； **3**　其他要求耐火极限不低于 2.00h 的防火隔墙上的窗
	《建筑设计防火规范》GB 50016—2014（2018 年版）	**6.5.2**　设置在防火墙、防火隔墙上的防火窗，应采用不可开启的窗扇或具有火灾时能自行关闭的功能
防火窗的安装及功能	《防火卷帘、防火门、防火窗施工及验收规范》GB 50877—2014	**5.4.2**　钢质防火窗窗框内应充填水泥砂浆。窗框与墙体应用预埋钢件或膨胀螺栓等连接牢固，其固定点间距不宜大于 600mm。 **5.4.3**　活动式防火窗窗扇启闭控制装置应位置明显，便于操作。 **5.4.4**　活动式防火窗应装配火灾时能控制窗扇自动关闭的温控释放装置。温控释放装置的安装应符合设计和产品说明书要求。 **6.4.1**　活动式防火窗，现场手动启动防火窗窗扇启闭控制装置时，活动窗扇应灵活开启，并应完全关闭，同时应无启闭卡阻现象。

续表

验收内容	规范名称	主要内容
防火窗的安装及功能	《防火卷帘、防火门、防火窗施工及验收规范》GB 50877—2014	6.4.2 活动式防火窗，其任意一侧的火灾探测器报警后，应自动关闭，并应将关闭信号反馈至消防控制室。 6.4.3 活动式防火窗，接到消防控制室发出的关闭指令后，应自动关闭，并应将关闭信号反馈至消防控制室。 6.4.4 安装在活动式防火窗上的温控释放装置动作后，活动式防火窗应在 60s 内自动关闭

2.6.8 防火卷帘

一、验收内容

1. 防火卷帘的设置位置、类型、耐火极限、数量。

2. 防火分隔部位设置防火卷帘时，防火卷帘的宽度、靠自重自动关闭功能和防烟性能，与楼板、梁、墙、柱之间的空隙应采用防火封堵材料封堵。

3. 检查防火卷帘的安装质量、功能。

二、验收方法

1. 对照消防设计文件及竣工图纸，查阅质量证明文件，现场检查、核对防火卷帘的类型、耐火极限。

2. 对照消防设计文件及竣工图纸，查阅质量证明文件，核对防火分隔部位卷帘设置宽度，现场检查防火卷帘与楼板、梁、墙、柱之间的空隙封堵情况。

3. 现场检查防火卷帘的安装质量。

4. 测试防火卷帘运行功能：

（1）直观检查通电功能。

（2）切断防火卷帘控制器的主电源，观察电源工作指示灯变化情况和防火卷帘是否发生误动作，再切断卷门机主电源，使用备用电源供电，用备用电源启动速放控制装置，观察防火卷帘动作、运行情况。

（3）用火灾报警系统功能检测工具使火灾探测器组发出火灾报警信号，观察防火卷帘控制器的声、光报警情况。

（4）任意断开电源一相或对调电源的任意两相，手动操作防火卷帘控制器按钮，观察防火卷帘动作情况及防火卷帘控制器故障报警情况，断开火灾探测器与防火卷帘控制器的连接线，观察防火卷帘控制器故障报警情况。

（5）用火灾报警系统功能检测工具使火灾探测器模拟报警，消防联动控制器自动状态下发出半降、全降信号，观察防火卷帘控制器声、光报警和防火卷帘动作、运行情况以及消防控制室防火卷帘动作状态信号显示情况。

（6）手动操作防火卷帘按钮试验控制功能。

（7）切断卷门机电源，按下防火卷帘控制器下降按钮，观察防火卷帘动作、运行情况，测试自重下降功能。

三、规范依据

对于防火卷帘的设置要求，见表 2.6-13。

表 2.6-13 防火卷帘的设置要求

验收内容	规范名称	主要内容
防火卷帘的设置	《建筑防火通用规范》GB 55037—2022	**6.4.8** 用于防火分隔的防火卷帘应符合下列规定: **1** 应具有在火灾时不需要依靠电源等外部动力源而依靠自重自行关闭的功能; **2** 耐火性能不应低于防火分隔部位的耐火性能要求; **3** 应在关闭后具有烟密闭的性能; **4** 在同一防火分隔区域的界限处采用多樘防火卷帘分隔时,应具有同步降落封闭开口的功能
	《建筑设计防火规范》GB 50016—2014（2018 年版）	6.5.3 防火分隔部位设置防火卷帘时,应符合下列规定: 1 除中庭外,当防火分隔部位的宽度不大于 30m 时,防火卷帘的宽度不应大于 10m;当防火分隔部位的宽度大于 30m 时,防火卷帘的宽度不应大于该部位宽度的 1/3,且不应大于 20m。 3 除本规范另有规定外,防火卷帘的耐火极限不应低于本规范对所设置部位墙体的耐火极限要求。 当防火卷帘的耐火极限符合现行国家标准《门和卷帘的耐火试验方法》GB/T 7633 有关耐火完整性和耐火隔热性的判定条件时,可不设置自动喷水灭火系统保护。 当防火卷帘的耐火极限仅符合现行国家标准《门和卷帘的耐火试验方法》GB/T 7633 有关耐火完整性的判定条件时,应设置自动喷水灭火系统保护。自动喷水灭火系统的设计应符合现行国家标准《自动喷水灭火系统设计规范》GB 50084 的规定,但火灾延续时间不应小于该防火卷帘的耐火极限
防火卷帘的安装及功能	《建筑设计防火规范》GB 50016—2014（2018 年版）	6.5.3 防火分隔部位设置防火卷帘时,应符合下列规定: 4 防火卷帘应具有防烟性能,与楼板、梁、墙、柱之间的空隙应采用防火封堵材料封堵。 5 需在火灾时自动降落的防火卷帘,应具有信号反馈的功能
	《防火卷帘、防火门、防火窗施工及验收规范》GB 50877—2014	5.2.2 导轨安装应符合下列规定: 6 卷帘的防烟装置与帘面应均匀紧密贴合,其贴合面长度不应小于导轨长度的 80%。 7 防火卷帘的导轨应安装在建筑结构上,并应采用预埋螺栓、焊接或膨胀螺栓连接。导轨安装应牢固,固定点间距为 600mm～1000mm。 5.2.4 门楣安装应符合下列规定: 1 门楣安装应牢固,固定点间距为 600mm～1000mm。 2 门楣内的防烟装置与卷帘帘板或帘面表面应均匀紧密贴合,其贴合面长度不应小于门楣长度的 80%,非贴合部位的缝隙不应大于 2mm。 5.2.6 卷门机安装应符合下列规定: 2 卷门机应设有手动拉链和手动速放装置,其安装位置应便于操作,并应有明显标志。手动拉链和手动速放装置不应加锁,且应采用不燃或难燃材料制作。 5.2.7 防护罩(箱体)安装应符合下列规定: 3 防护罩(箱体)的耐火性能应与防火卷帘相同。 5.2.8 温控释放装置的安装位置应符合设计和产品说明书的要求。 5.2.9 防火卷帘、防护罩等与楼板、梁和墙、柱之间的空隙,应采用防火封堵材料等封堵,封堵部位的耐火极限不应低于防火卷帘的耐火极限。 5.2.10 防火卷帘控制器安装应符合下列规定: 1 防火卷帘的控制器和手动按钮盒应分别安装在防火卷帘内外两侧的墙壁上,当卷帘一侧为无人场所时,可安装在一侧墙壁上,且应符合设计要求。控制器和手动按钮盒应安装在便于识别的位置,且应标出上升、下降、停止等功能。

验收内容	规范名称	主要内容
防火卷帘的安装及功能	《防火卷帘、防火门、防火窗施工及验收规范》GB 50877—2014	2 防火卷帘控制器及手动按钮盒的安装应牢固可靠，其底边距地面高度宜为 1.3m~1.5m。 6.2.1 防火卷帘控制器应进行通电功能、备用电源、火灾报警功能、故障报警功能、自动控制功能、手动控制功能和自重下降功能调试，并应符合下列要求： 5 自动控制功能调试时，当防火卷帘控制器接收到火灾报警信号后，应输出控制防火卷帘完成相应动作的信号，并应符合下列要求： 1) 控制分隔防火分区的防火卷帘由上限位自动关闭至全闭。 2) 防火卷帘控制器接到感烟火灾探测器的报警信号后，控制防火卷帘自动关闭至中位（1.8m）处停止，接到感温火灾探测器的报警信号后，继续关闭至全闭。 3) 防火卷帘半降、全降的动作状态信号应反馈到消防控制室。 6.2.2 防火卷帘用门机的调试应符合下列规定： 1 卷门机手动操作装置（手动拉链）应灵活、可靠，安装位置应便于操作。使用手动操作装置（手动拉链）操作防火卷帘启、闭运行时，不应出现滑行撞击现象。 2 卷门机应具有电动启闭和依靠防火卷帘自重恒速下降（手动速放）的功能。启动防火卷帘自重下降（手动速放）的臂力不应大于 70N

2.6.9 挡烟垂壁

一、验收内容

1. 挡烟垂壁的设置形式、位置、数量。

2. 挡烟垂壁采用材料的防火性能及安装质量。

3. 活动式挡烟垂壁能够接收消防联动控制器信号动作，具有信号反馈功能。

二、验收方法

1. 对照消防设计文件及竣工图纸，查阅质量证明文件，现场检查、核对挡烟垂壁采用材料的防火性能及挡烟垂壁的安装质量。

2. 现场手动操作挡烟垂壁按钮，测试挡烟垂壁下降、上升功能；用火灾报警系统功能检测工具模拟火灾，相应区域火灾报警后，消防联动控制器自动状态下控制同一防烟分区内挡烟垂壁联动下降功能；并查看挡烟垂壁下降到设计高度后状态信号能否反馈到消防控制室。

三、规范依据

对于挡烟垂壁的设置要求，见表 2.6-14。

表 2.6-14 挡烟垂壁的设置要求

验收内容	规范名称	主要内容
挡烟垂壁的设置及安装	《建筑防烟排烟系统技术标准》GB 51251—2017	4.1.3 建筑的中庭、与中庭相连通的回廊及周围场所的排烟系统的设计应符合下列规定： 4 当中庭与周围场所未采用防火隔墙、防火玻璃隔墙、防火卷帘时，中庭与周围场所之间应设置挡烟垂壁。

验收内容	规范名称	主要内容
挡烟垂壁的设置及安装	《建筑防烟排烟系统技术标准》GB 51251—2017	4.2.3 设置排烟设施的建筑内，敞开楼梯和自动扶梯穿越楼板的开口部应设置挡烟垂壁等设施。 6.4.4 挡烟垂壁的安装应符合下列规定： 1 型号、规格、下垂的长度和安装位置应符合设计要求； 2 活动挡烟垂壁与建筑结构（柱或墙）面的缝隙不应大于 60mm，由两块或两块以上的挡烟垂帘组成的连续性挡烟垂壁，各块之间不应有缝隙，搭接宽度不应小于 100mm； 3 活动挡烟垂壁的手动操作按钮应固定安装在距楼地面 1.3m～1.5m 之间便于操作、明显可见处
挡烟垂壁的防火性能	《挡烟垂壁》XF 533—2012	5.1.2.1 挡烟垂壁应采用不燃材料制作。 5.1.2.5 制作挡烟垂壁的玻璃材料应为防火玻璃，其性能应符合 GB 15763.1 的规定。 5.1.3.1 挡烟垂壁的挡烟高度应符合设计要求，其最小值不应低于 500mm，最大值不应大于企业申请检测产品型号的公示值。 5.1.3.2 采用不燃无机复合板、金属板材、防火玻璃等材料制作刚性挡烟垂壁的单节宽度不应大于 2000mm；采用金属板材、无机纤维织物等制作柔性挡烟垂壁的单节宽度不应大于 4000mm
活动式挡烟垂壁的功能	《建筑防烟排烟系统技术标准》GB 51251—2017	5.2.5 活动挡烟垂壁应具有火灾自动报警系统自动启动和现场手动启动功能，当火灾确认后，火灾自动报警系统应在 15s 内联动相应防烟分区的全部活动挡烟垂壁，60s 以内挡烟垂壁应开启到位。 7.2.3 活动挡烟垂壁的调试方法及要求应符合下列规定： 1 手动操作挡烟垂壁按钮进行开启、复位试验，挡烟垂壁应灵敏、可靠地启动与到位后停止，下降高度应符合设计要求； 2 模拟火灾，相应区域火灾报警后，同一防烟分区内挡烟垂壁应在 60s 以内联动下降到设计高度； 3 挡烟垂壁下降到设计高度后应能将状态信号反馈到消防控制室

2.7 防 爆

2.7.1 爆炸危险场所、部位

一、验收内容

有爆炸危险的场所的建筑结构、设置位置、分隔措施。

二、验收方法

对照消防设计文件及竣工图纸，现场检查有爆炸危险场所的建筑结构、设置位置、分隔措施。

三、规范依据

对于爆炸危险场所、部位的消防设置要求，见表 2.7-1。

表 2.7-1　爆炸危险场所、部位的消防设置要求

验收内容	规范名称	主要内容
有爆炸危险的场所的建筑结构、设置位置、分隔措施	《建筑设计防火规范》GB 50016—2014（2018 年版）	3.6.1　有爆炸危险的甲、乙类厂房宜独立设置，并宜采用敞开或半敞开式。其承重结构宜采用钢筋混凝土或钢框架、排架结构
	《石油化工企业设计防火标准》GB 50160—2008（2018 年版）	5.2.7　布置在爆炸危险区的在线分析仪表间内设备为非防爆型时，在线分析仪表间应正压通风。 5.2.8　设备宜露天或半露天布置，并宜缩小爆炸危险区域的范围。爆炸危险区域的范围应按现行国家标准《爆炸危险环境电力装置设计规范》GB 50058 的规定执行。受工艺特点或自然条件限制的设备可布置在建筑物内
	《精细化工企业工程设计防火标准》GB 51283—2020	5.5.8　有爆炸危险的甲、乙类工艺设备宜布置在厂房或生产设施区的一端或一侧，并采取相应的防爆、泄压措施。 8.4.1　爆炸危险区域范围内的疏散门，开启方向应朝向爆炸危险性较小的区域一侧；爆炸危险场所的外门口应为防滑坡道，且不应设置台阶。 8.4.2　供分析化验使用的钢瓶储存间有爆炸危险时应独立设置。当有困难时，可与主体建筑贴邻布置，并应采用防爆墙与其他部位隔开，且满足泄压要求。钢瓶储存间屋面为泄爆面时，主体建筑高出泄爆屋面 15m 及以下的开口部位应设置固定窗扇，并采用安全玻璃。 8.4.3　有爆炸危险的甲、乙类生产部位，宜集中布置在厂房靠外墙的泄压设施附近，并满足泄压计算要求。除本标准另有规定外，与其他区域的隔墙应采用耐火极限不低于 3.00h 的防火隔墙。防火隔墙上开设连通门时，应设置防护门斗，门斗使用面积不宜小于 4.0m²，进深不宜小于 1.5m。防护门斗上的门应为甲级防火门，门应错位设置

2.7.2　泄压设施

一、验收内容

1. 泄压设施的设置位置。

2. 泄压设施的泄压面积、泄压形式。

二、验收方法

对照消防设计文件及竣工图纸，查阅施工资料，现场核查泄压措施的设置情况、泄压形式，并采用测距仪、卷尺测量泄压面积。

三、规范依据

对于泄压设施的设置要求，见表 2.7-2。

表 2.7-2　泄压设施的设置要求

验收内容	规范名称	主要内容
泄压设施的设置位置、泄压形式	《建筑防火通用规范》**GB 55037—2022**	**4.3.12　建筑内使用天然气的部位应便于通风和防爆泄压**
	《建筑设计防火规范》GB 50016—2014（2018 年版）	3.6.3　泄压设施宜采用轻质屋面板、轻质墙体和易于泄压的门、窗等，应采用安全玻璃等在爆炸时不产生尖锐碎片的材料。 泄压设施的设置应避开人员密集场所和主要交通道路，并宜靠近有爆炸危险的部位。

验收内容	规范名称	主要内容
泄压设施的设置位置、泄压形式	《建筑设计防火规范》GB 50016—2014（2018年版）	作为泄压设施的轻质屋面板和墙体的质量不宜大于60kg/m²。 屋顶上的泄压设施应采取防冰雪积聚措施。 3.6.7 有爆炸危险的甲、乙类生产部位，宜布置在单层厂房靠外墙的泄压设施或多层厂房顶层靠外墙的泄压设施附近。 有爆炸危险的设备宜避开厂房的梁、柱等主要承重构件布置。 3.6.14 有爆炸危险的仓库或仓库内有爆炸危险的部位，宜按本节规定采取防爆措施、设置泄压设施
泄压面积	《建筑设计防火规范》GB 50016—2014（2018年版）	3.6.4 厂房的泄压面积宜按下式计算，但当厂房的长径比大于3时，宜将建筑划分为长径比不大于3的多个计算段，各计算段中的公共截面不得作为泄压面积： $$A = 10CV^{\frac{2}{3}}$$ 式中：A——泄压面积（m²）； V——厂房的容积（m³）； C——泄压比，可按表2.7-3选取（m²/m³）

表 2.7-3　厂房内爆炸性危险物质的类别与泄压比规定值（m²/m³）

厂房内爆炸性危险物质的类别	C 值
氨、粮食、纸、皮革、铅、铬、铜等 $K_\text{尘}<10\text{MPa·m·s}^{-1}$ 的粉尘	≥0.030
木屑、炭屑、煤粉、锑、锡等 $10\text{MPa·m·s}^{-1}\leqslant K_\text{尘}\leqslant30\text{MPa·m·s}^{-1}$ 的粉尘	≥0.055
丙酮、汽油、甲醇、液化石油气、甲烷、喷漆间或干燥室，苯酚树脂、铝、镁、锆等 $K_\text{尘}>30\text{MPa·m·s}^{-1}$ 的粉尘	≥0.110
乙烯	≥0.160
乙炔	≥0.200
氢	≥0.250

注：1 本表引自《建筑设计防火规范》GB 50016—2014（2018年版）第3.6.4条中表3.6.4。

2 长径比为建筑平面几何外形尺寸中的最长尺寸与其横截面周长的积和4.0倍的建筑横截面积之比。

3 $K_\text{尘}$ 是指粉尘爆炸指数。

2.7.3 防爆分隔

一、验收内容

1. 有爆炸危险的甲、乙类厂房的总控制室、分控制室的设置。

2. 有爆炸危险区域内的楼梯间、室外楼梯或有爆炸危险的区域与相邻区域连通处的防护措施。

二、验收方法

1. 对照消防设计文件及竣工图纸，现场检查总控制室、分控制室的设置位置与分隔情况。

2. 对照消防设计文件及竣工图纸，现场检查有爆炸危险区域内的楼梯间、室外楼梯或有爆炸危险的区域与相邻区域连通处的门斗等防护措施的设置。

三、规范依据

对于防爆分隔的设置要求，见表 2.7-4。

表 2.7-4　防爆分隔的设置要求

验收内容	规范名称	主要内容
有爆炸危险的甲、乙类厂房的总控制室、分控制室的设置	《建筑设计防火规范》GB 50016—2014（2018 年版）	3.6.8　有爆炸危险的甲、乙类厂房的总控制室应独立设置。 3.6.9　有爆炸危险的甲、乙类厂房的分控制室宜独立设置，当贴邻外墙设置时，应采用耐火极限不低于 3.00h 的防火隔墙与其他部位分隔
有爆炸危险区域内的楼梯间、室外楼梯或有爆炸危险的区域与相邻区域连通处的措施	《建筑设计防火规范》GB 50016—2014（2018 年版）	3.6.10　有爆炸危险区域内的楼梯间、室外楼梯或有爆炸危险的区域与相邻区域连通处，应设置门斗等防护措施。门斗的隔墙应为耐火极限不应低于 2.00h 的防火隔墙，门应采用甲级防火门并应与楼梯间的门错位设置
	《精细化工企业工程设计防火标准》GB 51283—2020	8.4.3　有爆炸危险的甲、乙类生产部位，与其他区域的隔墙应采用耐火极限不低于 3.00h 的防火隔墙。防火隔墙上开设连通门时，应设置防护门斗，门斗使用面积不宜小于 4.0m²，进深不宜小于 1.5m。防护门斗上的门应为甲级防火门，门应错位设置

2.7.4　防积聚、防静电、防扩散措施

一、验收内容

1. 散发较空气轻的可燃气体、蒸气的场所或部位防积聚措施。

2. 散发较空气重的可燃气体、可燃蒸气或有粉尘、纤维爆炸危险的场所，其地面、内表面设置情况。

3. 使用和生产甲、乙、丙类液体的厂房、仓库的防流散措施。

二、验收方法

1. 对照消防设计文件及竣工图纸，现场核查建筑中散发较空气轻的可燃气体、蒸气的场所或部位防止可燃气体、蒸气在室内积聚的措施。

2. 对照消防设计文件及竣工图纸，现场核查不发火花的地面、地沟盖板等的设置是否与设计一致；查看铺设材料、硬化后的试件的不发火试验报告，检查碎石、面层的试件不发火性质量证明文件。

3. 现场查看使用和生产甲、乙、丙类液体的厂房，其管、沟设置情况，及甲、乙、丙类液体仓库设置的防止液体流散的设施。

三、规范依据

对于防积聚、防静电、防扩散的设置要求，见表 2.7-5。

表 2.7-5　防积聚、防静电、防扩散措施的设置要求

验收内容	规范名称	主要内容
散发较空气轻的可燃气体、蒸气的场所或部位防积聚措施	《建筑防火通用规范》GB 55037—2022	2.1.9　建筑中散发较空气轻的可燃气体、蒸气的场所或部位，应采取防止可燃气体、蒸气在室内积聚的措施；散发较空气重的可燃气体、蒸气或有粉尘、纤维爆炸危险性的场所或部位，应符合下列规定： 1　楼地面应具有不发火花的性能，使用绝缘材料铺设的整体楼地面面层应具有防止发生静电的性能； 2　散发可燃粉尘、纤维场所的内表面应平整、光滑，易于清扫； 3　场所内设置地沟时，应采取措施防止可燃气体、蒸气、粉尘、纤维在地沟内积聚，并防止火灾通过地沟与相邻场所的连通处蔓延
	《建筑设计防火规范》GB 50016—2014（2018 年版）	3.6.5　散发较空气轻的可燃气体、可燃蒸气的甲类厂房，宜采用轻质屋面板作为泄压面积。顶棚应尽量平整、无死角，厂房上部空间应通风良好
散发较空气重的可燃气体、可燃蒸气或有粉尘、纤维爆炸危险的场所，地面、内表面设置情况	《建筑防火通用规范》GB 55037—2022	2.1.9　建筑中散发较空气轻的可燃气体、蒸气的场所或部位，应采取防止可燃气体、蒸气在室内积聚的措施；散发较空气重的可燃气体、蒸气或有粉尘、纤维爆炸危险性的场所或部位，应符合下列规定： 1　楼地面应具有不发火花的性能，使用绝缘材料铺设的整体楼地面面层应具有防止发生静电的性能； 2　散发可燃粉尘、纤维场所的内表面应平整、光滑，易于清扫； 3　场所内设置地沟时，应采取措施防止可燃气体、蒸气、粉尘、纤维在地沟内积聚，并防止火灾通过地沟与相邻场所的连通处蔓延
	《物流建筑设计规范》GB 51157—2016	9.6.7　对于物流建筑中储存有易爆和易燃危险品的房间，其地面应采用不发火地面。 9.9.2　充电间（区）应符合下列规定： 8　充电间（区）应采用不发火地面，门窗、墙壁、顶板（棚）、地面等应采用耐酸（碱）腐蚀的材料或防护涂料
	《纺织工程设计防火规范》GB 50565—2010	6.4.5　存在较空气重的可燃气体、可燃蒸气的厂房及仓库楼地面及地沟的防火设计，应符合现行国家标准《建筑设计防火规范》GB 50016 及本规范的有关规定。当上述场所必须设置地坑或排水明沟时，地坑应采用不发火花的材料制作；排水明沟的深度不应大于 0.4m，需设沟盖板的部位应采用不发火花的镂空沟盖板
	《建筑地面设计规范》GB 50037—2013	3.8.5　不发火花的地面，必须采用不发火花材料铺设，地面铺设材料必须经不发火花检验合格后方可使用
使用和生产甲、乙、丙类液体的厂房、仓库的防流散措施	《建筑防火通用规范》GB 55037—2022	4.2.8　使用和生产甲、乙、丙类液体的场所中，管、沟不应与相邻建筑或场所的管、沟相通，下水道应采取防止含可燃液体的污水流入的措施
	《建筑设计防火规范》GB 50016—2014（2018 年版）	3.6.11　使用和生产甲、乙、丙类液体的厂房，其管、沟不应与相邻厂房的管、沟相通，下水道应设置隔油设施。 3.6.12　甲、乙、丙类液体仓库应设置防止液体流散的设施。遇湿会发生燃烧爆炸的物品仓库应采取防止水浸渍的措施

2.7.5　电气防爆

一、验收内容

1. 爆炸危险场所安装的电气设备、通风装置等的防爆性能、防爆等级。

2. 爆炸危险场所使用的具备防爆性能的电气设备装置的位置、数量。

3. 爆炸危险区域电缆线路的中间接头设置。

二、验收方法

1. 对照消防设计文件及竣工图纸，核对相关设施设备的防爆等级和质量合格证明文件，核查其防爆等级。

2. 对照消防设计文件及竣工图纸，现场核查防爆电气设备的安装位置及数量。

3. 现场查看爆炸危险区域内电缆线路是否设置接头。

三、规范依据

对于电气防爆的设置要求，见表2.7-6。

表 2.7-6　电气防爆的设置要求

验收内容	规范名称	主要内容
防爆性能及防爆等级	《爆炸危险环境电力装置设计规范》GB 50058—2014	5.2.3　防爆电气设备的级别和组别不应低于该爆炸性气体环境内爆炸性气体混合物的级别和组别，并应符合下列规定： 1　气体、蒸气或粉尘分级与电气设备类别的关系应符合表2.7-7的规定。当存在有两种以上可燃性物质形成的爆炸性混合物时，应按照混合后的爆炸性混合物的级别和组别选用防爆设备，无据可查又不可能进行试验时，可按危险程度较高的级别和组别选用防爆电气设备。 对于标有适用于特定的气体、蒸气的环境的防爆设备，没有经过鉴定，不得使用于其他的气体环境内。 2　Ⅱ类电气设备的温度组别、最高表面温度和气体、蒸气引燃温度之间的关系符合表2.7-8的规定。 3　安装在爆炸性粉尘环境中的电气设备应采取措施防止热表面点可燃性粉尘层引起的火灾危险。Ⅲ类电气设备的最高表面温度应按国家现行有关标准的规定进行选择。电气设备结构应满足电气设备在规定的运行条件下不降低防爆性能的要求
防爆性能的电气设备装置的位置	《爆炸危险环境电力装置设计规范》GB 50058—2014	5.1.1　爆炸性环境的电力装置设计应符合下列规定： 1　爆炸性环境的电力装置设计宜将设备和线路，特别是正常运行时能发生火花的设备布置在爆炸性环境以外。当需设在爆炸性环境内时，应布置在爆炸危险性较小的地点。 2　在满足工艺生产及安全的前提下，应减少防爆电气设备的数量。 3　爆炸性环境内的电气设备和线路应符合周围环境内化学、机械、热、霉菌以及风沙等不同环境条件对电气设备的要求。 4　在爆炸性粉尘环境内，不宜采用携带式电气设备。 5　爆炸性粉尘环境内的事故排风用电动机应在生产发生事故的情况下，在便于操作的地方设置事故启动按钮等控制设备。 6　在爆炸性粉尘环境内，应尽量减少插座和局部照明灯具的数量。如需采用时，插座宜布置在爆炸性粉尘不易积聚的地点，局部照明灯宜布置在事故时气流不易冲击的位置。 粉尘环境中安装的插座开口的一面应朝下，且与垂直面的角度不应大于60°。 7　爆炸性环境内设置的防爆电气设备应符合现行国家标准《爆炸性环境　第1部分：设备　通用要求》GB/T 3836.1的有关规定
爆炸危险区域电缆线路的中间接头设置	《爆炸危险环境电力装置设计规范》GB 50058—2014	5.4.3　爆炸性环境电气线路的安装应符合下列规定： 6　在1区内电缆线路严禁有中间接头，在2区、20区、21区内不应有中间接头

表 2.7-7 气体、蒸气或粉尘分级与电气设备类别的关系

气体、蒸气或粉尘分级	设备类别
ⅡA	ⅡA、ⅡB 或 ⅡC
ⅡB	ⅡB 或 ⅡC
ⅡC	ⅡC
ⅢA	ⅢA、ⅢB 或 ⅢC
ⅢB	ⅢB 或 ⅢC
ⅢC	ⅢC

注：本表引自《爆炸危险环境电力装置设计规范》GB 50058—2014 第5.2.3条中表5.2.3-1。

表 2.7-8 Ⅱ类电气设备的温度组别、最高表面温度和气体、蒸气引燃温度之间的关系

电气设备温度组别	电气设备允许最高表面温度（℃）	气体/蒸气的引燃温度（℃）	适用的设备温度级别
T1	450	＞450	T1～T6
T2	300	＞300	T2～T6
T3	200	＞200	T3～T6
T4	135	＞135	T4～T6
T5	100	＞100	T5～T6
T6	85	＞85	T6

注：本表引自《爆炸危险环境电力装置设计规范》GB 50058—2014 第5.2.3条中表5.2.3-2。

2.8 安 全 疏 散

2.8.1 安全出口、疏散门的布置

一、验收内容

1. 核查安全出口设置形式、位置和数量。

2. 核查疏散门设置位置、开启方式及数量。

二、验收方法

对照消防设计文件及竣工图纸，现场核查安全出口设置形式、位置和数量；核查疏散门的设置位置、开启方式及数量。

三、规范依据

对于安全出口、疏散门的设置要求，见表2.8-1、表2.8-2、表2.8-6。

（一）安全出口设置形式、位置

表 2.8-1　安全出口设置形式、位置

验收内容		规范要求（表格中为条文索引，具体要求见表格后内容）
安全出口设置形式、位置	《建筑防火通用规范》GB 55037—2022 第 7.1.2、7.4.3 条	**1. 规定了建筑内疏散出口设置的关键性能要求；** **2. 规定了儿童活动场所应设置独立的安全出口**
	《建筑设计防火规范》GB 50016—2014（2018 年版）第 3.7.1、3.8.1 条，第 5.5.2-5.5.4 条，第 5.5.6、5.5.7 条	1. 规定了厂房和厂房内一个防火分区的安全出口设置应符合双向疏散的原则，要求能保证一座厂房或其中的防火分区（包括只划分一个防火分区的每个楼层）均具备不少于 2 条不同方向的疏散路径；2. 规定了仓库的安全出口设置应符合双向疏散的原则，要求仓库内的每个防火分区（包括只划分一个防火分区的每个楼层）均具备不少于 2 条的不同方向的疏散路径，使得其中一个或几个安全出口在火灾中不能安全使用时，仍具有安全的路径和出口用于人员疏散；3. 规定了建筑安全出口和疏散门布置的基本性能要求；4. 规定了民用建筑的疏散楼梯原则上要通至屋面，使每座疏散楼梯在竖向均有两个逃生方向；5. 规定了自动扶梯和电梯不应计作安全疏散设施，包括客用电梯、货运电梯和消防电梯；6. 规定了高层建筑的出入口应设置防护挑檐，以保护人员在安全出口处的疏散安全
	《汽车库、修车库、停车场设计防火规范》GB 50067—2014 第 6.0.7、6.0.8、6.0.14 条	1. 为了确保人员的安全，规定了汽车库、修车库做到人车分流、各行其道，发生火灾时不影响人员的安全疏散；2. 限制了两个出口之间的距离。但两个车道相毗邻时，如剪刀式等，要求车道之间应设防火隔墙予以分隔

1.《建筑防火通用规范》GB 55037—2022 对疏散出口设置的规定

第 7.1.2 条规定，建筑中的疏散出口应分散布置，房间疏散门应直接通向安全出口，不应经过其他房间。

第 7.4.3 条规定，位于高层建筑内的儿童活动场所，安全出口和疏散楼梯应独立设置。

2.《建筑设计防火规范》GB 50016—2014（2018 年版）对疏散出口设置的规定

第 3.7.1、3.8.1 条规定，厂房（仓库）的安全出口应分散布置。每个防火分区或一个防火分区的每个楼层，其相邻 2 个安全出口最近边缘之间的水平距离不应小于 5m。

第 5.5.2 条规定，（民用）建筑内的安全出口和疏散门应分散布置，且建筑内每个防火分区或一个防火分区的每个楼层、每个住宅单元每层相邻两个安全出口以及每个房间相邻两个疏散门最近边缘之间的水平距离不应小于 5m。

第 5.5.3 条规定，建筑的楼梯间宜通至屋面，通向屋面的门或窗应向外开启。

第 5.5.4 条规定，自动扶梯和电梯不应计作安全疏散设施。

第 5.5.7 条规定，高层建筑直通室外的安全出口上方，应设置挑出宽度不小于 1.0m 的防护挑檐。

3.《汽车库、修车库、停车场设计防火规范》GB 50067—2014 对汽车库疏散出口设置的规定

第 6.0.7 条规定，与住宅地下室相连通的地下汽车库、半地下汽车库，人员疏散可借用住宅部分的疏散楼梯；当不能直接进入住宅部分的疏散楼梯间时，应在汽车库与住宅部分的疏散楼梯之间设置连通走道，走道应采用防火隔墙分隔，汽车库开向该走道的门均应

采用甲级防火门。

第6.0.8条规定，室内无车道且无人员停留的机械式汽车库可不设置人员安全出口，但应按下列规定设置供灭火救援用的楼梯间：

1 每个停车区域当停车数量大于100辆时，应至少设置1个楼梯间；

2 楼梯间与停车区域之间应采用防火隔墙进行分隔，楼梯间的门应采用乙级防火门；

3 楼梯的净宽不应小于0.9m。

第6.0.14条规定，除室内无车道且无人员停留的机械式汽车库外，相邻两个汽车疏散出口之间的水平距离不应小于10m；毗邻设置的两个汽车坡道应采用防火隔墙分隔。

（二）安全出口数量

表2.8-2 安全出口数量的设置要求

验收内容	建筑类型	规范要求（表格中为条文索引，具体要求见表格后内容）	
安全出口数量	厂房、仓库	**《建筑防火通用规范》GB 55037—2022 第7.2.1、7.2.3条**	**1. 规定了厂房内每个防火分区安全出口的基本数量要求；** **2. 规定了仓库安全出口和疏散出口的基本数量要求**
		《建筑设计防火规范》GB 50016—2014（2018年版）第3.7.3、3.8.3条	1. 规定了划分多个防火分区的地下或半地下厂房（室）中的每个防火分区，当其安全出口难以全部通至地面时，可借用相邻防火分区进行疏散的条件； 2. 规定了地上和地下、半地下每座仓库安全出口和每个防火分区出口的最少设置数量
		《冷库设计标准》GB 50072—2021 第4.2.8条	明确每个防火分区均应遵守其人员安全疏散的有关规定，直通室外的安全出口含符合《冷库设计标准》GB 50072—2021第4.2.16条的楼梯间出口
	公共建筑	**《建筑防火通用规范》GB 55037—2022 第7.4.1、7.4.3条**	**规定了公共建筑内每个防火分区安全出口的基本设置数量，包括地下、半地下建筑或建筑的地下、半地下室**
		《建筑设计防火规范》GB 50016—2014（2018年版）第5.5.5、5.5.9、5.5.11条	1. 规定了各类地下、半地下民用建筑和民用建筑的地下、半地下室，可以设置1个安全出口、疏散楼梯或疏散门的条件； 2. 规定了公共建筑中可以借用相邻防火分区进行疏散的条件，适用于地上建筑和地下、半地下建筑（室）； 3. 规定了多层、高层公共建筑上部局部升高的楼层的安全出口和疏散楼梯的设置要求
	住宅	**《建筑防火通用规范》GB 55037—2022 第7.3.1条**	**针对单元式住宅建筑规定了住宅建筑应至少设置2个安全出口的条件。对于通廊式住宅建筑，主要根据疏散距离要求确定安全出口的数量和位置**
		《建筑设计防火规范》GB 50016—2014（2018年版）第5.5.26条	规定了住宅建筑安全出口设置的基本要求和可以设置1部疏散楼梯的条件
	汽车库、修车库、停车场	《汽车库、修车库、停车场设计防火规范》GB 50067—2014 第6.0.1、6.0.2条，第6.0.10-6.0.12条，第6.0.15条	1. 规定了汽车库、修车库人员疏散出口的设置及数量； 2. 规定了汽车库、修车库、停车场汽车疏散出口的数量，汽车疏散出口的设置按照整个汽车库考虑，而非按照每个防火分区考虑

1.《建筑防火通用规范》GB 55037—2022 的规定

第 7.2.1 条规定，厂房中符合表 2.8-3 条件的每个防火分区或一个防火分区的每个楼层，安全出口不应少于 2 个：

表 2.8-3　每个防火分区或一个防火分区的每个楼层需设置不少于 2 个安全出口的厂房

火灾危险性	一个防火分区或楼层的建筑面积	同一时间的使用人数
甲类地上生产场所	大于 100m²	大于 5 人
乙类地上生产场所	大于 150m²	大于 10 人
丙类地上生产场所	大于 250m²	大于 20 人
丁、戊类地上生产场所	大于 400m²	大于 30 人
丙类地下或半地下生产场所	大于 50m²	大于 15 人
丁、戊类地下或半地下生产场所	大于 200m²	大于 15 人

第 7.2.3 条规定，占地面积大于 300m² 的地上仓库，安全出口不应少于 2 个；建筑面积大于 100m² 的地下或半地下仓库，安全出口不应少于 2 个。仓库内每个建筑面积大于 100m² 的房间的疏散出口不应少于 2 个。

第 7.3.1 条规定，住宅建筑中符合下列条件之一的住宅单元，每层的安全出口不应少于 2 个：

1　任一层建筑面积大于 650m² 的住宅单元；

2　建筑高度大于 54m 的住宅单元；

3　建筑高度不大于 27m，但任一户门至最近安全出口的疏散距离大于 15m 的住宅单元；

4　建筑高度大于 27m、不大于 54m，但任一户门至最近安全出口的疏散距离大于 10m 的住宅单元。

第 7.4.1 条规定，公共建筑内每个防火分区或一个防火分区的每个楼层的安全出口不应少于 2 个；仅设置 1 个安全出口或 1 部疏散楼梯的公共建筑应符合下列条件之一：

1　除托儿所、幼儿园外，建筑面积不大于 200m² 且人数不大于 50 人的单层公共建筑或多层公共建筑的首层；

2　除医疗建筑、老年人照料设施、儿童活动场所、歌舞娱乐放映游艺场所外，符合表 2.8-4 规定的公共建筑。

表 2.8-4　仅设置 1 个安全出口或 1 部疏散楼梯的公共建筑

建筑的耐火等级或类型	最多层数	每层最大建筑面积（m²）	人数
一、二级	3 层	200	第二、三层的人数之和不大于 50 人
三级、木结构建筑	3 层	200	第二、三层的人数之和不大于 25 人
四级	2 层	200	第二层人数不大于 15 人

注：本表引自《建筑防火通用规范》GB 55037—2022 第 7.4.1 条中表 7.4.1。

2.《建筑设计防火规范》GB 50016—2014（2018 年版）的规定

第 3.7.3 条规定，地下或半地下厂房（包括地下或半地下室），当有多个防火分区相邻布置，并采用防火墙分隔时，每个防火分区可利用防火墙上通向相邻防火分区的甲级防火门作为第二安全出口，但每个防火分区必须至少有 1 个直通室外的独立安全出口。

第 3.8.3 条规定，地下或半地下仓库（包括地下或半地下室），当有多个防火分区相邻布置并采用防火墙分隔时，每个防火分区可利用防火墙上通向相邻防火分区的甲级防火门作为第二安全出口，但每个防火分区必须至少有 1 个直通室外的安全出口。

第 5.5.5 条规定，除人员密集场所外，建筑面积不大于 500m² 、使用人数不超过 30 人且埋深不大于 10m 的地下或半地下建筑（室），当需要设置 2 个安全出口时，其中一个安全出口可利用直通室外的金属竖向梯。

除歌舞娱乐放映游艺场所外，防火分区建筑面积不大于 200m² 的地下或半地下设备间、防火分区建筑面积不大于 50m² 且经常停留人数不超过 15 人的其他地下或半地下建筑（室），可设置 1 个安全出口或 1 部疏散楼梯。

第 5.5.9 条规定，一、二级耐火等级公共建筑内的安全出口全部直通室外确有困难的防火分区，可利用通向相邻防火分区的甲级防火门作为安全出口，但应符合下列要求：

1 利用通向相邻防火分区的甲级防火门作为安全出口时，应采用防火墙与相邻防火分区进行分隔；

2 建筑面积大于 1000m² 的防火分区，直通室外的安全出口不应少于 2 个；建筑面积不大于 1000m² 的防火分区，直通室外的安全出口不应少于 1 个；

3 该防火分区通向相邻防火分区的疏散净宽度不应大于其按本规范第 5.5.21 条规定计算所需疏散总净宽度的 30%，建筑各层直通室外的安全出口总净宽度不应小于按照本规范第 5.5.21 条规定计算所需疏散总净宽度。

第 5.5.11 条规定，设置不少于 2 部疏散楼梯的一、二级耐火等级多层公共建筑，如顶层局部升高，当高出部分的层数不超过 2 层、人数之和不超过 50 人且每层建筑面积不大于 200m² 时，高出部分可设置 1 部疏散楼梯，但至少应另外设置 1 个直通建筑主体上人平屋面的安全出口，且上人屋面应符合人员安全疏散的要求。

第 5.5.26 条规定，建筑高度大于 27m，但不大于 54m 的住宅建筑，每个单元设置一座疏散楼梯时，疏散楼梯应通至屋面，且单元之间的疏散楼梯应能通过屋面连通，户门应采用乙级防火门。当不能通至屋面或不能通过屋面连通时，应设置 2 个安全出口。

3. 《冷库设计标准》GB 50072—2021 的规定

第 4.2.8 条规定，库房每个防火分区的安全出口不应少于 2 个，整座库房占地面积不超过 300m² 时，可只设 1 个直通室外的安全出口。对于安全出口全部直通室外确有困难的防火分区，可利用通向相邻防火分区的甲级防火门作为安全出口，但应符合下列规定：

1 相邻防火分区之间应采用防火墙分隔，作为安全出口的防火门应设醒目的警示标识；该防火墙确需设置物流开口时，开口部位宽度不应大于 6.0m、高度不宜大于 4.0m，且应采用与防火墙等效的措施进行分隔；

2 每个防火分区内的独立穿堂应至少设置 1 个直通室外的安全出口。

4. 《汽车库、修车库、停车场设计防火规范》GB 50067—2014 的规定

第 6.0.1 条规定，汽车库、修车库的人员安全出口和汽车疏散出口应分开设置。设置在工业与民用建筑内的汽车库，其车辆疏散出口应与其他场所的人员安全出口分开设置。

第 6.0.2 条规定，除室内无车道且无人员停留的机械式汽车库外，汽车库、修车库内

每个防火分区的人员安全出口不应少于2个，Ⅳ类汽车库和Ⅲ、Ⅳ类修车库可设置1个。

第6.0.10条规定，汽车库、修车库符合表2.8-5的情形，可设置1个汽车疏散出口：

表2.8-5　可设置1个汽车疏散出口的车库

车库类型	车库类别	停车数量	建筑面积
汽车库	Ⅳ类	—	—
设置双车道汽车疏散出口的地上汽车库	Ⅲ类	—	—
设置双车道汽车疏散出口地下或半地下汽车库	—	小于或等于100辆	小于4000m²
修车库	Ⅱ、Ⅲ、Ⅳ类	—	—

第6.0.11条规定，Ⅰ、Ⅱ类地上汽车库和停车数量大于100辆的地下、半地下汽车库，当采用错层或斜楼板式，坡道为双车道且设置自动喷水灭火系统时，其首层或地下一层至室外的汽车疏散出口不应少于2个，汽车库内的其他楼层的汽车疏散坡道可设置1个。

第6.0.12条规定，Ⅳ类汽车库设置汽车坡道有困难时，可采用汽车专用升降机作汽车疏散出口，升降机的数量不应少于2台，停车数量少于25辆时，可设置1台。

第6.0.15条规定，停车场的汽车疏散出口不应少于2个；停车数量不大于50辆时，可设置1个。

（三）疏散门设置位置、开启方式及数量

表2.8-6　疏散门设置位置、开启方式及数量

验收内容	规范要求（表格中为条文索引，具体要求见表格后内容）	
疏散门设置位置、开启方式及数量	《建筑防火通用规范》GB 55037—2022第7.1.6、7.1.7、7.4.2、7.4.6条	1. 规定了疏散门的形式和基本性能要求，以避免疏散门设置不合理导致人员受阻或不能安全疏散； 2. 规定了公共建筑内每个房间疏散门的基本设置数量； 3. 规定了剧场、电影院、礼堂和体育馆的观众厅或多功能厅应具备足够数量的疏散门，并相对均匀分布

《建筑防火通用规范》GB 55037—2022 的规定

第7.1.6条规定，除设置在丙、丁、戊类仓库首层靠墙外侧的推拉门或卷帘门可用于疏散门外，疏散出口门应为平开门或在火灾时具有平开功能的门，且下列场所或部位的疏散出口门应向疏散方向开启：

1　甲、乙类生产场所；

2　甲、乙类物质的储存场所；

3　平时使用的人民防空工程中的公共场所；

4　其他建筑中使用人数大于60人的房间或每樘门的平均疏散人数大于30人的房间；

5　疏散楼梯间及其前室的门；

6　室内通向室外疏散楼梯的门。

第7.1.7条规定，疏散出口门应能在关闭后从任何一侧手动开启。开向疏散楼梯

（间）或疏散走道的门在完全开启时，不应减少楼梯平台或疏散走道的有效净宽度。除住宅的户门可不受限制外，建筑中控制人员出入的闸口和设置门禁系统的疏散出口门应具有在火灾时自动释放的功能，且人员不需使用任何工具即能容易地从内部打开，在门内一侧的显著位置应设置明显的标识。

第7.4.2条规定，公共建筑内每个房间的疏散门不应少于2个；儿童活动场所、老年人照料设施中的老年人活动场所、医疗建筑中的治疗室和病房、教学建筑中的教学用房，当位于走道尽端时，疏散门不应少于2个；公共建筑内仅设置1个疏散门的房间应符合下列条件之一：

1　对于儿童活动场所、老年人照料设施中的老年人活动场所，房间位于两个安全出口之间或袋形走道两侧且建筑面积不大于$50m^2$；

2　对于医疗建筑中的治疗室和病房、教学建筑中的教学用房，房间位于两个安全出口之间或袋形走道两侧且建筑面积不大于$75m^2$；

3　对于歌舞娱乐放映游艺场所，房间的建筑面积不大于$50m^2$且经常停留人数不大于15人；

4　对于其他用途的场所，房间位于两个安全出口之间或袋形走道两侧且建筑面积不大于$120m^2$；

5　对于其他用途的场所，房间位于走道尽端且建筑面积不大于$50m^2$；

6　对于其他用途的场所，房间位于走道尽端且建筑面积不大于$200m^2$、房间内任一点至疏散门的直线距离不大于15m、疏散门的净宽度不小于1.40m。

第7.4.6条规定，剧场、电影院、礼堂和体育馆的观众厅或多功能厅的疏散门不应少于2个，且每个疏散门的平均疏散人数不应大于250人；当容纳人数大于2000人时，其超过2000人的部分，每个疏散门的平均疏散人数不应大于400人。

2.8.2　疏散楼梯布置

一、验收内容

1. 疏散楼梯平面布置。

2. 疏散楼梯设置形式。

二、验收方法

对照消防设计文件及竣工图纸，现场核查疏散楼梯、前室的平面布置及设置形式。

三、规范依据

对于疏散楼梯平面布置、设置形式的规定，见表2.8-7、表2.8-8。

（一）疏散楼梯平面布置

表2.8-7　疏散楼梯平面布置要求

验收内容	规范要求（表格中为条文索引，具体要求见表格后内容）	
疏散楼梯平面布置	《建筑防火通用规范》GB 55037—2022第7.1.8、7.1.9、7.1.11、7.1.12条	1. 规定了疏散楼梯间的通用设置要求； 2. 规定了建筑内疏散楼梯间的平面位置要求； 3. 规定了建筑室外疏散楼梯的基本设置要求； 4. 规定了在发生火灾时用于辅助人员疏散的电梯的基本性能和设置要求

验收内容	规范要求（表格中为条文索引，具体要求见表格后内容）	
疏散楼梯平面布置	《建筑设计防火规范》GB 50016—2014（2018年版）第6.4.2条、第6.4.5-6.4.9条	1. 规定了除疏散楼梯间的通用防火要求外，封闭楼梯间应满足的其他防火要求； 2. 规定了建筑室外疏散楼梯的基本性能要求； 3. 规定了丁、戊类厂房内第二安全出口和工作平台的疏散楼梯设置要求； 4. 规定了各类建筑内公共疏散楼梯的细部尺寸构造，以保证人员安全疏散和方便灭火救援； 5. 规定了部分三级耐火等级建筑室外消防梯的设置要求

1.《建筑防火通用规范》GB 55037—2022 的规定

第7.1.8条规定，室内疏散楼梯间应符合下列规定：

1 疏散楼梯间内不应设置烧水间、可燃材料储藏室、垃圾道及其他影响人员疏散的凸出物或障碍物。

2 疏散楼梯间内不应设置或穿过甲、乙、丙类液体管道。

3 在住宅建筑的疏散楼梯间内设置可燃气体管道和可燃气体计量表时，应采用敞开楼梯间，并应采取防止燃气泄漏的防护措施；其他建筑的疏散楼梯间及其前室内不应设置可燃或助燃气体管道。

4 疏散楼梯间及其前室与其他部位的防火分隔不应使用卷帘。

5 除疏散楼梯间及其前室的出入口、外窗和送风口，住宅建筑疏散楼梯间前室或合用前室内的管道井检查门外，疏散楼梯间及其前室或合用前室内的墙上不应设置其他门、窗等开口。

6 自然通风条件不符合防烟要求的封闭楼梯间，应采取机械加压防烟措施或采用防烟楼梯间。

8 疏散楼梯间及其前室上的开口与建筑外墙上的其他相邻开口最近边缘之间的水平距离不应小于1.0m。当距离不符合要求时，应采取防止火势通过相邻开口蔓延的措施（图2.8-1）。

第7.1.9条规定，通向避难层的疏散楼梯应使人员在避难层处必须经过避难区上下。除通向避难层的疏散楼梯外，疏散楼梯（间）在各层的平面位置不应改变或应能使人员的疏散路线保持连续。

第7.1.11条规定，室外疏散楼梯应符合下列规定：

1 室外疏散楼梯的栏杆扶手高度不应小于1.10m，倾斜角度不应大于45°；

2 除3层及3层以下建筑的室外疏散楼梯可采用难燃性材料或木结构外，室外疏散楼梯的梯段和平台均应采用不燃材料；

3 除疏散门外，楼梯周围2.0m内的墙面上不应设置其他开口，疏散门不应正对梯段。

第7.1.12条规定，火灾时用于辅助人员疏散的电梯及其设置应符合下列规定：

1 应具有在火灾时仅停靠特定楼层和首层的功能；

2 电梯附近的明显位置应设置标示电梯用途的标志和操作说明；

3 其他要求应符合本规范有关消防电梯的规定。

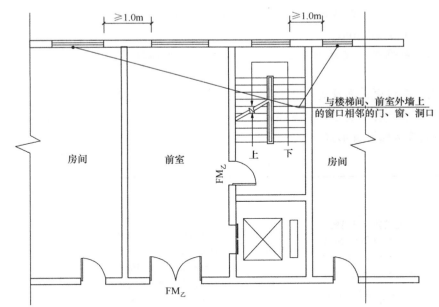

图 2.8-1　疏散楼梯间及前室上开口布置的示意图

2. 《建筑设计防火规范》GB 50016—2014（2018 年版）的规定

第 6.4.2 条规定，封闭楼梯尚应符合下列规定：

2 除楼梯间的出入口和外窗外，楼梯间的墙上不应开设其他门、窗、洞口。

3 高层建筑、人员密集的公共建筑、人员密集的多层丙类厂房、甲、乙类厂房，其封闭楼梯间的门应采用乙级防火门，并应向疏散方向开启；其他建筑，可采用双向弹簧门。

4 楼梯间的首层可将走道和门厅等包括在楼梯间内形成扩大的封闭楼梯间，但应采用乙级防火门等与其他走道和房间分隔。

第 6.4.5 条规定，室外疏散楼梯应符合下列规定：

1 栏杆扶手的高度不应小于 1.10m，楼梯的净宽度不应小于 0.90m。

2 倾斜角度不应大于 45°。

3 梯段和平台均应采用不燃材料制作。平台的耐火极限不应低于 1.00h，梯段的耐火极限不应低于 0.25h。

4 通向室外楼梯的门应采用乙级防火门，并应向外开启。

5 除疏散门外，楼梯周围 2m 内的墙面上不应设置门、窗、洞口。疏散门不应正对梯段。

第 6.4.6 条规定，用作丁、戊类厂房内第二安全出口的楼梯可采用金属梯，但其净宽度不应小于 0.90m，倾斜角度不应大于 45°。

丁、戊类高层厂房，当每层工作平台上的人数不超过 2 人且各层工作平台上同时工作的人数总和不超过 10 人时，其疏散楼梯可采用敞开楼梯或利用净宽度不小于 0.90m、倾斜角度不大于 60°的金属梯。

第6.4.7条规定，疏散用楼梯和疏散通道上的阶梯不宜采用螺旋楼梯和扇形踏步；确需采用时，踏步上、下两级所形成的平面角度不应大于10°，且每级离扶手250mm处的踏步深度不应小于220mm。

第6.4.8条规定，建筑内的公共疏散楼梯，其两梯段及扶手间的水平净距不宜小于150mm。

第6.4.9条规定，高度大于10m的三级耐火等级建筑应设置通至屋顶的室外消防梯。室外消防梯不应面对老虎窗，宽度不应小于0.6m，且宜从离地面3.0m高处设置。

（二）疏散楼梯设置形式

表2.8-8　疏散楼梯设置形式

验收内容	规范要求（表格中为条文索引，具体要求见表格后内容）	
疏散楼梯设置形式	《建筑防火通用规范》GB 55037—2022第7.1.10、7.1.17、7.2.2、7.2.4、7.3.2、7.4.4、7.4.5条	1. 规定了地下、半地下建筑（室）的疏散楼梯设置形式及相关要求； 2. 规定了汽车库、修车库的疏散楼梯形式； 3. 规定了厂房的疏散楼梯形式； 4. 规定了高层仓库的疏散楼梯间形式； 5. 规定了不同条件住宅建筑的疏散楼梯间形式； 6. 规定了各类公共建筑中室内疏散楼梯的基本形式
	《建筑设计防火规范》GB 50016—2014（2018年版）第5.5.10、5.5.13A、5.5.14、5.5.28条	1. 规定了高层公共建筑采用剪刀楼梯间的入口作为楼层上2个不同安全出口的条件及剪刀楼梯间的防火要求； 2. 规定了多层、高层公共建筑的室内疏散楼梯应设置楼梯间以及疏散楼梯的基本设置形式； 3. 规定了老年人照料设施中室内疏散楼梯的基本设置形式以及为提高高楼层区域老年人疏散安全的要求； 4. 规定了公共建筑中防止电梯井成为火势和烟气蔓延通道的基本防火要求，加强了老年人照料设施中相应部位的防火要求； 5. 规定了单元式住宅建筑采用剪刀楼梯间作为楼层上2个独立安全出口时的设置条件

1.《建筑防火通用规范》GB 55037—2022 的规定

第7.1.10条规定，除住宅建筑套内的自用楼梯外，建筑的地下或半地下室、平时使用的人民防空工程、其他地下工程的疏散楼梯间应符合下列规定：

1　当埋深不大于10m或层数不大于2层时，应为封闭楼梯间；

2　当埋深大于10m或层数不小于3层时，应为防烟楼梯间；

3　地下楼层的疏散楼梯间与地上楼层的疏散楼梯间，应在直通室外地面的楼层采用耐火极限不低于2.00h且无开口的防火隔墙分隔；

4　在楼梯的各楼层入口处均应设置明显的标识。

第7.1.17条规定，汽车库或修车库的室内疏散楼梯应符合下列规定：

1　建筑高度大于32m的高层汽车库，应为防烟楼梯间；

2　建筑高度不大于32m的汽车库，应为封闭楼梯间；

3　地上修车库，应为封闭楼梯间；

4　地下、半地下汽车库，应符合第 7.1.10 条的规定。

第 7.2.2 条规定，高层厂房和甲、乙、丙类多层厂房的疏散楼梯应为封闭楼梯间或室外楼梯。建筑高度大于 32m 且任一层使用人数大于 10 人的厂房，疏散楼梯应为防烟楼梯间或室外楼梯。

第 7.2.4 条规定，高层仓库的疏散楼梯应为封闭楼梯间或室外楼梯。

第 7.3.2 条规定，住宅建筑的室内疏散楼梯应符合下列规定：

1　建筑高度不大于 21m 的住宅建筑，当户门的耐火完整性低于 1.00h 时，与电梯井相邻布置的疏散楼梯应为封闭楼梯间；

2　建筑高度大于 21m、不大于 33m 的住宅建筑，当户门的耐火完整性低于 1.00h 时，疏散楼梯应为封闭楼梯间；

3　建筑高度大于 33m 的住宅建筑，疏散楼梯应为防烟楼梯间，开向防烟楼梯间前室或合用前室的户门应为耐火性能不低于乙级的防火门；

4　建筑高度大于 27m、不大于 54m 且每层仅设置 1 部疏散楼梯的住宅单元，户门的耐火完整性不应低于 1.00h，疏散楼梯应通至屋面；

5　多个单元的住宅建筑中通至屋面的疏散楼梯应能通过屋面连通。

第 7.4.4 条规定，下列公共建筑的室内疏散楼梯应为防烟楼梯间：

1　一类高层公共建筑；

2　建筑高度大于 32m 的二类高层公共建筑。

第 7.4.5 条规定，下列公共建筑中与敞开式外廊不直接连通的室内疏散楼梯均应为封闭楼梯间：

1　建筑高度不大于 32m 的二类高层公共建筑；

2　多层医疗建筑、旅馆建筑、老年人照料设施及类似使用功能的建筑；

3　设置歌舞娱乐放映游艺场所的多层建筑；

4　多层商店建筑、图书馆、展览建筑、会议中心及类似使用功能的建筑；

5　6 层及 6 层以上的其他多层公共建筑。

2.《建筑设计防火规范》GB 50016—2014（2018 年版）的规定

第 5.5.10 条规定，高层公共建筑的疏散楼梯，当分散设置确有困难且从任一疏散门至最近疏散楼梯间入口的距离不大于 10m 时，可采用剪刀楼梯间，但应符合下列规定：

1　楼梯间应为防烟楼梯间；

2　梯段之间应设置耐火极限不低于 1.00h 的防火隔墙；

3　楼梯间的前室应分别设置。

注：当裙房与高层建筑主体之间设置防火墙时，裙房的疏散楼梯可按本规范有关单、多层建筑的要求确定。

第 5.5.13A 条规定，建筑高度大于 32m 的老年人照料设施，宜在 32m 以上部分增设能连通老年人居室和公共活动场所的连廊，各层连廊应直接与疏散楼梯、安全出口或室外避难场地连通。

第 5.5.14 条规定，公共建筑内的客、货电梯宜设置电梯候梯厅，不宜直接设置在营业厅、展览厅、多功能厅等场所内。老年人照料设施内的非消防电梯应采取防烟措施，当火灾情况下需用于辅助人员疏散时，该电梯及其设置应符合本规范有关消防电梯及其设置要求（图 2.8-2）。

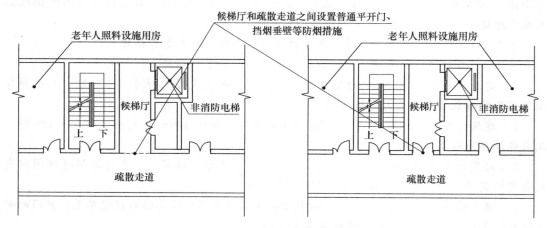

图 2.8-2　老年人照料设施内的非消防电梯处防烟措施示意图

第 5.5.28 条规定，住宅单元的疏散楼梯，当分散设置确有困难且任一户门至最近疏散楼梯间入口的距离不大于 10m 时，可采用剪刀楼梯间，但应符合下列规定：

1　应采用防烟楼梯间。

2　梯段之间应设置耐火极限不低于 1.00h 的防火隔墙。

2.8.3　疏散出口门、疏散走道、疏散楼梯净宽度

一、验收内容

1. 疏散出口门、疏散走道、疏散楼梯净宽度。

2. 前室的使用面积。

二、验收方法

对照消防设计文件及竣工图纸，采用测距仪、卷尺现场测量疏散出口门、疏散走道、疏散楼梯净宽度及前室的使用面积。

三、规范依据

对于疏散出口门、疏散走道、疏散楼梯净宽度及前室的使用面积的规定，见表 2.8-9。

表 2.8-9　疏散出口门、疏散走道、疏散楼梯净宽度及前室的使用面积相关要求

验收内容	规范要求（表格中为条文索引，具体要求见表格后内容）	
疏散出口门、疏散走道、疏散楼梯净宽度	《建筑防火通用规范》GB 55037—2022 第 7.1.2、7.1.4、7.1.5、7.4.7 条	1. 规定了建筑内疏散出口、疏散楼梯设置的关键性能要求； 2. 规定了建筑内疏散出口、疏散楼梯、疏散走道的最小净宽度和最小净高度等基本要求，以满足人员安全疏散和消防救援的需要。第 7.1.4 条规定的各类设施的宽度均为最小净宽度，对于有特殊要求者，应在此基础上增大； 3. 规定了除剧场、电影院、礼堂、体育馆外的其他各类公共建筑疏散出口、疏散走道和疏散楼梯的疏散总净宽度的确定方法和计算指标

续表

验收内容		规范要求（表格中为条文索引，具体要求见表格后内容）
疏散出口门、疏散走道、疏散楼梯净宽度	《建筑设计防火规范》GB 50016—2014（2018 年版）第 3.7.5 条、第 5.5.18-5.5.21 条	1. 规定了厂房疏散楼梯、疏散走道、疏散出口门的最小净宽度和总净宽度的基本要求； 2. 规定了公共建筑中安全出口、房间疏散门、首层疏散外门、疏散走道和疏散楼梯的最小净宽度。这些宽度均是不同建筑中不同部位为满足安全疏散要求的基本尺寸和最小宽度要求； 3. 规定了人员密集的场所疏散门和室外疏散通道的最小净宽以及防止引发踩踏事故的要求； 4. 规定了剧场、电影院、礼堂、体育馆等场所的疏散走道、疏散楼梯、疏散门、安全出口和观众厅内疏散通道的最小净宽度、该场所所需的疏散总净宽度和观众席的固定座位布置要求，以确保人员能在较短的时间内安全疏散完毕； 5. 规定了除剧场、电影院、礼堂、体育馆外的其他公共建筑中疏散门、安全出口、疏散走道和疏散楼梯，在计算所需疏散宽度时的百人疏散宽度指标和疏散人数的确定方法
前室的使用面积	《建筑防火通用规范》GB 55037—2022 第 7.1.8 条	规定了不同类型建筑内的防烟楼梯间前室的使用面积的最小值

（一）《建筑防火通用规范》GB 55037—2022 对疏散出口门、疏散走道、疏散楼梯净宽度的规定

第 7.1.2 条规定，疏散出口的宽度和数量应满足人员安全疏散的要求。各层疏散楼梯的净宽度应符合下列规定：

1 对于建筑的地上楼层，各层疏散楼梯的净宽度均不应小于其上部各层中要求疏散净宽度的最大值；

2 对于建筑的地下楼层或地下建筑、平时使用的人民防空工程，各层疏散楼梯的净宽度均不应小于其下部各层中要求疏散净宽度的最大值。

第 7.1.4 条规定，疏散出口门、疏散走道、疏散楼梯等的净宽度应符合下列规定：

1 疏散出口门、室外疏散楼梯的净宽度均不应小于 0.80m；

2 住宅建筑中直通室外地面的住宅户门的净宽度不应小于 0.80m，当住宅建筑高度不大于 18m 且一边设置栏杆时，室内疏散楼梯的净宽度不应小于 1.0m，其他住宅建筑室内疏散楼梯的净宽度不应小于 1.1m；

3 疏散走道、首层疏散外门、公共建筑中的室内疏散楼梯的净宽度均不应小于 1.1m；

4 净宽度大于 4.0m 的疏散楼梯、室内疏散台阶或坡道，应设置扶手栏杆分隔为宽度均不大于 2.0m 的区段。

第 7.1.5 条规定，在疏散通道、疏散走道、疏散出口处，不应有任何影响人员疏散的物体，并应在疏散通道、疏散走道、疏散出口的明显位置设置明显的指示标志。疏散通道、疏散走道、疏散出口的净高度均不应小于 2.1m。疏散走道在防火分区分隔处应设置疏散门。

第7.4.7条规定，除剧场、电影院、礼堂、体育馆外的其他公共建筑，疏散出口、疏散走道和疏散楼梯各自的总净宽度，应根据疏散人数和每100人所需最小疏散净宽度计算确定，并应符合下列规定：

1 疏散出口、疏散走道和疏散楼梯每100人所需最小疏散净宽度不应小于表2.8-10的规定值。

表2.8-10 疏散出口、疏散走道和疏散楼梯每100人所需最小疏散净宽度（m/100人）

建筑层数或埋深		建筑的耐火等级或类型		
		一、二级	三级、木结构建筑	四级
地上楼层	1层～2层	0.65	0.75	1.00
	3层	0.75	1.00	—
	不小于4层	1.00	1.25	—
地下、半地下楼层	埋深不大于10m	0.75	—	—
	埋深大于10m	1.00	—	—
	歌舞娱乐放映游艺场所及其他人员密集的房间	1.00	—	—

注：本表引自《建筑防火通用规范》GB 55037—2022第7.4.7条中表7.4.7。

2 除不用作其他楼层人员疏散并直通室外地面的外门总净宽度，可按本层的疏散人数计算确定外，首层外门的总净宽度应按该建筑疏散人数最大一层的人数计算确定。

3 歌舞娱乐放映游艺场所中录像厅的疏散人数，应根据录像厅的建筑面积按不小于1.0人/m² 计算；歌舞娱乐放映游艺场所中其他用途房间的疏散人数，应根据房间的建筑面积按不小于0.5人/m² 计算。

（二）《建筑设计防火规范》GB 50016—2014（2018年版）对疏散出口门、疏散走道、疏散楼梯净宽度的规定

第3.7.5条规定，厂房内疏散楼梯、走道、门的各自总净宽度，应根据疏散人数按每100人的最小疏散净宽度不小于表2.8-11的规定计算确定。但疏散楼梯的最小净宽度不宜小于1.10m，疏散走道的最小净宽度不宜小于1.40m。当每层疏散人数不相等时，疏散楼梯的总净宽度应分层计算，下层楼梯总净宽度应按该层及以上疏散人数最多一层的疏散人数计算。首层外门的总净宽度应按该层及以上疏散人数最多一层的疏散人数计算。

表2.8-11 厂房内疏散楼梯、走道和门的每100人最小疏散净宽度

厂房层数（层）	1～2	3	≥4
最小疏散净宽度（m/百人）	0.60	0.80	1.00

注：本表引自《建筑设计防火规范》GB 50016—2014（2018年版）第3.7.5条中表3.7.5。

第5.5.18条规定，除本规范另有规定外，公共建筑内疏散走道和疏散楼梯的净宽度不应小于1.10m。高层公共建筑内楼梯间的首层疏散门、首层疏散外门、疏散走道和疏散楼梯的最小净宽度应符合表2.8-12的规定。

表 2.8-12 高层公共建筑内楼梯间的首层疏散门、首层疏散外门、
疏散走道和疏散楼梯的最小净宽度（m）

建筑类别	楼梯间的首层疏散门、首层疏散外门	走道		疏散楼梯
		单面布房	双面布房	
高层医疗建筑	1.30	1.40	1.50	1.30
其他高层公共建筑	1.20	1.30	1.40	1.20

注：本表引自《建筑设计防火规范》GB 50016—2014（2018 年版）第 5.5.18 条中表 5.5.18。

第 5.5.19 条规定，人员密集的公共场所、观众厅的疏散门不应设置门槛，其净宽度不应小于 1.40m，且紧靠门口内外各 1.40m 范围内不应设置踏步。

人员密集的公共场所的室外疏散通道的净宽度不应小于 3.00m，并应直接通向宽敞地带。

第 5.5.20 条规定，剧场、电影院、礼堂、体育馆等场所的疏散走道、疏散楼梯、疏散门、安全出口的各自总净宽度，应符合下列规定：

1 观众厅内疏散走道的净宽度应按每 100 人不小于 0.60m 计算，且不应小于 1.00m；边走道的净宽度不宜小于 0.80m。

剧场、电影院、礼堂、体育馆等的观众厅疏散走道布置疏散走道时，横走道之间的座位排数不宜超过 20 排；纵走道之间的座位数：剧场、电影院、礼堂等，每排不宜超过 22 个；体育馆，每排不宜超过 26 个；前后排座椅的排距不小于 0.90m 时，可增加 1.0 倍，但不得超过 50 个；仅一侧有纵走道时，座位数应减少一半。

2 剧场、电影院、礼堂等场所供观众疏散的所有内门、外门、楼梯和走道的各自总净宽度，应根据疏散人数按每 100 人的最小疏散净宽度不小于表 2.8-13 的规定计算确定。

表 2.8-13 剧场、电影院、礼堂等场所每 100 人所需最小疏散净宽度（m/百人）

观众厅座位数（座）			≤2500	≤1200
耐火等级			一、二级	三级
疏散部位	门和走道	平坡地面	0.65	0.85
		阶梯地面	0.75	1.00
	楼梯		0.75	1.00

注：本表引自《建筑设计防火规范》GB 50016—2014（2018 年版）第 5.5.20 条中表 5.5.20-1。

表 2.8-14 体育馆每 100 人所需最小疏散净宽度（m/百人）

观众厅座位数范围（座）			3000～5000	5001～10000	10001～20000
疏散部位	门和走道	平坡地面	0.43	0.37	0.32
		阶梯地面	0.50	0.43	0.37
	楼梯		0.50	0.43	0.37

注：1 本表引自《建筑设计防火规范》GB 50016—2014（2018 年版）第 5.5.20 条中表 5.5.20-2。

2 本表中对应较大座位数范围按规定计算的疏散总净宽度，不应小于对应相邻较小座位数范围按其最多座位数计算的疏散总净宽度。对于观众厅座位数少于 3000 个的体育馆，计算供观众疏散的所有内门、外门、楼梯和走道的各自总净宽度时，每 100 人的最小疏散净宽度不应小于表 2.8-13 的规定。

3 体育馆供观众疏散的所有内门、外门、楼梯和走道的各自总净宽度，应根据疏散人数按每 100 人的最小疏散净宽度不小于表 2.8-14 的规定计算确定。

4 有等场需要的入场门不应作为观众厅的疏散门。

第5.5.21条规定，除剧场、电影院、礼堂、体育馆外的其他公共建筑，其房间疏散门、安全出口、疏散走道和疏散楼梯的各自总净宽度，应符合下列规定：

5 有固定座位的场所，其疏散人数可按实际座位数的1.1倍计算。

6 展览厅的疏散人数应根据展览厅的建筑面积和人员密度计算，展览厅内的人员密度不宜小于0.75人/m²。

7 商店的疏散人数应按每层营业厅的建筑面积乘以表2.8-15规定的人员密度计算。对于建材商店、家具和灯饰展示建筑，其人员密度可按表2.8-15规定值的30%确定。

表2.8-15　商店营业厅的人员密度（人/m²）

楼层位置	地下二层	地下一层	地上第一、二层	地上第三层	地上第四层及以上各层
人员密度	0.56	0.60	0.43～0.60	0.39～0.54	0.30～0.42

注：本表引自《建筑设计防火规范》GB 50016—2014（2018年版）第5.5.21条中表5.5.21-2。

（三）《建筑防火通用规范》GB 55037—2022 对前室的使用面积的规定

第7.1.8条规定，室内疏散楼梯间应符合下列规定：

7 防烟楼梯间前室的使用面积，公共建筑、高层厂房、高层仓库、平时使用的人民防空工程及其他地下工程，不应小于6.0m²；住宅建筑，不应小于4.5m²。与消防电梯前室合用的前室的使用面积，公共建筑、高层厂房、高层仓库、平时使用的人民防空工程及其他地下工程，不应小于10.0m²；住宅建筑，不应小于6.0m²。

2.8.4　疏散距离

一、验收内容
安全疏散距离。

二、验收方法
对照消防设计文件及竣工图纸，采用测距仪现场测量疏散距离。

三、规范依据
对于建筑内疏散距离的规定，见表2.8-16。

表2.8-16　疏散距离的要求

验收内容	规范要求（表格中为条文索引，具体要求见表格后内容）	
疏散距离	《建筑防火通用规范》GB 55037—2022 第7.1.3、7.1.18条	1. 规定了建筑中安全疏散距离的确定原则和基本性能要求； 2. 规定了汽车库内的最大安全疏散距离
	《建筑设计防火规范》GB 50016—2014（2018年版）第3.7.4、5.5.17、5.5.29条	1. 规定了不同耐火等级、不同生产的火灾危险性类别的厂房内的最大疏散距离； 2. 规定了各类公共建筑的最大允许安全疏散距离； 3. 规定了不同耐火等级住宅建筑的最大允许疏散距离

（一）《建筑防火通用规范》GB 55037—2022 的规定

第7.1.3条规定，建筑中的最大疏散距离应根据建筑的耐火等级、火灾危险性、空间高度、疏散楼梯（间）的形式和使用人员的特点等因素确定，并应符合下列规定：

1　疏散距离应满足人员安全疏散的要求；

2　房间内任一点至房间疏散门的疏散距离，不应大于建筑中位于袋形走道两侧或尽端房间的疏散门至最近安全出口的最大允许疏散距离。

第 7.1.18 条规定，汽车库内任一点至最近人员安全出口的疏散距离应符合下列规定：

1　单层汽车库、位于建筑首层的汽车库，无论汽车库是否设置自动灭火系统，均不应大于 60m。

2　其他汽车库，未设置自动灭火系统时，不应大于 45m；设置自动灭火系统时，不应大于 60m。

（二）《建筑设计防火规范》GB 50016—2014（2018 年版）的规定

第 3.7.4 条规定，厂房内任一点至最近安全出口的直线距离不应大于表 2.8-17 的规定。

表 2.8-17　厂房内任一点至最近安全出口的直线距离（m）

生产的火灾危险性类别	耐火等级	单层厂房	多层厂房	高层厂房	地下或半地下厂房（包括地下或半地下室）
甲	一、二级	30	25	—	—
乙	一、二级	75	50	30	—
丙	一、二级 三级	80 60	60 40	40	30
丁	一、二级 三级 四级	不限 60 50	不限 50	50	45
戊	一、二级 三级 四级	不限 100 60	不限 75	75	60

注：本表引自《建筑设计防火规范》GB 50016—2014（2018 年版）第 3.7.4 条中表 3.7.4。

第 5.5.17 条规定，公共建筑的安全疏散距离应符合下列规定：

1　直通疏散走道的房间疏散门至最近安全出口的直线距离不应大于表 2.8-18 的规定。

表 2.8-18　直通疏散走道的房间疏散门至最近安全出口的直线距离（m）

名称			位于两个安全出口之间的疏散门			位于袋形走道两侧或尽端的疏散门		
			一、二级	三级	四级	一、二级	三级	四级
托儿所、幼儿园老年人照料设施			25	20	15	20	15	10
歌舞娱乐放映游艺场所			25	20	15	9	—	—
医疗建筑	单、多层		35	30	25	20	15	10
	高层	病房部分	24	—	—	12	—	—
		其他部分	30	—	—	15	—	—

名称		位于两个安全出口之间的疏散门			位于袋形走道两侧或尽端的疏散门		
		一、二级	三级	四级	一、二级	三级	四级
教学建筑	单、多层	35	30	25	22	20	10
	高层	30	—	—	15	—	—
高层旅馆、展览建筑		30	—	—	15	—	—
其他建筑	单、多层	40	35	25	22	20	15
	高层	40	—	—	20	—	—

注：1　本表引自《建筑设计防火规范》GB 50016—2014（2018 年版）第 5.5.17 条中表 5.5.17。
　　2　建筑内开向敞开式外廊的房间疏散门至最近安全出口的直线距离可按本表的规定增加 5m。
　　3　直通疏散走道的房间疏散门至最近敞开楼梯间的直线距离，当房间位于两个楼梯间之间时，应按本表的规定减少 5m；当房间位于袋形走道两侧或尽端时，应按本表的规定减少 2m。
　　4　建筑物内全部设置自动喷水灭火系统时，其安全疏散距离可按本表的规定增加 25%。

2　楼梯间应在首层直通室外，确有困难时，可在首层采用扩大的封闭楼梯间或防烟楼梯间前室。当层数不超过 4 层且未采用扩大的封闭楼梯间或防烟楼梯间前室时，可将直通室外的门设置在离楼梯间不大于 15m 处（图 2.8-3）。

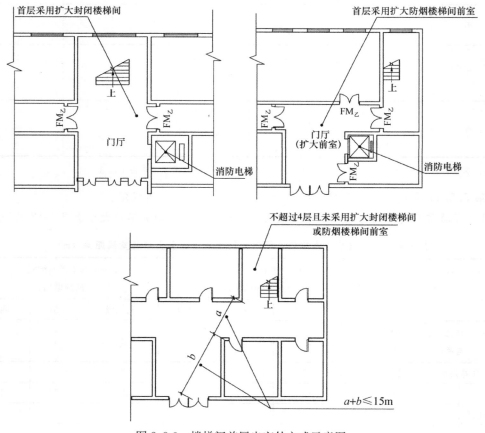

图 2.8-3　楼梯间首层出室外方式示意图

3　房间内任一点至房间直通疏散走道的疏散门的直线距离,不应大于表 5.5.17 规定的袋形走道两侧或尽端的疏散门至最近安全出口的直线距离。

4　一、二级耐火等级建筑内疏散门或安全出口不少于 2 个的观众厅、展览厅、多功能厅、餐厅、营业厅等,其室内任一点至最近疏散门或安全出口的直线距离不应大于 30m;当疏散门不能直通室外地面或疏散楼梯间时,应采用长度不大于 10m 的疏散走道通至最近的安全出口。当该场所设置自动喷水灭火系统时,室内任一点至最近安全出口的安全疏散距离可分别增加 25%。

第 5.5.29 条规定,住宅建筑的安全疏散距离应符合下列规定:

1　直通疏散走道的户门至最近安全出口的直线距离不应大于表 2.8-19 的规定。

表 2.8-19　住宅建筑直通疏散走道的户门至最近安全出口的直线距离 (m)

住宅建筑类别	位于两个安全出口之间的户门			位于袋形走道两侧或尽端的户门		
	一、二级	三级	四级	一、二级	三级	四级
单、多层	40	35	25	22	20	15
高层	40	—	—	20	—	—

注:　1　本表引自《建筑设计防火规范》GB 50016—2014 (2018 年版) 第 5.5.29 条中表 5.5.29。
　　　2　开向敞开式外廊的户门至最近安全出口的最大直线距离可按本表的规定增加 5m。
　　　3　直通疏散走道的户门至最近敞开楼梯间的直线距离,当户门位于两个楼梯间之间时,应按本表的规定减少 5m;当户门位于袋形走道两侧或尽端时,应按本表的规定减少 2m。
　　　4　住宅建筑内全部设置自动喷水灭火系统时,其安全疏散距离可按本表的规定增加 25%。
　　　5　跃廊式住宅的户门至最近安全出口的距离,应从户门算起,小楼梯的一段距离可按其水平投影长度的 1.50 倍计算。

2　楼梯间应在首层直通室外,或在首层采用扩大的封闭楼梯间或防烟楼梯间前室。层数不超过 4 层时,可将直通室外的门设置在离楼梯间不大于 15m 处。

3　户内任一点至直通疏散走道的户门的直线距离不应大于表 2.8-19 规定的袋形走道两侧或尽端的疏散门至最近安全出口的最大直线距离。

注:跃层式住宅,户内楼梯的距离可按其梯段水平投影长度的 1.50 倍计算。

2.8.5　避难层 (间)

一、验收内容

1. 避难层 (间) 的设置数量、位置及净面积。

2. 避难层 (间) 的防火分隔,管道井和设备间的门的设置方式。

3. 避难层 (间) 内消火栓和消防软管卷盘、消防专线电话和应急广播、明显的指示标志、直接对外的可开启窗口或独立的机械防烟设施的设置。

二、验收方法

1. 对照消防设计文件及竣工图纸,现场核对避难层设置位置,采用测距仪、卷尺测量避难层 (间) 净面积。

2. 对照消防设计文件及竣工图纸,现场核对避难层的防火分隔情况、消防设施的设置情况、疏散楼梯断开形式。

三、规范依据

对于避难层（间）的设置要求，见表 2.8-20。

表 2.8-20 避难层（间）的设置要求

验收内容	规范名称	主要内容
避难层（间）的设置数量、位置及净面积	《建筑防火通用规范》GB 55037—2022	7.1.9 通向避难层的疏散楼梯应使人员在避难层处必须经过避难区上下。除通向避难层的疏散楼梯外，疏散楼梯（间）在各层的平面位置不应改变或应能使人员的疏散路线保持连续。 7.1.14 建筑高度大于 100m 的工业与民用建筑应设置避难层，且第一个避难层的楼面至消防车登高操作场地地面的高度不应大于 50m。 7.1.15 避难层应符合下列规定： 1 避难区的净面积应满足该避难层与上一避难层之间所有楼层的全部使用人数避难的要求。 6 避难区应至少有一边水平投影位于同一侧的消防车登高操作场地范围内。 7.1.16 避难间应符合下列规定： 1 避难区的净面积应满足避难间所在区域设计避难人数避难的要求； 2 避难间兼作其他用途时，应采取保证人员安全避难的措施； 3 避难间应靠近疏散楼梯间，不应在可燃物库房、锅炉房、发电机房、变配电站等火灾危险性大的场所的正下方、正上方或贴邻。 7.4.8 医疗建筑的避难间设置应符合下列规定： 1 高层病房楼应在第二层及以上的病房楼层和洁净手术部设置避难间； 2 楼地面距室外设计地面高度大于 24m 的洁净手术部及重症监护区，每个防火分区应至少设置 1 间避难间； 3 每间避难间服务的护理单元不应大于 2 个，每个护理单元的避难区净面积不应小于 25.0m²
	《建筑设计防火规范》GB 50016—2014（2018 年版）	5.5.23 建筑高度大于 100m 的公共建筑，应设置避难层（间）。避难层（间）应符合下列规定： 3 避难层（间）的净面积应能满足设计避难人数避难的要求，并宜按 5.0 人/m² 计算。 5.5.24A 3 层及 3 层以上总建筑面积大于 3000m²（包括设置在其他建筑内三层及以上楼层）的老年人照料设施，应在二层及以上各层老年人照料设施部分的每座疏散楼梯间的相邻部位设置 1 间避难间；当老年人照料设施设置与疏散楼梯或安全出口直接连通的开敞式外廊、与疏散走道直接连通且符合人员避难要求的室外平台等时，可不设置避难间。避难间内可供避难的净面积不应小于 12m²，避难间可利用疏散楼梯间的前室或消防电梯的前室，其他要求应符合本规范第 5.5.24 条的规定。 供失能老年人使用且层数大于 2 层的老年人照料设施，应按核定使用人数配备简易防毒面具
避难层（间）的防火分隔，管道井和设备间的门的设置方式	《建筑防火通用规范》GB 55037—2022	6.4.7 下列部位的窗的耐火性能不应低于乙级防火窗的要求： 2 设置在避难间或避难层中避难区对应外墙上的窗。 7.1.15 避难层应符合下列规定： 2 除可布置设备用房外，避难层不应用于其他用途。设置在避难层内的可燃液体管道、可燃或助燃气体管道应集中布置，设备管道区应采用耐火极限

续表

验收内容	规范名称	主要内容
避难层(间)的防火分隔,管道井和设备间的门的设置方式	《建筑防火通用规范》GB 55037—2022	不低于3.00h的防火隔墙与避难区及其他公共区分隔。管道井和设备间应采用耐火极限不低于2.00h的防火隔墙与避难区及其他公共区分隔。设备管道区、管道井和设备间与避难区或疏散走道连通时,应设置防火隔间,防火隔间的门应为甲级防火门。 7.1.16 避难间应符合下列规定: 4 避难间应采用耐火极限不低于2.00h的防火隔墙和甲级防火门与其他部位分隔; 6 避难间内不应敷设或穿过输送可燃液体、可燃或助燃气体的管道。 7.4.8 医疗建筑的避难间设置应符合下列规定: 4 避难间的其他防火要求,应符合本规范第7.1.16条的规定
避难层(间)设施的设置	《建筑防火通用规范》GB 55037—2022	7.1.15 避难层应符合下列规定: 3 避难层应设置消防电梯出口、消火栓、消防软管卷盘、灭火器、消防专线电话和应急广播。 4 在避难层进入楼梯间的入口处和疏散楼梯通向避难层的出口处,均应在明显位置设置标示避难层和楼层位置的灯光指示标识。 5 避难区应采取防止火灾烟气进入或积聚的措施,并应设置可开启外窗。 7.1.16 避难间应符合下列规定: 5 避难间应采取防止火灾烟气进入或积聚的措施,并应设置可开启外窗,除外窗和疏散门外,避难间不应设置其他开口; 7 避难间内应设置消防软管卷盘、灭火器、消防专线电话和应急广播; 8 在避难间入口处的明显位置应设置标示避难间的灯光指示标识

2.9 消防救援设施

2.9.1 消防救援口

一、验收内容

1. 消防救援窗口的设置位置、数量。

2. 消防救援窗口的净高度、净宽度和间距,设置位置应与消防车登高操作场地相对应。窗口的玻璃应易于破碎,并应设置可在室外易于识别的明显标志。

二、验收方法

1. 对照消防设计文件及竣工图纸,现场核对消防救援窗口设置情况。

2. 采用测距仪、卷尺测量窗口尺寸及窗户下沿距离地面的高度。

三、规范依据

对于消防救援窗口的设置要求,见表2.9-1。

表 2.9-1 消防救援窗口的设置要求

验收内容	规范名称	主要内容
窗口设置位置、数量	《建筑防火通用规范》**GB 55037—2022**	2.2.3 除有特殊要求的建筑和甲类厂房可不设置消防救援口外，在建筑的外墙上应设置便于消防救援人员出入的消防救援口，并应符合下列规定： 1 沿外墙的每个防火分区在对应消防救援操作面范围内设置的消防救援口不应少于 2 个； 2 无外窗的建筑应每层设置消防救援口，有外窗的建筑应自第三层起每层设置消防救援口。 6.5.8 建筑的外部装修和户外广告牌的设置，应满足防止火灾通过建筑外立面蔓延的要求，不应妨碍建筑的消防救援或火灾时建筑的排烟与排热，不应遮挡或减小消防救援口
	《建筑设计防火规范》GB 50016—2014（2018 年版）	7.2.4 厂房、仓库、公共建筑的外墙应在每层的适当位置设置可供消防救援人员进入的窗口
窗口净高度、净宽度和间距	《建筑防火通用规范》**GB 55037—2022**	2.2.3 消防救援窗口应符合下列规定： 3 消防救援口的净高度和净宽度均不应小于 1.0m，当利用门时，净宽度不应小于 0.8m
	《建筑设计防火规范》GB 50016—2014（2018 年版）	7.2.5 供消防救援人员进入的窗口的净高度和净宽度均不应小于 1.0m，下沿距室内地面不宜大于 1.2m，间距不宜大于 20m 且每个防火分区不应少于 2 个，设置位置应与消防车登高操作场地相对应。窗口的玻璃应易于破碎，并应设置可在室外易于识别的明显标志
	《精细化工企业工程设计防火标准》GB 51283—2020	8.3.2 厂房（仓库）的外墙上应设置可供消防救援人员进入的窗口，并应符合下列规定： 1 供消防人员进入的窗口的净高度和净宽度均不应小于 1.0m，其下沿距室内地面不应大于 1.2m； 2 每层每个防火分区不应少于 2 个，各救援窗间距不宜大于 24m
玻璃材质及标志	《建筑防火通用规范》**GB 55037—2022**	2.2.3 消防救援窗口应符合下列规定： 4 消防救援口应易于从室内和室外打开或破拆，采用玻璃窗时，应选用安全玻璃； 5 消防救援口应设置可在室内和室外识别的永久性明显标志
	《精细化工企业工程设计防火标准》GB 51283—2020	8.3.2 厂房（仓库）的外墙上应设置可供消防救援人员进入的窗口，并应符合下列规定： 3 应急击碎玻璃宜采用厚度不大于 8mm 的单片钢化玻璃，有爆炸危险的厂房（仓库）采用钢化玻璃门窗时，其玻璃厚度不应大于 4mm

2.9.2 消防电梯

一、验收内容

1. 消防电梯的设置范围、数量。

2. 消防电梯前室的设置形式、位置、使用面积、短边长度。

3. 前室内设置的门、窗、洞口情况。

4. 前室或合用前室使用的防火门的类型。

5. 消防电梯井底设置的排水设施，电梯的动力与控制电缆、电线、控制面板应采取防水措施。

6. 轿厢内装修材料应为不燃材料。

7. 消防电梯井、机房与相邻电梯井、机房之间防火隔墙的耐火极限，隔墙上的门应采用甲级防火门。

8. 消防电梯载重量，电梯从首层至顶层的运行时间，专用对讲电话和专用的操作按钮，每层停靠功能。

二、验收方法

1. 对照消防设计文件及竣工图纸，现场核对消防电梯设置情况。

2. 对照消防设计文件及竣工图纸，现场核对消防电梯前室的设置形式、位置，采用测距仪、卷尺测量前室使用面积、短边长度。

3. 对照消防设计文件及竣工图纸，现场核对消防电梯前室内门、窗、洞口的设置情况，并现场核查前室防火门，检查标牌及相关证明文件。

4. 对照消防设计文件及竣工图纸，现场核查消防电梯井底排水井的容量，对照设施设备标牌及相关质量证明文件核查水泵排水量、电缆电线及电气设备的防水性能。

5. 对照轿厢内装修材料的相关证明文件，核查其燃烧性能。

6. 对照有关证明文件，现场检查机房或井道隔墙上的防火门是否为甲级防火门。

7. 查阅有关证明文件，核查消防电梯载重量。

8. 现场核查专用操作按钮及专用消防对讲电话设置，结合消防联动控制功能，检查迫降控制功能，采用秒表核查电梯运行时间。

三、规范依据

对于消防电梯的设置要求，见表 2.9-2。

表 2.9-2　消防电梯的设置要求

验收内容	规范名称	主要内容
消防电梯的设置范围	《建筑防火通用规范》GB 55037—2022	2.2.6　除城市综合管廊、交通隧道和室内无车道且无人员停留的机械式汽车库可不设置消防电梯外，下列建筑均应设置消防电梯，且每个防火分区可供使用的消防电梯不应少于 1 部： 1　建筑高度大于 33m 的住宅建筑； 2　五层及以上且建筑面积大于 3000m² （包括设置在其他建筑内第五层及以上楼层）的老年人照料设施； 3　一类高层公共建筑，建筑高度大于 32m 的二类高层公共建筑； 4　建筑高度大于 32m 的丙类高层厂房； 5　建筑高度大于 32m 的封闭或半封闭汽车库； 6　除轨道交通工程外，埋深大于 10m 且总建筑面积大于 3000m² 的地下或半地下建筑（室）
消防电梯的设置位置与数量	《建筑设计防火规范》GB 50016—2014（2018 年版）	7.3.3　建筑高度大于 32m 且设置电梯的高层厂房（仓库），每个防火分区内宜设置 1 台消防电梯，但符合下列条件的建筑可不设置消防电梯： 1　建筑高度大于 32m 且设置电梯，任一层工作平台上的人数不超过 2 人的高层塔架； 2　局部建筑高度大于 32m，且局部高出部分的每层建筑面积不大于 50m² 的丁、戊类厂房。 7.3.4　符合消防电梯要求的客梯或货梯可兼作消防电梯

验收内容	规范名称	主要内容
消防电梯前室的设置及防火分隔	《建筑防火通用规范》GB 55037—2022	2.2.8 除仓库连廊、冷库穿堂和筒仓工作塔内的消防电梯可不设置前室外，其他建筑内的消防电梯均应设置前室。消防电梯的前室应符合下列规定： 1 前室在首层应直通室外或经专用通道通向室外，该通道与相邻区域之间应采取防火分隔措施。 2 前室的使用面积不应小于 6.0m²，合用前室的使用面积应符合本规范第 7.1.8 条的规定；前室的短边不应小于 2.4m。 3 前室或合用前室应采用防火门和耐火极限不低于 2.00h 的防火隔墙与其他部位分隔。除兼作消防电梯的货梯前室无法设置防火门的开口可采用防火卷帘分隔外，不应采用防火卷帘或防火玻璃墙等方式替代防火隔墙。 7.1.8 室内疏散楼梯间应符合下列规定： 7 防烟楼梯间前室的使用面积，公共建筑、高层厂房、高层仓库、平时使用的人民防空工程及其他地下工程，不应小于 6.0m²；住宅建筑，不应小于 4.5m²。与消防电梯前室合用的前室的使用面积，公共建筑、高层厂房、高层仓库、平时使用的人民防空工程及其他地下工程，不应小于 10.0m²；住宅建筑，不应小于 6.0m²
	《建筑设计防火规范》GB 50016—2014（2018 年版）	5.5.28 住宅单元的疏散楼梯，当分散设置确有困难且任一户门至最近疏散楼梯间入口的距离不大于 10m 时，可采用剪刀楼梯间，但应符合下列规定： 4 楼梯间的前室或共用前室不宜与消防电梯的前室合用；楼梯间的共用前室与消防电梯的前室合用时，合用前室的使用面积不应小于 12.0m²，且短边不应小于 2.4m。 7.3.5 除设置在仓库连廊、冷库穿堂或谷物筒仓工作塔内的消防电梯外，消防电梯应设置前室，并应符合下列规定： 1 前室宜靠外墙设置，并应在首层直通室外或经过长度不大于 30m 的通道通向室外
井道及机房的防火分隔，防水、排水措施	《建筑防火通用规范》GB 55037—2022	2.2.9 消防电梯井和机房应采用耐火极限不低于 2.00h 且无开口的防火隔墙与相邻井道、机房及其他房间分隔。消防电梯的井底应设置排水设施，排水井的容量不应小于 2m³，排水泵的排水量不应小于 10L/s。 2.2.10 消防电梯应符合下列规定： 3 电梯的动力和控制线缆与控制面板的连接处、控制面板的外壳防水性能等级不应低于 IPX5
轿厢内部装修	《建筑防火通用规范》GB 55037—2022	2.2.10 消防电梯应符合下列规定： 5 电梯轿厢内部装修材料的燃烧性能应为 A 级
消防电梯规格、配置及性能要求	《建筑防火通用规范》GB 55037—2022	2.2.10 消防电梯应符合下列规定： 1 应能在所服务区域每层停靠； 2 电梯的载重量不应小于 800kg； 4 在消防电梯的首层入口处，应设置明显的标识和供消防救援人员专用的操作按钮； 6 电梯轿厢内部应设置专用消防对讲电话和视频监控系统的终端设备
	《建筑设计防火规范》GB 50016—2014（2018 年版）	7.3.8 消防电梯应符合下列规定： 3 电梯从首层至顶层的运行时间不宜大于 60s

2.9.3　应急排烟排热设施

一、验收内容

1. 封闭楼梯间、防烟楼梯间顶部应急排烟窗的设置。

2. 建筑内应急排烟排热设施的设置。

二、验收方法

1. 楼梯间顶部应急排烟窗

（1）对照消防设计文件及竣工图纸，现场核对楼梯间应急排烟窗的设置情况。

（2）查看并手动开启楼梯间顶部的应急排烟窗，测试应急排烟窗的开启性能；若在控制室设置手动开启按钮，应测试应急排烟窗的远程开启功能；用火灾报警系统功能检测工具模拟火灾，在联动状态下，测试应急排烟窗的联动开启性能。

2. 建筑内应急排烟排热设施

（1）对照设计文件及竣工图纸，现场核对建筑内应急排烟排热设施的设置。

（2）查看并手动开启建筑内应急排烟排热设施，测试同时开启同一防烟分区内全部应急排烟排热设施的性能；在消防控制室手动开启应急排烟排热设施，测试同时开启全部应急排烟排热设施的性能；用火灾报警系统功能检测工具模拟火灾，在联动状态下，测试同时开启全部应急排烟排热设施的性能。

（3）当屋顶采用易熔材料作为应急排烟排热设施，并依靠烟气温度或电加热熔化相应部位的材料排烟排热时，查看易熔材料检验报告，测量所用易熔材料的面积。

三、规范依据

对于应急排烟排热设施的设置要求，见表 2.9-3。

表 2.9-3　应急排烟排热设施的设置要求

验收内容	规范名称	主要内容
封闭楼梯间、防烟楼梯间顶部应急排烟窗的设置	《建筑防火通用规范》GB 55037—2022	2.2.4　设置机械加压送风系统并靠外墙或可直通屋面的封闭楼梯间、防烟楼梯间，在楼梯间的顶部或最上一层外墙上应设置常闭式应急排烟窗，且该应急排烟窗应具有手动和联动开启功能
建筑内应急排烟排热窗的设置	《建筑防火通用规范》GB 55037—2022	2.2.5　除有特殊功能、性能要求或火灾发展缓慢的场所可不在外墙或屋顶设置应急排烟排热设施外，下列无可开启外窗的地上建筑或部位均应在其每层外墙和（或）屋顶上设置应急排烟排热设施，且该应急排烟排热设施应具有手动、联动或依靠烟气温度等方式自动开启的功能： 1　任一层建筑面积大于 2500m² 的丙类厂房； 2　任一层建筑面积大于 2500m² 的丙类仓库； 3　任一层建筑面积大于 2500m² 的商店营业厅、展览厅、会议厅、多功能厅、宴会厅，以及这些建筑中长度大于 60m 的走道； 4　总建筑面积大于 1000m² 的歌舞娱乐放映游艺场所中的房间和走道； 5　靠外墙或贯通至建筑屋顶的中庭
	《建筑防烟排烟系统技术标准》GB 51251—2017	4.4.14　按本标准第 4.1.4 条规定需要设置固定窗时，固定窗的布置应符合下列规定： 1　非顶层区域的固定窗应布置在每层的外墙上；

验收内容	规范名称	主要内容
建筑内应急排烟排热窗的设置	《建筑防烟排烟系统技术标准》GB 51251—2017	2 顶层区域的固定窗应布置在屋顶或顶层的外墙上，但未设置自动喷水灭火系统的以及采用钢结构屋顶或预应力钢筋混凝土屋面板的建筑应布置在屋顶。 4.4.15 固定窗的设置和有效面积应符合下列规定： 1 设置在顶层区域的固定窗，其总面积不应小于楼地面面积的2%。 2 设置在靠外墙且不位于顶层区域的固定窗，单个固定窗的面积不应小于1m²，其间距不宜大于20m，其下沿距室内地面的高度不宜小于层高的1/2。供消防救援人员进入的窗口面积不计入固定窗面积，但可组合布置。 3 设置在中庭区域的固定窗，其总面积不应小于中庭楼地面面积的5%。 4 固定玻璃窗应按可破拆的玻璃面积计算，带有温控功能的可开启设施应按开启时的水平投影面积计算。 4.4.16 固定窗宜按每个防烟分区在屋顶或建筑外墙上均匀布置且不应跨越防火分区。 4.4.17 除洁净厂房外，设置机械排烟系统的任一层建筑面积大于2000m²的制鞋、制衣、玩具、塑料、木器加工储存等丙类工业建筑，可采用可熔性采光带（窗）替代固定窗，其面积应符合下列规定： 1 未设置自动喷水灭火系统的或采用钢结构屋顶或预应力钢筋混凝土屋面板的建筑，不应小于楼地面面积的10%； 2 其他建筑不应小于楼地面面积的5%。 注：可熔性采光带（窗）的有效面积应按其实际面积计算

2.9.4　直升机停机坪

一、验收内容

直升机停机坪的设置及相关设施配置。

二、验收方法

对照消防设计文件及竣工图纸，现场核对直升机停机坪的设置情况及相关设施配置情况。

三、规范依据

《建筑防火通用规范》GB 55037—2022 的规定

第2.2.11条规定，建筑高度大于250m的工业与民用建筑，应在屋顶设置直升机停机坪。

第2.2.12条规定，屋顶直升机停机坪的尺寸和面积应满足直升机安全起降和救助的要求，并应符合下列规定：

1　停机坪与屋面上突出物的最小水平距离不应小于5m；

2　建筑通向停机坪的出口不应少于2个；

3　停机坪四周应设置航空障碍灯和应急照明装置；

4　停机坪附近应设置消火栓。

第2.2.13条规定，供直升机救助使用的设施应避免火灾或高温烟气的直接作用，其结构承载力、设备与结构的连接应满足设计允许的人数停留和该地区最大风速作用的要求。

第3章 火灾自动报警系统

3.1 火灾自动报警系统形式

一、验收内容

火灾自动报警系统形式，区域报警系统、集中报警系统、控制中心报警系统。

二、验收方法

1. 查阅消防设计文件及竣工图纸，确认系统形式。

2. 现场查看消防控制室数量、联动控制器的数量及联动控制方式，确认系统形式是否与设计一致。

三、规范依据

对于火灾自动报警系统形式，见表 3.1-1。

表 3.1-1　火灾自动报警系统形式

系统形式	系统构成	保护对象	保护对象是否需要联动	火灾报警控制器、联动控制器位置
区域报警系统	由火灾探测器、手动火灾报警按钮、火灾声光警报器及火灾报警控制器等组成，也可包括消防控制室图形显示装置和指示楼层的区域显示器，系统不包括消防联动控制器	仅需要报警，不需要联动自动消防设备的保护对象	否	有人值班的场所（可不设置在消防控制室内）
集中报警系统	由火灾探测器、手动火灾报警按钮、火灾声光警报器、消防应急广播、消防专用电话、消防控制室图形显示装置、火灾报警控制器、消防联动控制器等组成	不仅需要报警，同时需要联动自动消防设备，且只设置一台具有集中控制功能的火灾报警控制器和联动控制器的保护对象	是	消防控制室内
控制中心报警系统	设置了两个及以上消防控制室或设置了两个及以上的集中报警系统，且符合集中报警系统规定	设置两个及以上消防控制室的保护对象，或设置了两个及以上集中报警系统的保护对象	是	消防控制室内

3.2 控制与显示类设备

3.2.1 火灾报警控制器、消防联动控制器等消防设备控制器

一、验收内容

1. 火灾报警控制器和联动控制器所连接设备总数及各总线回路连接设备数量。

2. 火灾报警控制器和消防联动控制器等消防设备控制器在消防控制室内的布置情况。

3. 火灾报警控制器和消防联动控制器等消防设备控制器安装在墙上时的安装情况。

4. 各消防设备控制器供电及保护接地情况。

二、验收方法

1. 查看火灾报警控制器、联动控制器各总线回路连接设备数量及设备总数之和，并与设计文件进行比对。

2. 落地式火灾报警控制器和消防联动控制器等消防设备控制器，用测距仪测量面盘前的操作距离、设备的检修距离、两端通道宽度，并与设计文件进行比对。

3. 壁挂式火灾报警控制器和消防联动控制器等消防设备控制器，用测距仪测量显示屏安装高度、靠门轴的侧面距离、正面操作距离，并与设计文件进行比对。

4. 查看消防控制室内各消防设备控制器的供电及金属外壳接地线，并与设计文件进行比对。

三、规范依据

对于火灾报警控制器、消防联动控制器等消防设备控制器的设置要求，见表3.2-1。

表 3.2-1　火灾报警控制器、消防联动控制器等消防设备控制器的设置要求

验收内容	规范名称	主要内容
火灾报警控制器和消防联动控制器所连接设备总数及各总线回路连接设备数量	《火灾自动报警系统设计规范》GB 50116—2013	3.1.5　任一台火灾报警控制器所连接的火灾探测器、手动火灾报警按钮和模块等设备总数和地址总数，均不应超过3200点，其中每一总线回路连接设备的总数不宜超过200点，且应留有不少于额定容量10%的余量；任一台消防联动控制器地址总数或火灾报警控制器（联动型）所控制的各类模块总数不应超过1600点，每一联动总线回路连接设备的总数不宜超过100点，且应留有不少于额定容量10%的余量
火灾报警控制器和消防联动控制器等消防设备控制器在消防控制室内的布置要求		3.4.8　消防控制室内设备的布置应符合下列规定（图3.2-1～图3.2-3）： 1　设备面盘前的操作距离，单列布置时不应小于1.5m；双列布置时不应小于2m。 2　在值班人员经常工作的一面，设备面盘至墙的距离不应小于3m。 3　设备面盘后的维修距离不宜小于1m。 4　设备面盘的排列长度大于4m时，其两端应设置宽度不小于1m的通道。 5　与建筑其他弱电系统合用的消防控制室内，消防设备应集中设置，并应与其他设备间有明显间隔。 6.1.2　火灾报警控制器和消防联动控制器等在消防控制室内的布置，应符合本规范第3.4.8条的规定
火灾报警控制器和消防联动控制器等设备控制器安装在墙上时的安装要求		6.1.3　火灾报警控制器和消防联动控制器安装在墙上时，其主显示屏高度宜为1.5m～1.8m，其靠近门轴的侧面距墙不应小于0.5m，正面操作距离不应小于1.2m

验收内容	规范名称	主要内容
系统供电及接地要求	《消防设施通用规范》GB 55036—2022	**12.0.17　火灾自动报警系统中控制与显示类设备的主电源应直接与消防电源连接，不应使用电源插头**
	《火灾自动报警系统设计规范》GB 50116—2013	10.1.1　火灾自动报警系统应设置交流电源和蓄电池备用电源。 10.1.2　火灾自动报警系统的交流电源应采用消防电源，备用电源可采用火灾报警控制器和消防联动控制器自带的蓄电池电源或消防设备应急电源。当备用电源采用消防设备应急电源时，火灾报警控制器和消防联动控制器应采用单独的供电回路，并应保证在系统处于最大负载状态下不影响火灾报警控制器和消防联动控制器的正常工作。 10.1.3　消防控制室图形显示装置、消防通信设备等的电源，宜由 UPS 电源装置或消防设备应急电源供电。 10.1.4　火灾自动报警系统主电源不应设置剩余电流动作保护和过负荷保护装置。 10.1.5　消防设备应急电源输出功率应大于火灾自动报警及联动控制系统全负荷功率的120%，蓄电池组的容量应保证火灾自动报警及联动控制系统在火灾状态同时工作负荷条件下连续工作3h以上。 10.2.2　消防控制室内的电气和电子设备的金属外壳、机柜、机架和金属管、槽等，应采用等电位连接。 10.2.3　由消防控制室接地板引至各消防电子设备的专用接地线应选用铜芯绝缘导线，其线芯截面面积不应小于 4mm²。 10.2.4　消防控制室接地板与建筑接地体之间，应采用线芯截面面积不小于 25mm² 的铜芯绝缘导线连接
	《火灾自动报警系统施工及验收标准》GB 50166—2019	3.3.3　控制与显示类设备应与消防电源、备用电源直接连接，不应使用电源插头。主电源应设置明显的永久性标识。 3.3.4　控制与显示类设备的蓄电池需进行现场安装时，应核对蓄电池的规格、型号、容量，并应符合设计文件的规定，蓄电池的安装应满足产品使用说明书的要求。 3.3.5　控制与显示类设备的接地应牢固，并应设置明显的永久性标识

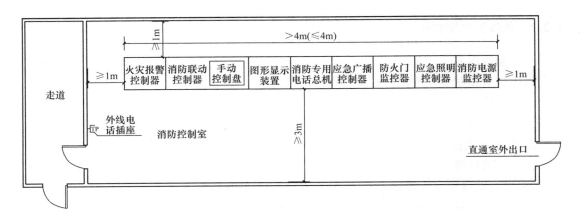

图 3.2-1　设备面盘排列长度＞4m（≤4m）单列布置的消防控制室布置图

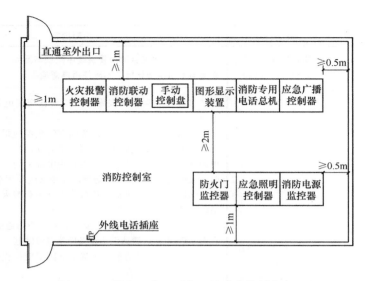

图 3.2-2　设备面盘双列布置的消防控制室布置图

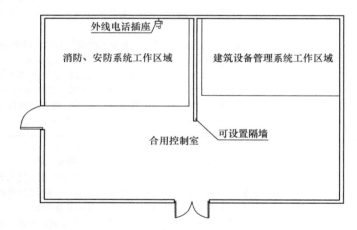

图 3.2-3　消防控制室与安防监控室合用布置图

3.2.2　气体灭火控制器

一、验收内容

气体灭火控制器设置位置、安装质量。

二、验收方法

1. 查看气体灭火控制器的设置位置，并与消防设计文件进行比对。

2. 气体灭火控制器安装质量检查方法同火灾报警控制器。

三、规范依据

《火灾自动报警系统设计规范》GB 50116—2013 的规定

第 4.4.1 条规定，气体灭火系统、泡沫灭火系统应分别由专用的气体灭火控制器、泡沫灭火控制器控制。

3.2.3 消防控制室图形显示装置

一、验收内容

消防控制室图形显示装置与火灾报警控制器、消防联动控制器、电气火灾监控器、可燃气体报警控制器等消防设备之间线路连接和信息通信。

二、验收方法

1. 查看图形显示装置与火灾报警控制器、消防联动控制器、电气火灾监控器、可燃气体报警控制器等消防设备之间专线连接情况。

2. 现场模拟火警、故障等信息，在消防控制室内查看相关系统控制器的显示信息，核实系统控制器与图形显示装置显示信息的一致性。

三、规范依据

《火灾自动报警系统设计规范》GB 50116—2013 的规定

第3.4.2条规定，消防控制室内设置的消防设备应包括火灾报警控制器、消防联动控制器、消防控制室图形显示装置、消防专用电话总机、消防应急广播控制装置、消防应急照明和疏散指示系统控制装置、消防电源监控器等设备或具有相应功能的组合设备。消防控制室内设置的消防控制室图形显示装置应能显示表 3.2-2 规定的建筑物内设置的全部消防系统及相关设备的动态信息和表 3.2-3 规定的消防安全管理信息，并应为远程监控系统预留接口，同时应具有向远程监控系统传输本规范表 3.2-2 和表 3.2-3 规定的有关信息的功能。

表 3.2-2　火灾报警、建筑消防设施运行状态信息

设施名称		内容
火灾探测报警系统		火灾报警信息、可燃气体探测报警信息、电气火灾监控报警信息、屏蔽信息、故障信息
消防联动控制系统	消防联动控制器	动作状态、屏蔽信息、故障信息
	消火栓系统	消防水泵电源的工作状态，消防水泵的启、停状态和故障状态，消防水箱（池）水位、管网压力报警信息及消火栓按钮的报警信息
	自动喷水灭火系统、水喷雾（细水雾）灭火系统（泵供水方式）	喷淋泵电源工作状态，喷淋泵的启、停状态和故障状态，水流指示器、信号阀、报警阀、压力开关的正常工作状态和动作状态
	气体灭火系统、细水雾灭火系统（压力容器供水方式）	系统的手动、自动工作状态及故障状态，阀驱动装置的正常工作状态和动作状态，防护区域中的防火门（窗）、防火阀、通风空调等设备的正常工作状态和动作状态，系统的启、停信息，紧急停止信号和管网压力信号
	泡沫灭火系统	消防水泵、泡沫液泵电源的工作状态，系统的手动、自动工作状态及故障状态，消防水泵、泡沫液泵的正常工作状态和动作状态
	干粉灭火系统	系统的手动、自动工作状态及故障状态，阀驱动装置的正常工作状态和动作状态，系统的启、停信息，紧急停止信号和管网压力信号
	防烟排烟系统	系统的手动、自动工作状态，防烟排烟风机电源的工作状态，风机、电动防火阀、电动排烟防火阀、常闭送风口、排烟阀（口）、电动排烟窗、电动挡烟垂壁的正常工作状态和动作状态

设施名称		内容
消防联动控制系统	防火门及卷帘系统	防火卷帘控制器、防火门监控器的工作状态和故障状态；卷帘门的工作状态，具有反馈信号的各类防火门、疏散门的工作状态和故障状态等动态信息
	消防电梯	消防电梯的停用和故障状态
	消防应急广播	消防应急广播的启动、停止和故障状态
	消防应急照明和疏散指示系统	消防应急照明和疏散指示系统的故障状态和应急工作状态信息
	消防电源	系统内各消防用电设备的供电电源和备用电源工作状态和欠压报警信息

注：本表引自《火灾自动报警系统设计规范》GB 50116—2013 附录 A 中表 A。

表 3.2-3　消防安全管理信息

序号	名称		内容
1	基本情况		单位名称、编号、类别、地址、联系电话、邮政编码、消防控制室电话；单位职工人数、成立时间、上级主管（或管辖）单位名称、占地面积、总建筑面积、单位总平面图（含消防车道、毗邻建筑等）；单位法人代表、消防安全责任人、消防安全管理人及专兼职消防管理人的姓名、身份证号码、电话
2	主要建、构筑物等信息	建（构）筑	建筑物名称、编号、使用性质、耐火等级、结构类型、建筑高度、地上层数及建筑面积、隧道高度及长度等、建造日期、主要储存物名称及数量、建筑物内最大容纳人数、建筑立面图及消防设施平面布置图；消防控制室位置、安全出口的数量、位置及形式（指疏散楼梯）；毗邻建筑的使用性质、结构类型、建筑高度、与本建筑的间距
		堆场	堆场名称、主要堆放物品名称、总储量、最大堆高、堆场平面图（含消防车道、防火间距）
		储罐	储罐区名称、储罐类型（指地上、地下、立式、卧式、浮顶、固定顶等）、总容积、最大单罐容积及高度、储存物名称、性质和形态、储罐区平面图（含消防车道、防火间距）
		装置	装置区名称、占地面积、最大高度、设计日产量、主要原料、主要产品、装置区平面图（含消防车道、防火间距）
3	单位（场所）内消防安全重点部位信息		重点部位名称、所在位置、使用性质、建筑面积、耐火等级、有无消防设施、责任人姓名、身份证号码及电话
4	室内外消防设施信息	火灾自动报警系统	设置部位、系统形式、维保单位名称、联系电话、控制器（含火灾报警、消防联动、可燃气体报警、电气火灾监控等）、探测器（含火灾探测、可燃气体探测、电气火灾探测等）、手动火灾报警按钮、消防电气控制装置等的类型、型号、数量、制造商；火灾自动报警系统图
		消防水源	市政给水管网形式（指环状、支状）及管径、市政管网向建（构）筑物供水的进水管数量及管径、消防水池位置及容量、屋顶水箱位置及容量、其他水源形式及供水量、消防泵房设置位置及水泵数量、消防给水系统平面布置图
		室外消火栓	室外消火栓管网形式（指环状、支状）及管径、消火栓数量、室外消火栓平面布置图

续表

序号	名称		内容
4	室内外消防设施信息	室内消火栓系统	室内消火栓管网形式（指环状、支状）及管径、消火栓数量、水泵接合器位置及数量、有无与本系统相连的屋顶消防水箱
		自动喷水灭火系统（含雨淋、水幕）	设置部位、系统形式（指湿式、干式、预作用、开式、闭式等）、报警阀位置及数量、水泵接合器位置及数量、有无与本系统相连的屋顶消防水箱、自动喷水灭火系统图
		水喷雾（细水雾）灭火系统	设置部位、报警阀位置及数量、水喷雾（细水雾）灭火系统图
		气体灭火系统	系统形式（指有管网、无管网、组合分配、独立式、高压、低压等）、系统保护的防护区数量及位置、手动控制装置的位置、钢瓶间位置、灭火剂类型、气体灭火系统图
		泡沫灭火系统	设置部位、泡沫种类（指低倍、中倍、高倍、抗溶、氟蛋白等）、系统形式（指液上、液下、固定、半固定等）、泡沫灭火系统图
		干粉灭火系统	设置部位、干粉储罐位置、干粉灭火系统图
		防烟排烟系统	设置部位、风机安装位置、风机数量、风机类型、防烟排烟系统图
		防火门及卷帘	设置部位、数量
		消防应急广播	设置部位、数量、消防应急广播系统图
		应急照明及疏散指示系统	设置部位、数量、应急照明及疏散指示系统图
		消防电源	设置部位、消防主电源在配电室是否有独立配电柜供电、备用电源形式（市电、发电机、EPS等）
		灭火器	设置部位、配置类型（指手提式、推车式等）、数量、生产日期、更换药剂日期
5	消防设施定期检查及维护保养信息		检查人姓名、检查日期、检查类别（指日检、月检、季检、年检等）、检查内容（指各类消防设施相关技术规范规定的内容）及处理结果，维护保养日期、内容
6	日常防火巡查记录	基本信息	值班人员姓名、每日巡查次数、巡查时间、巡查部位
		用火用电	用火、用电、用气有无违章情况
		疏散通道	安全出口、疏散通道、疏散楼梯是否畅通，是否堆放可燃物；疏散走道、疏散楼梯、顶棚装修材料是否合格
		防火门、防火卷帘	常闭防火门是否处于正常工作状态，是否被锁闭；防火卷帘是否处于正常工作状态，防火卷帘下方是否堆放物品影响使用
		消防设施	疏散指示标志、应急照明是否处于正常完好状态；火灾自动报警系统探测器是否处于正常完好状态；自动喷水灭火系统喷头、末端放（试）水装置、报警阀是否处于正常完好状态；室内、室外消火栓系统是否处于正常完好状态；灭火器是否处于正常完好状态
7	火灾信息		起火时间、起火部位、起火原因、报警方式（指自动、人工等）、灭火方式（指气体、喷水、水喷雾、泡沫、干粉灭火系统、灭火器、消防队等）

注：本表引自《火灾自动报警系统设计规范》GB 50116—2013 附录 B 中表 B。

第 6.9.1 条规定，消防控制室图形显示装置应设置在消防控制室内，并应符合火灾报警控制器的安装设置要求。

第 6.9.2 条规定，消防控制室图形显示装置与火灾报警控制器、消防联动控制器、电气火灾监控器、可燃气体报警控制器等消防设备之间，应采用专用线路连接。

3.3　系统部件及布线

3.3.1　火灾探测器

一、验收内容

1. 火灾探测器规格、选型、设置位置和安装质量。

2. 火灾探测器的功能。

3. 火灾探测器质量证明文件。

二、验收方法

1. 查看火灾探测器规格、型号、安装位置及安装质量并与设计文件进行比对。

2. 使用火灾报警系统功能检测工具、线性光束感烟探测器滤光片、火焰探测器功能试验器等试验仪器进行测试，查看火灾探测器的报警功能，核对火灾报警控制器火警信息与图形显示装置、竣工编码图注释的一致性。

3. 查看火灾探测器的强制认证标识及证书。

三、规范依据

对于火灾探测器的设置要求，见表 3.3-1。

表 3.3-1　火灾探测器的设置要求

验收内容		规范名称	主要内容
火灾探测器设置位置	点型探测器	《火灾自动报警系统施工及验收标准》GB 50166—2019	3.3.6　点型感烟火灾探测器、点型感温火灾探测器、一氧化碳火灾探测器、点型家用火灾探测器、独立式火灾探测报警器的安装，应符合下列规定： 1　探测器至墙壁、梁边的水平距离不应小于 0.5m； 2　探测器周围水平距离 0.5m 内不应有遮挡物； 3　探测器至空调送风口最近边的水平距离不应小于 1.5m，至多孔送风顶棚孔口的水平距离不应小于 0.5m； 4　在宽度小于 3m 的内走道顶棚上安装探测器时，宜居中安装，点型感温火灾探测器的安装间距不应超过 10m，点型感烟火灾探测器的安装间距不应超过 15m，探测器至端墙的距离不应大于安装间距的一半； 5　探测器宜水平安装，当确需倾斜安装时，倾斜角不应大于 45°
	线型光束感烟探测器	《火灾自动报警系统施工及验收标准》GB 50166—2019	3.3.7　线型光束感烟火灾探测器的安装应符合下列规定： 1　探测器光束轴线至顶棚的垂直距离宜为 0.3m～1.0m，高度大于 12m 的空间场所增设的探测器的安装高度应符合设计文件和现行国家标准《火灾自动报警系统设计规范》GB 50116 的规定； 2　发射器和接收器（反射式探测器的探测器和反射板）之间的距离不宜超过 100m；

验收内容		规范名称	主要内容
火灾探测器设置位置	线型光束感烟探测器	《火灾自动报警系统施工及验收标准》GB 50166—2019	3　相邻两组探测器光束轴线的水平距离不应大于14m，探测器光束轴线至侧墙水平距离不应大于7m，且不应小于0.5m； 4　发射器和接收器（反射式探测器的探测器和反射板）应安装在固定结构上，且应安装牢固，确需安装在钢架等容易发生位移形变的结构上时，结构的位移不应影响探测器的正常运行； 5　发射器和接收器（反射式探测器的探测器和反射板）之间的光路上应无遮挡物； 6　应保证接收器（反射式探测器的探测器）避开日光和人工光源直接照射
		《火灾自动报警系统设计规范》GB 50116—2013	12.4.3　线型光束感烟火灾探测器的设置应符合下列要求（高度大于12m的空间场所）： 1　探测器应设置在建筑顶部。 2　探测器宜采用分层组网的探测方式。 3　建筑高度不超过16m时，宜在6m～7m增设一层探测器。 4　建筑高度超过16m但不超过26m时，宜在6m～7m和11m～12m处各增设一层探测器。 5　由开窗或通风空调形成的对流层为7m～13m时，可将增设的一层探测器设置在对流层下面1m处。 6　分层设置的探测器保护面积可按常规计算，并宜与下层探测器交错布置
	线性感温探测器	《火灾自动报警系统施工及验收标准》GB 50166—2019	3.3.8　线型感温火灾探测器的安装应符合下列规定： 1　敷设在顶棚下方的线型差温火灾探测器至顶棚距离宜为0.1m，相邻探测器之间的水平距离不宜大于5m，探测器至墙壁距离宜为1.0m～1.5m； 2　在电缆桥架、变压器等设备上安装时，宜采用接触式布置，在各种皮带输送装置上敷设时，宜敷设在装置的过热点附近； 3　探测器敏感部件应采用产品配套的固定装置固定，固定装置的间距不宜大于2m； 4　缆式线型感温火灾探测器的敏感部件应采用连续无接头方式安装，如确需中间接线，应采用专用接线盒连接，敏感部件安装敷设时应避免重力挤压冲击，不应硬性折弯、扭转，探测器的弯曲半径宜大于0.2m； 5　分布式线型光纤感温火灾探测器的感温光纤不应打结，光纤弯曲时，弯曲半径应大于50mm，每个光通道配接的感温光纤的始端及末端应各设置不小于8m的余量段，感温光纤穿越相邻的报警区域时，两侧应分别设置不小8m的余量段； 6　光栅光纤线型感温火灾探测器的信号处理单元安装位置不应受强光直射，光纤光栅感温段的弯曲半径应大于0.3m
	管路吸气式感烟探测器	《火灾自动报警系统施工及验收标准》GB 50166—2019	3.3.9　管路采样式吸气感烟火灾探测器的安装应符合下列规定： 1　高灵敏度吸气式感烟火灾探测器当设置为高灵敏度时，可安装在天棚高度大于16m的场所，并应保证至少有两个采样孔低于16m； 2　非高灵敏度的吸气式感烟火灾探测器不宜安装在天棚高度大于16m的场所； 3　采样管应牢固安装在过梁、空间支架等建筑结构上； 4　在大空间场所安装时，每个采样孔的保护面积、保护半径应满足点型感烟火灾探测器的保护面积、保护半径的要求，当采样管道布置形式为垂直采样时，每2℃温差间隔或3m间隔（取最小者）应设置一个采样孔，采样孔不应背对气流方向；

验收内容	规范名称	主要内容
火灾探测器设置位置 / 管路吸气式感烟探测器	《火灾自动报警系统施工及验收标准》GB 50166—2019	5　采样孔的直径应根据采样管的长度及敷设方式、采样孔的数量等因素确定，并应满足设计文件和产品使用说明书的要求，采样孔需要现场加工时，应采用专用打孔工具； 6　当采样管道采用毛细管布置方式时，毛细管长度不宜超过 4m； 7　采样管和采样孔应设置明显的火灾探测器标识
	《火灾自动报警系统设计规范》GB 50116—2013	6.2.17　管路采样式吸气感烟火灾探测器的设置，应符合下列规定： 3　一个探测单元的采样管总长不宜超过 200m，单管长度不宜超过 100m，同一根采样管不应穿越防火分区。采样孔总数不宜超过 100 个，单管上的采样孔数量不宜超过 25 个。 9　探测器的火灾报警信号、故障信号等信息应传给火灾报警控制器，涉及消防联动控制时，探测器的火灾报警信号还应传给消防联动控制器
火焰探测器和图像型火灾探测器	《火灾自动报警系统施工及验收标准》GB 50166—2019	3.3.10　点型火焰探测器和图像型火灾探测器的安装应符合下列规定： 1　安装位置应保证其视场角覆盖探测区域，并应避免光源直接照射在探测器的探测窗口； 2　探测器的探测视角内不应存在遮挡物； 3　在室外或交通隧道场所安装时，应采取防尘、防水措施

3.3.2　手动火灾报警按钮

一、验收内容

1. 手动火灾报警按钮的设置位置、数量和安装质量。
2. 手动火灾报警按钮的功能。
3. 手动火灾报警按钮证明文件。

二、验收方法

1. 查看手动火灾报警按钮的规格、型号、安装位置，并与设计文件进行比对；查看手动火灾报警按钮安装是否牢固，用测距仪测量手动火灾报警按钮距地面的高度。

2. 按下（击碎）手动火灾报警按钮的启动零件，报警确认灯应点亮并保持至报警状态被复位；查看火灾报警控制器报警信息，核对火灾报警控制器火警信息与图形显示装置、竣工编码图注释一致性。

3. 查看手动火灾报警按钮的强制认证标识及证书。

三、规范依据

对于手动火灾报警按钮的设置要求，见表 3.3-2。

表 3.3-2　手动火灾报警按钮的设置要求

验收内容	规范名称	主要内容
设置位置、数量和安装质量	《消防设施通用规范》GB 55036—2022	**12.0.7　手动报警按钮的设置应满足人员快速报警的要求，每个防火分区或楼层应至少设置 1 个手动火灾报警按钮**
	《火灾自动报警系统设计规范》GB 50116—2013	6.3.1　每个防火分区应至少设置一只手动火灾报警按钮。从一个防火分区内的任何位置到最邻近的手动火灾报警按钮的步行距离不应大于 30m。手动火灾报警按钮宜设置在疏散通道或出入口处

续表

验收内容	规范名称	主要内容
设置位置、数量和安装质量	《火灾自动报警系统施工及验收标准》 GB 50166—2019	3.3.16　手动火灾报警按钮、消火栓按钮、防火卷帘手动控制装置、气体灭火系统手动与自动控制转换装置、气体灭火系统现场启动和停止按钮的安装，应符合下列规定： 1　手动火灾报警按钮、防火卷帘手动控制装置、气体灭火系统手动与自动控制转换装置、气体灭火系统现场启动和停止按钮应设置在明显和便于操作的部位，其底边距地（楼）面的高度宜为 1.3m～1.5m，且应设置明显的永久性标识； 2　应安装牢固，不应倾斜； 3　连接导线应留有不小于 150mm 的余量，且在其端部应设置明显的永久性标识

3.3.3　区域显示器

一、验收内容

区域显示器的设置位置、数量和安装质量。

二、验收方法

1. 查看区域显示器安装位置，并与消防设计文件进行比对；用测距仪测量区域显示器距地面的安装高度。

2. 在区域显示器所在楼层或防火分区内，触发火灾探测器、手动火灾报警按钮等报警设施，查看区域显示器的火灾报警显示功能。

三、规范依据

《火灾自动报警系统设计规范》GB 50116—2013 的规定

第 6.4.1 条规定，每个报警区域宜设置一台区域显示器（火灾显示盘）；宾馆、饭店等场所应在每个报警区域设置一台区域显示器。当一个报警区域包括多个楼层时，宜在每个楼层设置一台仅显示本楼层的区域显示器。

第 6.4.2 条规定，区域显示器应设置在出入口等明显和便于操作的部位。当采用壁挂方式安装时，其底边距地高度宜为 1.3m～1.5m。

3.3.4　火灾警报器

一、验收内容

1. 火灾警报器的设置位置、数量和安装质量。
2. 火灾警报器的报警功能和声压级。
3. 火灾警报器质量证明文件。

二、验收方法

1. 查看火灾警报器的安装位置，并与消防设计文件进行比对；用测距仪测量火灾警报器距地面的安装高度。

2. 操作控制器使火灾警报器启动，在警报器生产企业声称的最大设置间距、距地面 1.5m～1.6m 处，采用声级计测量报警声压级。

3. 查看火灾警报器的强制认证标识及证书。

三、规范依据

对于火灾警报器的设置要求，见表3.3-3。

表3.3-3 火灾警报器的设置要求

验收内容	规范名称	主要内容
火灾光警报器的设置位置、数量和安装质量	《火灾自动报警系统施工及验收标准》GB 50166—2019	3.3.19 消防应急广播扬声器、火灾警报器、喷洒光警报器、气体灭火系统手动与自动控制状态显示装置的安装，应符合下列规定： 1 扬声器和火灾声警报装置宜在报警区域内均匀安装，扬声器在走道内安装时，距走道末端的距离不应大于12.5m； 2 火灾光警报装置应安装在楼梯口、消防电梯前室、建筑内部拐角等处的明显部位，且不宜与消防应急疏散指示标志灯具安装在同一面墙上，确需安装在同一面墙上时，距离不应小于1m； 4 采用壁挂方式安装时，底边距地面高度应大于2.2m
火灾光警报器报警声压		4.12.1 应对火灾声警报器的火灾声警报功能进行检查并记录，警报器的火灾声警报功能应符合下列规定： 1 应操作控制器使火灾声警报器启动； 2 在警报器生产企业声称的最大设置间距、距地面1.5m～1.6m处，声警报的A计权声压级应大于60dB，环境噪声大于60dB时，声警报的A计权声压级应高于背景噪声15dB

3.3.5 消防应急广播

一、验收内容

1. 消防应急广播扬声器的规格、型号、功率。

2. 消防应急广播扬声器的设置位置、数量、安装距离和安装质量。

3. 消防应急广播播放声压级。

二、验收方法

1. 查看扬声器规格、型号、功率，并与消防设计文件进行比对。

2. 查看扬声器安装位置，测量扬声器的安装间距及距地高度，并与消防设计文件进行比对。

3. 操作消防应急广播控制设备使扬声器播放应急广播信息，在扬声器生产企业声称的最大设置间距、距地面1.5m～1.6m处，采用声级计测量消防广播扬声器的声压级。

三、规范依据

《火灾自动报警系统设计规范》GB 50116—2013的规定

第6.6.1条规定，消防应急广播扬声器的设置，应符合下列规定：

1 民用建筑内扬声器应设置在走道和大厅等公共场所。每个扬声器的额定功率不应小于3W，其数量应能保证从一个防火分区内的任何部位到最近一个扬声器的直线距离不大于25m，走道末端距最近的扬声器距离不应大于12.5m。

2 在环境噪声大于60dB的场所设置的扬声器，在其播放范围内最远点的播放声压级应高于背景噪声15dB。

3 客房设置专用扬声器时，其功率不宜小于1W。

第 6.6.2 条规定，壁挂扬声器的底边距地面高度应大于 2.2m。

3.3.6　模块

一、验收内容

1. 模块的设置位置、数量、设备控制情况。

2. 模块的标识。

二、验收方法

1. 查看模块或模块箱安装位置、类型，并与消防设计文件进行比对。

2. 查看模块或模块箱设置的标识。

三、规范依据

对于模块的设置要求，见表 3.3-4。

表 3.3-4　模块的设置要求

验收内容	规范名称	主要内容
模块的设置位置、数量、设备控制情况	《消防设施通用规范》GB 55036—2022	**12.0.12　联动控制模块严禁设置在配电柜（箱）内，一个报警区域内的模块不应控制其他报警区域的设备**
	《火灾自动报警系统设计规范》GB 50116—2013	6.8.1　每个报警区域内的模块宜相对集中设置在本报警区域内的金属模块箱中
	《火灾自动报警系统施工及验收标准》GB 50166—2019	3.3.17　模块或模块箱的安装应符合下列规定： 2　应独立安装在不燃材料或墙体上，安装牢固，并应采取防潮、防腐蚀等措施； 3　模块的连接导线应留有不小于 150mm 的余量，其端部应有明显的永久性标识； 4　模块的终端部件应靠近连接部件安装
模块的标识	《火灾自动报警系统施工及验收标准》GB 50166—2019	3.3.17　模块或模块箱的安装应符合下列规定： 5　隐蔽安装时在安装处附近应设置检修孔和尺寸不小于 100mm×100mm 的永久性标识

3.3.7　总线短路隔离器

一、验收内容

总线短路隔离器的设置位置、数量、隔离保护功能。

二、验收方法

1. 查看总线隔离器安装位置、数量，并与消防设计文件进行比对。

2. 使总线隔离器保护范围内的任一点短路，检查总线隔离器的隔离保护功能。

三、规范依据

《火灾自动报警系统设计规范》GB 50116—2013 的规定

第 3.1.6 条规定，系统总线上应设置总线短路隔离器，每只总线短路隔离器保护的火灾探测器、手动火灾报警按钮和模块等消防设备的总数不应超过 32 点；总线穿越防火分区时，应在穿越处设置总线短路隔离器。

3.3.8 消防专用电话

一、验收内容

1. 消防专用电话网络设置情况。
2. 可直接报警的外线电话的设置位置、数量。
3. 消防电话分机与总机之间的通话质量。

二、验收方法

1. 查看电话分机、电话插孔的安装位置，并与消防设计文件进行比对。
2. 查看消防控制室内设置的外线报警电话。
3. 测试呼叫功能，控制室使用电话总机呼叫电话分机，现场使用电话分机或电话插孔插入电话手柄呼叫总机，检验电话分机、电话模块地址编码、注释是否正确；通话音质应清晰。

三、规范依据

对于消防专用电话的设置要求，见表3.3-5。

表 3.3-5 消防专用电话的设置要求

验收内容	规范名称	主要内容
1.消防专用电话网络设置情况；2.可直接报警的外线电话的设置位置、数量	《消防设施通用规范》GB 55036—2022	**12.0.10 消防控制室内应设置消防专用电话总机和可直接报火警的外线电话，消防专用电话网络应为独立的消防通信系统**
	《火灾自动报警系统设计规范》GB 50116—2013	6.7.3 多线制消防专用电话系统中的每个电话分机应与总机单独连接。6.7.4 电话分机或电话插孔的设置，应符合下列规定：1 消防水泵房、发电机房、配变电室、计算机网络机房、主要通风和空调机房、防排烟机房、灭火控制系统操作装置处或控制室、企业消防站、消防值班室、总调度室、消防电梯机房及其他与消防联动控制有关的且经常有人值班的机房应设置消防专用电话分机。消防专用电话分机，应固定安装在明显且便于使用的部位，并应有区别于普通电话的标识。6.7.5 消防控制室、消防值班室或企业消防站等处，应设置可直接报警的外线电话
	《火灾自动报警系统施工及验收标准》GB 50166—2019	3.3.18 消防电话分机和电话插孔的安装应符合下列规定：1 宜安装在明显、便于操作的位置，采用壁挂方式安装时，其底边距地（楼）面的高度宜为1.3m~1.5m；2 避难层中，消防专用电话分机或电话插孔的安装间距不应大于20m；3 应设置明显的永久性标识；4 电话插孔不应设置在消火栓箱内
消防电话分机与总机之间的通话质量	《消防联动控制系统》GB 16806—2006	4.7.1.1 消防电话总机应能为消防电话分机和消防电话插孔供电。消防电话总机应能与消防电话分机进行全双工通话。4.7.1.2 在线路条件为环路电阻不大于300Ω（不含话机电阻）、线间绝缘电阻不小于20kΩ、线间电容不大于0.7μF条件下，消防电话总机和消防电话分机之间应能清晰通话，无振鸣现象

3.3.9 可燃气体探测系统

一、验收内容

1. 可燃气体报警控制器设置位置、安装质量。

2. 可燃气体探测器安装位置和系统功能。

二、验收方法

1. 查看可燃气体报警控制器、可燃气体探测器设置位置，并与消防设计文件进行比对。

2. 可燃气体报警控制器安装质量检查方法同火灾报警控制器。

3. 对可燃气体探测器施加浓度为探测器报警设定值的可燃气体标准样气，查看探测器的火警确认灯是否能在 30s 内点亮并保持，确认可燃气体报警控制器报警信息显示与图形显示装置、竣工编码图注释是否一致。

三、规范依据

对于可燃气体探测系统的设置要求，见表 3.3-6。

表 3.3-6　可燃气体探测系统的设置要求

验收内容	规范名称	主要内容
可燃气体报警控制器设置位置、安装质量	《火灾自动报警系统设计规范》GB 50116—2013	8.3.1　当有消防控制室时，可燃气体报警控制器可设置在保护区域附近；当无消防控制室时，可燃气体报警控制器应设置在有人值班的场所。 8.3.2　可燃气体报警控制器的设置应符合火灾报警控制器的安装设置要求
可燃气体探测器安装位置	《火灾自动报警系统设计规范》GB 50116—2013	8.1.7　可燃气体探测报警系统设置在有防爆要求的场所时，尚应符合有关防爆要求。 8.2.1　探测气体密度小于空气密度的可燃气体探测器应设置在被保护空间的顶部，探测气体密度大于空气密度的可燃气体探测器应设置在被保护空间的下部，探测气体密度与空气密度相当时，可燃气体探测器可设置在被保护空间的中间部位或顶部。 8.2.2　可燃气体探测器宜设置在可能产生可燃气体部位附近。 8.2.3　点型可燃气体探测器的保护半径，应符合现行国家标准《石油化工可燃气体和有毒气体检测报警设计标准》GB/T 50493 的有关规定
	《火灾自动报警系统施工及验收标准》GB 50166—2019	3.3.11　可燃气体探测器的安装应符合下列规定： 1　安装位置应根据探测气体密度确定，若其密度小于空气密度，探测器应位于可能出现泄漏点的上方或探测气体的最高可能聚集点上方，若其密度大于或等于空气密度，探测器应位于可能出现泄漏点的下方； 2　在探测器周围应适当留出更换和标定的空间； 3　线型可燃气体探测器在安装时，应使发射器和接收器的窗口避免日光直射，且在发射器与接收器之间不应有遮挡物，发射器和接收器的距离不宜大于60m，两组探测器之间的轴线距离不应大于14m
系统功能	《火灾自动报警系统设计规范》GB 50116—2013	8.1.2　可燃气体探测报警系统应独立组成，可燃气体探测器不应接入火灾报警控制器的探测器回路；当可燃气体的报警信号需接入火灾自动报警系统时，应由可燃气体报警控制器接入。 8.1.4　可燃气体报警控制器的报警信息和故障信息，应在消防控制室图形显示装置或起集中控制功能的火灾报警控制器上显示，但该类信息与火灾报警信息的显示应有区别。 8.1.5　可燃气体报警控制器发出报警信号时，应能启动保护区域的火灾声光警报器。 8.1.6　可燃气体探测报警系统保护区域内有联动和警报要求时，应由可燃气体报警控制器或消防联动控制器联动实现

3.3.10 防火门监控系统

一、验收内容

1. 防火门监控器设置位置、安装质量。

2. 电动闭门器、电磁释放器、门磁开关的安装质量和系统功能。

二、验收方法

1. 查看防火门监控器的设置位置，并与消防设计文件进行比对；防火门监控器安装质量检查方法同火灾报警控制器。

2. 查看常开防火门的电动闭门器或电磁释放器，常闭防火门门磁的安装质量。

3. 使防火门监控器与消防联动控制器相连接，并将消防联动控制器处于自动控制工作状态。在常开防火门所在报警区域内，触发 2 个满足联动控制条件的火警信号，查看报警区域内所有常开防火门是否关闭到位，防火门监控器能否显示常开防火门关闭的反馈信号。

三、规范依据

对于防火门监控系统的设置要求，见表 3.3-7。

表 3.3-7　防火门监控系统的设置要求

验收内容	规范名称	主要内容
防火门监控器设置位置、安装质量	《火灾自动报警系统设计规范》 GB 50116—2013	6.11.1　防火门监控器应设置在消防控制室内，未设置消防控制室时，应设置在有人值班的场所。 6.11.3　防火门监控器的设置应符合火灾报警控制器的安装设置要求
电动闭门器、电磁释放器、门磁开关的安装质量	《火灾自动报警系统施工及验收标准》 GB 50166—2019	3.3.22　防火门监控模块与电动闭门器、释放器、门磁开关等现场部件的安装应符合下列规定： 1　防火门监控模块至电动闭门器、释放器、门磁开关等现场部件之间连接线的长度不应大于 3m； 2　防火门监控模块、电动闭门器、释放器、门磁开关等现场部件应安装牢固； 3　门磁开关的安装不应破坏门扇与门框之间的密闭性
常开式防火门的系统功能	《火灾自动报警系统施工及验收标准》 GB 50166—2019	4.14.8　应使防火门监控器与消防联动控制器相连接，使消防联动控制器处于自动控制工作状态。 4.14.9　应根据系统联动控制逻辑设计文件的规定，对防火门监控系统的联动控制功能进行检查并记录，防火门监控系统的联动控制功能应符合下列规定： 1　应使报警区域内符合联动控制触发条件的两只火灾探测器，或一只火灾探测器和一只手动火灾报警按钮发出火灾报警信号； 2　消防联动控制器应发出控制防火门闭合的启动信号，点亮启动指示灯； 3　防火门监控器应控制报警区域内所有常开防火门关闭； 4　防火门监控器应接收并显示每一樘常开防火门完全闭合的反馈信号； 5　消防控制器图形显示装置应显示火灾报警控制器的火灾报警信号、消防联动控制器的启动信号受控设备的动作反馈信号，且显示的信息应与控制器的显示一致

3.3.11 电气火灾监控系统

一、验收内容

1. 电气火灾监控器的安装位置和质量。

2. 电气火灾监控探测器的规格、型号、安装质量。

二、验收方法

1. 查看电气火灾监控器的设置位置，并与消防设计文件比对；电气火灾监控器检查方法同火灾报警控制器。

2. 查看电气火灾监控探测器的类型，并与消防设计文件比对，查看探测器（传感器）的安装质量。

3. 对剩余电流式电气火灾监控探测器，采用剩余电流发生器对探测器施加报警设定值的剩余电流，查看探测器的报警确认灯是否能在30s内点亮并保持，确认电气火灾监控控制器报警和信息显示与图形显示装置、竣工编码图注释是否一致。

4. 对测温式电气火灾监控探测器，采用发热试验装置将监控探测器加热至设定的报警温度，查看探测器的报警确认灯是否能在40s内点亮并保持，确认电气火灾监控控制器报警和信息显示与图形显示装置、竣工编码图注释是否一致。

5. 对故障电弧探测器，操作故障电弧发生装置，在1s内产生14个及以上半周期故障电弧，查看探测器的报警确认灯是否能在30s内点亮并保持，确认电气火灾监控控制器报警和信息显示与图形显示装置、竣工编码图注释是否一致。

三、规范依据

对于电气火灾监控系统的设置要求，见表3.3-8。

表3.3-8 电气火灾监控系统的设置要求

验收内容	规范名称	主要内容
电气火灾监控器的安装要求	《火灾自动报警系统设计规范》GB 50116—2013	9.5.1 设有消防控制室时，电气火灾监控器应设置在消防控制室内或保护区域附近；设置在保护区域附近时，应将报警信息和故障信息传入消防控制室。
		9.5.2 未设消防控制室时，电气火灾监控器应设置在有人值班的场所
电气火灾监控探测器的安装要求	《火灾自动报警系统设计规范》GB 50116—2013	9.1.7 当线型感温火灾探测器用于电气火灾监控时，可接入电气火灾监控器。
		9.2.1 剩余电流式电气火灾监控探测器应以设置在低压配电系统首端为基本原则，宜设置在第一级配电柜（箱）的出线端。在供电线路泄漏电流大于500mA时，宜在其下一级配电柜（箱）设置。
		9.2.2 剩余电流式电气火灾监控探测器不宜设置在IT系统的配电线路和消防配电线路中。
		9.2.3 选择剩余电流式电气火灾监控探测器时，应计及供电系统自然漏流的影响，并应选择参数合适的探测器；探测器报警值宜为300mA～500mA。
		9.2.4 具有探测线路故障电弧功能的电气火灾监控探测器，其保护线路的长度不宜大于100m。
		9.3.1 测温式电气火灾监控探测器应设置在电缆接头、端子、重点发热部件等部位。
		9.3.2 保护对象为1000V及以下的配电线路，测温式电气火灾监控探测器应采用接触式布置。
		9.3.3 保护对象为1000V以上的供电线路，测温式电气火灾监控探测器宜选择光栅光纤测温式或红外测温式电气火灾监控探测器，光栅光纤测温式电气火灾监控探测器应直接设置在保护对象的表面

验收内容	规范名称	主要内容
电气火灾监控探测器的安装要求	《火灾自动报警系统施工及验收标准》GB 50166—2019	3.3.12　电气火灾监控探测器的安装应符合下列规定： 1　探测器周围应适当留出更换与标定的作业空间； 2　剩余电流式电气火灾监控探测器负载侧的中性线不应与其他回路共用，且不应重复接地； 3　测温式电气火灾监控探测器应采用产品配套的固定装置固定在保护对象上
	《民用建筑电气设计标准》GB 51348—2019	13.5.6　电气火灾监控系统的剩余电流动作报警值宜为 300mA。测温式火灾探测器的动作报警值宜按所选电缆最高耐温的 70％～80％设定

3.3.12　消防电源监控系统

一、验收内容

1. 消防电源监控器的安装位置、安装质量。
2. 消防电源监控传感器的安装位置、安装质量。

二、验收方法

1. 查看消防电源监控器的设置位置，并与消防设计文件进行比对；消防电源监控器检查方法同火灾报警控制器。

2. 查看消防电源箱内消防电源监控传感器的设置情况，将消防电源箱内主电、备电依次切断，查看传感器的报警确认灯是否能点亮并保持，确认消防电源监控器报警和信息显示与图形显示装置、竣工编码图注释是否一致。

三、规范依据

对于消防电源监控系统的设置要求，见表 3.3-9。

表 3.3-9　消防电源监控系统的设置要求

验收内容	规范名称	主要内容
消防电源监控器的安装位置、安装质量	《民用建筑电气设计标准》GB 51348—2019	13.3.8　设有消防控制室的建筑物应设置消防电源监控系统，其设置应符合下列要求： 1　消防电源监控器应设置在消防控制室内，用于监控消防电源的工作状态，故障时发出报警信号
	《消防控制室通用技术要求》GB 25506—2010	5.7　消防电源监控器应符合下列要求： a）应能显示消防用电设备的供电电源和备用电源的工作状态和故障报警信息； b）应能将消防用电设备的供电电源和备用电源的工作状态和欠压报警信息传输给消防控制室图形显示装置
消防电源监控传感器的安装位置、安装质量	《民用建筑电气设计标准》GB 51348—2019	13.3.8　设有消防控制室的建筑物应设置消防电源监控系统，其设置应符合下列要求： 2　消防设备电源监控点宜设置在下列部位： 1）变电所消防设备主电源、备用电源专用母排或消防电源柜内母排； 2）为重要消防设备如消防控制室、消防泵、消防电梯、防排烟风机、非集中控制型应急照明、防火卷帘门等供电的双电源切换开关的出线端； 3）无巡检功能的 EPS 应急电源装置的输出端； 4）为无巡检功能的消防联动设备供电的直流 24V 电源的出线端

续表

验收内容	规范名称	主要内容
消防电源监控传感器的安装位置、安装质量	《火灾自动报警系统施工及验收标准》GB 50166—2019	3.3.21　消防设备电源监控系统传感器的安装应符合下列规定： 1　传感器与裸带电导体应保证安全距离，金属外壳的传感器应有保护接地； 2　传感器应独立支撑或固定，应安装牢固，并应采取防潮、防腐蚀等措施； 3　传感器输出回路的连接线应采用截面积不小于 1.0mm² 的双绞铜芯导线，并应留有不小于 150mm 的余量，其端部应设置明显的永久性标识； 4　传感器的安装不应破坏被监控线路的完整性，不应增加线路接点

3.3.13　布线

一、验收内容

1. 系统的供电线路、消防联动控制线路、报警总线、消防应急广播和消防专用电话等传输线路电缆选用情况。

2. 线路敷设方式；不同电压等级、不同电流类别的线缆分隔措施。

3. 火灾自动报警系统用的线缆在竖井内的布置方式。

二、验收方法

1. 查看所用线缆的规格、型号，并与消防设计文件进行比对。

2. 查看线路敷设方式；不同电压等级、不同电流类别的线缆分隔措施。

3. 查看火灾自动报警系统用的线缆在电井内的布置方式。

三、规范依据

对于火灾自动报警系统布线相关要求，见表 3.3-10。

表 3.3-10　火灾自动报警系统布线相关要求

验收内容	规范名称	主要内容
线缆规格、型号	《消防设施通用规范》GB 55036—2022	**12.0.16**　火灾自动报警系统的供电线路、消防联动控制线路应采用燃烧性能不低于 B₂ 级的耐火铜芯电线电缆，报警总线、消防应急广播和消防专用电话等传输线路应采用燃烧性能不低于 B₂ 级的铜芯电线电缆
线路敷设方式；不同电压等级、不同电流类别的线缆分隔措施	《消防设施通用规范》GB 55036—2022	**12.0.15**　火灾自动报警系统应单独布线，相同用途的导线颜色应一致，且系统内不同电压等级、不同电流类别的线路应敷设在不同线管内或同一线槽的不同槽孔内
	《火灾自动报警系统设计规范》GB 50116—2013	11.1.3　火灾自动报警系统的供电线路和传输线路设置在室外时，应埋地敷设。 11.1.4　火灾自动报警系统的供电线路和传输线路设置在地（水）下隧道或湿度大于 90% 的场所时，线路及接线处应做防水处理。 11.2.1　火灾自动报警系统的传输线路应采用金属管、可挠（金属）电气导管、B₁ 级以上的钢性塑料管或封闭式线槽保护。 11.2.7　从接线盒、线槽等处引到探测器底座盒、控制设备盒、扬声器箱的线路，均应加金属保护管保护

验收内容	规范名称	主要内容
线路敷设方式；不同电压等级、不同电流类别的线缆分隔措施	《火灾自动报警系统施工及验收标准》GB 50166—2019	3.2.3　管路经过建筑物的沉降缝、伸缩缝、抗震缝等变形缝处，应采取补偿措施，线缆跨越变形缝的两侧应固定，并应留有适当余量。 3.2.4　敷设在多尘或潮湿场所管路的管口和管路连接处，均应做密封处理。 3.2.6　金属管路入盒外侧应套锁母，内侧应装护口，在吊顶内敷设时，盒的内外侧均应套锁母。塑料管入盒应采取相应固定措施。 3.2.13　线缆在管内或槽盒内不应有接头或扭结。导线应在接线盒内采用焊接、压接、接线端子可靠连接。 3.2.14　从接线盒、槽盒等处引到探测器底座、控制设备、扬声器的线路，当采用可弯曲金属电气导管保护时，其长度不应大于2m。可弯曲金属电气导管应入盒，盒外侧应套锁母，内侧应装护口
火灾自动报警系统用的线缆在电井内的布置方式	《火灾自动报警系统设计规范》GB 50116—2013	11.2.4　火灾自动报警系统用的电缆竖井，宜与电力、照明用的低压配电线路电缆竖井分别设置。受条件限制必须合用时，应将火灾自动报警系统用的电缆和电力、照明用的低压配电线路电缆分别布置在竖井的两侧

3.4　系统功能

一、验收内容

自动消防系统整体联动控制功能。

二、验收方法

现场模拟满足联动触发条件的火警信号，查看相关联动设施的动作情况。

三、规范依据

对于自动消防系统整体联动功能，见表3.4-1。

表3.4-1　自动消防系统整体联动功能

系统名称			联动控制	联动触发方式		联动控制结果	自动启动时间
				联动区域	触发信号		
自动喷水灭火系统	湿式系统		喷淋消防泵	报警阀防护区域	报警阀压力开关＋探测器或报警阀压力开关＋手动火灾报警按钮	启动喷淋消防泵	55s或者≤2min
	干式系统						
	预作用系统	单连锁	预作用报警阀组排气阀前的电动阀	报警阀防护区域	烟感＋烟感或烟感＋手动火灾报警按钮	启动相对应的预作用报警阀组和排气阀前的电动阀	—
		双连锁			烟感＋烟感＋充气管道压力开关或烟感＋手动火灾报警按钮＋充气管道压力开关		—
		—	喷淋消防泵		报警阀压力开关＋烟感或报警阀压力开关＋手动火灾报警按钮	启动喷淋消防泵	55s或者≤2min

续表

系统名称		联动控制	联动触发方式		联动控制结果	自动启动时间
			联动区域	触发信号		
自动喷水灭火系统	雨淋系统	雨淋报警阀组	报警阀防护区域	温感＋温感或温感＋手动火灾报警按钮	启动相对应雨淋阀组	—
		雨淋消防泵		温感＋温感＋报警阀压力开关或温感＋手动火灾报警按钮＋报警阀压力开关	启动雨淋消防泵	55s 或者≤2min
	自动控制水幕系统（卷帘保护）	水幕阀组启动	同一报警区域	卷帘归底＋探测器或卷帘归底＋手动火灾报警按钮	启动相对应水幕阀组	—
		水幕消防泵		探测器＋水幕阀压力开关或手动火灾报警按钮＋水幕阀压力开关	启动水幕消防泵	55s 或者≤2min
	自动控制水幕系统（防火分隔）	水幕阀组启动	同一报警区域	温感＋温感	启动相对应水幕阀组	—
		水幕消防泵		温感＋水幕阀压力开关	启动水幕消防泵	55s 或者≤2min
室内消火栓系统		消防泵	同一报警区域	探测器＋探测器＋消火栓按钮或探测器＋手动火灾报警按钮＋消火栓按钮	启动室内消火栓泵	55s 或者≤2min
气体灭火系统、泡沫灭火系统		防护区内声光	防护区	探测器或手动火灾报警按钮或防护区外的紧急启动信号	启动防护区内声光	—
		灭火装置	同一防护区	探测器＋探测器（相邻）或探测器＋手动火灾报警按钮（相邻）或防护区外的紧急启动信号	关闭防护区内的风机、阀停止通风和空调调节系统启动泡沫灭火装置	≤30s
		喷洒警报装置	—	压力开关	启动防护区入口的喷洒声光和喷洒指示灯	—
防排烟系统	防烟系统	常闭送风口加压送风机	同一防火分区	探测器＋探测器或探测器＋手动火灾报警按钮	开启送风口和相对应加压送风机	≤15s
	排烟系统	电动挡烟垂壁	同一防烟分区	挡烟垂壁附近烟感＋烟感	降落相对应的挡烟垂壁	15s 内联动相应防烟分区的全部活动挡烟垂壁，60s 内开启到位
		排烟口、排烟窗、排烟阀	同一防烟分区	探测器＋探测器	开启关联的排烟口、排烟窗、排烟阀	15s 内联动开启相应防烟分区的全部排烟口、排烟阀、排烟风机、补风设施，30s 内关闭与排烟无关的通风、空调系统；自动排烟窗 60s 内开启完毕
		排烟风机补风设施	同系统	排烟口或排烟阀	开启排烟风机、补风设施	

续表

系统名称		联动控制	联动触发方式		联动控制结果	自动启动时间
			联动区域	触发信号		
防火门及防火卷帘系统	防火门系统	常开防火门	同一报警区域	探测器＋探测器或探测器＋手动火灾报警按钮	关闭相关的常开防火门	—
	防火卷帘	疏散通道上设置的	同一报警区域	烟感＋烟感或专用烟感	防火卷帘下降至距楼板面 1.8m 处（半降）	—
				专用温感（卷帘任一侧距卷帘纵深 0.5～5m 内）	防火卷帘下降到楼板面（全降）	—
		非疏散通道上设置的		探测器＋探测器	防火卷帘下降到楼板面（全降）	—
电梯		消防电梯	同一报警区域	联动控制触发条件	停于首层或转换层	—
		普通客梯			停于首层或转换层后切断电源	
非消防电源		非消防电源	同一报警区域	联动控制触发条件	1. 立即切断：普通动力、自动扶梯、排污泵、空调用电、康乐设施、厨房设施；2. 延迟切断：正常照明、生活给水泵、安全防范系统设施、地下室排水泵、客梯和Ⅰ～Ⅲ类汽车库作为车辆疏散口的提升机	—
火灾警报和消防应急广播	火灾警报	火灾声警报器	同一报警区域	探测器＋探测器或探测器＋手动火灾报警按钮	同时启动同一建筑内所有火灾声警报器	1. 火灾声警报器单次发出火灾警报时间宜为 8～20s；2. 消防应急广播的单词语音播放时间宜为 10～30s；3. 火灾声警报器与消防应急广播交替循环播放
	消防应急广播	消防应急广播扩音机			启动整个建筑内的消防广播扬声器，同时向全楼进行广播	
消防应急照明和疏散指示系统	集中控制型	应急照明控制器	同一报警区域	探测器＋探测器或探测器＋手动火灾报警按钮	配接的相关的应急照明灯具光源的应急点亮、系统蓄电池电源的转换	由发生火灾的报警区域开始，顺序启动全楼疏散通道的消防应急照明和疏散指示系统；启动时间≤5s
	非集中控制型	消防应急照明配电箱			控制系统蓄电池电源的转换、消防应急灯具光源的应急点亮	

第4章 消防应急照明和疏散指示系统

4.1 系 统 设 置

一、验收内容

消防应急照明和疏散指示标志设置场所及系统选型。

二、验收方法

对照消防设计文件及竣工图纸，现场核查消防应急照明和疏散指示标志设置情况。

三、规范依据

对于消防应急照明和疏散指示标志设置场所及系统选型的规定，见表4.1-1。

表4.1-1 消防应急照明和疏散指示标志设置场所及系统选型

验收内容	规范名称	主要内容
设置场所	《建筑防火通用规范》 GB 55037—2022	10.1.8 除筒仓、散装粮食仓库和火灾发展缓慢的场所外，下列建筑应设置灯光疏散指示标志，疏散指示标志及其设置间距、照度应保证疏散路线指示明确、方向指示正确清晰、视觉连续： 1 甲、乙、丙类厂房，高层丁、戊类厂房； 2 丙类仓库，高层仓库； 3 公共建筑； 4 建筑高度大于27m的住宅建筑； 5 除室内无车道且无人员停留的汽车库外的其他汽车库和修车库； 6 平时使用的人民防空工程； 7 地铁工程中的车站、换乘通道或连接通道、车辆基地、地下区间内的纵向疏散平台； 8 城市交通隧道、城市综合管廊； 9 城市的地下人行通道； 10 其他地下或半地下建筑。 10.1.9 除筒仓、散装粮食仓库和火灾发展缓慢的场所外，厂房、丙类仓库、民用建筑、平时使用的人民防空工程等建筑中的下列部位应设置疏散照明： 1 安全出口、疏散楼梯（间）、疏散楼梯间的前室或合用前室、避难走道及其前室、避难层、避难间、消防专用通道、兼作人员疏散的天桥和连廊； 2 观众厅、展览厅、多功能厅及其疏散口； 3 建筑面积大于200m²的营业厅、餐厅、演播室、售票厅、候车（机、船）厅等人员密集的场所及其疏散口； 4 建筑面积大于100m²的地下或半地下公共活动场所； 5 地铁工程中的车站公共区，自动扶梯、自动人行道，楼梯，连接通道或换乘通道，车辆基地，地下区间内的纵向疏散平台； 6 城市交通隧道两侧，人行横通道或人行疏散通道； 7 城市综合管廊的人行道及人员出入口； 8 城市地下人行通道

验收内容	规范名称	主要内容
设置场所	《建筑设计防火规范》GB 50016—2014（2018年版）	10.3.6　下列建筑或场所应在疏散走道和主要疏散路径的地面上增设能保持视觉连续的灯光疏散指示标志或蓄光疏散指示标志： 1　总建筑面积大于8000m²的展览建筑； 2　总建筑面积大于5000m²的地上商店； 3　总建筑面积大于500m²的地下或半地下商店； 4　歌舞娱乐放映游艺场所； 5　座位数超过1500个的电影院、剧场，座位数超过3000个的体育馆、会堂或礼堂； 6　车站、码头建筑和民用机场航站楼中建筑面积大于3000m²的候车、候船厅和航站楼的公共区
系统选型	《消防应急照明和疏散指示系统技术标准》GB 51309—2018	3.1.2　系统类型的选择应根据建、构筑物的规模、使用性质及日常管理及维护难易程度等因素确定，并应符合下列规定： 1　设置消防控制室的场所应选择集中控制型系统； 2　设置火灾自动报警系统，但未设置消防控制室的场所宜选择集中控制型系统； 3　其他场所可选择非集中控制型系统

4.2　系　统　部　件

一、验收内容

1. 应急照明控制器、应急配电箱或集中电源设置情况。

2. 消防应急照明和疏散指示标志类别、型号、数量、安装位置、间距、箭头指示方向。

3. 建筑内疏散照明的地面最低水平照度。

二、验收方法

1. 现场核查应急照明控制器、应急配电箱或集中电源设置情况。

2. 对照消防设计文件及竣工图纸，核查其规格型号、数量、安装位置、间距、箭头指示方向。

3. 核查消防应急照明和疏散指示产品的强制认证标识。

4. 现场测试建筑内疏散照明的地面最低水平照度。

三、规范依据

1. 应急照明配电箱或集中电源、应急照明控制器设置的规定，见表4.2-1。

表4.2-1　应急照明配电箱或集中电源、应急照明控制器设置情况

验收内容	规范要求（表格中为条文索引，具体要求见表格后内容）		
应急照明配电箱或集中电源的选型、设置情况	《消防应急照明和疏散指示系统技术标准》GB 51309—2018	自带蓄电池供电方式（应急照明配电箱）第3.3.7条	当灯具采用自带蓄电池供电时，灯具的主电源应通过应急照明配电箱一级分配电后为灯具供电，应急照明配电箱的主电源输出断开后，灯具应自动转入自带蓄电池供电。 第3.3.7条规定了灯具采用自带蓄电池供电时，应急照明配电箱的选择、设置、供电及输出回路数量情况

续表

验收内容	规范要求（表格中为条文索引，具体要求见表格后内容）		
应急照明配电箱或集中电源的选型、设置情况	《消防应急照明和疏散指示系统技术标准》	集中电源供电方式（集中电源）	当灯具采用集中电源供电时，灯具的主电源和蓄电池电源应由集中电源提供，灯具主电源和蓄电池电源在集中电源内部实现输出转换后应由同一配电回路为灯具供电。第3.3.8条规定了灯具采用集中电源供电时，集中电源的选择、设置、供电及输出回路数量情况
应急照明控制器的选型、设置情况			急照明控制器选型、设置、基本功能及供电电源情况

《消防⋯⋯⋯⋯⋯⋯⋯⋯标准》GB 51309—2018 的规定

第3.⋯⋯⋯⋯⋯⋯⋯集中电源的输入及输出回路中不应装设剩余电流动作保护⋯⋯⋯的开关装置、插座及其他负载。

第3.⋯⋯⋯⋯电池供电时，应急照明配电箱的设计应符合下列

规定：

1 ⋯⋯⋯⋯⋯下列规定：

1) ⋯⋯⋯体下部的产品；

2) ⋯⋯⋯防护等级不低于 IP65 的产品；在电气竖井内，应

选择防护⋯⋯⋯

2 ⋯⋯⋯下列规定：

1) ⋯⋯配电间或电气竖井内。

2) ⋯⋯应设置独立的应急照明配电箱；非人员密集场所，

多个相⋯⋯急照明配电箱。

3) ⋯⋯照明配电箱，封闭楼梯间宜设置独立的应急照明配

电箱。

3 ⋯⋯⋯下列规定：

1) ⋯⋯配电箱应由消防电源的专用应急回路或所在防火分

区、同⋯⋯地铁站台和站厅的消防电源配电箱供电；

2) ⋯⋯明配电箱应由防火分区、同一防火分区的楼层、隧

道区间⋯⋯配电箱供电；

3) ⋯⋯置可设置在应急照明配电箱内或其附近。

4 ⋯⋯符合下列规定：

1) A型应急照明配电箱的输出回路不应超过8路，B型应急照明配电箱的输出回路不应超过12路；

2) 沿电气竖井垂直方向为不同楼层的灯具供电时，应急照明配电箱的每个输出回路在公共建筑中的供电范围不宜超过8层，在住宅建筑的供电范围不宜超过18层。

第3.3.8条规定，灯具采用集中电源供电时，集中电源的设计应符合下列规定：

1 集中电源的选择应符合下列规定：

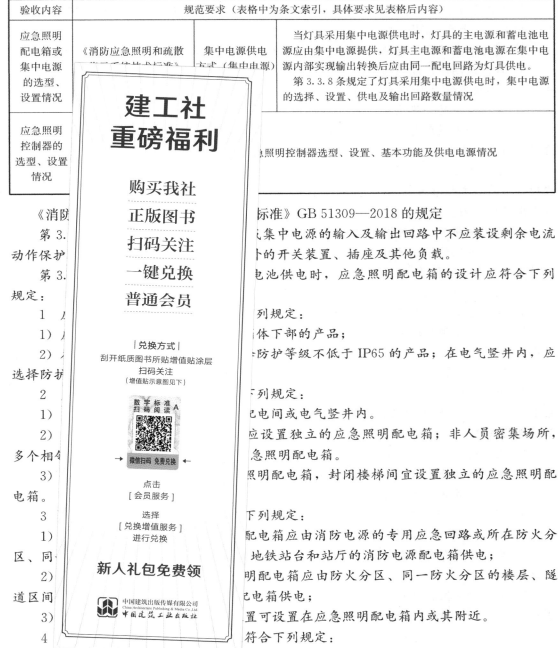

1）应根据系统的类型及规模、灯具及其配电回路的设置情况、集中电源的设置部位及设备散热能力等因素综合选择适宜电压等级与额定输出功率的集中电源；集中电源额定输出功率不应大于 5kW；设置在电缆竖井中的集中电源额定输出功率不应大于 1kW。

2）蓄电池电源宜优先选择安全性高、不含重金属等对环境有害物质的蓄电池（组）。

3）在隧道场所、潮湿场所，应选择防护等级不低于 IP65 的产品；在电气竖井内，应选择防护等级不低于 IP33 的产品。

2 集中电源的设置应符合下列规定：

1）应综合考虑配电线路的供电距离、导线截面、压降损耗等因素，按防火分区的划分情况设置集中电源；灯具总功率大于 5kW 的系统，应分散设置集中电源。

2）应设置在消防控制室、低压配电室、配电间内或电气竖井内；设置在消防控制室内时，应符合本标准第 3.4.6 条的规定；集中电源的额定输出功率不大于 1kW 时，可设置在电气竖井内。

3）设置场所不应有可燃气体管道、易燃物、腐蚀性气体或蒸汽。

4）酸性电池的设置场所不应存放带有碱性介质的物质；碱性电池的设置场所不应存放带有酸性介质的物质。

5）设置场所宜通风良好，设置场所的环境温度不应超出电池标称的工作温度范围。

3 集中电源的供电应符合下列规定：

1）集中控制型系统中，集中设置的集中电源应由消防电源的专用应急回路供电，分散设置的集中电源应由所在防火分区、同一防火分区的楼层、隧道区间、地铁站台和站厅的消防电源配电箱供电。

2）非集中控制型系统中，集中设置的集中电源应由正常照明线路供电，分散设置的集中电源应由所在防火分区、同一防火分区的楼层、隧道区间、地铁站台和站厅的正常照明配电箱供电。

4 集中电源的输出回路应符合下列规定：

1）集中电源的输出回路不应超过 8 路；

2）沿电气竖井垂直方向为不同楼层的灯具供电时，集中电源的每个输出回路在公共建筑中的供电范围不宜超过 8 层，在住宅建筑的供电范围不宜超过 18 层。

第 3.4.1 条规定，应急照明控制器的选型应符合下列规定：

1 应选择具有能接收火灾报警控制器或消防联动控制器干接点信号或 DC24V 信号接口的产品。

2 应急照明控制器采用通信协议与消防联动控制器通信时，应选择与消防联动控制器的通信接口和通信协议的兼容性满足现行国家标准《火灾自动报警系统组件兼容性要求》GB 22134 有关规定的产品。

3 在隧道场所、潮湿场所，应选择防护等级不低于 IP65 的产品；在电气竖井内，应选择防护等级不低于 IP33 的产品。

4 控制器的蓄电池电源宜优先选择安全性高、不含重金属等对环境有害物质的蓄电池。

第 3.4.2 条规定，任一台应急照明控制器直接控制灯具的总数量不应大于 3200。

第 3.4.3 条规定，应急照明控制器的控制、显示功能应符合下列规定：

1　应能接收、显示、保持火灾报警控制器的火灾报警输出信号。具有两种及以上疏散指示方案场所中设置的应急照明控制器还应能接收、显示、保持消防联动控制器发出的火灾报警区域信号或联动控制信号；

2　应能按预设逻辑自动、手动控制系统的应急启动；

3　应能接收、显示、保持其配接的灯具、集中电源或应急照明配电箱的工作状态信息。

第3.4.4条规定，系统设置多台应急照明控制器时，起集中控制功能的应急照明控制器的控制、显示功能尚应符合下列规定：

1　应能按预设逻辑自动、手动控制其他应急照明控制器配接系统设备的应急启动；

2　应能接收、显示、保持其他应急照明控制器及其配接的灯具、集中电源或应急照明配电箱的工作状态信息。

第3.4.5条规定，建、构筑物中存在具有两种及以上疏散指示方案的场所时，所有区域的疏散指示方案、系统部件的工作状态应在应急照明控制器或专用消防控制室图形显示装置上以图形方式显示。

第3.4.6条规定，应急照明控制器的设置应符合下列规定：

1　应设置在消防控制室内或有人值班的场所；系统设置多台应急照明控制器时，起集中控制功能的应急照明控制器应设置在消防控制室内，其他应急照明控制器可设置在电气竖井、配电间等无人值班的场所。

第3.4.7条规定，应急照明控制器的主电源应由消防电源供电；控制器的自带蓄电池电源应至少使控制器在主电源中断后工作3h。

2. 消防应急照明和疏散指示标志类型、安装的相关要求，见表4.2-2。

表4.2-2　消防应急照明和疏散指示标志类型、安装

验收内容	规范要求（表格中为条文索引，具体要求见表格后内容）	
消防应急照明和疏散指示标志类别、型号、数量、安装位置、间距、箭头指示方向	《建筑设计防火规范》GB 50016—2014（2018年版）第10.3.4、10.3.5条	规定了建筑内应急照明灯具、疏散指示标志设置的基本要求
	《消防应急照明和疏散指示系统技术标准》GB 51309—2018第3.2.1-3.2.11条	规定了应急照明和疏散指示标志灯具的选择（电压等级及供电方式、材质、规格、防护等级等）、布置原则、响应时间、持续工作时间

(1)《建筑设计防火规范》GB 50016—2014（2018年版）的规定

第10.3.4条规定，疏散照明灯具应设置在出口的顶部、墙面的上部或顶棚上；备用照明灯具应设置在墙面的上部或顶棚上。

第10.3.5条规定，公共建筑、建筑高度大于54m的住宅建筑、高层厂房（库房）和甲、乙、丙类单、多层厂房，应设置灯光疏散指示标志，并应符合下列规定：

1　应设置在安全出口和人员密集的场所的疏散门的正上方；

2　应设置在疏散走道及其转角处距地面高度1.0m以下的墙面或地面上。灯光疏散指示标志的间距不应大于20m；对于袋形走道，不应大于10m；在走道转角区，不应大于

1.0m。

（2）《消防应急照明和疏散指示系统技术标准》GB 51309—2018 的规定

第3.2.1条规定，灯具的选择应符合下列规定：

4 设置在距地面8m及以下的灯具的电压等级及供电方式应符合下列规定：

1）应选择A型灯具；

2）地面上设置的标志灯应选择集中电源A型灯具；

3）未设置消防控制室的住宅建筑，疏散走道、楼梯间等场所可选择自带电源B型灯具。

5 灯具面板或灯罩的材质应符合下列规定：

1）除地面上设置的标志灯的面板可以采用厚度4mm及以上的钢化玻璃外，设置在距地面1m及以下的标志灯的面板或灯罩不应采用易碎材料或玻璃材质；

2）在顶棚、疏散路径上方设置的灯具的面板或灯罩不应采用玻璃材质。

6 标志灯的规格应符合下列规定：

1）室内高度大于4.5m的场所，应选择特大型或大型标志灯；

2）室内高度3.5m～4.5m的场所，应选择大型或中型标志灯；

3）室内高度小于3.5m的场所，应选择中型或小型标志灯。

7 灯具及其连接附件的防护等级应符合下列规定：

1）在室外或地面上设置时，防护等级不应低于IP67；

2）在隧道场所、潮湿场所内设置时，防护等级不应低于IP65；

3）B型灯具的防护等级不应低于IP34。

8 标志灯应选择持续型灯具。

9 交通隧道和地铁隧道宜选择带有米标的方向标志灯。

第3.2.2条规定，灯具的布置应根据疏散指示方案进行设计，且灯具的布置原则应符合下列规定：

1 照明灯的设置应保证为人员在疏散路径及相关区域的疏散提供最基本的照度；

2 标志灯的设置应保证人员能够清晰地辨识疏散路径、疏散方向、安全出口的位置、所处的楼层位置。

第3.2.3条规定，火灾状态下，灯具光源应急点亮、熄灭的响应时间应符合下列规定：

1 高危险场所灯具光源应急点亮的响应时间不应大于0.25s；

2 其他场所灯具光源应急点亮的响应时间不应大于5s；

3 具有两种及以上疏散指示方案的场所，标志灯光源点亮、熄灭的响应时间不应大于5s。

第3.2.4条规定，系统应急启动后，在蓄电池电源供电时的持续工作时间应满足下列要求：

1 建筑高度大于100m的民用建筑，不应小于1.5h。

2 医疗建筑、老年人照料设施、总建筑面积大于100000m² 的公共建筑和总建筑面积大于20000m² 的地下、半地下建筑，不应少于1.0h。

3 其他建筑，不应少于0.5h。

4　城市交通隧道应符合下列规定：

1）一、二类隧道不应小于1.5h，隧道端口外接的站房不应小于2.0h；

2）三、四类隧道不应小于1.0h，隧道端口外接的站房不应小于1.5h。

5　本条第1款～第4款规定的场所中，当按照本标准第3.6.6条的规定设计时，持续工作时间应分别增加设计文件规定的灯具持续应急点亮时间。

6　集中电源的蓄电池组和灯具自带蓄电池达到使用寿命周期后标称的剩余容量应保证放电时间满足本条第1款～第5款规定的持续工作时间。

第3.2.6条规定，宾馆、酒店的每个客房内宜设置疏散用手电筒。

第3.2.7条规定，标志灯应设在醒目位置，应保证人员在疏散路径的任何位置、在人员密集场所的任何位置都能看到标志灯。

第3.2.8条规定，出口标志灯的设置应符合下列规定：

1　应设置在敞开楼梯间、封闭楼梯间、防烟楼梯间、防烟楼梯间前室入口的上方；

2　地下或半地下建筑（室）与地上建筑共用楼梯间时，应设置在地下或半地下楼梯通向地面层疏散门的上方；

3　应设置在室外疏散楼梯出口的上方；

4　应设置在直通室外疏散门的上方；

5　在首层采用扩大的封闭楼梯间或防烟楼梯间时，应设置在通向楼梯间疏散门的上方；

6　应设置在直通上人屋面、平台、天桥、连廊出口的上方；

7　地下或半地下建筑（室）采用直通室外的竖向梯疏散时，应设置在竖向梯开口的上方；

8　需要借用相邻防火分区疏散的防火分区中，应设置在通向被借用防火分区甲级防火门的上方；

9　应设置在步行街两侧商铺通向步行街疏散门的上方；

10　应设置在避难层、避难间、避难走道防烟前室、避难走道入口的上方；

11　应设置在观众厅、展览厅、多功能厅和建筑面积大于400m² 的营业厅、餐厅、演播厅等人员密集场所疏散门的上方。

第3.2.9条规定，方向标志灯的设置应符合下列规定：

1　有维护结构的疏散走道、楼梯应符合下列规定：

1）应设置在走道、楼梯两侧距地面、梯面高度1m以下的墙面、柱面上；

2）当安全出口或疏散门在疏散走道侧边时，应在疏散走道上方增设指向安全出口或疏散门的方向标志灯；

3）方向标志灯的标志面与疏散方向垂直时，灯具的设置间距不应大于20m；方向标志灯的标志面与疏散方向平行时，灯具的设置间距不应大于10m。

2　展览厅、商店、候车（船）室、民航候机厅、营业厅等开敞空间场所的疏散通道应符合下列规定：

1）当疏散通道两侧设置了墙、柱等结构时，方向标志灯应设置在距地面高度1m以下的墙面、柱面上；当疏散通道两侧无墙、柱等结构时，方向标志灯应设置在疏散通道的上方。

2）方向标志灯的标志面与疏散方向垂直时，特大型或大型方向标志灯的设置间距不应大于 30m，中型或小型方向标志灯的设置间距不应大于 20m；方向标志灯的标志面与疏散方向平行时，特大型或大型方向标志灯的设置间距不应大于 15m，中型或小型方向标志灯的设置间距不应大于 10m。

3　保持视觉连续的方向标志灯应符合下列规定：

1）应设置在疏散走道、疏散通道地面的中心位置；

2）灯具的设置间距不应大于 3m。

4　方向标志灯箭头的指示方向应按照疏散指示方案指向疏散方向，并导向安全出口。

第 3.2.10 条规定，楼梯间每层应设置指示该楼层的标志灯。

第 3.2.11 条规定，人员密集场所的疏散出口、安全出口附近应增设多信息复合标志灯具。

3.《建筑防火通用规范》GB 55037—2022 对设置照明灯的部位或场所疏散路径地面水平最低照度的规定

10.1.10　建筑内疏散照明的地面最低水平照度应符合下列规定：

1　疏散楼梯间、疏散楼梯间的前室或合用前室、避难走道及其前室、避难层、避难间、消防专用通道，不应低于 10.0lx；

2　疏散走道、人员密集的场所，不应低于 3.0lx；

3　本条上述规定场所外的其他场所，不应低于 1.0lx。

4.3　系　统　功　能

一、验收内容

消防应急照明和疏散指示系统功能。

二、验收方法

测试消防应急照明和疏散指示系统功能。

（一）集中控制型系统

1. 自动应急启动功能

（1）用火灾报警系统功能检测工具测试同一报警区域内两只独立的火灾探测器或一只探测器与一只手动报警按钮，使火灾报警控制器发出火灾报警输出信号，检查应急照明控制器发出启动信号的情况。

（2）对照疏散指示方案，检查该区域灯具光源点亮情况。检查系统中配接 B 型集中电源、B 型应急照明配电箱的工作状态。

（3）检查 A 型集中电源、A 型应急照明配电箱的工作状态，切断系统的主电源供电，再次检查 A 型集中电源、A 型应急照明配电箱的工作状态。

（4）根据系统设计文件的规定，使消防联动控制器发出被借用防火分区的火灾报警区域信号，标志灯具的指示状态改变功能应符合下列规定：应急照明控制器应发出控制标志灯指示状态改变的启动信号，显示启动时间。该防火分区内，按不可借用相邻防火分区疏散工况条件对应的疏散指示方案，需要变换指示方向的方向标志灯应改变箭头指示方向，通向被借用防火分区入口的出口标志灯的"出口指示标志"的光源应熄灭、"禁止入内"

指示标志的光源应应急点亮。该防火分区内其他标志灯的工作状态应保持不变。

2. 手动应急启动功能

手动操作应急照明控制器的一键启动按钮，检查应急照明控制器发出启动信号的情况。对照疏散指示方案，检查该区域灯具光源的点亮情况。检查集中电源或应急照明配电箱的工作状态。

（二）非集中控制型系统

1. 系统自动应急启动功能

对照设计文件，使火灾报警控制器发出火灾报警输出信号，对照疏散指示方案，检查该区域灯具的点亮情况。

2. 系统手动应急启动功能

手动操作集中电源或应急照明配电箱的应急启动按钮，检查集中电源或应急照明配电箱的工作状态，检查该区域灯具光源的点亮情况。

三、规范依据

对消防应急照明和疏散指示系统功能的规定，见表 4.3-1。

表 4.3-1　消防应急照明和疏散指示系统功能

验收内容	规范要求（表格中为条文索引，具体要求见表格后内容）		
消防应急照明和疏散指示系统功能	《消防应急照明和疏散指示系统技术标准》GB 51309—2018	集中控制型系统的控制设计第 3.6.1-3.6.12 条	规定了集中控制型系统的一般规定及系统在非火灾状态下、火灾状态下的控制设计
		非集中控制型系统的控制设计第 3.7.1-3.7.5 条	规定了非集中控制型系统在非火灾状态下、火灾状态下的控制设计

《消防应急照明和疏散指示系统技术标准》GB 51309—2018 的规定

1. 集中控制型系统的控制设计

第 3.6.1 条规定，系统控制架构的设计应符合下列规定：

1　系统设置多台应急照明控制器时，应设置一台起集中控制功能的应急照明控制器；

2　应急照明控制器应通过集中电源或应急照明配电箱连接灯具，并控制灯具的应急启动、蓄电池电源的转换。

第 3.6.2 条规定，具有一种疏散指示方案的场所，系统不应设置可变疏散指示方向功能。

第 3.6.3 条规定，集中电源或应急照明配电箱与灯具的通信中断时，非持续型灯具的光源应急点亮、持续型灯具的光源应由节电点亮模式转入应急点亮模式。

第 3.6.4 条规定，应急照明控制器与集中电源或应急照明配电箱的通信中断时，集中电源或应急照明配电箱应连锁控制其配接的非持续型照明灯的光源应急点亮、持续型灯具的光源由节电点亮模式转入应急点亮模式。

第 3.6.5 条规定，非火灾状态下，系统正常工作模式的设计应符合下列规定：

1　应保持主电源为灯具供电。

2　系统内所有非持续型照明灯应保持熄灭状态，持续型照明灯的光源应保持节电点亮模式。

3 标志灯的工作状态应符合下列规定：

1）具有一种疏散指示方案的区域，区域内所有标志灯的光源应按该区域疏散指示方案保持节电点亮模式；

2）需要借用相邻防火分区疏散的防火分区，区域内相关标志灯的光源应按该区域可借用相邻防火分区疏散工况条件对应的疏散指示方案保持节电点亮模式；

3）需要采用不同疏散预案的交通隧道、地铁隧道、地铁站台和站厅等场所，区域内相关标志灯的光源应按该区域默认疏散指示方案保持节电点亮模式。

第3.6.6条规定，在非火灾状态下，系统主电源断电后，系统的控制设计应符合下列规定：

1 集中电源或应急照明配电箱应连锁控制其配接的非持续型照明灯的光源应急点亮、持续型灯具的光源由节电点亮模式转入应急点亮模式；灯具持续应急点亮时间应符合设计文件的规定，且不应超过0.5h；

2 系统主电源恢复后，集中电源或应急照明配电箱应连锁其配接灯具的光源恢复原工作状态；灯具持续点亮时间达到设计文件规定的时间，且系统主电源仍未恢复供电时，集中电源或应急照明配电箱应连锁其配接灯具的光源熄灭。

第3.6.7条规定，在非火灾状态下，任一防火分区、楼层、隧道区间、地铁站台和站厅的正常照明电源断电后，系统的控制设计应符合下列规定：

1 为该区域内设置灯具供配电的集中电源或应急照明配电箱应在主电源供电状态下，连锁控制其配接的非持续型照明灯的光源应急点亮、持续型灯具的光源由节电点亮模式转入应急点亮模式；

2 该区域正常照明电源恢复供电后，集中电源或应急照明配电箱应连锁控制其配接的灯具的光源恢复原工作状态。

第3.6.8条规定，火灾确认后，应急照明控制器应能按预设逻辑手动、自动控制系统的应急启动，具有两种及以上疏散指示方案的区域应作为独立的控制单元，且需要同时改变指示状态的灯具应作为一个灯具组，由应急照明控制器的一个信号统一控制。

第3.6.9条规定，系统自动应急启动的设计应符合下列规定：

1 应由火灾报警控制器或火灾报警控制器（联动型）的火灾报警输出信号作为系统自动应急启动的触发信号。

2 应急照明控制器接收到火灾报警控制器的火灾报警输出信号后，应自动执行以下控制操作：

1）控制系统所有非持续型照明灯的光源应急点亮，持续型灯具的光源由节电点亮模式转入应急点亮模式；

2）控制B型集中电源转入蓄电池电源输出、B型应急照明配电箱切断主电源输出；

3）A型集中电源应保持主电源输出，待接收到其主电源断电信号后，自动转入蓄电池电源输出；A型应急照明配电箱应保持主电源输出，待接收到其主电源断电信号后，自动切断主电源输出。

第3.6.10条规定，应能手动操作应急照明控制器控制系统的应急启动，且系统手动应急启动的设计应符合下列规定：

1　控制系统所有非持续型照明灯的光源应急点亮，持续型灯具的光源由节电点亮模式转入应急点亮模式；

2　控制集中电源转入蓄电池电源输出、应急照明配电箱切断主电源输出。

第3.6.11条规定，需要借用相邻防火分区疏散的防火分区，改变相应标志灯具指示状态的控制设计应符合下列规定：

1　应由消防联动控制器发送的被借用防火分区的火灾报警区域信号作为控制改变该区域相应标志灯具指示状态的触发信号；

2　应急照明控制器接收到被借用防火分区的火灾报警区域信号后，应自动执行以下控制操作：

1）按对应的疏散指示方案，控制该区域内需要变换指示方向的方向标志灯改变箭头指示方向；

2）控制被借用防火分区入口处设置的出口标志灯的"出口指示标志"的光源熄灭、"禁止入内"指示标志的光源应急点亮；

3）该区域内其他标志灯的工作状态不应被改变。

第3.6.12条规定，需要采用不同疏散预案的交通隧道、地铁隧道、地铁站台和站厅等场所，改变相应标志灯具指示状态的控制设计应符合下列规定：

1　应由消防联动控制器发送的代表相应疏散预案的联动控制信号作为控制改变该区域相应标志灯具指示状态的触发信号；

2　应急照明控制器接收到代表相应疏散预案的消防联动控制信号后，应自动执行以下控制操作：

1）按对应的疏散指示方案，控制该区域内需要变换指示方向的方向标志灯改变箭头指示方向；

2）控制该场所需要关闭的疏散出口处设置的出口标志灯的"出口指示标志"的光源熄灭、"禁止入内"指示标志的光源应急点亮；

3）该区域内其他标志灯的工作状态不应改变。

2. 非集中控制型系统的控制设计

第3.7.1条规定，非火灾状态下，系统的正常工作模式设计应符合下列规定：

1　应保持主电源为灯具供电；

2　系统内非持续型照明灯的光源应保持熄灭状态；

3　系统内持续型灯具的光源应保持节电点亮状态。

第3.7.2条规定，在非火灾状态下，非持续型照明灯在主电供电时可由人体感应、声控感应等方式感应点亮。

第3.7.3条规定，火灾确认后，应能手动控制系统的应急启动；设置区域火灾报警系统的场所，尚应能自动控制系统的应急启动。

第3.7.4条规定，系统手动应急启动的设计应符合下列规定：

1　灯具采用集中电源供电时，应能手动操作集中电源，控制集中电源转入蓄电池电源输出，同时控制其配接的所有非持续型照明灯的光源应急点亮、持续型灯具的光源由节电点亮模式转入应急点亮模式；

2　灯具采用自带蓄电池供电时，应能手动操作切断应急照明配电箱的主电源输出，同时控制其配接的所有非持续型照明灯的光源应急点亮、持续型灯具的光源由节电点亮模式转入应急点亮模式。

第3.7.5条规定，在设置区域火灾报警系统的场所，系统的自动应急启动设计应符合下列规定：

1　灯具采用集中电源供电时，集中电源接收到火灾报警控制器的火灾报警输出信号后，应自动转入蓄电池电源输出，并控制其配接的所有非持续型照明灯的光源应急点亮、持续型灯具的光源由节电点亮模式转入应急点亮模式；

2　灯具采用自带蓄电池供电时，应急照明配电箱接收到火灾报警控制器的火灾报警输出信号后，应自动切断主电源输出，并控制其配接的所有非持续型照明灯的光源应急点亮、持续型灯具的光源应由节电点亮模式转入应急点亮模式。

第5章 消防给水及消火栓系统

5.1 消 防 水 源

5.1.1 天然水源

一、验收内容

消防水源的水量、水质和安全取水措施。

二、验收方法

1. 地表水源应查看有效水文资料，枯水期最低水位、常水位和洪水位时应确保消防用水符合设计要求。

2. 地下水井应查看抽水试验资料，确定常水位、最低水位、出水量和水位测量装置等技术参数和装备应符合设计要求。

3. 查看安全取水措施设置情况。

三、规范依据

《消防给水及消火栓系统技术规范》GB 50974—2014 的规定

第4.4.2 条规定，井水作为消防水源向消防给水系统直接供水时，其最不利水位应满足水泵吸水要求，其最小出流量和水泵扬程应满足消防要求，且当需要两路消防供水时，水井不应少于两眼，每眼井的深井泵的供电均应采用一级供电负荷。

第4.4.3 条规定，江、河、湖、海、水库等天然水源的设计枯水流量保证率应根据城乡规模和工业项目的重要性、火灾危险性和经济合理性等综合因素确定，宜为90%～97%。但村镇的室外消防给水水源的设计枯水流量保证率可根据当地水源情况适当降低。

第4.4.4 条规定，当室外消防水源采用天然水源时，应采取防止冰凌、漂浮物、悬浮物等物质堵塞消防水泵的技术措施，并应采取确保安全取水的措施。

第4.4.5 条规定，当天然水源等作为消防水源时，应符合下列规定：

1 当地表水作为室外消防水源时，应采取确保消防车、固定和移动消防水泵在枯水位取水的技术措施；当消防车取水时，最大吸水高度不应超过6.0m；

2 当井水作为消防水源时，还应设置探测水井水位的水位测试装置。

第4.4.7 条规定，设有消防车取水口的天然水源，应设置消防车到达取水口的消防车道和消防车回车场或回车道。

5.1.2 市政给水

一、验收内容

市政供水的进水管数量、管径、供水能力。

二、验收方法

查看消防设计文件及工程竣工图纸，核查市政进水管数量和管径。

三、规范依据

《消防给水及消火栓系统技术规范》GB 50974—2014 的规定

第 4.2.1 条规定，当市政给水管网连续供水时，消防给水系统可采用市政给水管网直接供水。

第 4.2.2 条规定，用作两路消防供水的市政给水管网应符合下列要求：

1 市政给水厂应至少两条输水干管向市政给水管网输水；

2 市政给水管网应为环状管网；

3 应至少有两条不同的市政给水干管上不少于两条引入管向消防给水系统供水。

第 6.1.3 条规定，建筑物室外宜采用低压消防给水系统，当采用市政给水管网供水时，应符合下列规定：

1 应采用两路消防供水，除建筑高度超过 54m 的住宅外，室外消火栓设计流量小于等于 20L/s 时可采用一路消防供水；

2 室外消火栓应由市政给水管网直接供水。

第 8.1.4 条规定，室外消防给水管网应符合下列规定：

1 室外消防给水采用两路消防供水时应采用环状管网，但当采用一路消防供水时可采用枝状管网；

2 管道的直径应根据流量、流速和压力要求经计算确定，但不应小于 DN100。

5.1.3 消防水池

一、验收内容

1. 消防水池、取水口（井）的设置位置。

2. 通气管和呼吸管、溢流水管、补水方式和排水设施。

3. 消防水池水位、水位显示和报警装置。

4. 消防水池有效容积。

二、验收方法

1. 查看消防设计文件及工程竣工图纸，现场查看消防水池、取水口（井）的设置位置是否符合设计要求。

2. 现场查看消防水池补水管管径和数量、溢流管位置和管径、排水设施等是否符合设计要求。

3. 现场查看水池就地液位显示装置、消防控制室内消防水池液位显示报警装置的设置情况，并查看液位显示装置的水位显示是否正常。

4. 查看消防水池施工验收记录。对于消防用水与其他用水共用的消防水池，查看确保消防用水所采取的措施。

三、规范依据

对于消防水池的设置要求，见表 5.1-1。

表 5.1-1　消防水池的设置要求

验收内容	规范名称	主要内容
消防水池、取水口（井）设置位置	《建筑设计防火规范》GB 50016—2014（2018 年版）	7.1.7　供消防车取水的天然水源和消防水池应设置消防车道。消防车道的边缘距离取水点不宜大于 2m
	《消防给水及消火栓系统技术规范》GB 50974—2014	4.3.6　消防水池的总蓄水有效容积大于 500m³ 时，宜设两格能独立使用的消防水池；当大于 1000m³ 时，应设置能独立使用的两座消防水池。每格（或座）消防水池应设置独立的出水管，并应设置满足最低有效水位的连通管，且其管径应能满足消防给水设计流量的要求。 4.3.7　储存室外消防用水的消防水池或供消防车取水的消防水池，应符合下列规定： 　1　消防水池应设置取水口（井），且吸水高度不应大于 6.0m； 　2　取水口（井）与建筑物（水泵房除外）的距离不宜小于 15m； 　3　取水口（井）与甲、乙、丙类液体储罐等构筑物的距离不宜小于 40m； 　4　取水口（井）与液化石油气储罐的距离不宜小于 60m，当采取防止辐射热保护措施时，可为 40m
通气管、呼吸管、溢流水管、补水方式、排水设施	《消防设施通用规范》GB 55036—2022	3.0.8　消防水池应符合下列规定： 　3　消防水池的出水管应保证消防水池有效容积内的水能被全部利用，水池的最低有效水位或消防水泵吸水口的淹没深度应满足消防水泵在最低水位运行安全和实现设计出水量的要求； 　5　消防水池应设置溢流水管和排水设施，并应采用间接排水
	《消防给水及消火栓系统技术规范》GB 50974—2014	4.3.3　消防水池的给水管应根据其有效容积和补水时间确定，补水时间不宜大于 48h，但当消防水池有效总容积大于 2000m³ 时，不应大于 96h。消防水池进水管管径应计算确定，且不应小于 DN100。 4.3.10　消防水池的通气管和呼吸管等应符合下列规定： 　1　消防水池应设置通气管； 　2　消防水池通气管、呼吸管和溢流水管等应采取防止虫鼠等进入消防水池的技术措施
水位显示报警装置	《消防设施通用规范》GB 55036—2022	3.0.8　消防水池应符合下列规定： 　4　消防水池的水位应能就地和在消防控制室显示，消防水池应设置高低水位报警装置
有效容积	《消防设施通用规范》GB 55036—2022	3.0.8　消防水池应符合下列规定： 　1　消防水池的有效容积应满足设计持续供水时间内的消防用水量要求，当消防水池采用两路消防供水且在火灾中连续补水能满足消防用水量要求时，在仅设置室内消火栓系统的情况下，有效容积应大于或等于 50m³，其他情况下应大于或等于 100m³； 　2　消防用水与其他用水共用的水池，应采取保证水池中的消防用水量不作他用的技术措施

5.2 消防水泵

5.2.1 消防水泵及驱动器

一、验收内容

1. 消防水泵的数量、规格、型号、性能指标。

2. 消防水泵驱动器的选取。

3. 消防水泵吸水方式以及吸水管、出水管管径、数量、连接方式。

4. 消防水泵吸水管、出水管上的泄压阀、水锤消除设施、控制阀、信号阀等组件的规格、型号、数量及控制阀状态。

二、验收方法

1. 查阅消防设计文件，查验泵体铭牌及质量证明文件。

2. 查看消防水泵驱动器与设计文件是否一致。

3. 查看消防水泵吸水方式以及吸水管、出水管管径、数量、连接方式与设计文件是否一致；从市政管网直接吸水时，查看是否安装倒流防止器。

4. 查看吸水管、出水管上的泄压阀、水锤消除设施、控制阀、信号阀等组件的规格、型号、数量及控制阀状态是否满足设计要求。

三、规范依据

对于消防水泵及驱动器的设置要求，见表5.2-1。

表5.2-1 消防水泵及驱动器的设置要求

验收内容	规范名称	主要内容
水泵驱动器	《消防设施通用规范》 GB 55036—2022	3.0.11 消防水泵应符合下列规定： 3 消防水泵所配驱动器的功率应满足所选水泵流量扬程性能曲线上任何一点运行所需功率的要求。 5 柴油机消防水泵应具备连续工作的性能，其应急电源应满足消防水泵随时自动启泵和在设计持续供水时间内持续运行的要求
	《消防给水及消火栓系统技术规范》 GB 50974—2014	5.1.1 消防水泵宜根据可靠性、安装场所、消防水源、消防给水设计流量和扬程等综合因素确定水泵的型式，水泵驱动器宜采用电动机或柴油机直接传动，消防水泵不应采用双电动机或基于柴油机等组成的双动力驱动水泵。 5.1.6 消防水泵的选择和应用应符合下列规定： 2 消防水泵所配驱动器的功率应满足所选水泵流量扬程性能曲线上任何一点运行所需功率的要求； 3 当采用电动机驱动的消防水泵时，应选择电动机干式安装的消防水泵
吸水方式、吸水管、出水管	《消防设施通用规范》 GB 55036—2022	3.0.11 消防水泵应符合下列规定： 4 消防水泵应采取自灌式吸水。从市政给水管网直接吸水的消防水泵，在其出水管上应设置有空气隔断的倒流防止器

验收内容	规范名称	主要内容
吸水方式、吸水管、出水管	《消防给水及消火栓系统技术规范》GB 50974—2014	5.1.12 消防水泵吸水应符合下列规定: 3 当吸水口处无吸水井时,吸水口处应设置旋流防止器。 5.1.13 离心式消防水泵吸水管、出水管和阀门等,应符合下列规定: 1 一组消防水泵,吸水管不应少于两条,当其中一条损坏或检修时,其余吸水管应仍能通过全部消防给水设计流量; 2 消防水泵吸水管布置应避免形成气囊; 3 一组消防水泵应设不少于两条的输水干管与消防给水环状管网连接,当其中一条输水管检修时,其余输水管应仍能供应全部消防给水设计流量; 4 消防水泵吸水口的淹没深度应满足消防水泵在最低水位运行安全的要求,吸水管喇叭口在消防水池最低有效水位下的淹没深度应根据吸水管喇叭口的水流速度和水力条件确定,但不应小于600mm,当采用旋流防止器时,淹没深度不应小于200mm; 10 消防水泵的吸水管、出水管道穿越外墙时,应采用防水套管;当穿越墙体和楼板时,应加设套管,套管长度不应小于墙体厚度,或应高出楼面或地面50mm;套管与管道的间隙应采用不燃材料填塞,管道的接口不应位于套管内; 11 消防水泵的吸水管穿越消防水池时,应采用柔性套管;采用刚性防水套管时应在水泵吸水管上设置柔性接头,且管径不应大于DN150。 12.3.2 消防水泵的安装应符合下列要求: 7 吸水管水平管段上不应有气囊和漏气现象。变径连接时,应采用偏心异径管件并应采用管顶平接
吸水管、出水管上设置的组件	《消防给水及消火栓系统技术规范》GB 50974—2014	5.1.11 一组消防水泵应在消防水泵房内设置流量和压力测试装置,并应符合下列规定: 1 单台消防给水泵的流量不大于20L/s、设计工作压力不大于0.50MPa时,泵组应预留测量用流量计和压力计接口,其他泵组宜设置泵组流量和压力测试装置; 2 消防水泵流量检测装置的计量精度应为0.4级,最大量程的75%应大于最大一台消防水泵设计流量值的175%; 3 消防水泵压力检测装置的计量精度应为0.5级,最大量程的75%应大于最大一台消防水泵设计压力值的165%; 4 每台消防水泵出水管上应设置DN65的试水管,并应采取排水措施 5.1.13 离心式消防水泵吸水管、出水管和阀门等,应符合下列规定: 5 消防水泵的吸水管上应设置明杆闸阀或带自锁装置的蝶阀,但当设置暗杆阀门时应设有开启刻度和标志;当管径超过DN300时,宜设置电动阀门; 6 消防水泵的出水管上应设止回阀、明杆闸阀;当采用蝶阀时,应带有自锁装置;当管径大于DN300时,宜设置电动阀门。

验收内容	规范名称	主要内容
吸水管、出水管上设置的组件	《消防给水及消火栓系统技术规范》GB 50974—2014	5.1.17 消防水泵吸水管和出水管上应设置压力表，并应符合下列规定： 1 消防水泵出水管压力表的最大量程不应低于其设计工作压力的2倍，且不应低于1.60MPa； 2 消防水泵吸水管宜设置真空表、压力表或真空压力表，压力表的最大量程应根据工程具体情况确定，但不应低于0.70MPa，真空表的最大量程宜为−0.10MPa； 3 压力表的直径不应小于100mm，应采用直径不小于6mm的管道与消防水泵进出口管相接，并应设置关断阀门。 8.3.3 消防水泵出水管上的止回阀宜采用水锤消除止回阀，当消防水泵供水高度超过24m时，应采用水锤消除器。当消防水泵出水管上设有囊式气压水罐时，可不设水锤消除设施

5.2.2 消防水泵控制柜

一、验收内容

1. 消防水泵控制柜的设置位置、防护等级、控制功能。

2. 主、备电源切换，主、备泵启动及故障切换等消防控制柜的控制和显示功能。

二、验收方法

1. 查看消防设计文件、工程竣工图纸及质量证明文件等资料，现场核查消防水泵控制柜设置位置、防淹措施是否与设计文件一致，核查防护等级是否符合设计要求。

2. 将消防水泵控制柜置于自动状态，打开消防水泵出水管上的试水阀，当采用主电源启动消防水泵时，消防水泵应启动正常；关掉主电源，主、备电源应能正常切换。

3. 将消防水泵控制柜置于自动状态，直接操作设置在消防控制室内的消防水泵的启动按钮启动消防水泵，模拟主泵故障，检查能否自动转入备泵运行。通过手动、自动、机械应急等方式对消防水泵进行启停试验，查看是否存在自动停泵现象。用秒表测量从接收到启泵信号到水泵正常运行的时间（含备泵投入）；进行消防水泵启停试验，查看控制室反馈信号。

三、规范依据

对于消防水泵控制柜的设置要求，见表5.2-2。

表5.2-2 消防水泵控制柜的设置要求

验收内容	规范名称	主要内容
消防水泵控制柜的设置位置、防护等级	《消防设施通用规范》GB 55036—2022	3.0.12 消防水泵控制柜应位于消防水泵控制室或消防水泵房内，其性能应符合下列规定： 1 消防水泵控制柜位于消防水泵控制室内时，其防护等级不应低于IP30；位于消防水泵房内时，其防护等级不应低于IP55
	《消防给水及消火栓系统技术规范》GB 50974—2014	11.0.10 消防水泵控制柜应采取防止被水淹没的措施。在高温潮湿环境下，消防水泵控制柜内应设置自动防潮除湿的装置

续表

验收内容	规范名称	主要内容
消防水泵控制柜的控制功能	《消防设施通用规范》 GB 55036—2022	**3.0.12** 消防水泵控制柜应位于消防水泵控制室或消防水泵房内，其性能应符合下列规定： **2** 消防水泵控制柜在平时应使消防水泵处于自动启泵状态。 **3** 消防水泵控制柜应具有机械应急启泵功能，且机械应急启泵时，消防水泵应能在接受火警后 5min 内进入正常运行状态
	《消防给水及消火栓系统技术规范》 GB 50974—2014	11.0.2 消防水泵不应设置自动停泵的控制功能，停泵应由具有管理权限的工作人员根据火灾扑救情况确定。 11.0.3 消防水泵应确保从接到启泵信号到水泵正常运转的自动启动时间不应大于 2min。 11.0.4 消防水泵应由消防水泵出水干管上设置的压力开关、高位消防水箱出水管上的流量开关，或报警阀压力开关等开关信号直接自动启动消防水泵。消防水泵房内的压力开关宜引入消防水泵控制柜内。 11.0.5 消防水泵应能手动启停和自动启动。 11.0.13 消防水泵控制柜前面板的明显部位应设置紧急时打开柜门的装置。 11.0.14 火灾时消防水泵应工频运行，消防水泵应工频直接启泵；当功率较大时，宜采用星三角和自耦降压变压器启动，不宜采用有源器件启动。 消防水泵准工作状态的自动巡检应采用变频运行，定期人工巡检应工频满负荷运行并出流
主、备电源切换；主、备泵启动及故障切换	《消防给水及消火栓系统技术规范》 GB 50974—2014	11.0.17 消防水泵的双电源切换应符合下列规定： 1 双路电源自动切换时间不应大于 2s； 2 当一路电源与内燃机动力的切换时间不应大于 15s。 13.1.4 消防水泵调试应符合下列要求： 1 以自动直接启动或手动直接启动消防水泵时，消防水泵应在 55s 内投入正常运行，且应无不良噪声和振动； 2 以备用电源切换方式或备用泵切换启动消防水泵时，消防水泵应分别在 1min 或 2min 内投入正常运行

5.2.3 消防水泵功能测试

一、验收内容

1. 测试水泵手动启停和自动启动，核查启停信号反馈情况。

2. 测试压力开关和流量开关自动启泵功能；测试控制室直接启动消防水泵功能。应能启动水泵，水泵不能自动停止。

3. 测试水锤消除设施后的压力。

二、验收方法

1. 消防水泵测试

（1）现场手动启停测试：将消防水泵控制柜调至手动状态，现场手动启动消防水泵，用秒表记录消防水泵是否在 55s 内投入正常运行，再手动停止消防水泵。核查消防水泵的启停信号是否反馈至消防联动控制器。

（2）消防控制室远程手动启停测试：查看控制室内是否安装了独立于火灾自动报警系统的专用硬拉线路直接启泵装置，将水泵控制柜调至自动状态，测试控制室内直接启泵装置的启动、停止水泵功能。

（3）压力开关连锁启动消防水泵功能：关闭流量开关启泵功能，将消防水泵控制柜调至自动状态，开启消防水泵房内放水阀门放水，使管网压力持续降低，当低于压力开关的下限设定值时，查看消防水泵是否能自动启动。联系消防控制室，确认消防水泵启动信号是否反馈至消防联动控制器；同时进行主、备电源切换测试，切换主、备泵，秒表记录消防水泵是否在 1min 或 2min 内投入正常运行；关掉阀门停止放水后，观察水泵是否自动停止，手动复位停止消防水泵。

（4）流量开关连锁启动消防水泵功能：关闭低压压力开关启泵功能，将稳压泵控制柜调至手动状态，将消防水泵控制柜调至自动状态，打开实验消火栓进行放水，查看流量开关能否自动启动消防水泵，联系控制室，确认消防水泵启动信号是否反馈至消防联动控制器；关掉消火栓停止放水后，观察水泵是否自动停止，手动复位停止消防水泵。

2. 对照工程竣工图纸，现场测试，消防水泵停泵时，核查水锤消除设施后的压力，不应超过水泵出口设计工作压力的 1.4 倍。

三、规范依据

对于消防水泵功能的要求，见表 5.2-3。

表 5.2-3　消防水泵功能的要求

验收内容	规范名称	主要内容
消防水泵启泵、停泵测试	《消防设施通用规范》GB 55036—2022	**3.0.11　消防水泵应符合下列规定：** **1　消防水泵应确保在火灾时能及时启动；停泵应由人工控制，不应自动停泵**
	《消防给水及消火栓系统技术规范》GB 50974—2014	11.0.4　消防水泵应由消防水泵出水干管上设置的压力开关、高位消防水箱出水管上的流量开关，或报警阀压力开关等开关信号直接自动启动消防水泵。 11.0.5　消防水泵应能手动启停和自动启动。 11.0.7　消防控制室或值班室，应具有下列控制和显示功能： 1　消防控制柜或控制盘应设置专用线路连接的手动直接启泵按钮； 2　消防控制柜或控制盘应能显示消防水泵和稳压泵的运行状态。 11.0.8　消防水泵、稳压泵应设置就地强制启停泵按钮，并应有保护装置。 11.0.12　消防水泵控制柜应设置机械应急启泵功能，并应保证在控制柜内的控制线路发生故障时由有管理权限的人员在紧急时启动消防水泵。机械应急启动时，应确保消防水泵在报警后 5.0min 内正常工作。 13.1.4　消防水泵调试应符合下列要求： 1　以自动直接启动或手动直接启动消防水泵时，消防水泵应在 55s 内投入正常运行，且应无不良噪声和振动；

续表

验收内容	规范名称	主要内容
消防水泵启泵、停泵测试	《消防给水及消火栓系统技术规范》GB 50974—2014	2　以备用电源切换方式或备用泵切换启动消防水泵时，消防水泵应分别在1min或2min内投入正常运行。 13.2.6　消防水泵验收应符合下列要求： 4　分别开启系统中的每一个末端试水装置、试水阀和试验消火栓，水流指示器、压力开关、压力开关（管网）、高位消防水箱流量开关等信号的功能，均应符合设计要求； 5　打开消防水泵出水管上试水阀，当采用主电源启动消防水泵时，消防水泵应启动正常；关掉主电源，主、备电源应能正常切换；备用泵启动和相互切换正常；消防水泵就地和远程启停功能应正常； 7　消防水泵启动控制应置于自动启动挡； 8　采用固定和移动式流量计和压力表测试消防水泵的性能，水泵性能应满足设计要求
水锤消除设施后的压力	《消防给水及消火栓系统技术规范》GB 50974—2014	13.2.6　消防水泵验收应符合下列要求： 6　消防水泵停泵时，水锤消除设施后的压力不应超过水泵出口设计工作压力的1.4倍

5.3　稳 压 设 施

一、验收内容

1. 稳压泵的流量、压力。

2. 气压水罐的调节容量、工作压力。

3. 稳压管路及阀门部件的安装质量。

4. 稳压系统的稳压功能。

二、验收方法

1. 查看稳压泵的铭牌及质量证明文件，核对流量、压力是否满足设计要求。

2. 查看气压水罐的铭牌及质量证明文件，核对容量是否满足设计要求。

3. 查看稳压泵、气压水罐的吸水管、出水管及阀门部件的连接和安装情况。

4. 将稳压泵控制柜设置成"手动"状态，测试手动启、停泵功能是否正常；将稳压泵控制柜设置成"自动"状态，模拟稳压泵故障，查看是否自动切换至备用泵工作。当管网压力达到设定的高、低压力位置时，查看稳压泵能否自动停止和启动，查看稳压范围是否符合设计要求，用秒表记录稳压泵启泵次数应不大于15次/h。

三、规范依据

对于稳压设施的设置要求，见表5.3-1。

表 5.3-1　稳压设施的设置要求

验收内容	规范名称	主要内容
稳压泵的流量、压力	《消防设施通用规范》GB 55036—2022	**3.0.13　稳压泵的公称流量不应小于消防给水系统管网的正常泄漏量，且应小于系统自动启动流量，公称压力应满足系统自动启动和管网充满水的要求**
	《消防给水及消火栓系统技术规范》GB 50974—2014	5.3.2　稳压泵的设计流量应符合下列规定： 2　消防给水系统管网的正常泄漏量应根据管道材质、接口形式等确定，当没有管网泄漏量数据时，稳压泵的设计流量宜按消防给水设计流量的1%~3%计，且不宜小于1L/s； 3　消防给水系统所采用报警阀压力开关等自动启动流量应根据产品确定。 5.3.3　稳压泵的设计压力应符合下列要求： 2　稳压泵的设计压力应保持系统自动启泵压力设置点处的压力在准工作状态时大于系统设置自动启泵压力值，且增加值宜为0.07MPa~0.10MPa； 3　稳压泵的设计压力应保持系统最不利点处水灭火设施在准工作状态时的静水压力应大于0.15MPa。 5.3.6　稳压泵应设置备用泵
气压水罐的调节容量	《消防给水及消火栓系统技术规范》GB 50974—2014	5.3.4　设置稳压泵的临时高压消防给水系统应设置防止稳压泵频繁启停的技术措施，当采用气压水罐时，其调节容积应根据稳压泵启泵次数不大于15次/h计算确定，但有效储水容积不宜小于150L
稳压泵进出水管及阀门的安装质量	《消防给水及消火栓系统技术规范》GB 50974—2014	5.3.5　稳压泵吸水管应设置明杆闸阀，稳压泵出水管应设置消声止回阀和明杆闸阀。 11.0.6　稳压泵应由消防给水管网或气压水罐上设置的稳压泵自动启停泵压力开关或压力变送器控制
稳压功能	《消防给水及消火栓系统技术规范》GB 50974—2014	13.1.5　稳压泵应按设计要求进行调试，并应符合下列规定： 1　当达到设计启动压力时，稳压泵应立即启动；当达到系统停泵压力时，稳压泵应自动停止运行；稳压泵启停应达到设计压力要求； 2　能满足系统自动启动要求，且当消防主泵启动时，稳压泵应停止运行； 3　稳压泵在正常工作时每小时的启停次数应符合设计要求，且不应大于15次/h； 4　稳压泵启停时系统压力应平稳，且稳压泵不应频繁启停

稳压泵启停压力及消防水泵启泵压力的确定

1. 稳压泵设置在楼顶高位消防水箱间时，稳压泵启停压力及消防水泵启泵压力的确定（图5.3-1）

（1）稳压泵启泵压力 $P_1 > 15 - H_1$，且 $\geq H_2 + 7$。

（2）稳压泵停泵压力 $P_2 = P_1/0.80$。

（3）消防水泵启泵压力 $P = P_1 + H_1 + H - 7$。

2. 稳压泵设置消防水泵房时，稳压泵启停压力及消防水泵启泵压力的确定（图5.3-2）

（1）稳压泵启泵压力 $P_1 > H + 15$，且 $\geq H_1 + 10$。

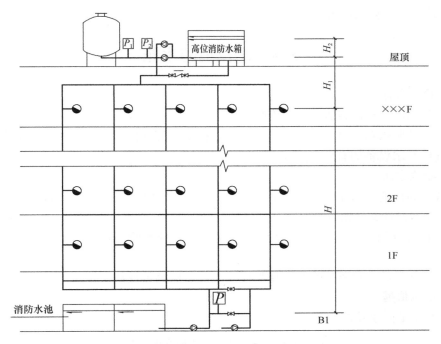

图 5.3-1　稳压泵设置在楼顶高位消防水箱间

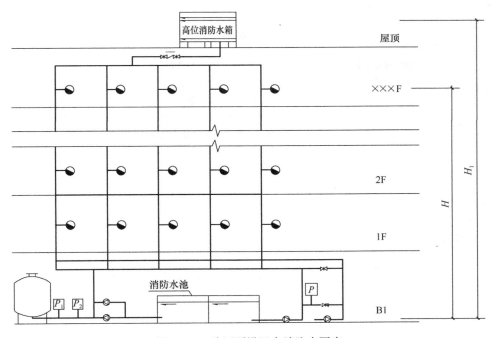

图 5.3-2　稳压泵设置在消防水泵房

（2）稳压泵停泵压力 $P_2 = P_1/0.85$。

（3）消防泵启泵压力 $P = P_1 -$ （7～10）。

（4）当稳压泵从高位水箱吸水时，提示（1）～（3）中的参数仍适用，但稳压泵壳的承压能力应不小于停泵压力 P_2 的 1.5 倍。

5.4 高位消防水箱

一、验收内容

1. 高位消防水箱的设置位置、有效容积、水位显示与报警装置、供暖设施。
2. 高位消防水箱的进、出水管、溢流管、排水管等连接管路及其阀门的安装质量。
3. 气压给水设备的有效水容积。

二、验收方法

1. 查看高位消防水箱的设置位置、水位显示与报警装置、供暖设施，测量水箱的有效容积，并与设计文件比对是否一致。

2. 查看高位消防水箱的进、出水管、溢流管、排水管等连接管路及其阀门的安装质量。

3. 查看气压给水设备的铭牌及质量证明文件，应满足设计文件的要求。

三、规范依据

对于高位消防水箱的设置要求，见表 5.4-1。

表 5.4-1 高位消防水箱的设置要求

验收内容	规范名称	主要内容
高位水箱的设置位置、有效容积、水位显示与报警装置、供暖设施	《消防设施通用规范》GB 55036—2022	**3.0.9** 高层民用建筑、3层及以上单体总建筑面积大于 10000m² 的其他公共建筑，当室内采用临时高压消防给水系统时，应设置高位消防水箱。 **3.0.10** 高位消防水箱应符合下列规定： **1** 室内临时高压消防给水系统的高位消防水箱有效容积和压力应能保证初期灭火所需水量； **3** 设置高位水箱间时，水箱间内的环境温度或水温不应低于 5℃； **4** 高位消防水箱的最低有效水位应能防止出水管进气
	《消防给水及消火栓系统技术规范》GB 50974—2014	**5.2.1** 临时高压消防给水系统的高位消防水箱的有效容积应满足初期火灾消防用水量的要求，并应符合下列规定： **1** 一类高层公共建筑，不应小于 36m³，但当建筑高度大于 100m 时，不应小于 50m³，当建筑高度大于 150m 时，不应小于 100m³； **2** 多层公共建筑、二类高层公共建筑和一类高层住宅，不应小于 18m³，当一类高层住宅建筑高度超过 100m 时，不应小于 36m³； **3** 二类高层住宅，不应小于 12m³； **4** 建筑高度大于 21m 的多层住宅，不应小于 6m³； **5** 工业建筑室内消防给水设计流量当小于或等于 25L/s 时，不应小于 12m³，大于 25L/s 时，不应小于 18m³； **6** 总建筑面积大于 10000m² 且小于 30000m² 的商店建筑，不应小于 36m³，总建筑面积大于 30000m² 的商店，不应小于 50m³，当与本条第 1 款规定不一致时应取其较大值。 **5.2.2** 高位消防水箱的设置位置应高于其所服务的水灭火设施，且最低有效水位应满足水灭火设施最不利点处的静水压力，并应按下列规定确定：

续表

验收内容	规范名称	主要内容
高位水箱的设置位置、有效容积、水位显示与报警装置、供暖设施	《消防给水及消火栓系统技术规范》GB 50974—2014	1　一类高层公共建筑，不应低于 0.10MPa，但当建筑高度超过 100m 时，不应低于 0.15MPa； 2　高层住宅、二类高层公共建筑、多层公共建筑，不应低于 0.07MPa，多层住宅不宜低于 0.07MPa； 3　工业建筑不应低于 0.10MPa，当建筑体积小于 20000m³ 时，不宜低于 0.07MPa； 4　自动喷水灭火系统等自动水灭火系统应根据喷头灭火需求压力确定，但最小不应小于 0.10MPa； 5　当高位消防水箱不能满足本条第 1 款～第 4 款的静压要求时，应设稳压泵
高位消防水箱的进、出水管，溢流管、排水管等连接管路及其阀门的安装	《消防设施通用规范》GB 55036—2022	3.0.10　高位消防水箱应符合下列规定： 2　屋顶露天高位消防水箱的人孔和进出水管的阀门等应采取防止被随意关闭的保护措施
	《消防给水及消火栓系统技术规范》GB 50974—2014	5.2.6　高位消防水箱应符合下列规定： 5　进水管的管径应满足消防水箱 8h 充满水的要求，但管径不应小于 DN32，进水管宜设置液位阀或浮球阀； 6　进水管应在溢流水位以上接入，进水管口的最低点高出溢流边缘的高度应等于进水管径，但最小不应小于 100mm，最大不应大于 150mm； 8　溢流管的直径不应小于进水管直径的 2 倍，且不应小于 DN100，溢流管的喇叭口直径不应小于溢流管直径的 1.5 倍～2.5 倍； 9　高位消防水箱出水管管径应满足消防给水设计流量的出水要求，且不应小于 DN100； 10　高位消防水箱出水管应位于高位消防水箱最低水位以下，并应设置防止消防用水进入高位消防水箱的止回阀； 11　高位消防水箱的进、出水管应设置带有指示启闭装置的阀门
气压给水设备的容积	《自动喷水灭火系统设计规范》GB 50084—2017	10.3.3　采用临时高压给水系统的自动喷水灭火系统，当按现行国家标准《消防给水及消火栓系统技术规范》GB 50974 的规定可不设置高位消防水箱时，系统应设气压供水设备。气压供水设备的有效水容积，应按系统最不利处 4 只喷头在最低工作压力下的 5min 用水量确定。干式系统、预作用系统设置的气压供水设备，应同时满足配水管道的充水要求

5.5　水泵接合器

一、验收内容

1. 水泵接合器设置位置、数量、标识、安装质量。

2. 充水功能测试。

二、验收方法

1. 查看水泵接合器设置位置、数量、标识，组件是否完整，测量安装高度。

2. 充水功能测试方法

因水泵接合器的试验需要消防车等专用工具，自行试验需要具备一定设备条件和能力，通常由当地消防救援机构辅助试验。

（1）室内消火栓系统水泵接合器

通常设置四个行动组（指挥组、消防车加压组、屋顶试验栓实验组和水泵房应急保障组），首先各组到达指定地点后，调试通信工具是否工作正常；消防车加压组将消防车与水泵接合器连接好，查看控制阀门开启状态、有无漏水等意外情况，通知指挥组待命；水泵房应急保障组去消防水泵房值守，查看消火栓泵控制柜的电源状态，并将工作状态设置在"手动"，并记录消火栓系统配水干管压力，不得随意手动启动水泵，准备好后通知指挥组待命，意外情况随时手动停泵；屋顶试验栓实验组在试验消火栓的位置，铺设好水带、连接好试验装置和试验消火栓，通知指挥组待命，不能擅自开启试验栓。全部到位并准备妥当，指挥组首先安排打开试验栓，查看试验栓水枪出口的出口压力和充实水柱，并记录。然后再安排消防车开始加压往消火栓系统内供水，并及时通知另外两组，做好压力记录，查看水泵房和试验栓水枪出口压力和充实水柱的变化。查看水泵接合器和管道是否存在漏水等意外情况，根据压力变化判断水泵接合器和消防车供水是否合格。

（2）喷淋系统

通常设置四个行动组（指挥组、消防车加压组、末端试水实验组和水泵房应急保障组），首先各组到达指定地点后，调试通信工具是否工作正常；消防车加压组将消防车与水泵接合器连接好，查看控制阀门开启状态、有无漏水等意外情况，通知指挥组待命；水泵房应急保障组去消防水泵房值守，查看喷淋泵控制柜的电源状态，并将工作状态设置在"手动"，记录喷淋系统配水干管压力，不得随意手动启动水泵，准备好后通知指挥组待命，意外情况随时手动停泵；末端试水试验组在末端试水装置的位置，首先检查排水设施是否顺畅，通知指挥组待命，不能擅自开启试水装置。全部到位并准备妥当，指挥组首先安排打开试水装置，查看试验接头压力表的出口压力，并记录，然后通知消防车加压往喷淋系统供水，并及时通知其他小组，做好压力记录，查看水泵房和末端试水装置出口压力的变化。查看水泵接合器和管道是否存在漏水等意外情况，根据压力变化判断水泵接合器和消防车供水是否合格。

三、规范依据

对于水泵接合器的设置要求，见表 5.5-1。

表 5.5-1　水泵接合器的设置要求

验收内容	规范名称	主要内容
设置位置	《消防给水及消火栓系统技术规范》GB 50974—2014	5.4.4　临时高压消防给水系统向多栋建筑供水时，消防水泵接合器应在每座建筑附近就近设置。 5.4.7　水泵接合器应设在室外便于消防车使用的地点，且距室外消火栓或消防水池的距离不宜小于 15m，并不宜大于 40m
设置数量		5.4.3　消防水泵接合器的给水流量宜按每个 10L/s～15L/s 计算。每种水灭火系统的消防水泵接合器设置的数量应按系统设计流量经计算确定，但当计算数量超过 3 个时，可根据供水可靠性适当减少

验收内容	规范名称	主要内容
标识		5.4.9 水泵接合器处应设置永久性标志铭牌，并应标明供水系统、供水范围和额定压力
安装质量	《消防给水及消火栓系统技术规范》GB 50974—2014	12.3.6 消防水泵接合器的安装应符合下列规定： 1 消防水泵接合器的安装，应按接口、本体、连接管、止回阀、安全阀、放空管、控制阀的顺序进行，止回阀的安装方向应使消防用水能从消防水泵接合器进入系统，整体式消防水泵接合器的安装，应按其使用安装说明书进行； 4 地下消防水泵接合器应采用铸有"消防水泵接合器"标志的铸铁井盖，并应在其附近设置指示其位置的永久性固定标志； 5 墙壁消防水泵接合器的安装应符合设计要求。设计无要求时，其安装高度距地面宜为0.7m；与墙面上的门、窗、孔、洞的净距离不应小于2.0m，且不应安装在玻璃幕墙下方； 6 地下消防水泵接合器的安装，应使进水口与井盖底面的距离不大于0.4m，且不应小于井盖的半径； 7 消火栓水泵接合器与消防通道之间不应设有妨碍消防车加压供水的障碍物； 8 地下消防水泵接合器井的砌筑应有防水和排水措施
充水功能测试		13.2.14 消防水泵接合器数量及进水管位置应符合设计要求，消防水泵接合器应采用消防车车载消防水泵进行充水试验，且供水最不利点的压力、流量应符合设计要求；当有分区供水时应确定消防车的最大供水高度和接力泵的设置位置的合理性

5.6 管　网

5.6.1 管网结构、给水形式

一、验收内容

核实管网结构形式、给水形式。

二、验收方法

查看消防设计文件及竣工图纸，现场核查管网结构形式、给水形式与设计的一致性。

三、规范依据

对于管网结构形式、给水形式的要求，见表5.6-1。

表5.6-1 管网结构形式、给水形式的要求

验收内容	规范名称	主要内容
管网结构形式	《消防给水及消火栓系统技术规范》GB 50974—2014	8.1.2 下列消防给水应采用环状给水管网： 1 向两栋或两座及以上建筑供水时； 2 向两种及以上水灭火系统供水时； 3 采用设有高位消防水箱的临时高压消防给水系统时；

验收内容	规范名称	主要内容
管网结构形式		4 向两个及以上报警阀控制的自动水灭火系统供水。 8.1.3 向室外、室内环状消防给水管网供水的输水干管不应少于两条，当其中一条发生故障时，其余的输水干管应仍能满足消防给水设计流量。 8.1.4 室外消防给水管网应符合下列规定： 1 室外消防给水采用两路消防供水时应采用环状管网，但当采用一路消防供水时可采用枝状管网。 8.1.5 室内消防给水管网应符合下列规定： 1 室内消火栓系统管网应布置成环状，当室外消火栓设计流量不大于20L/s，且室内消火栓不超过10个时，除本规范第8.1.2条外，可布置成枝状
给水形式	《消防给水及消火栓系统技术规范》GB 50974—2014	6.1.3 建筑物室外宜采用低压消防给水系统，当采用市政给水管网供水时，应符合下列规定： 1 应采用两路消防供水，除建筑高度超过54m的住宅外，室外消火栓设计流量小于等于20L/s时可采用一路消防供水； 2 室外消火栓应由市政给水管网直接供水。 6.1.6 当室外采用高压或临时高压消防给水系统时，宜与室内消防给水合用。 6.1.8 室内应采用高压或临时高压消防给水系统，且不应与生产生活给水系统合用；但当自动喷水灭火系统局部应用系统和仅设有消防软管卷盘或轻便水龙的室内消防给水系统时，可与生产生活给水系统合用
		6.2.1 符合下列条件时，消防给水系统应分区供水： 1 系统工作压力大于2.40MPa； 2 消火栓栓口处静压大于1.0MPa； 3 自动水灭火系统报警阀处的工作压力大于1.60MPa或喷头处的工作压力大于1.20MPa。 6.2.2 分区供水形式应根据系统压力、建筑特征，经技术经济和安全可靠性等综合因素确定，可采用消防水泵并行或串联、减压水箱和减压阀减压的形式，但当系统的工作压力大于2.40MPa时，应采用消防水泵串联或减压水箱分区供水形式

5.6.2 管道材质、管径、阀门及相关组件

一、验收内容

1. 管道的材质、管径。

2. 管道上安装的倒流防止器、闸阀、截止阀、减压孔板、减压阀、柔性接头、排水

管、泄压阀等组件的设置。

二、验收方法

1. 埋地管道，检查隐蔽工程施工验收记录与设计文件的符合性；架空管道，查看管道的材质和管径与设计的符合性。

2. 查看管道上安装的倒流防止器、闸阀、截止阀、减压孔板、减压阀、柔性接头、排水管、泄压阀等阀门组件的安装部位和安装质量。

三、规范依据

对于管道的材质、管径，管道阀门组件的设置要求，见表 5.6-2。

表 5.6-2　管道的材质、管径，管道阀门组件的设置要求

验收内容	规范名称	主要内容
管道材质	《消防给水及消火栓系统技术规范》GB 50974—2014	8.2.4　埋地管道宜采用球墨铸铁管、钢丝网骨架塑料复合管和加强防腐的钢管等管材，室内外架空管道应采用热浸锌镀锌钢管等金属管材，并应按下列因素对管道的综合影响选择管材和设计管道： 1　系统工作压力； 2　覆土深度； 3　土壤的性质； 4　管道的耐腐蚀能力； 5　可能受到土壤、建筑基础、机动车和铁路等其他附加荷载的影响； 6　管道穿越伸缩缝和沉降缝。 8.2.5　埋地管道当系统工作压力不大于 1.20MPa 时，宜采用球墨铸铁管或钢丝网骨架塑料复合管给水管道；当系统工作压力大于 1.20MPa 小于 1.60MPa 时，宜采用钢丝网骨架塑料复合管、加厚钢管和无缝钢管；当系统工作压力大于 1.60MPa 时，宜采用无缝钢管。钢管连接宜采用沟槽连接件（卡箍）和法兰，当采用沟槽连接件连接时，公称直径小于等于 DN250 的沟槽式管接头系统工作压力不应大于 2.50MPa，公称直径大于或等于 DN300 的沟槽式管接头系统工作压力不应大于 1.60MPa。 8.2.7　埋地管道采用钢丝网骨架塑料复合管时应符合下列规定： 5　管材及连接管件应采用同一品牌产品，连接方式应采用可靠的电熔连接或机械连接。 8.2.8　架空管道当系统工作压力小于等于 1.20MPa 时，可采用热浸锌镀锌钢管；当系统工作压力大于 1.20MPa 时，应采用热浸镀锌加厚钢管或热浸镀锌无缝钢管；当系统工作压力大于 1.60MPa 时，应采用热浸镀锌无缝钢管
管径	《消防给水及消火栓系统技术规范》GB 50974—2014	8.1.4　室外消防给水管网应符合下列规定： 2　管道的直径应根据流量、流速和压力要求经计算确定，但不应小于 DN100。 8.1.5　室内消防给水管网应符合下列规定： 3　室内消防管道管径应根据系统设计流量、流速和压力要求经计算确定；室内消火栓竖管管径应根据竖管最低流量经计算确定，但不应小于 DN100

验收内容	规范名称	主要内容
管道阀门组件	《消防设施通用规范》 **GB 55036—2022**	**3.0.6** 室内消防给水系统由生活、生产给水系统管网直接供水时，应在引入管处采取防止倒流的措施。当采用有空气隔断的倒流防止器时，该倒流防止器应设置在清洁卫生的场所，其排水口应采取防止被水淹没的措施
	《消防给水及消火栓系统技术规范》 GB 50974—2014	5.1.12　消防水泵吸水应符合下列规定： 2　消防水泵从市政管网直接抽水时，应在消防水泵出水管上设置有空气隔断的倒流防止器。 5.1.16　临时高压消防给水系统应采取防止消防水泵低流量空转过热的技术措施（《消防给水及消火栓系统技术规范》图示15S909）： 1　防止消防水泵低流量空转过热的技术措施可采用超压泄压阀、旁通管等技术措施。 2　超压泄压阀的泄压值不应小于设计扬程的120％）。 6.2.3　采用消防水泵串联分区供水时，宜采用消防水泵转输水箱串联供水方式，并应符合下列规定： 4　当采用消防水泵直接串联时，应校核系统供水压力，并应在串联消防水泵出水管上设置减压型倒流防止器。 6.2.4　采用减压阀减压分区供水时应符合下列规定： 1　消防给水所采用的减压阀性能应安全可靠，并应满足消防给水的要求； 2　减压阀应根据消防给水设计流量和压力选择，且设计流量应在减压阀流量压力特性曲线的有效段内，并校核在150％设计流量时，减压阀的出口动压不应小于设计值的65％； 3　每一供水分区应设不少于两组减压阀组，每组减压阀组宜设置备用减压阀； 4　减压阀仅应设置在单向流动的供水管上，不应设置在有双向流动的输水干管上； 5　减压阀宜采用比例式减压阀，当超过1.20MPa时，宜采用先导式减压阀； 6　减压阀的阀前阀后压力比值不宜大于3∶1，当一级减压阀减压不能满足要求时，可采用减压阀串联减压，但串联减压不应大于两级，第二级减压阀宜采用先导式减压阀，阀前后压力差不宜超过0.40MPa； 7　减压阀后应设置安全阀，安全阀的开启压力应能满足系统安全，且不应影响系统的供水安全性。 8.3.1　消防给水系统的阀门选择应符合下列规定： 1　埋地管道的阀门宜采用带启闭刻度的暗杆闸阀，当设置在阀门井内时可采用耐腐蚀的明杆闸阀； 2　室内架空管道的阀门宜采用蝶阀、明杆闸阀或带启闭刻度的暗杆闸阀等； 3　室外架空管道宜采用带启闭刻度的暗杆闸阀或耐腐蚀的明杆闸阀；

续表

验收内容	规范名称	主要内容
管道阀门组件	《消防给水及消火栓系统技术规范》 GB 50974—2014	4　埋地管道的阀门应采用球墨铸铁阀门，室内架空管道的阀门应采用球墨铸铁或不锈钢阀门，室外架空管道的阀门应采用球墨铸铁阀门或不锈钢阀门。 8.3.2　消防给水系统管道的最高点处宜设置自动排气阀。 8.3.4　减压阀的设置应符合下列规定： 1　减压阀应设置在报警阀组入口前，当连接两个及以上报警阀组时，应设置备用减压阀； 2　减压阀的进口处应设置过滤器，过滤器的孔网直径不宜小于4目/cm²～5目/cm²，过流面积不应小于管道截面积的4倍； 3　过滤器和减压阀前后应设压力表，压力表的表盘直径不应小于100mm，最大量程宜为设计压力的2倍； 4　过滤器前和减压阀后应设置控制阀门； 5　减压阀后应设置压力试验排水阀； 6　减压阀应设置流量检测测试接口或流量计； 7　垂直安装的减压阀，水流方向宜向下； 8　比例式减压阀宜垂直安装，可调式减压阀宜水平安装； 9　减压阀和控制阀门宜有保护或锁定调节配件的装置； 10　接减压阀的管段不应有气堵、气阻。 8.3.7　消防给水系统的室内外消火栓、阀门等设置位置，应设置永久性固定标识
	《建筑给水排水设计标准》 GB 50015—2019	3.5.12　当给水管网存在短时超压工况，且短时超压会引起使用不安全时，应设置持压泄压阀。持压泄压阀的设置应符合下列规定： 1　持压泄压阀前应设置阀门； 2　持压泄压阀的泄水口应连接管道间接排水，其出流口应保证空气间隙不小于300mm。 3.5.13　安全阀阀前、阀后不得设置阀门，泄压口应连接管道将泄压水（气）引至安全地点排放

5.6.3　管道的安装

一、验收内容

1. 管道的连接方式。
2. 管道采取的防腐、防冻、防静电措施。
3. 管道支吊架的设置。

二、验收方法

1. 对照消防设计文件及竣工图纸，查看管道的管径和材质核查管道的连接方式是否符合要求。

2. 对照消防设计文件及竣工图纸，查看管道采取的防腐、防冻措施、防静电措施是否符合要求。

3. 对照消防设计文件及竣工图纸，查看管道支吊架的安装情况是否符合要求。

三、规范依据

对于管道的连接、防腐、防冻，防静电，支吊架及抗震支吊架的设置要求，见表 5.6-3。

表 5.6-3　管道的连接、防腐、防冻，防静电，支吊架及抗震支吊架的设置要求

验收内容	规范名称	主要内容
管道的连接	《消防给水及消火栓系统技术规范》GB 50974—2014	8.2.9　架空管道的连接宜采用沟槽连接件（卡箍）、螺纹、法兰、卡压等方式，不宜采用焊接连接。当管径小于或等于 DN50 时，应采用螺纹和卡压连接，当管径大于 DN50 时，应采用沟槽连接件连接、法兰连接，当安装空间较小时应采用沟槽连接件连接。 12.3.12　沟槽连接件（卡箍）连接应符合下列规定： 5　机械三通连接时，应检查机械三通与孔洞的间隙，各部位应均匀，然后再紧固到位；机械三通开孔间距不应小于 1m，机械四通开孔间距不应小于 2m；机械三通、机械四通连接时支管的直径应满足表 5.6-4 的规定，当主管与支管连接不符合表 5.6-4 时应采用沟槽式三通、四通管件连接； 6　配水干管（立管）与配水管（水平管）连接，应采用沟槽式管件，不应采用机械三通。 12.3.19　架空管道的安装位置应符合设计要求，并应符合下列规定： 3　消防给水管穿过地下室外墙、构筑物墙壁以及屋面等有防水要求处时，应设防水套管； 4　消防给水管穿过建筑物承重墙或基础时，应预留洞口，洞口高度应保证管顶上部净空不小于建筑物的沉降量，不宜小于 0.1m，并应填充不透水的弹性材料； 5　消防给水管穿过墙体或楼板时应加设套管，套管长度不应小于墙体厚度，或应高出楼面或地面 50mm；套管与管道的间隙应采用不燃材料填塞，管道的接口不应位于套管内； 6　消防给水管必须穿过伸缩缝及沉降缝时，应采用波纹管和补偿器等技术措施
管道的防腐、防冻	《消防给水及消火栓系统技术规范》GB 50974—2014	8.2.10　架空充水管道应设置在环境温度不低于 5℃ 的区域，当环境温度低于 5℃ 时，应采取防冻措施；室外架空管道当温差变化较大时应校核管道系统的膨胀和收缩，并应采取相应的技术措施。 8.2.13　埋地钢管和铸铁管，应根据土壤和地下水腐蚀性等因素确定管外壁防腐措施；海边、空气潮湿等空气中含有腐蚀性介质的场所的架空管道外壁，应采取相应的防腐措施。 12.3.19　架空管道的安装位置应符合设计要求，并应符合下列规定： 7　消防给水管可能发生冰冻时，应采取防冻技术措施； 8　通过及敷设在有腐蚀性气体的房间内时，管外壁应刷防腐漆或缠绕防腐材料

验收内容	规范名称	主要内容
管道防静电措施	《消防设施通用规范》 GB 55036—2022	**2.0.4** 消防给水与灭火设施中位于爆炸危险性环境的供水管道及其他灭火介质输送管道和组件，应采取静电防护措施
支吊架及抗震支吊架	《消防给水及消火栓系统技术规范》 GB 50974—2014	12.3.20 架空管道的支吊架应符合下列规定： 4 管道支架或吊架的设置间距不应大于表5.6-5的要求； 5 当管道穿梁安装时，穿梁处可作为一个吊架； 6 下列部位应设置固定支架或防晃支架： 1）配水管宜在中点设一个防晃支架，但当管径小于 DN50 时可不设； 2）配水干管及配水管，配水支管的长度超过 15m，每 15m 长度内应至少设 1 个防晃支架，但当管径不大于 DN40 可不设； 3）管径大于 DN50 的管道拐弯、三通及四通位置处应设 1 个防晃支架； 4）防晃支架的强度，应满足管道、配件及管内水的重量再加 50% 的水平方向推力时不损坏或不产生永久变形；当管道穿梁安装时，管道再用紧固件固定于混凝土结构上，宜可作为 1 个防晃支架处理。 12.3.21 架空管道每段管道设置的防晃支架不应少于 1 个；当管道改变方向时，应增设防晃支架；立管应在其始端和终端设防晃支架或采用管卡固定。 12.3.23 地震烈度在 7 度及 7 度以上时，架空管道保护应符合下列要求： 7 竖向支撑应符合下列规定： 1）系统管道应有承受横向和纵向水平载荷的支撑； 2）竖向支撑应牢固且同心，支撑的所有部件和配件应在同一直线上； 3）对供水主管，竖向支撑的间距不应大于 24m； 4）立管的顶部应采用四个方向的支撑固定； 5）供水主管上的横向固定支架，其间距不应大于 12m
	《建筑机电工程抗震设计规范》 GB 50981—2014	8.3.1 每段水平直管道应在两端设置侧向抗震支吊架。 8.3.2 当两个侧向抗震支吊架间距大于最大设计间距时，应在中间增设侧向抗震支吊架。 8.3.3 每段水平直管道应至少设置一个纵向抗震支吊架，当两个纵向抗震支吊架距离大于最大设计间距时，应按本规范第 8.2.3 条的规定间距依次增设纵向抗震支吊架。 8.3.10 水平管道在安装柔性补偿器及伸缩节的两端应设置侧向及纵向抗震支吊架

表 5.6-4 机械三通、机械四通连接时支管直径

主管直径 DN		65	80	100	125	150	200	250	300
支管直径 DN	机械三通	40	40	65	80	100	100	100	100
	机械四通	32	32	50	65	80	100	100	100

注：本表引自《消防给水及消火栓系统技术规范》GB 50974—2014 第 12.3.12 条中表 12.3.12。

表 5.6-5　管道支架或吊架的设置间距

管径（mm）	25	32	40	50	70	80
间距（m）	3.5	4.0	4.5	5.0	6.0	6.0
管径（mm）	100	125	150	200	250	300
间距（m）	6.5	7.0	8.0	9.5	11.0	12.0

注：本表引自《消防给水及消火栓系统技术规范》GB 50974—2014 第12.3.20条中表12.3.20-2。

5.7　室外消火栓

一、验收内容

室外消火栓设置位置、数量、安装质量。

二、验收方法

1. 对照消防设计文件及竣工图纸，现场核查室外消火栓设置位置、数量是否与设计图纸一致。

2. 查看室外消火栓的安装质量，是否设置永久性标识；测量地下式消火栓顶部距井盖底面的距离。

三、规范依据

对于室外消火栓的设置要求，见表5.7-1。

表 5.7-1　室外消火栓的设置要求

验收内容	规范名称	主要内容
设置位置	《消防给水及消火栓系统技术规范》GB 50974—2014	7.2.5　市政消火栓的保护半径不应超过150m，间距不应大于120m。 7.2.6　市政消火栓应布置在消防车易于接近的人行道和绿地等地点，且不应妨碍交通，并应符合下列规定： 1　市政消火栓距路边不宜小于0.5m，并不应大于2.0m； 2　市政消火栓距建筑外墙或外墙边缘不宜小于5.0m； 3　市政消火栓应避免设置在机械易撞击的地点，确有困难时，应采取防撞措施。 7.3.1　建筑室外消火栓的布置除应符合本节的规定外，还应符合本规范第7.2节的有关规定。 7.3.3　室外消火栓宜沿建筑周围均匀布置，且不宜集中布置在建筑一侧；建筑消防扑救面一侧的室外消火栓数量不宜少于2个。 7.3.4　人防工程、地下工程等建筑应在出入口附近设置室外消火栓，且距出入口的距离不宜小于5m，并不宜大于40m。 7.3.5　停车场的室外消火栓宜沿停车场周边设置，且与最近一排汽车的距离不宜小于7m，距加油站或油库不宜小于15m。 7.3.6　甲、乙、丙类液体储罐区和液化烃罐罐区等构筑物的室外消火栓，应设在防火堤或防护墙外，数量应根据每个罐的设计流量经计算确定，但距罐壁15m范围内的消火栓，不应计算在该罐可使用的数量内。 7.3.7　工艺装置区等采用高压或临时高压消防给水系统的场所，其周围应设置室外消火栓，数量应根据设计流量经计算确定，且间距不应大于60.0m。当工艺装置区宽度大于120.0m时，宜在该装置区内的路边设置室外消火栓 6.1.5　市政消火栓或消防车从消防水池吸水向建筑供应室外消防给水时，应符合下列规定：

续表

验收内容	规范名称	主要内容
数量	《消防给水及消火栓系统技术规范》GB 50974—2014	供消防车吸水的室外消防水池的每个取水口宜按一个室外消火栓计算，且其保护半径不应大于 150m。 距建筑外缘 5m～150m 的市政消火栓可计入建筑室外消火栓的数量，但当为消防水泵接合器供水时，距建筑外缘 5m～40m 的市政消火栓可计入建筑室外消火栓的数量。 当市政给水管网为环状时，符合本条上述内容的室外消火栓出流量宜计入建筑室外消火栓设计流量；但当市政给水管网为枝状时，计入建筑的室外消火栓设计流量不宜超过一个市政消火栓的出流量。 7.3.2　建筑室外消火栓的数量应根据室外消火栓设计流量和保护半径经计算确定，保护半径不应大于 150.0m，每个室外消火栓的出流量宜按 10L/s～15L/s 计算
安装质量	《消防给水及消火栓系统技术规范》GB 50974—2014	7.3.9　当工艺装置区、储罐区、堆场等构筑物采用高压或临时高压消防给水系统时，消火栓的设置应符合下列规定。 　1　室外消火栓处宜配置消防水带和消防水枪。 　8.3.7　消防给水系统的室内外消火栓、阀门等设置位置，应设置永久性固定标识。 　12.3.7　市政和室外消火栓的安装应符合下列规定： 　3　地下式消火栓顶部进水口或顶部出水口应正对井口。顶部进水口或顶部出水口与消防井盖底面的距离不应大于 0.4m，井内应有足够的操作空间，并做好防水措施； 　4　地下式室外消火栓应设置永久性固定标志； 　5　当室外消火栓安装部位火灾时存在可能落物危险时，上方应采取防坠落物撞击的措施； 　6　市政和室外消火栓安装位置应符合设计要求，且不应妨碍交通，在易碰撞的地点应设置防撞设施

5.8　室内消火栓

5.8.1　室内消火栓的设置及系统选择

一、验收内容

1. 设置室内消火栓的场所。

2. 室内消火栓系统选择。

二、验收方法

1. 对照消防设计文件及竣工图纸，根据建筑或场所的使用性质、规模，核对是否需要设置室内消火栓系统。

2. 对照消防设计文件及竣工图纸，核对现场室内消火栓系统的选择。

三、规范依据

对于室内消火栓设置及系统选择的要求，见表 5.8-1。

表 5.8-1 室内消火栓设置及系统选择的要求

验收内容	规范名称	主要内容
室内消火栓系统的设置	《建筑防火通用规范》 GB 55037—2022	8.1.7 除不适用水保护或灭火的场所、远离城镇且无人值守的独立建筑、散装粮食仓库、金库可不设置室内消火栓系统外，下列建筑应设置室内消火栓系统： 1 建筑占地面积大于 300m² 的甲、乙、丙类厂房； 2 建筑占地面积大于 300m² 的甲、乙、丙类仓库； 3 高层公共建筑，建筑高度大于 21m 的住宅建筑； 4 特等和甲等剧场，座位数大于 800 个的乙等剧场，座位数大于 800 个的电影院，座位数大于 1200 个的礼堂，座位数大于 1200 个的体育馆等建筑； 5 建筑体积大于 5000m³ 的下列单、多层建筑：车站、码头、机场的候车（船、机）建筑，展览、商店、旅馆和医疗建筑，老年人照料设施，档案馆，图书馆； 6 建筑高度大于 15m 或建筑体积大于 10000m³ 的办公建筑、教学建筑及其他单、多层民用建筑； 7 建筑面积大于 300m² 的汽车库和修车库； 8 建筑面积大于 300m² 且平时使用的人民防空工程； 9 地铁工程中的地下区间、控制中心、车站及长度大于 30m 的人行通道，车辆基地内建筑面积大于 300m² 的建筑； 10 通行机动车的一、二、三类城市交通隧道
	《建筑设计防火规范》 GB 50016—2014 （2018 年版）	8.2.4 人员密集的公共建筑、建筑高度大于 100m 的建筑和建筑面积大于 200m² 的商业服务网点内应设置消防软管卷盘或轻便消防水龙。高层住宅建筑的户内宜配置轻便消防水龙。 老年人照料设施内应设置与室内供水系统直接连接的消防软管卷盘，消防软管卷盘的设置间距不应大于 30.0m
	《消防给水及消火栓系统技术规范》 GB 50974—2014	7.1.2 室内环境温度不低于 4℃，且不高于 70℃ 的场所，应采用湿式室内消火栓系统。 7.1.3 室内环境温度低于 4℃ 或高于 70℃ 的场所，宜采用干式消火栓系统。 7.1.4 建筑高度不大于 27m 的多层住宅建筑设置室内湿式消火栓系统确有困难时，可设置干式消防竖管。 7.1.5 严寒、寒冷等冬季结冰地区城市隧道及其他构筑物的消火栓系统，应采取防冻措施，并宜采用干式消火栓系统和干式室外消火栓

5.8.2 室内消火栓的布置及组件安装

一、验收内容

1. 室内消火栓布置。

2. 室内消火栓的组件安装及箱内的组件完整性。

二、验收方法

1. 对照消防设计文件及竣工图纸，查看室内消火栓的安装位置。

2. 现场查看室内消火栓的安装质量及室内消火栓箱内组件是否齐全。

三、规范依据

对于室内消火栓布置及安装要求,见表 5.8-2。

表 5.8-2　室内消火栓的布置及安装要求

验收内容	规范名称	主要内容
设置位置	《消防设施通用规范》 GB 55036—2022	**3.0.5**　室内消火栓系统应符合下列规定: **3**　在设置室内消火栓的场所内,包括设备层在内的各层均应设置消火栓; **4**　室内消火栓的设置应方便使用和维护
	《消防给水及消火栓 系统技术规范》 GB 50974—2014	**7.4.4**　屋顶设有直升机停机坪的建筑,应在停机坪出入口处或非电器设备机房处设置消火栓,且距停机坪机位边缘的距离不应小于 5.0m。 **7.4.5**　消防电梯前室应设置室内消火栓,并应计入消火栓使用数量。 **7.4.7**　建筑室内消火栓的设置位置应满足火灾扑救要求,并应符合下列规定: **1**　室内消火栓应设置在楼梯间及其休息平台和前室、走道等明显易于取用,以及便于火灾扑救的位置; **2**　住宅的室内消火栓宜设置在楼梯间及其休息平台; **3**　汽车库内消火栓的设置不应影响汽车的通行和车位的设置,并应确保消火栓的开启; **4**　同一楼梯间及其附近不同层设置的消火栓,其平面位置宜相同; **5**　冷库的室内消火栓应设置在常温穿堂或楼梯间内。 **7.4.9**　设有室内消火栓的建筑应设置带有压力表的试验消火栓,其设置位置应符合下列规定: **1**　多层和高层建筑应在其屋顶设置,严寒、寒冷等冬季结冰地区可设置在顶层出口处或水箱间内等便于操作和防冻的位置; **2**　单层建筑宜设置在水力最不利处,且应靠近出入口
间距		**7.4.10**　室内消火栓宜按直线距离计算其布置间距,并应符合下列规定: **1**　消火栓按 2 支消防水枪的 2 股充实水柱布置的建筑物,消火栓的布置间距不应大于 30.0m; **2**　消火栓按 1 支消防水枪的 1 股充实水柱布置的建筑物,消火栓的布置间距不应大于 50.0m
安装质量	《消防给水及消火栓 系统技术规范》 GB 50974—2014	**7.1.6**　干式消火栓系统的充水时间不应大于 5min,并应符合下列规定: **1**　在供水干管上宜设干式报警阀、雨淋阀或电磁阀、电动阀等快速启闭装置;当采用电动阀时开启时间不应超过 30s; **2**　当采用雨淋阀、电磁阀和电动阀时,在消火栓箱处应设置直接开启快速启闭装置的手动按钮; **3**　在系统管道的最高处应设置快速排气阀。

验收内容	规范名称	主要内容
安装质量	《消防给水及消火栓系统技术规范》GB 50974—2014	7.4.8 建筑室内消火栓栓口的安装高度应便于消防水龙带的连接和使用，其距地面高度宜为 1.1m；其出水方向应便于消防水带的敷设，并宜与设置消火栓的墙面成 90℃角或向下。 7.4.13 建筑高度不大于 27m 的住宅，当设置消火栓时，可采用干式消防竖管，并应符合下列规定： 1 干式消防竖管宜设置在楼梯间休息平台，且仅应配置消火栓栓口； 2 干式消防竖管应设置消防车供水接口； 3 消防车供水接口应设置在首层便于消防车接近和安全的地点； 4 竖管顶端应设置自动排气阀。 12.3.9 室内消火栓及消防软管卷盘或轻便水龙的安装应符合下列规定： 1 室内消火栓及消防软管卷盘和轻便水龙的选型、规格应符合设计要求； 2 同一建筑物内设置的消火栓、消防软管卷盘和轻便水龙应采用统一规格的栓口、消防水枪和水带及配件； 3 试验用消火栓栓口处应设置压力表； 4 当消火栓设置减压装置时，应检查减压装置符合设计要求，且安装时应有防止砂石等杂物进入栓口的措施； 5 室内消火栓及消防软管卷盘和轻便水龙应设置明显的永久性固定标志，当室内消火栓因美观要求需要隐蔽安装时，应有明显的标志，并应便于开启使用； 6 消火栓栓口出水方向宜向下或与设置消火栓的墙面成 90°角，栓口不应安装在门轴侧； 7 消火栓栓口中心距地面应为 1.1m，特殊地点的高度可特殊对待，允许偏差±20mm。 12.3.10 消火栓箱的安装应符合下列规定： 1 消火栓的启闭阀门设置位置应便于操作使用，阀门的中心距箱侧面应为 140mm，距箱后内表面应为 100mm，允许偏差±5mm； 2 室内消火栓箱的安装应平正、牢固，暗装的消火栓箱不应破坏隔墙的耐火性能； 3 箱体安装的垂直度允许偏差为±3mm； 4 消火栓箱门的开启不应小于 120°； 5 安装消火栓水龙带，水龙带与消防水枪和快速接头绑扎好后，应根据箱内构造将水龙带放置； 6 双向开门消火栓箱应有耐火等级应符合设计要求，当设计没有要求时应至少满足 1h 耐火极限的要求； 7 消火栓箱门上应用红色字体注明"消火栓"字样
组件完整性	《消防给水及消火栓系统技术规范》GB 50974—2014	7.4.2 室内消火栓的配置应符合下列要求： 1 应采用 DN65 室内消火栓，并可与消防软管卷盘或轻便水龙设置在同一箱体内； 2 应配置公称直径 65 有内衬里的消防水带，长度不宜超过25.0m；消防软管卷盘应配置内径不小于 ϕ19 的消防软管，其长度宜为 30.0m；轻便水龙应配置公称直径 25 有内衬里的消防水带，长度宜为 30.0m； 3 宜配置当量喷嘴直径 16mm 或 19mm 的消防水枪，但当消火栓设计流量为 2.5L/s 时宜配置当量喷嘴直径 11mm 或 13mm 的消防水枪；消防软管卷盘和轻便水龙应配置当量喷嘴直径 6mm 的消防水枪

验收内容	规范名称	主要内容
组件完整性	《火灾自动报警系统施工及验收标准》GB 50166—2019	3.3.16　手动火灾报警按钮、消火栓按钮、防火卷帘手动控制装置、气体灭火系统手动与自动控制转换装置、气体灭火系统现场启动和停止按钮的安装，应符合下列规定： 1　手动火灾报警按钮、防火卷帘手动控制装置、气体灭火系统手动与自动控制转换装置、气体灭火系统现场启动和停止按钮应设置在明显和便于操作的部位，其底边距地（楼）面的高度宜为 1.3m～1.5m，且应设置明显的永久性标识，消火栓按钮应设置在消火栓箱内，疏散通道设置的防火卷帘两侧均应设置手动控制装置

5.9　消　防　排　水

一、验收内容

1. 消防水泵房、有消防系统的地下室、消防电梯井底、仓库等场所的消防排水措施的设置。

2. 排水设施的功能。

二、验收方法

1. 对照消防设计文件及竣工图纸，现场查看应设置排水设施的部位设置的排水设施是否与设计一致。

2. 测试排水设施的排水功能。

三、规范依据

消防排水设施的设置要求及功能见表 5.9-1。

表 5.9-1　消防排水设施的设置要求及功能

验收内容	规范名称	主要内容
消防排水	《消防给水及消火栓系统技术规范》GB 50974—2014	9.2.1　下列建筑物和场所内应采取消防排水措施： 1　消防水泵房； 2　设有消防给水系统的地下室； 3　消防电梯的井底； 4　仓库。 9.2.2　室内消防排水应符合下列规定： 1　室内消防排水宜排入室外雨水管道； 2　当存有少量可燃液体时，排水管道应设置水封，并宜间接排入室外污水管道； 3　地下室的消防排水设施宜与地下室其他地面废水排水设施共用。 9.2.3　消防电梯的井底排水设施应符合下列规定： 1　排水泵集水井的有效容量不应小于 2.00m³； 2　排水泵的排水量不应小于 10L/s； 3　室内消防排水设施应采取防止倒灌的技术措施。 9.3.1　消防给水系统试验装置处应设置专用排水设施，排水管径应符合下列规定： 1　自动喷水灭火系统等自动水灭火系统末端试水装置处的排水立管径，应根据末端试水装置的泄流量确定，并不宜小于 DN75； 2　报警阀处的排水立管宜为 DN100； 3　减压阀处的压力试验排水管道直径应根据减压阀流量确定，但不应小于 DN100

验收内容	规范名称	主要内容
测试排水	《消防给水及消火栓系统技术规范》GB 50974—2014	13.1.9 调试过程中，系统排出的水应通过排水设施全部排走，并应符合下列规定： 1 消防电梯排水设施的自动控制和排水能力应进行测试； 2 报警阀排水试验管处和末端试水装置处排水设施的排水能力应进行测试，且在地面不应有积水； 3 试验消火栓处的排水能力应满足试验要求； 4 消防水泵房排水设施的排水能力应进行测试，并应符合设计要求

5.10 系 统 功 能

5.10.1 室外消火栓系统的功能

一、验收内容

室外消火栓系统的压力、流量。

二、验收方法

用消火栓系统试水检测装置连接室外消火栓接口进行放水试验，系统流量、压力应符合设计要求。

三、规范依据

《消防给水及消火栓系统技术规范》GB 50974—2014 的规定

第 7.2.8 条规定，当市政给水管网设有市政消火栓时，其平时运行工作压力不应小于 0.14MPa，火灾时水力最不利市政消火栓的出流量不应小于 15L/s，且供水压力从地面算起不应小于 0.10MPa。

第 7.3.1 条规定，建筑室外消火栓的布置除应符合本节的规定外，还应符合本规范第 7.2 节市政消火栓的有关规定。

5.10.2 室内消火栓系统的功能

一、验收内容

1. 室内湿式消火栓系统功能。

2. 室内干式消火栓系统功能。

3. 消火栓报警按钮功能。

二、验收方法

1. 室内湿式消火栓系统功能测试

（1）将消火栓系统试水检测装置连接至试验消火栓，测量最不利点静压。接好消火栓系统栓口测压装置、水带、水枪，同时打开两台消火栓，使管网压力持续降低，消防水泵出水干管上压力开关或水箱出水管上的流量开关连锁启动消防水泵，待水枪出水稳定后，查看消火栓系统栓口测压装置显示，如果压力显示≥0.25MPa，视为最不利点充实水柱≥

10m；压力显示≥0.35MPa，视为最不利点充实水柱≥13m。

（2）将消火栓系统试水检测装置连接至最低处室内消火栓，测量最有利点静压。接好消火栓系统栓口测压装置、水带、水枪，开启一台消火栓，待水枪出水稳定后，查看消火栓系统栓口测压装置压力显示。

2. 室内干式消火栓系统功能测试

（1）干式报警阀形式功能测试：打开系统管网最不利点消火栓放气，管网泄压后查看干式报警阀是否动作，系统是否开始排气、充水，压力开关、水力警及水泵的动作情况；查看充气装置是否停止动作，用秒表记录从放气到水泵启动的时间；调节电接点压力表的设定值，查看充气装置启停情况。

（2）雨淋阀形式功能测试：打开系统管网最不利点消火栓放气，并按下消火栓箱内手动按钮模拟火灾发生，查看雨淋阀是否通过消火栓按钮动作而开启，查看系统是否开始排气、充水，压力开关、水力警铃及水泵的动作情况。用秒表记录从放气到水泵启动的时间及从放气到末端消火栓出水时间。

（3）电磁阀（电动阀）形式功能测试：打开1个干式消火栓放气，并按下消火栓箱内手动按钮模拟火灾发生，查看电磁阀（电动阀）是否由消火栓按钮动作而开启，查看系统是否开始排气、充水，查看水泵动作情况。用秒表记录电动阀门的开启时间，不得大于30s；用秒表记录从放气到水泵启动的时间；测试电动阀/电磁阀失效情况下，旁通紧急阀门的启闭是否正常。

注：三种模式中，因干式报警阀形式排气充水时间过长，以及受电磁阀和电动阀会因产品质量、维护麻烦及日常耗电等总体使用寿命等因素影响，采用雨淋阀形式系统相对最为可靠。

3. 消火栓报警按钮功能测试

将消防联动控制器调至自动状态，在系统最不利点楼层或防火分区，使两只烟感探测器报警，或使一只火灾探测器和一只手动火灾报警按钮，同时启动一只同报警区域的消火栓按钮，进行消火栓按钮联动启动消火栓水泵试验，重点查看是否按照预设联动逻辑关系联动水泵启动功能、水泵启动信号是否反馈以及查看消火栓按钮报警信息是否在消防控制器图形显示装置显示。

三、规范依据

对于室内消火栓的系统功能要求，见表5.10-1。

表 5.10-1　室内消火栓的系统功能要求

验收内容	规范名称	主要内容
室内湿式消火栓系统功能	《消防给水及消火栓系统技术规范》GB 50974—2014	7.4.12　室内消火栓栓口压力和消防水枪充实水柱，应符合下列规定： 1　消火栓栓口动压力不应大于0.50MPa；当大于0.70MPa时必须设置减压装置； 2　高层建筑、厂房、库房和室内净空高度超过8m的民用建筑等场所，消火栓栓口动压不应小于0.35MPa，且消防水枪充实水柱应按13m计算；其他场所，消火栓栓口动压不应小于0.25MPa，且消防水枪充实水柱应按10m计算。 13.2.15　消防给水系统流量、压力的验收，应通过系统流量、压力检测装置和末端试水装置进行放水试验，系统流量、压力和消火栓充实水柱等应符合设计要求。

验收内容	规范名称	主要内容
室内湿式消火栓系统功能	《消防给水及消火栓系统技术规范》GB 50974—2014	13.2.17 应进行系统模拟灭火功能试验，且应符合下列要求： 2 流量开关、低压压力开关和报警阀压力开关等动作，应能自动启动消防水泵与其联锁的相关设备，并应有反馈信号显示； 3 消防水泵启动后，应有反馈信号显示
消火栓按钮功能	《消防给水及消火栓系统技术规范》GB 50974—2014	11.0.19 消火栓按钮不宜作为直接启动消防水泵的开关，但可作为发出报警信号的开关或启动干式消火栓系统的快速启闭装置等
消火栓按钮功能	《火灾自动报警系统设计规范》GB 50116—2013	4.3.1 联动控制方式，应由消火栓系统出水干管上设置的低压压力开关、高位消防水箱出水管上设置的流量开关或报警阀压力开关等信号作为触发信号，直接控制启动消火栓泵，联动控制不应受消防联动控制器处于自动或手动状态影响。当设置消火栓按钮时，消火栓按钮的动作信号应作为报警信号及启动消火栓泵的联动触发信号，由消防联动控制器联动控制消火栓泵的启动
消火栓按钮功能	《火灾自动报警系统施工及验收标准》GB 50166—2019	4.17.4 对消火栓按钮的启动、反馈功能进行检查并记录，消火栓按钮的启动、反馈功能应符合下列规定： 1 使消火栓按钮动作，消火栓按钮启动确认灯应点亮并保持，消防联动控制器应发出声、光报警信号，记录启动时间； 2 消防联动控制器应显示启动设备名称和地址注释信息，且控制器显示的地址注释信息应符合本标准第4.2.2条的规定； 3 消防泵启动后，消火栓按钮回答确认灯应点亮并保持
干式消火栓系统功能	《消防给水及消火栓系统技术规范》GB 50974—2014	7.1.6 干式消火栓系统的充水时间不应大于5min，并应符合下列规定： 1 在供水干管上宜设干式报警阀、雨淋阀或电磁阀、电动阀等快速启闭装置；当采用电动阀时开启时间不应超过30s。 13.2.11 干式消火栓系统报警阀组的验收应符合下列要求： 1 报警阀组的各组件应符合产品标准要求； 2 打开系统流量压力检测装置放水阀，测试的流量、压力应符合设计要求； 3 水力警铃的设置位置应正确。测试时，水力警铃喷嘴处压力不应小于0.05MPa，且距水力警铃3m远处警铃声声强不应小于70dB； 4 打开手动试水阀动作应可靠； 5 控制阀均应锁定在常开位置； 6 与空气压缩机或火灾自动报警系统的联锁控制，应符合设计要求。 13.2.17 应进行系统模拟灭火功能试验，且应符合下列要求： 1 干式消火栓报警阀动作，水力警铃应鸣响压力开关动作； 2 流量开关、低压压力开关和报警阀压力开关等动作，应能自动启动消防水泵及与其联锁的相关设备，并应有反馈信号显示； 3 消防水泵启动后，应有反馈信号显示； 4 干式消火栓系统的干式报警阀的加速排气器动作后，应有反馈信号显示； 5 其他消防联动控制设备启动后，应有反馈信号显示

第6章 自动喷水灭火系统

6.1 供 水 设 施

消防水源、消防水泵、稳压设施、高位消防水箱、水泵接合器的相关要求参照本手册第5章第5.1~5.5节的相关内容。

6.2 报 警 阀 组

6.2.1 报警阀组

一、验收内容

1. 报警阀组数量、设置位置，排水设施的位置。

2. 报警阀组及附件的安装质量。

二、验收方法

1. 对照消防设计文件及竣工图纸，抽查报警阀组的设置位置和数量与设计文件的一致性，查看报警阀组地面的排水设施。用钢卷尺或测距仪测量安装距离和高度。

2. 查看报警阀组及附件的安装质量。

三、规范依据

对于报警阀组的设置要求，见表6.2-1。

表6.2-1 报警阀组的设置要求

验收内容	规范名称	主要内容
报警阀组数量	《自动喷水灭火系统设计规范》GB 50084—2017	6.2.1 自动喷水灭火系统应设报警阀组。保护室内钢屋架等建筑构件的闭式系统，应设独立的报警阀组。水幕系统应设独立的报警阀组或感温雨淋报警阀。 6.2.2 串联接入湿式系统配水干管的其他自动喷水灭火系统，应分别设置独立的报警阀组，其控制的洒水喷头数计入湿式报警阀组控制的洒水喷头总数。 6.2.3 一个报警阀组控制的洒水喷头数应符合下列规定： 1 湿式系统、预作用系统不宜超过800只；干式系统不宜超过500只； 2 当配水支管同时设置保护吊顶下方和上方空间的洒水喷头时，应只将数量较多一侧的洒水喷头计入报警阀组控制的洒水喷头总数。 6.2.4 每个报警阀组供水的最高与最低位置洒水喷头，其高程差不宜大于50m

验收内容	规范名称	主要内容
报警阀组安装要求	《自动喷水灭火系统施工及验收规范》GB 50261—2017	5.3.1 报警阀组的安装应在供水管网试压、冲洗合格后进行。安装时应先安装水源控制阀、报警阀，然后进行报警阀辅助管道的连接。水源控制阀、报警阀与配水干管的连接，应使水流方向一致。报警阀组安装的位置应符合设计要求；当设计无要求时，报警阀组应安装在便于操作的明显位置，距室内地面高度宜为 1.2m；两侧与墙的距离不应小于 0.5m；正面与墙的距离不应小于 1.2m；报警阀组凸出部位之间的距离不应小于 0.5m。安装报警阀组的室内地面应有排水设施，排水能力应满足报警阀调试、验收和利用试水阀门泄空系统管道的要求。 5.3.3 湿式报警阀组的安装应符合下列要求： 1 应使报警阀前后的管道中能顺利充满水；压力波动时，水力警铃不应发生误报警。 5.3.4 干式报警阀组的安装应符合下列要求： 1 应安装在不发生冰冻的场所。 2 安装完成后，应向报警阀气室注入高度为 50mm～100mm 的清水。 3 充气连接管接口应在报警阀气室充注水位以上部位，且充气连接管的直径不应小于 15mm；止回阀、截止阀应安装在充气连接管上。 5 安全排气阀应安装在气源与报警阀之间，且应靠近报警阀。 6 加速器应安装在靠近报警阀的位置，且应有防止水进入加速器的措施。 7 低气压预报警装置应安装在配水干管一侧。 8 下列部位应安装压力表： (1) 报警阀充水一侧和充气一侧； (2) 空气压缩机的气泵和储气罐上； (3) 加速器上。 9 管网充气压力应符合设计要求。 5.3.5 雨淋阀组的安装应符合下列要求： 1 雨淋阀组可采用电动开启、传动管开启或手动开启，开启控制装置的安装应安全可靠。水传动管的安装应符合湿式系统有关要求。 2 预作用系统雨淋阀组后的管道若需充气，其安装应按干式报警阀组有关要求进行。 3 雨淋阀组的观测仪表和操作阀门的安装位置应符合设计要求，并应便于观测和操作。 4 雨淋阀组手动开启装置的安装位置应符合设计要求，且在发生火灾时应能安全开启和便于操作。 5 压力表应安装在雨淋阀的水源一侧
过滤器	《自动喷水灭火系统施工及验收规范》GB 50261—2017	5.3.3 湿式报警阀组的安装应符合下列要求： 2 报警水流通路上的过滤器应安装在延迟器前，且便于排渣操作的位置
	《自动喷水灭火系统设计规范》GB 50084—2017	6.2.5 雨淋报警阀组的电磁阀，其入口应设过滤器。并联设置雨淋报警阀组的雨淋系统，其雨淋报警阀控制腔的入口应设止回阀

续表

验收内容	规范名称	主要内容
压力开关	《自动喷水灭火系统施工及验收规范》GB 50261—2017	5.4.3 压力开关应竖直安装在通往水力警铃的管道上，且不应在安装中拆装改动。管网上的压力控制装置的安装应符合设计要求
水力警铃		5.4.4 水力警铃应安装在公共通道或值班室附近的外墙上，且应安装检修、测试用的阀门。水力警铃和报警阀的连接应采用热镀锌钢管，当镀锌钢管的公称直径为20mm时，其长度不宜大于20m；安装后的水力警铃启动时，警铃声强度应不小于70dB
压力表、排水管、试验阀、水源控制阀	《消防设施通用规范》**GB 55036—2022**	**4.0.7 自动喷水灭火系统环状供水管网及报警阀进出口采用的控制阀，应为信号阀或具有确保阀位处于常开状态的措施**
	《自动喷水灭火系统施工及验收规范》GB 50261—2017	5.3.2 报警阀组附件的安装应符合下列要求： 1 压力表应安装在报警阀上便于观测的位置。 2 排水管和试验阀应安装在便于操作的位置。 3 水源控制阀安装应便于操作，且应有明显开闭标志和可靠的锁定设施
充气装置	《自动喷水灭火系统施工及验收规范》GB 50261—2017	5.3.4 干式报警阀组的安装应符合下列要求： 3 充气连接管接口应在报警阀气室充注水位以上部位，且充气连接管的直径不应小于15mm；止回阀、截止阀应安装在充气连接管上。 4 气源设备的安装应符合设计要求和国家现行有关标准的规定。 5 安全排气阀应安装在气源与报警阀之间，且应靠近报警阀。 6 加速器应安装在靠近报警阀的位置，且应有防止水进入加速器的措施。 5.3.5 雨淋阀组的安装应符合下列要求： 2 预作用系统雨淋阀组后的管道若需充气，其安装应按干式报警阀组有关要求进行

6.2.2 报警阀组功能

一、验收内容

报警阀组的功能。

二、验收方法

1. 湿式、干式报警阀

将喷淋泵控制柜设置在自动状态，手动开启报警阀组试验阀门放水，报警阀动作、水力警铃发出报警铃声、压力开关动作并连锁启动喷淋泵，消防联动控制器准确接收并显示压力开关及消防水泵的反馈信号；距水力警铃3m远处用声级计测量警铃声声强不应小于70dB。

2. 预作用、雨淋报警阀

将喷淋泵控制柜设置在自动状态，直接操作设置在消防控制室内的预作用（雨淋）阀组和快速排气阀入口前的电动阀的启动按钮，报警阀动作、水力警铃发出报警铃声、压力开关动作并连锁启动喷淋泵，消防联动控制器准确接收并显示压力开关及消防水泵的反馈信号；距水力警铃 3m 远处用声级计测量警铃声声强不应小于 70dB。

三、规范依据

《自动喷水灭火系统施工及验收规范》GB 50261—2017 的规定

第 7.2.5 条规定，报警阀调试应符合下列要求：

1 湿式报警阀调试时，在末端装置处放水，当湿式报警阀进口水压大于 0.14MPa、放水流量大于 1L/s 时，报警阀应及时启动；带延迟器的水力警铃应在 5s～90s 内发出报警铃声，不带延迟器的水力警铃应在 15s 内发出报警铃声；压力开关应及时动作，启动消防泵并反馈信号。

2 干式报警阀调试时，开启系统试验阀，报警阀的启动时间、启动点压力、水流到试验装置出口所需时间，均应符合设计要求。

3 雨淋阀调试宜利用检测、试验管道进行。自动和手动方式启动的雨淋阀，应在 15s 之内启动；公称直径大于 200mm 的雨淋阀调试时，应在 60s 之内启动。雨淋阀调试时，当报警水压为 0.05MPa 时，水力警铃应发出报警铃声。

第 8.0.7 条规定，报警阀组的验收应符合下列要求：

2 打开系统流量压力检测装置放水阀，测试的流量、压力应符合设计要求。

3 水力警铃的设置位置应正确。测试时，水力警铃喷嘴处压力不应小于 0.05MPa，且距水力警铃 3m 远处警铃声声强不应小于 70dB。

4 打开手动试水阀或电磁阀时，雨淋阀组动作应可靠。

5 控制阀均应锁定在常开位置。

6 空气压缩机或火灾自动报警系统的联动控制，应符合设计要求。

7 打开末端试（放）水装置，当流量达到报警阀动作流量时，湿式报警阀和压力开关应及时动作，带延迟器的报警阀应在 90s 内压力开关动作，不带延迟器的报警阀应在 15s 内压力开关动作。

雨淋报警阀动作后 15s 内压力开关动作。

6.3 管 网

6.3.1 管网结构形式、供水方式

一、验收内容

管网结构形式、供水方式。

二、验收方法

对照消防设计文件及竣工图纸，观察检查。

三、规范依据

管网结构形式、供水方式应符合本手册第 5 章第 5.6.1 节的相关规定。

6.3.2 管道材质、管径、阀门及相关组件

一、验收内容

1. 管道的材质、管径。

2. 查看压力开关、消防闸阀、球阀、蝶阀、单向阀（止回阀）、电磁阀、截止阀、信号阀、安全阀、排气阀、泄压阀、柔性接头、倒流防止器、水流指示器、排水管等的设置。

3. 系统减压设施的设置情况，如减压阀、减压孔板等。

二、验收方法

1. 查看管道的材质和管径与设计的符合性。

2. 查看管道上安装的倒流防止器、闸阀、截止阀、减压孔板、减压阀、柔性接头、排水管、泄压阀等阀门组件的安装部位和安装质量。

3. 查看消防设计文件及竣工图纸，查看系统减压设施的设置。

三、规范依据

对于管道的材质、管径，管道阀门组件的设置要求，见表 6.3-1。

表 6.3-1　管道的材质、管径，管道阀门组件的设置要求

验收内容	规范名称	主要内容
管道的材质	《自动喷水灭火系统设计规范》GB 50084—2017	8.0.1　配水管道的工作压力不应大于 1.20MPa，并不应设置其他用水设施。 8.0.2　配水管道可采用内外壁热镀锌钢管、涂覆钢管、铜管、不锈钢管和氯化聚氯乙烯（PVC-C）管。当报警阀入口前管道采用不防腐的钢管时，应在报警阀前设置过滤器。 8.0.3　自动喷水灭火系统采用氯化聚氯乙烯（PVC-C）管材及管件时，设置场所的火灾危险等级应为轻危险级或中危险级Ⅰ级，系统应为湿式系统，并采用快速响应洒水喷头，且氯化聚氯乙烯(PVC-C)管材及管件应符合下列要求： 1　应符合现行国家标准《自动喷水灭火系统　第 19 部分：塑料管道及管件》GB/T 5135.19 的规定； 2　应用于公称直径不超过 DN80 的配水管及配水支管，且不应穿越防火分区； 3　当设置在有吊顶场所时，吊顶内应无其他可燃物，吊顶材料应为不燃或难燃装修材料； 4　当设置在无吊顶场所时，该场所应为轻危险级场所，顶板应为水平、光滑顶板，且喷头溅水盘与顶板的距离不应大于 100mm。 8.0.4　洒水喷头与配水管道采用消防洒水软管连接时，应符合下列规定： 1　消防洒水软管仅适用于轻危险级或中危险级Ⅰ级场所，且系统应为湿式系统； 2　消防洒水软管应设置在吊顶内； 3　消防洒水软管的长度不应超过 1.8m
管道的管径	《自动喷水灭火系统设计规范》GB 50084—2017	8.0.7　管道的直径应经水力计算确定。配水管道的布置，应使配水管入口的压力均衡。轻危险级、中危险级场所中各配水管入口的压力均不宜大于 0.40MPa。 8.0.8　配水管两侧每根配水支管控制的标准流量洒水喷头数量，轻危险级、中危险级场所不应超过 8 只，同时在吊顶上下设置喷头的配水支管，上下侧均不应超过 8 只。严重危险级及仓库危险级场所均不应超过 6 只。

验收内容	规范名称	主要内容
管道的管径	《自动喷水灭火系统设计规范》GB 50084—2017	8.0.9　轻危险级、中危险级场所中配水支管、配水管控制的标准流量洒水喷头数量，不宜超过表 6.3-2 的规定。 8.0.10　短立管及末端试水装置的连接管，其管径不应小于 25mm。 8.0.11　干式系统、由火灾自动报警系统和充气管道上设置的压力开关开启预作用装置的预作用系统，其配水管道充水时间不宜大于 1min；雨淋系统和仅由火灾自动报警系统联动开启预作用装置的预作用系统，其配水管道充水时间不宜大于 2min。 8.0.12　干式系统、预作用系统的供气管道，采用钢管时，管径不宜小于 15mm；采用铜管时，管径不宜小于 10mm
排气阀	《自动喷水灭火系统设计规范》GB 50084—2017	4.3.2　自动喷水灭火系统应有下列组件、配件和设施： 4　干式系统和预作用系统的配水管道应设快速排气阀。有压充气管道的快速排气阀入口前应设电动阀
排气阀	《自动喷水灭火系统施工及验收规范》GB 50261—2017	5.4.7　排气阀的安装应在系统管网试压和冲洗合格后进行；排气阀应安装在配水干管顶部、配水管的末端，且应确保无渗漏
水流指示器	《自动喷水灭火系统设计规范》GB 50084—2017	6.3.1　除报警阀组控制的洒水喷头只保护不超过防火分区面积的同层场所外，每个防火分区、每个楼层均应设水流指示器。 6.3.2　仓库内顶板下洒水喷头与货架内置洒水喷头应分别设置水流指示器
水流指示器	《自动喷水灭火系统施工及验收规范》GB 50261—2017	5.4.1　水流指示器的安装应符合下列要求： 1　水流指示器的安装应在管道试压和冲洗合格后进行，水流指示器的规格、型号应符合设计要求。 2　水流指示器应使电器元件部位竖直安装在水平管道上侧，其动作方向应和水流方向一致；安装后的水流指示器桨片、膜片应动作灵活，不应与管壁发生碰擦
压力开关	《自动喷水灭火系统设计规范》GB 50084—2017	6.4.1　雨淋系统和防火分隔水幕，其水流报警装置应采用压力开关。 6.4.2　自动喷水灭火系统应采用压力开关控制稳压泵，并应能调节启停压力
信号阀	《自动喷水灭火系统设计规范》GB 50084—2017	6.2.7　连接报警阀进出口的控制阀应采用信号阀。当不采用信号阀时，控制阀应设锁定阀位的锁具。 6.3.3　当水流指示器入口前设置控制阀时，应采用信号阀
信号阀	《自动喷水灭火系统施工及验收规范》GB 50261—2017	5.4.6　信号阀应安装在水流指示器前的管道上，与水流指示器之间的距离不宜小于 300mm。 5.4.9　压力开关、信号阀、水流指示器的引出线应用防水套管锁定

续表

验收内容	规范名称	主要内容
倒流防止器	《自动喷水灭火系统施工及验收规范》GB 50261—2017	4.1.3 消防供水管直接与市政供水管、生活供水管连接时，连接处应安装倒流防止器。 5.4.12 倒流防止器的安装应符合下列要求： 2 不应在倒流防止器的进口前安装过滤器或者使用带过滤器的倒流防止器。 3 宜安装在水平位置，当竖直安装时，排水口应配备专用弯头。倒流防止器宜安装在便于调试和维护的位置。 4 倒流防止器两端应分别安装闸阀，而且至少有一端应安装挠性接头。 5 倒流防止器上的泄水阀不宜反向安装，泄水阀应采取间接排水方式，其排水管不应直接与排水管（沟）连接
减压设施	《自动喷水灭火系统设计规范》GB 50084—2017	9.3.1 减压孔板应符合下列规定： 1 应设在直径不小于50mm的水平直管段上，前后管段的长度均不宜小于该管段直径的5倍； 2 孔口直径不应小于设置管段直径的30%，且不应小于20mm； 3 应采用不锈钢板材制作。 9.3.5 减压阀的设置应符合下列规定： 1 应设在报警阀组入口前； 2 入口前应设过滤器，且便于排污； 3 当连接两个及以上报警阀组时，应设置备用减压阀； 4 垂直设置的减压阀，水流方向宜向下； 5 比例式减压阀宜垂直设置，可调式减压阀宜水平设置； 6 减压阀前后应设控制阀和压力表，当减压阀主阀体自身带有压力表时，可不设置压力表； 7 减压阀和前后的阀门宜有保护或锁定调节配件的装置

表 6.3-2 轻、中危险级场所中配水支管、配水管控制的标准流量洒水喷头数量

公称管径（mm）	控制的喷头数（只）	
	轻危险级	中危险级
25	1	1
32	3	3
40	5	4
50	10	8
65	18	12
80	48	32
100	—	64

注：本表引自《自动喷水灭火系统设计规范》GB 50084—2017 第8.0.9条中表8.0.9。

6.3.3 管道的安装

一、验收内容

1. 管道的接头及连接方式。

2. 管道采取的防腐、防冻措施。

3. 配水支管，配水管，配水干管设置的支、吊架和防晃支架。

二、验收方法

1. 对照消防设计文件及竣工图纸，查看管道的管径和材质，核查管道的连接方式是否符合设计要求。

2. 对照消防设计文件及竣工图纸，查看管道采取的防腐、防冻措施是否符合设计要求。

3. 对照消防设计文件及竣工图纸，查看管道支吊架的安装情况。

三、规范依据

对于管道的安装要求，见表 6.3-3。

表 6.3-3　管道的安装要求

验收内容	规范名称	主要内容
管道的接头及连接方式	《自动喷水灭火系统设计规范》GB 50084—2017	8.0.5　配水管道的连接方式应符合下列要求： 1　镀锌钢管、涂覆钢管可采用沟槽式连接件（卡箍）、螺纹或法兰连接，当报警阀前采用内壁不防腐钢管时，可焊接连接； 2　铜管可采用钎焊、沟槽式连接件（卡箍）、法兰和卡压等连接方式； 3　不锈钢管可采用沟槽式连接件（卡箍）、法兰、卡压等连接方式，不宜采用焊接； 4　氯化聚氯乙烯（PVC-C）管材、管件可采用粘接连接，氯化聚氯乙烯（PVC-C）管材、管件与其他材质管材、管件之间可采用螺纹、法兰或沟槽式连接件（卡箍）连接。 8.0.6　系统中直径等于或大于100mm的管道，应分段采用法兰或沟槽式连接件（卡箍）连接。水平管道上法兰间的管道长度不宜大于20m；立管上法兰间的距离，不应跨越3个及以上楼层。净空高度大于8m的场所内，立管上应有法兰
	《自动喷水灭火系统施工及验收规范》GB 50261—2017	5.1.11　沟槽式管件连接应符合下列规定： 5　机械三通连接时，应检查机械三通与孔洞的间隙，各部位应均匀，然后再紧固到位；机械三通开孔间距不应小于500mm，机械四通开孔间距不应小于1000mm；机械三通、机械四通连接时支管的口径应满足表6.3-4的规定。 6　配水干管（立管）与配水管（水平管）连接，应采用沟槽式管件，不应采用机械三通。 5.1.12　螺纹连接应符合下列要求： 2　当管道变径时，宜采用异径接头；在管道弯头处不宜采用补芯，当需要采用补芯时，三通上可用1个，四通上不应超过2个；公称直径大于50mm的管道不宜采用活接头。 5.1.16　管道穿过建筑物的变形缝时，应采取抗变形措施。穿过墙体或楼板时应加设套管，套管长度不得小于墙体厚度，穿过楼板的套管其顶部应高出装饰地面20mm；穿过卫生间或厨房楼板的套管，其顶部应高出装饰地面50mm，且套管底部应与楼板底面相平。套管与管道的间隙应采用不燃材料填塞密实

续表

验收内容	规范名称	主要内容
防腐、防冻措施	《消防给水及消火栓系统技术规范》GB 50974—2014	8.2.10　架空充水管道应设置在环境温度不低于5℃的区域，当环境温度低于5℃时，应采取防冻措施；室外架空管道当温差变化较大时应校核管道系统的膨胀和收缩，并应采取相应的技术措施。 8.2.13　埋地钢管和铸铁管，应根据土壤和地下水腐蚀性等因素确定管外壁防腐措施；海边、空气潮湿等空气中含有腐蚀性介质的场所的架空管道外壁，应采取相应的防腐措施。 12.3.19　架空管道的安装位置应符合设计要求，并应符合下列规定： 　7　消防给水管可能发生冰冻时，应采取防冻技术措施； 　8　通过及敷设在有腐蚀性气体的房间内时，管外壁应刷防腐漆或缠绕防腐材料
支、吊架、防晃支架设置	《自动喷水灭火系统设计规范》GB 50084—2017	8.0.5　配水管道的连接方式应符合下列要求： 　5　铜管、不锈钢管、氯化聚氯乙烯（PVC-C）管应采用配套的支架、吊架
	《自动喷水灭火系统施工及验收规范》GB 50261—2017	5.1.15　管道支架、吊架、防晃支架的安装应符合下列要求： 　1　管道应固定牢固；管道支架或吊架之间的距离不应大于表6.3-5～表6.3-9的规定。 　2　管道支架、吊架、防晃支架的型式、材质、加工尺寸及焊接质量等，应符合设计要求和国家现行有关标准的规定。 　3　管道支架、吊架的安装位置不应妨碍喷头的喷水效果；管道支架、吊架与喷头之间的距离不宜小于300mm；与末端喷头之间的距离不宜大于750mm。 　4　配水支管上每一直管段、相邻两喷头之间的管段设置的吊架均不宜少于1个，吊架的间距不宜大于3.6m。 　5　当管道的公称直径等于或大于50mm时，每段配水干管或配水管设置防晃支架不应少于1个，且防晃支架的间距不宜大于15m；当管道改变方向时，应增设防晃支架。 　6　竖直安装的配水干管除中间用管卡固定外，还应在其始端和终端设防晃支架或采用管卡固定，其安装位置距地面或楼面的距离宜为1.5m～1.8m

表6.3-4　采用支管接头（机械三通、机械四通）时支管的最大允许管径（mm）

主管直径DN		50	65	80	100	125	150	200	250	300
支管直径DN	机械三通	25	40	40	65	80	100	100	100	100
	机械四通	—	32	40	50	65	80	100	100	100

注：本表引自《自动喷水灭火系统施工及验收规范》GB 50261—2017第5.1.11条中表5.1.11。

表6.3-5　镀锌钢管道、涂覆钢管道支架或吊架之间的距离

公称直径（mm）	25	32	40	50	70	80	100	125	150	200	250	300
距离（m）	3.5	4.0	4.5	5.0	6.0	6.0	6.5	7.0	8.0	9.5	11.0	12.0

注：本表引自《自动喷水灭火系统施工及验收规范》GB 50261—2017第5.1.15条中表5.1.15-1。

表 6.3-6 不锈钢管道的支架或吊架之间的距离

公称直径 DN（mm）	25	32	40	50～100	150～300
水平管（m）	1.8	2.0	2.2	2.5	3.5
立管（m）	2.2	2.5	2.8	3.0	4.0

注：1 本表引自《自动喷水灭火系统施工及验收规范》GB 50261—2017 第 5.1.15 条中表 5.1.15-2。

　　2 在距离各管件或阀门 100mm 以内应采用管卡固定牢固，特别在干管变支管处。

　　3 阀门等组件应加设承重支架。

表 6.3-7 铜管道的支架或者吊架之间的距离

公称直径 DN（mm）	25	32	40	50	65	80	100	125	150	200	250	300
水平管（m）	1.8	2.4	2.4	2.4	3.0	3.0	3.0	3.0	3.5	3.5	4.0	4.0
立管（m）	2.4	3.0	3.0	3.0	3.5	3.5	3.5	3.5	4.0	4.0	4.5	4.5

注：本表引自《自动喷水灭火系统施工及验收规范》GB 50261—2017 第 5.1.15 条中表 5.1.15-3。

表 6.3-8 氯化聚氯乙烯（PVC-C）管道支架或吊架之间的距离

公称外径（mm）	25	32	40	50	65	80
最大间距（m）	1.5	2.0	2.1	2.4	2.7	3.0

注：本表引自《自动喷水灭火系统施工及验收规范》GB 50261—2017 第 5.1.15 条中表 5.1.15-4。

表 6.3-9 沟槽连接管道最大支承间距

公称直径（mm）	最大支承间距（m）
65～100	3.5
125～200	4.2
250～315	5.0

注：1 本表引自《自动喷水灭火系统施工及验收规范》GB 50261—2017 第 5.1.15 条中表 5.1.15-5。

　　2 横管的任何两个接头之间应有支承。

　　3 不得支承在接头上。

6.4 喷 头

6.4.1 喷头选型

一、验收内容

喷头设置场所、规格、型号、公称动作温度、响应指数。

二、验收方法

查看消防设计文件及竣工图纸、喷头有关的质量证明文件，现场查看喷头规格、型号与设计的一致性。

三、规范依据

对于喷头选型的规定，见表 6.4-1。

表 6.4-1　喷头选型

验收内容	规范名称	主要内容
喷头选型	《消防设施通用规范》 GB 55036—2022	**4.0.5**　洒水喷头应符合下列规定： **5**　建筑高度大于 100m 的公共建筑，其高层主体内设置的自动喷水灭火系统应采用快速响应喷头； **6**　局部应用系统应采用快速响应喷头
	《自动喷水灭火系统设计规范》 GB 50084—2017	6.1.1　设置闭式系统的场所，洒水喷头类型和场所的最大净空高度应符合表 6.4-2 的规定；仅用于保护室内钢屋架等建筑构件的洒水喷头和设置货架内置洒水喷头的场所，可不受此表规定的限制。 6.1.2　闭式系统的洒水喷头，其公称动作温度宜高于环境最高温度 30℃。 6.1.3　湿式系统的洒水喷头选型应符合下列规定： 1　不做吊顶的场所，当配水支管布置在梁下时，应采用直立型洒水喷头； 2　吊顶下布置的洒水喷头，应采用下垂型洒水喷头或吊顶型洒水喷头； 3　顶板为水平面的轻危险级、中危险级Ⅰ级住宅建筑、宿舍、旅馆建筑客房、医疗建筑病房和办公室，可采用边墙型洒水喷头； 4　易受碰撞的部位，应采用带保护罩的洒水喷头或吊顶型洒水喷头； 5　顶板为水平面，且无梁、通风管道等障碍物影响喷头洒水的场所，可采用扩大覆盖面积洒水喷头； 6　住宅建筑和宿舍、公寓等非住宅类居住建筑宜采用家用喷头； 7　不宜选用隐蔽式洒水喷头；确需采用时，应仅适用于轻危险级和中危险级Ⅰ级场所。 6.1.4　干式系统、预作用系统应采用直立型洒水喷头或干式下垂型洒水喷头。 6.1.5　水幕系统的喷头选型应符合下列规定： 1　防火分隔水幕应采用开式洒水喷头或水幕喷头； 2　防护冷却水幕应采用水幕喷头。 6.1.6　自动喷水防护冷却系统可采用边墙型洒水喷头。 6.1.7　下列场所宜采用快速响应洒水喷头。当采用快速响应洒水喷头时，系统应为湿式系统。 1　公共娱乐场所、中庭环廊； 2　医院、疗养院的病房及治疗区域，老年、少儿、残疾人的集体活动场所； 3　超出消防水泵接合器供水高度的楼层； 4　地下商业场所。 6.1.8　同一隔间内应采用相同热敏性能的洒水喷头。 6.1.9　雨淋系统的防护区内应采用相同的洒水喷头

表 6.4-2　洒水喷头类型和场所净空高度

设置场所		喷头类型			场所净空高度 h（m）
		一只喷头的保护面积	响应时间性能	流量系数 K	
民用建筑	普通场所	标准覆盖面积洒水喷头	快速响应喷头 特殊响应喷头 标准响应喷头	K≥80	h≤8
		扩大覆盖面积洒水喷头	快速响应喷头	K≥80	
	高大空间场所	标准覆盖面积洒水喷头	快速响应喷头	K≥115	8<h≤12
		非仓库型特殊应用喷头			
		非仓库型特殊应用喷头			12<h≤18

续表

设置场所	喷头类型			场所净空高度h（m）
	一只喷头的保护面积	响应时间性能	流量系数K	
厂房	标准覆盖面积洒水喷头	特殊响应喷头 标准响应喷头	K≥80	h≤8
	扩大覆盖面积洒水喷头	标准响应喷头	K≥80	
	标准覆盖面积洒水喷头	特殊响应喷头 标准响应喷头	K≥115	8<h≤12
	非仓库型特殊应用喷头			
仓库	标准覆盖面积洒水喷头	特殊响应喷头 标准响应喷头	K≥80	h≤9
	仓库型特殊应用喷头			h≤12
	早期抑制快速响应喷头			h≤13.5

注：本表引自《自动喷水灭火系统设计规范》GB 50084—2017 第6.1.1条中表6.1.1。

6.4.2 喷头的安装质量

一、验收内容

1. 喷头的安装质量。

2. 有腐蚀性，易产生粉尘、纤维、有碰撞危险和有冰冻危险场所等场所安装的喷头，采取的保护措施。

二、验收方法

1. 用钢卷尺测量喷头安装间距，喷头与楼板、墙、梁等障碍物的距离。

2. 查看有腐蚀性，易产生粉尘、纤维、有碰撞危险和有冰冻危险场所，喷头采取的保护措施。

三、规范依据

对于喷头的安装要求及保护措施的规定，见表6.4-3。

表6.4-3　喷头的安装要求及保护措施

验收内容	规范名称	主要内容
喷头的安装	《消防设施通用规范》 **GB 55036—2022**	**4.0.5**　洒水喷头应符合下列规定： **1**　喷头间距应满足有效喷水和使可燃物或保护对象被全部覆盖的要求； **2**　喷头周围不应有遮挡或影响洒水效果的障碍物
	《自动喷水灭火系统设计规范》 GB 50084—2017	喷头的安装间距，应根据场所的火灾危险等级、洒水喷头类型、和工作压力，分别满足规范第7.1、7.2节的要求
保护措施	《消防设施通用规范》 **GB 55036—2022**	**4.0.5**　洒水喷头应符合下列规定： **4**　腐蚀性场所和易产生粉尘、纤维等的场所内的喷头，应采取防止喷头堵塞的措施
	《自动喷水灭火系统设计规范》 GB 50084—2017	**6.1.3**　湿式系统的洒水喷头选型应符合下列规定： **4**　易受碰撞的部位，应采用带保护罩的洒水喷头或吊顶型洒水喷头

6.5　末端试水装置、试水阀和排水设施

一、验收内容

末端试水装置、试水阀和排水设施的设置。

二、验收方法

对照消防设计文件及竣工图纸，核对末端试水装置、试水阀的设置位置，查看排水设施的设置。

三、规范依据

对于末端试水装置、试水阀的设置要求，见表 6.5-1。

表 6.5-1　末端试水装置、试水阀的设置要求

验收内容	规范名称	主要内容
末端试水装置、试水阀	《消防设施通用规范》GB 55036—2022	**4.0.6　每个报警阀组控制的供水管网水力计算最不利点洒水喷头处应设置末端试水装置，其他防火分区、楼层均应设置 DN25 的试水阀。末端试水装置应具有压力显示功能，并应设置相应的排水设施**
	《自动喷水灭火系统设计规范》GB 50084—2017	6.5.2　末端试水装置应由试水阀、压力表以及试水接头组成。试水接头出水口的流量系数，应等同于同楼层或防火分区内的最小流量系数洒水喷头。末端试水装置的出水，应采取孔口出流的方式排入排水管道，排水立管宜设伸顶通气管，且管径不应小于 75mm。 6.5.3　末端试水装置和试水阀应有标识，距地面的高度宜为 1.5m，并应采取不被他用的措施

6.6　系　统　功　能

6.6.1　湿式、干式系统

一、验收内容

1. 湿式系统功能。

2. 干式系统功能。

二、验收方法

1. 手动测试

将喷淋泵控制柜设置在自动状态，打开末端试水装置测试阀门，水流指示器应发出报警信号、报警阀动作、水力警铃鸣响，压力开关动作并连锁启动喷淋泵；水流指示器、压力开关、喷淋泵的动作信号应反馈至消防联动控制器和图形显示装置。用秒表记录，自末端试水装置放水开始至喷淋泵启动时间及干式系统管道充水时间。

2. 联动测试

拆除报警阀组压力开关连锁启泵线，将消防联动控制器、喷淋泵控制柜均设于自动状态，模拟火灾报警信号，使其达到联动启动条件，查看喷淋泵是否启动。

三、规范依据

《自动喷水灭火系统施工及验收规范》GB 50261—2017 的规定

第 7.2.7 条规定，联动试验应符合下列要求：

1　湿式系统的联动试验，启动一只喷头或以 0.94L/s～1.5L/s 的流量从末端试水装置处放水时，水流指示器、报警阀、压力开关、水力警铃和消防水泵等应及时动作，并发出相应的信号。

3　干式系统的联动试验，启动 1 只喷头或模拟 1 只喷头的排气量排气，报警阀应及时启动，压力开关、水力警铃动作并发出相应信号。

第 8.0.12 条规定，系统应进行系统模拟灭火功能试验，且应符合下列要求：

1　报警阀动作，水力警铃应鸣响。

2　水流指示器动作，应有反馈信号显示。

3　压力开关动作，应启动消防水泵及与其联动的相关设备，并应有反馈信号显示。

4　电磁阀打开，雨淋阀应开启，并应有反馈信号显示。

5　消防水泵启动后，应有反馈信号显示。

6　加速器动作后，应有反馈信号显示。

7　其他消防联动控制设备启动后，应有反馈信号显示。

6.6.2　预作用系统

一、验收内容

预作用系统功能。

二、验收方法

1. 手动测试

将喷淋泵控制柜设置在自动状态，直接操作设置在消防控制室内的预作用（雨淋）阀组和快速排气阀入口前的电动阀的启动按钮，报警阀动作、水力警铃发出报警铃声、压力开关动作并连锁启动喷淋泵，消防联动控制器准确接收并显示压力开关及消防水泵的反馈信号。

2. 联动测试

将火灾报警联动控制器、喷淋泵控制柜均设置成自动状态，模拟火灾报警，使其达到联动启动条件，查看是否联动启动预作用阀组的电磁阀，检查系统充水、警铃鸣响、压力开关动作、快速排气阀前电磁阀打开（如有）系统排气、空气压缩机停止运行（如有）、水泵是否及时启动，秒表记录系统充水时间是否满足规范要求。

三、规范依据

《自动喷水灭火系统施工及验收规范》GB 50261—2017 的规定

第 7.2.7 条规定，联动试验应符合下列要求：

2　预作用系统、雨淋系统、水幕系统的联动试验，可采用专用测试仪表或其他方式，对火灾自动报警系统的各种探测器输入模拟火灾信号，火灾自动报警控制器应发出声光报警信号，并启动自动喷水灭火系统；采用传动管启动的雨淋系统、水幕系统联动试验时，启动 1 只喷头，雨淋阀打开，压力开关动作，水泵启动。

第 8.0.12 条规定，系统应进行系统模拟灭火功能试验，且应符合下列要求：

1　报警阀动作，水力警铃应鸣响。

2　水流指示器动作，应有反馈信号显示。

3　压力开关动作，应启动消防水泵及与其联动的相关设备，并应有反馈信号显示。

4　电磁阀打开，雨淋阀应开启，并应有反馈信号显示。

5　消防水泵启动后，应有反馈信号显示。

6　加速器动作后，应有反馈信号显示。

7　其他消防联动控制设备启动后，应有反馈信号显示。

6.6.3　雨淋系统

一、验收内容

雨淋系统功能。

二、验收方法

1. 手动测试

将喷淋泵控制柜设置在自动状态，直接操作设置在消防控制室内的雨淋阀组和快速排气阀入口前的电动阀的启动按钮，报警阀动作、水力警铃发出报警铃声、压力开关动作并连锁启动喷淋泵，消防联动控制器准确接收并显示压力开关及消防水泵的反馈信号。

2. 联动测试

将火灾报警联动控制器、喷淋泵控制柜均设置成自动状态，模拟火灾报警，使其达到联动启动条件，查看雨淋阀上的电磁阀是否联动开启，检查系统充水、警铃鸣响、压力开关动作，水泵启动是否正常。

3. 传动管启动方式，打开传动管的末端试水装置开始放水，查看雨淋阀是否动作，检查系统充水、警铃鸣响、压力开关动作，水泵启动是否正常。

三、规范依据

《自动喷水灭火系统施工及验收规范》GB 50261—2017 的规定

第 7.2.7 条规定，联动试验应符合下列要求：

2　预作用系统、雨淋系统、水幕系统的联动试验，可采用专用测试仪表或其他方式，对火灾自动报警系统的各种探测器输入模拟火灾信号，火灾自动报警控制器应发出声光报警信号，并启动自动喷水灭火系统；采用传动管启动的雨淋系统、水幕系统联动试验时，启动 1 只喷头，雨淋阀打开，压力开关动作，水泵启动。

第 8.0.12 条规定，系统应进行系统模拟灭火功能试验，且应符合下列要求：

1　报警阀动作，水力警铃应鸣响。

2　水流指示器动作，应有反馈信号显示。

3　压力开关动作，应启动消防水泵及与其联动的相关设备，并应有反馈信号显示。

4　电磁阀打开，雨淋阀应开启，并应有反馈信号显示。

5　消防水泵启动后，应有反馈信号显示。

6　加速器动作后，应有反馈信号显示。

7　其他消防联动控制设备启动后，应有反馈信号显示。

第7章 防烟排烟系统

7.1 系 统 设 置

7.1.1 防烟系统设置

一、验收内容

防烟系统设置部位或场所、设置形式。

二、验收方法

对照消防设计文件及竣工图纸，现场核查防烟系统设置部位或场所、设置形式。

三、规范依据

对于防烟系统设置部位或场所、设置形式的规定，见表7.1-1。

表 7.1-1 防烟系统设置部位或场所、设置形式

验收内容	规范名称	主要内容
防烟系统设置部位或场所、设置形式	《建筑防火通用规范》GB 55037—2022	8.2.1 下列部位应采取防烟措施： 1 封闭楼梯间； 2 防烟楼梯间及其前室； 3 消防电梯的前室或合用前室； 4 避难层、避难间； 5 避难走道的前室，地铁工程中的避难走道
	《消防设施通用规范》GB 55036—2022	11.2.1 下列建筑的防烟楼梯间及其前室、消防电梯的前室和合用前室应设置机械加压送风系统： 1 建筑高度大于100m的住宅； 2 建筑高度大于50m的公共建筑； 3 建筑高度大于50m的工业建筑
	《建筑防烟排烟系统技术标准》GB 51251—2017	3.1.3 建筑高度小于或等于50m的公共建筑、工业建筑和建筑高度小于或等于100m的住宅建筑，其防烟楼梯间、独立前室、共用前室、合用前室（除共用前室与消防电梯前室合用外）及消防电梯前室应采用自然通风系统；当不能设置自然通风系统时，应采用机械加压送风系统。防烟系统的选择，尚应符合下列规定： 1 当独立前室或合用前室满足下列条件之一时，楼梯间可不设置防烟系统： 1）采用全敞开的阳台或凹廊（图7.1-1、图7.1-2）； 2）设有两个及以上不同朝向的可开启外窗，且独立前室两个外窗面积分别不小于2.0m²，合用前室两个外窗面积分别不小于3.0m²（图7.1-3、图7.1-4）。

续表

验收内容	规范名称	主要内容
防烟系统设置部位或场所、设置形式	《建筑防烟排烟系统技术标准》GB 51251—2017	2　当独立前室、共用前室及合用前室的机械加压送风口设置在前室的顶部或正对前室入口的墙面时，楼梯间可采用自然通风系统；当机械加压送风口未设置在前室的顶部或正对前室入口的墙面时，楼梯间应采用机械加压送风系统（图 7.1-5、图 7.1-6）。 3　当防烟楼梯间在裙房高度以上部分采用自然通风时，不具备自然通风条件的裙房的独立前室、共用前室及合用前室应采用机械加压送风系统，且独立前室、共用前室及合用前室送风口的设置方式应符合本条第 2 款的规定。 3.1.5　防烟楼梯间及其前室的机械加压送风系统的设置应符合下列规定： 1　建筑高度小于或等于 50m 的公共建筑、工业建筑和建筑高度小于或等于 100m 的住宅建筑，当采用独立前室且其仅有一个门与走道或房间相通时，可仅在楼梯间设置机械加压送风系统（图 7.1-7）；当独立前室有多个门时，楼梯间、独立前室应分别独立设置机械加压送风系统（图 7.1-8）。 2　当采用合用前室时，楼梯间、合用前室应分别独立设置机械加压送风系统（图 7.1-9）。 3　当采用剪刀楼梯时，其两个楼梯间及其前室的机械加压送风系统应分别独立设置（图 7.1-10）。 3.1.6　封闭楼梯间应采用自然通风系统，不能满足自然通风条件的封闭楼梯间，应设置机械加压送风系统。当地下、半地下建筑（室）的封闭楼梯间不与地上楼梯间共用且地下仅为一层时，可不设置机械加压送风系统，但首层应设置有效面积不小于 1.2m² 的可开启外窗或直通室外的疏散门。 3.1.8　避难层的防烟系统可根据建筑构造、设备布置等因素选择自然通风系统或机械加压送风系统。 3.1.9　避难走道应在其前室及避难走道分别设置机械加压送风系统（图 7.1-11），但下列情况可仅在前室设置机械加压送风系统： 1　避难走道一端设置安全出口，且总长度小于 30m（图 7.1-12）； 2　避难走道两端设置安全出口，且总长度小于 60m（图 7.1-13）

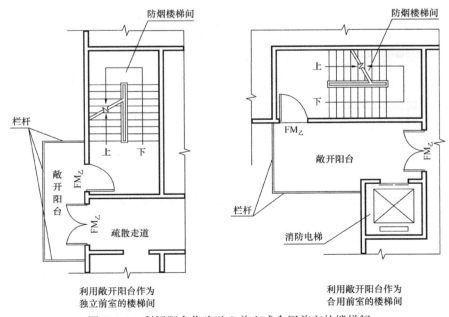

图 7.1-1　利用阳台作为独立前室或合用前室的楼梯间

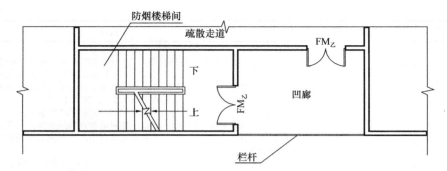

图 7.1-2　利用凹廊作为独立前室的楼梯间

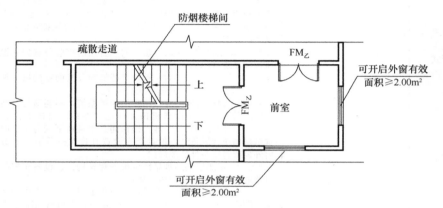

图 7.1-3　设有不同朝向可开启外窗的独立前室

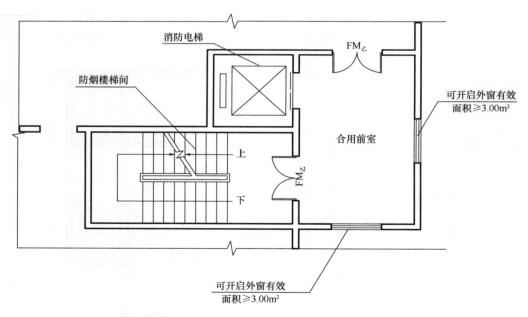

图 7.1-4　设有不同朝向可开启外窗的合用前室

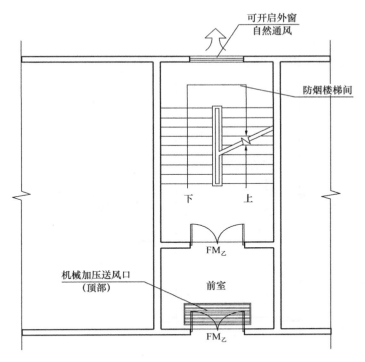

图 7.1-5　独立前室顶部设机械加压送风口，防烟楼梯间自然通风

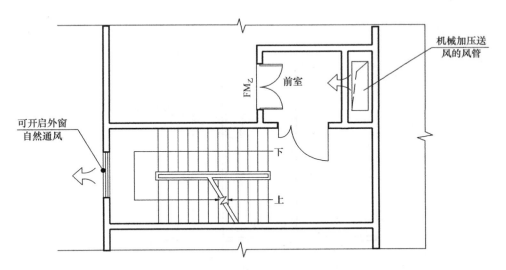

图 7.1-6　独立前室入口正对墙面设机械加压送风口，防烟楼梯间自然通风

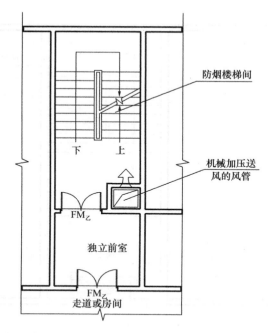

图 7.1-7　独立前室只有一个门与走道相通

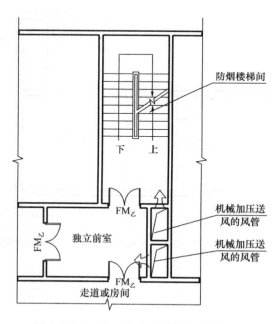

图 7.1-8　独立前室有多个门与走道相通

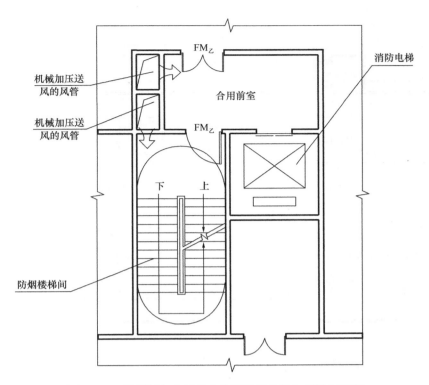

图 7.1-9 楼梯间与合用前室分别设置机械加压送风系统

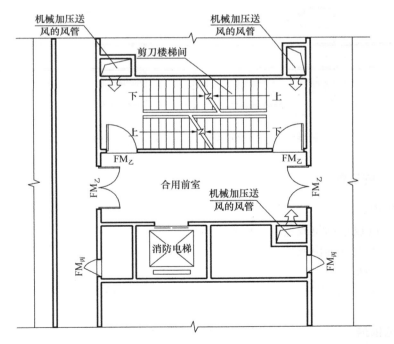

图 7.1-10 剪刀楼梯的两个楼梯间及合用前室分别设置机械加压送风系统

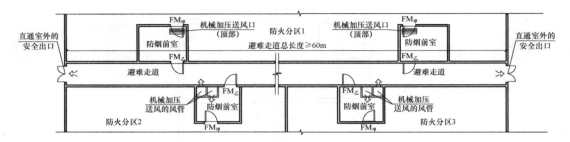

图 7.1-11　避难走道及前室设置机械加压送风系统

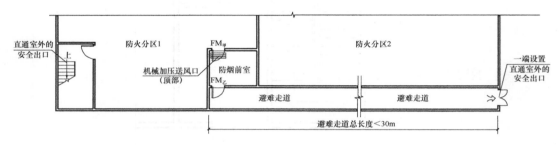

图 7.1-12　避难走道一端设置安全出口，仅对前室设机械加压送风系统

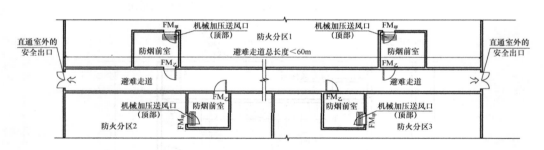

图 7.1-13　避难走道两端设置安全出口，仅对前室设机械加压送风系统

7.1.2　排烟系统设置

一、验收内容

1. 排烟系统设置部位或场所、设置形式。

2. 补风系统设置部位或场所、设置形式。

二、验收方法

对照消防设计文件及竣工图纸，现场核查排烟系统、补风系统设置部位或场所、设置形式。

三、规范依据

对于排烟系统和补风系统的设置部位或场所、设置形式的规定，见表 7.1-2。

表 7.1-2 排烟系统和补风系统的设置部位或场所、设置形式

验收内容	规范名称	主要内容
排烟系统设置部位或场所、设置形式	《建筑防火通用规范》GB 55037—2022	8.2.2 除不适合设置排烟设施的场所、火灾发展缓慢的场所可不设置排烟设施外，工业与民用建筑的下列场所或部位应采取排烟等烟气控制措施： 1 建筑面积大于300m²，且经常有人停留或可燃物较多的地上丙类生产场所，丙类厂房内建筑面积大于300m²，且经常有人停留或可燃物较多的地上房间； 2 建筑面积大于100m²的地下或半地下丙类生产场所； 3 除高温生产工艺的丁类厂房外，其他建筑面积大于5000m²的地上丁类生产场所； 4 建筑面积大于1000m²的地下或半地下丁类生产场所； 5 建筑面积大于300m²的地上丙类库房； 6 设置在地下或半地下、地上第四层及以上楼层的歌舞娱乐放映游艺场所，设置在其他楼层且房间总建筑面积大于100m²的歌舞娱乐放映游艺场所； 7 公共建筑内建筑面积大于100m²且经常有人停留的房间； 8 公共建筑内建筑面积大于300m²且可燃物较多的房间； 9 中庭； 10 建筑高度大于32m的厂房或仓库内长度大于20m的疏散走道，其他厂房或仓库内长度大于40m的疏散走道，民用建筑内长度大于20m的疏散走道。 8.2.3 除敞开式汽车库、地下一层中建筑面积小于1000m²的汽车库、地下一层中建筑面积小于1000m²的修车库可不设置排烟设施外，其他汽车库、修车库应设置排烟设施。 8.2.4 通行机动车的一、二、三类城市交通隧道内应设置排烟设施。 8.2.5 建筑中下列经常有人停留或可燃物较多且无可开启外窗的房间或区域应设置排烟设施： 1 建筑面积大于50m²的房间； 2 房间的建筑面积不大于50m²，总建筑面积大于200m²的区域
	《消防设施通用规范》GB 55036—2022	11.3.1 同一个防烟分区应采用同一种排烟方式
	《建筑防烟排烟系统技术标准》GB 51251—2017	4.1.3 建筑的中庭、与中庭相连通的回廊及周围场所的排烟系统的设计应符合下列规定： 2 周围场所应按现行国家标准《建筑设计防火规范》GB 50016中的规定设置排烟设施。 3 回廊排烟设施的设置应符合下列规定： 1）当周围场所各房间均设置排烟设施时，回廊可不设，但商店建筑的回廊应设置排烟设施； 2）当周围场所任一房间未设置排烟设施时，回廊应设置排烟设施。

验收内容	规范名称	主要内容
排烟系统设置部位或场所、设置形式	《建筑防烟排烟系统技术标准》GB 51251—2017	4　当中庭与周围场所未采用防火隔墙、防火玻璃隔墙、防火卷帘时，中庭与周围场所之间应设置挡烟垂壁。 5　中庭及其周围场所和回廊的排烟设计计算应符合本标准第4.6.5条的规定。 6　中庭及其周围场所和回廊应根据建筑构造及本标准第4.6节规定，选择设置自然排烟系统或机械排烟系统
补风系统设置部位或场所、设置形式	《消防设施通用规范》**GB 55036—2022**	**11.3.6**　除地上建筑的走道或地上建筑面积小于500m²的房间外，设置排烟系统的场所应能直接从室外引入空气补风，且补风量和补风口的风速应满足排烟系统有效排烟的要求
	《建筑防烟排烟系统技术标准》GB 51251—2017	4.5.3　补风系统可采用疏散外门、手动或自动可开启外窗等自然进风方式以及机械送风方式。防火门、窗不得用作补风设施。风机应设置在专用机房内

7.2　自然通风设施、机械加压送风设施

7.2.1　自然通风设施

一、验收内容

1. 核查自然通风方式的前室、独立前室、消防电梯前室、共用前室、合用前室可开启外窗或开口的面积。

2. 核查自然通风方式的封闭楼梯间、防烟楼梯间的可开启外窗或开口的面积。

3. 核查自然通风方式的避难区、避难间外窗或开口的面积。

二、验收方法

对照消防设计文件及竣工图纸，采用测距仪、卷尺现场测量可开启外窗或开口的尺寸。

三、规范依据

（一）《消防设施通用规范》GB 55036—2022 的规定

第11.2.3条规定，采用自然通风方式防烟的防烟楼梯间前室（图 7.2-1）、消防电梯前室（图 7.2-2）应具有面积大于或等于2.0m²的可开启外窗或开口，共用前室和合用前室（图 7.2-3）应具有面积大于或等于3.0m²的可开启外窗或开口。

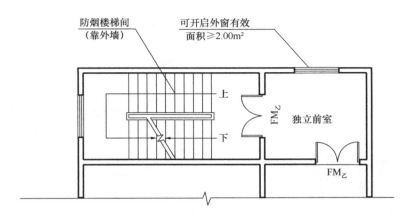

图 7.2-1   独立前室平面示意图

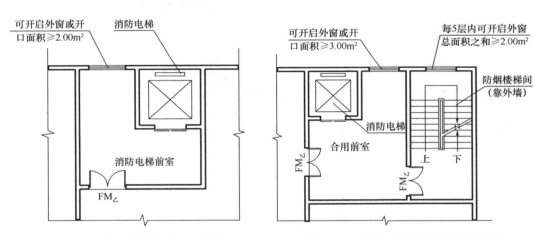

图 7.2-2   消防电梯前室平面示意图   图 7.2-3   共用、合用前室平面示意图

第 11.2.4 条规定，采用自然通风方式防烟的避难层中的避难区，应具有不同朝向的可开启外窗或开口，其可开启有效面积应大于或等于避难区地面面积的 2%，且每个朝向的面积均应大于或等于 2.0m²。 避难间应至少有一侧外墙具有可开启外窗，其可开启有效面积应大于或等于该避难间地面面积的 2%，并应大于或等于 2.0m²。

（二）《建筑防烟排烟系统技术标准》GB 51251—2017 的规定

第 3.2.1 条规定，采用自然通风方式的封闭楼梯间、防烟楼梯间，当建筑高度大于 10m 时，尚应在楼梯间的外墙上每 5 层内设置总面积不小于 2.0m² 的可开启外窗或开口，且布置间隔不大于 3 层（图 7.2-4）。

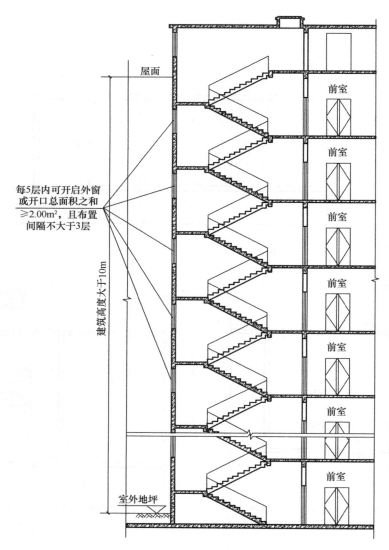

图 7.2-4　自然通风楼梯间剖面示意图

7.2.2　机械加压送风设施

一、验收内容

1. 机械加压送风设施的设置。

2. 设置机械加压送风系统的避难层（间）可开启外窗的设置。

二、验收方法

1. 对照消防设计文件及竣工图纸，现场核对机械加压送风设施的设置。

2. 对照消防设计文件及竣工图纸，采用测距仪、卷尺现场测量设置机械加压送风系统的避难层（间）可开启外窗或开口的尺寸。

三、规范依据

对于机械加压送风设施的设置要求，见表 7.2-1。

表 7.2-1　机械加压送风设施的设置要求

验收内容	规范名称	主要内容
机械加压送风设施的设置	《消防设施通用规范》**GB 55036—2022**	**11.2.2**　机械加压送风系统应符合下列规定： **1**　对于采用合用前室的防烟楼梯间，当楼梯间和前室均设置机械加压送风系统时，楼梯间、合用前室的机械加压送风系统应分别独立设置； **2**　对于在梯段之间采用防火隔墙隔开的剪刀楼梯间，当楼梯间和前室（包括共用前室和合用前室）均设置机械加压送风系统时，每个楼梯间、共用前室或合用前室的机械加压送风系统均应分别独立设置； **3**　对于建筑高度大于100m的建筑中的防烟楼梯间及其前室，其机械加压送风系统应竖向分段独立设置，且每段的系统服务高度不应大于100m
	《建筑防烟排烟系统技术标准》GB 51251—2017	3.3.3　建筑高度小于或等于50m的建筑，当楼梯间设置加压送风井（管）道有困难时，楼梯间可采用直灌式加压送风系统，并应符合下列规定： 1　建筑高度大于32m的高层建筑，应采用楼梯间两点部位送风的方式，送风口之间距离不宜小于建筑高度的1/2； 2　送风量应按计算值或本标准第3.4.2条规定的送风量增加20%； 3　加压送风口不宜设在影响人员疏散的部位。 3.3.4　设置机械加压送风系统的楼梯间的地上部分与地下部分，其机械加压送风系统应分别独立设置。当受建筑条件限制，且地下部分为汽车库或设备用房时，可共用机械加压送风系统，并应符合下列规定： 1　应按本标准第3.4.5条的规定分别计算地上、地下部分的加压送风量，相加后作为共用加压送风系统风量； 2　应采取有效措施分别满足地上、地下部分的送风量的要求。 3.3.10　采用机械加压送风的场所不应设置百叶窗，且不宜设置可开启外窗。 5.1.4　机械加压送风系统宜设有测压装置及风压调节措施
设置机械加压送风系统的避难层（间）可开启外窗的设置	《建筑防烟排烟系统技术标准》GB 51251—2017	3.3.12　设置机械加压送风系统的避难层（间），尚应在外墙设置可开启外窗，其有效面积不应小于该避难层（间）地面面积的1%。有效面积的计算应符合本标准第4.3.5条的规定。 4.3.5　除本标准另有规定外，自然排烟窗（口）开启的有效面积尚应符合下列规定： 1　当采用开窗角大于70°的悬窗时，其面积应按窗的面积计算；当开窗角小于或等于70°时，其面积应按窗最大开启时的水平投影面积计算。 2　当采用开窗角大于70°的平开窗时，其面积应按窗的面积计算；当开窗角小于或等于70°时，其面积应按窗最大开启时的竖向投影面积计算。 3　当采用推拉窗时，其面积应按开启的最大窗口面积计算。 4　当采用百叶窗时，其面积应按窗的有效开口面积计算。 5　当平推窗设置在顶部时，其面积可按窗的1/2周长与平推距离乘积计算，且不应大于窗面积。 6　当平推窗设置在外墙时，其面积可按窗的1/4周长与平推距离乘积计算，且不应大于窗面积

7.3 自然排烟设施、机械排烟设施

7.3.1 自然排烟设施

一、验收内容

防烟分区内自然排烟窗（口）的面积、数量、位置。

二、验收方法

对照消防设计文件及竣工图纸，核对自然排烟窗（口）的位置及数量，并采用测距仪、卷尺测量自然排烟窗（口）的面积。

三、规范依据

《建筑防烟排烟系统技术标准》GB 51251—2017 的规定

第 4.3.2 条规定，防烟分区内自然排烟窗（口）的面积、数量、位置应按第 4.6.3 条规定经计算确定，且防烟分区内任一点与最近的自然排烟窗（口）之间的水平距离不应大于 30m（图 7.3-1）。当工业建筑采用自然排烟方式时，其水平距离尚不应大于建筑内空间净高的 2.8 倍（图 7.3-2）；当公共建筑空间净高大于或等于 6m，且具有自然对流条件时，其水平距离不应大于 37.5m（图 7.3-3）。

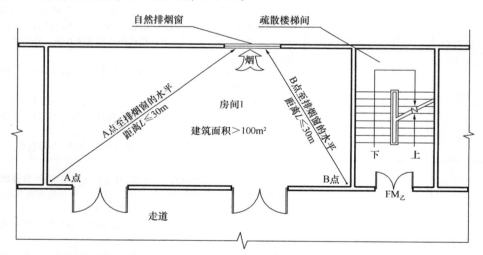

图 7.3-1 室内任一点至最近的自然排烟窗（口）之间的水平距离要求示意图

第 4.3.3 条规定，自然排烟窗（口）应设置在排烟区域的顶部或外墙，并应符合下列规定：

1 当设置在外墙上时，自然排烟窗（口）应在储烟仓以内，但走道、室内空间净高不大于 3m 的区域的自然排烟窗（口）可设置在室内净高度的 1/2 以上（图 7.3-4）；

2 自然排烟窗（口）的开启形式应有利于火灾烟气的排出；

3 当房间面积不大于 200m² 时，自然排烟窗（口）的开启方向可不限；

4 自然排烟窗（口）宜分散均匀布置，且每组的长度不宜大于 3.0m（图 7.3-5）；

5 设置在防火墙两侧的自然排烟窗（口）之间最近边缘的水平距离不应小于 2.0m。

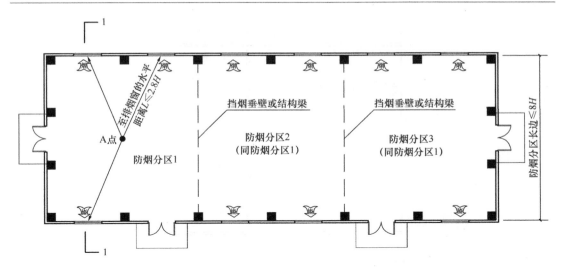

图 7.3-2　工业建筑中任一点与最近的自然排烟窗（口）之间的水平距离要求示意图

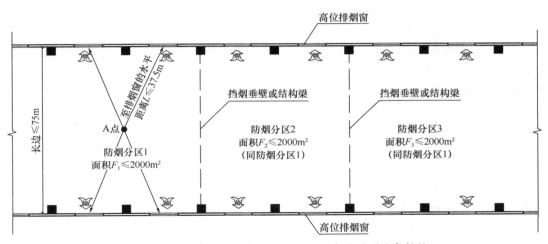

图 7.3-3　公共建筑空间净高 $H \geqslant 6m$，具备自然对流条件的，
任一点与最近的自然排烟窗（口）之间的水平距离要求示意图

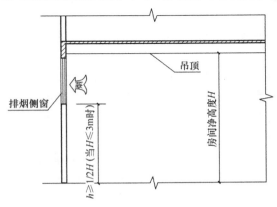

图 7.3-4　走道、室内空间净高不大于 3m 的区域自然排烟窗布置

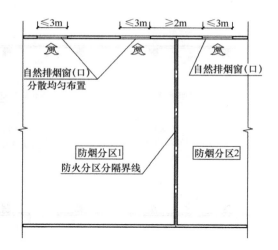

图 7.3-5　自然排烟窗（口）分散均匀布置示意图

第 4.3.4 条规定，厂房、仓库的自然排烟窗（口）设置尚应符合下列规定：

1　当设置在外墙时，自然排烟窗（口）应沿建筑物的两条对边均匀设置；

2　当设置在屋顶时，自然排烟窗（口）应在屋面均匀设置且宜采用自动控制方式开启；当屋面斜度小于或等于 12°时，每 200m² 的建筑面积应设置相应的自然排烟窗（口）；当屋面斜度大于 12°时，每 400m² 的建筑面积应设置相应的自然排烟窗（口）。

第 4.3.5 条规定，除本标准另有规定外，自然排烟窗（口）开启的有效面积尚应符合下列规定：

1　当采用开窗角大于 70°的悬窗时，其面积应按窗的面积计算；当开窗角小于或等于 70°时，其面积应按窗最大开启时的水平投影面积计算。

2　当采用开窗角大于 70°的平开窗时，其面积应按窗的面积计算；当开窗角小于或等于 70°时，其面积应按窗最大开启时的竖向投影面积计算。

3　当采用推拉窗时，其面积应按开启的最大窗口面积计算。

4　当采用百叶窗时，其面积应按窗的有效开口面积计算。

5　当平推窗设置在顶部时，其面积可按窗的 1/2 周长与平推距离乘积计算，且不应大于窗面积。

6　当平推窗设置在外墙时，其面积可按窗的 1/4 周长与平推距离乘积计算，且不应大于窗面积。

第 4.3.6 条规定，自然排烟窗（口）应设置手动开启装置，设置在高位不便于直接开启的自然排烟窗（口），应设置距地面高度 1.3m～1.5m 的手动开启装置。净空高度大于 9m 的中庭、建筑面积大于 2000m² 的营业厅、展览厅、多功能厅等场所，尚应设置集中手动开启装置和自动开启设施。

第 4.6.3 条规定，除中庭外下列场所一个防烟分区的排烟量计算应符合下列规定：

1　建筑空间净高小于或等于 6m 的场所，设置有效面积不小于该房间建筑面积 2% 的自然排烟窗（口）。

2　公共建筑、工业建筑中空间净高大于 6m 的场所，其每个防烟分区排烟量应根据场所内的热释放速率以及本标准第 4.6.6 条～第 4.6.13 条的规定计算确定，且不应小于

表7.3-1中的数值，或设置自然排烟窗（口），其所需有效排烟面积应根据表7.3-1及自然排烟窗（口）处风速计算。

3 当公共建筑仅需在走道或回廊设置排烟时，其机械排烟量不应小于13000m³/h，或在走道两端（侧）均设置面积不小于2m²的自然排烟窗（口）且两侧自然排烟窗（口）的距离不应小于走道长度的2/3。

4 当公共建筑房间内与走道或回廊均需设置排烟时，其走道或回廊的机械排烟量可按60m³/（h·m²）计算且不小于13000m³/h，或设置有效面积不小于走道、回廊建筑面积2%的自然排烟窗（口）。

第4.6.5条规定，中庭排烟量的设计计算应符合下列规定：

1 中庭周围场所设有排烟系统时，中庭采用机械排烟系统的，中庭排烟量应按周围场所防烟分区中最大排烟量的2倍数值计算，且不应小于107000m³/h；中庭采用自然排烟系统时，应按上述排烟量和自然排烟窗（口）的风速不大于0.5m/s计算有效开窗面积。

2 当中庭周围场所不需设置排烟系统，仅在回廊设置排烟系统时，回廊的排烟量不应小于第4.6.3条第3款的规定，中庭的排烟量不应小于40000m³/h；中庭采用自然排烟系统时，应按上述排烟量和自然排烟窗（口）的风速不大于0.4m/s计算有效开窗面积。

表7.3-1 公共建筑、工业建筑中空间净高大于6m场所的计算排烟量及自然排烟侧窗（口）部风速

空间净高（m）	办公室、学校（×10⁴m³/h）		商店、展览厅（×10⁴m³/h）		厂房、其他公共建筑（×10⁴m³/h）		仓库（×10⁴m³/h）	
	无喷淋	有喷淋	无喷淋	有喷淋	无喷淋	有喷淋	无喷淋	有喷淋
6.0	12.2	5.2	17.6	7.8	15.0	7.0	30.1	9.3
7.0	13.9	6.3	19.6	9.1	16.8	8.2	32.8	10.8
8.0	15.8	7.4	21.8	10.6	18.9	9.6	35.4	12.4
9.0	17.8	8.7	24.2	12.2	21.1	11.1	38.5	14.2
自然排烟侧窗（口）部风速（m/s）	0.94	0.64	1.06	0.78	1.01	0.74	1.26	0.84

注：1 本表引自《建筑防烟排烟系统技术标准》GB 51251—2017第4.6.3条中表4.6.3。

2 建筑空间净高大于9.0m的，按9.0m取值；建筑空间净高位于表中两个高度之间的，按线性插值法取值；表中建筑空间净高为6m处的各排烟量值为线性插值法的计算基准值。

线性插值法计算举例如下：

（1）假定为办公室、学校场所，6.4m的层高，无喷淋时排烟量为Q

$$\frac{Q-12.2}{6.4-6}=\frac{13.9-12.2}{7-6}$$

求得$Q=12.88\times10^4$m³/h，同理可求出有喷淋时排烟量。

（2）假定为办公室、学校场所，7.3m的层高，无喷淋时排烟量为Q

$$\frac{Q-12.2}{7.3-6}=\frac{15.8-12.2}{8-6}$$

求得$Q=14.54\times10^4$m³/h，同理可求出有喷淋时排烟量。

3 当采用自然排烟方式时，储烟仓厚度应大于房间净高的20%；自然排烟窗（口）面积＝计算排烟量/自然排烟窗（口）处风速；当采用顶开窗排烟时，其自然排烟窗（口）的风速可按侧窗口部风速的1.4倍计。

7.3.2 机械排烟设施

一、验收内容
1. 机械排烟设施的设置。
2. 排烟管道上排烟防火阀的设置。

二、验收方法
1. 对照消防设计文件及竣工图纸，现场核对机械排烟设施的设置。
2. 对照消防设计文件及竣工图纸，现场核查排烟防火阀的设置位置。

三、规范依据
对于机械排烟设施的设置要求，见表 7.3-2。

表 7.3-2　机械排烟设施的设置要求

验收内容	规范名称	主要内容
机械排烟设施的设置	《消防设施通用规范》 **GB 55036—2022**	**11.3.3　机械排烟系统应符合下列规定：** **1　沿水平方向布置时，应按不同防火分区独立设置；** **2　建筑高度大于 50m 的公共建筑和工业建筑、建筑高度大于 100m 的住宅建筑，其机械排烟系统应竖向分段独立设置，且公共建筑和工业建筑中每段的系统服务高度应小于或等于 50m，住宅建筑中每段的系统服务高度应小于或等于 100m。** **11.3.4　兼作排烟的通风或空气调节系统的性能应满足机械排烟系统的要求**
	《建筑防烟排烟系统技术标准》 GB 51251—2017	4.4.3　排烟系统与通风、空气调节系统应分开设置；当确有困难时可以合用，但应符合排烟系统的要求，且当排烟口打开时，每个排烟合用系统的管道上需联动关闭的通风和空气调节系统的控制阀门不应超过 10 个
机械排烟管道的设置和耐火极限	《消防设施通用规范》 **GB 55036—2022**	**11.1.2　防烟、排烟系统应具有保证系统正常工作的技术措施，系统中的管道、阀门和组件的性能应满足其在加压送风或排烟过程中正常使用的要求。** **11.1.3　机械加压送风管道和机械排烟管道均应采用不燃性材料，且管道的内表面应光滑，管道的密闭性能应满足火灾时加压送风或排烟的要求**
	《建筑防烟排烟系统技术标准》 GB 51251—2017	4.4.7　机械排烟系统应采用管道排烟，且不应采用土建风道。排烟管道应采用不燃材料制作且内壁应光滑。当排烟管道内壁为金属时，管道设计风速不应大于 20m/s；当排烟管道内壁为非金属时，管道设计风速不应大于 15m/s；排烟管道的厚度应按现行国家标准《通风与空调工程施工质量验收规范》GB 50243 的有关规定执行。 4.4.8　排烟管道的设置和耐火极限应符合下列规定： 1　排烟管道及其连接部件应能在 280℃时连续 30min 保证其结构完整性。 2　竖向设置的排烟管道应设置在独立的管道井内，排烟管道的耐火极限不应低于 0.50h。

续表

验收内容	规范名称	主要内容
机械排烟管道的设置和耐火极限	《建筑防烟排烟系统技术标准》GB 51251—2017	3　水平设置的排烟管道应设置在吊顶内，其耐火极限不应低于0.50h；当确有困难时，可直接设置在室内，但管道的耐火极限不应小于1.00h。 4　设置在走道部位吊顶内的排烟管道，以及穿越防火分区的排烟管道，其管道的耐火极限不应小于1.00h，但设备用房和汽车库的排烟管道耐火极限可不低于0.50h。 4.4.9　当吊顶内有可燃物时，吊顶内的排烟管道应采用不燃材料进行隔热，并应与可燃物保持不小于150mm的距离。 4.4.11　设置排烟管道的管道井应采用耐火极限不小于1.00h的隔墙与相邻区域分隔；当墙上必须设置检修门时，应采用乙级防火门
排烟管道上排烟防火阀的设置	《消防设施通用规范》GB 55036—2022	11.3.5　下列部位应设置排烟防火阀，排烟防火阀应具有在280℃时自行关闭和联锁关闭相应排烟风机、补风机的功能： 1　垂直主排烟管道与每层水平排烟管道连接处的水平管段上； 2　一个排烟系统负担多个防烟分区的排烟支管上； 3　排烟风机入口处； 4　排烟管道穿越防火分区处
	《建筑防烟排烟系统技术标准》GB 51251—2017	4.4.10　排烟管道下列部位应设置排烟防火阀： 1　垂直风管与每层水平风管交接处的水平管段上； 2　一个排烟系统负担多个防烟分区的排烟支管上； 3　排烟风机入口处； 4　穿越防火分区处

7.4　风机、风管及部件

7.4.1　风机的设置及安装

一、验收内容

1. 风机房的设置。

2. 送风机、排烟风机、补风机型号、规格、数量及安装情况。

3. 风机驱动装置的安装情况。

二、验收方法

1. 对照消防设计文件及竣工图纸，现场查看风机房的设置情况。

2. 对照消防设计文件及竣工图纸，现场核对风机风量、风压等技术参数的一致性，查验产品的质量合格证明文件的一致性；现场查看风机的安装情况。

3. 对照消防设计文件及竣工图纸，现场查看风机驱动装置的安装情况。

三、规范依据

对于风机安装的要求，见表 7.4-1。

表 7.4-1　风机安装的要求

验收内容	规范名称	主要内容
风机房的设置	《建筑防烟排烟系统技术标准》GB 51251—2017	3.3.5　机械加压送风风机宜采用轴流风机或中、低压离心风机，其设置应符合下列规定： 5　送风机应设置在专用机房内，送风机房并应符合现行国家标准《建筑设计防火规范》GB 50016 的规定。 4.4.5　排烟风机应设置在专用机房内，并应符合本标准第 3.3.5 条第 5 款的规定，且风机两侧应有 600mm 以上的空间。对于排烟系统与通风空气调节系统共用的系统，其排烟风机与排风风机的合用机房应符合下列规定： 1　机房内应设置自动喷水灭火系统； 2　机房内不得设置用于机械加压送风的风机与管道； 3　排烟风机与排烟管道的连接部件应能在 280℃时连续 30min 保证其结构完整性。 4.5.3　补风系统可采用疏散外门、手动或自动可开启外窗等自然进风方式以及机械送风方式。防火门、窗不得用作补风设施。风机应设置在专用机房内
风机安装情况	《建筑防烟排烟系统技术标准》GB 51251—2017	3.3.5　机械加压送风风机宜采用轴流风机或中、低压离心风机，其设置应符合下列规定： 1　送风机的进风口应直通室外，且应采取防止烟气被吸入的措施。 2　送风机的进风口宜设在机械加压送风系统的下部。 3　送风机的进风口不应与排烟风机的出风口设在同一面上。当确有困难时，送风机的进风口与排烟风机的出风口应分开布置，且竖向布置时，送风机的进风口应设置在排烟出口的下方，其两者边缘最小垂直距离不应小于 6.0m；水平布置时，两者边缘最小水平距离不应小于 20.0m。 4　送风机宜设置在系统的下部，且应采取保证各层送风量均匀性的措施。 6　当送风机出风管或进风管上安装单向风阀或电动风阀时，应采取火灾时自动开启阀门的措施。 4.4.4　排烟风机宜设置在排烟系统的最高处，烟气出口宜朝上，并应高于加压送风机和补风机的进风口，两者垂直距离或水平距离应符合本标准第 3.3.5 条第 3 款的规定。 6.1.5　防烟、排烟系统中的送风口、排风口、排烟防火阀、送风风机、排烟风机、固定窗等应设置明显永久标识。 6.5.1　风机的型号、规格应符合设计规定，其出风方向应正确，排烟风机的出口与加压送风机的进口之间的距离应符合本标准第 3.3.5 条的规定。 6.5.2　风机外壳至墙壁或其他设备的距离不应小于 600mm。 6.5.3　风机应设在混凝土或钢架基础上，且不应设置减振装置；若排烟系统与通风空调系统共用且需要设置减振装置时，不应使用橡胶减振装置。 6.5.4　吊装风机的支、吊架应焊接牢固、安装可靠，其结构形式和外形尺寸应符合设计或设备技术文件要求
风机驱动装置的安装情况	《建筑防烟排烟系统技术标准》GB 51251—2017	6.5.5　风机驱动装置的外露部位应装设防护罩；直通大气的进、出风口应装设防护网或采取其他安全设施，并应设防雨措施

7.4.2 风管的设置及安装

一、验收内容

1. 送风管道、排烟管道的设置和耐火极限。

2. 风管（道）的规格尺寸、安装质量。

3. 风管（道）的强度及严密性，排烟风管应按中压系统风管进行强度和严密性检验。

二、验收方法

1. 对照消防设计文件及竣工图纸，现场采用卷尺测量风管（道）的规格尺寸、核查风管（道）安装质量。

2. 对照消防设计文件及竣工图纸，现场检查送风、排烟管道材质，核查有关材料耐火性能证明文件。

3. 对照消防设计文件及竣工图纸，查看防烟、排烟风管系统测试报告中强度及漏风量的检验结果，核对风管系统的强度、严密性结果的符合性。

三、规范依据

对于风管的设置及安装要求，见表 7.4-2。

表 7.4-2 风管的设置及安装要求

验收内容	规范名称	主要内容
送风、排烟管道的设置	《消防设施通用规范》GB 55036—2022	**11.1.2** 防烟、排烟系统应具有保证系统正常工作的技术措施，系统中的管道、阀门和组件的性能应满足其在加压送风或排烟过程中正常使用的要求。 **11.1.3** 机械加压送风管道和机械排烟管道均应采用不燃性材料，且管道的内表面应光滑，管道的密闭性能应满足火灾时加压送风或排烟的要求
	《山东省建设工程消防设计审查验收技术指南（暖通空调）》（鲁建消技字〔2022〕4 号）	7.3.2 防排烟系统（机械加压送风系统、补风系统、排烟系统）管道均应采用不燃性材料，且管道内表面应光滑，管道的密闭性能应满足火灾时防排烟系统的要求。 7.3.3 受条件限制防排烟系统必须采用土建风道时，应采用满足第 7.3.2 条要求的现浇混凝土风道，风机压头应与土建风道实际粗糙度相适应。 7.3.4 当防排烟系统风道的内壁为金属时，设计风速不应大于 20m/s；当风道的内壁为非金属时，设计风速不应大于 15m/s。 7.3.5 防排烟系统管道的设置应符合下列规定： 2 竖向设置的送风、补风管道应设置在独立的管道井内，多个送风、补风管道可以合用竖井； 3 竖向设置的排烟管道应设置在独立的管道井内，多个排烟竖管可以合用竖井； 4 设有竖向风管的管道井，其井壁耐火极限不应小于 1.0h，当需设置检修门时，检修门应采用乙级或以上耐火性能的防火门； 5 风道在穿越防火隔墙、楼板及防火分区处的缝隙应用不燃材料封堵

验收内容	规范名称	主要内容
送风、排烟管道的耐火极限	《山东省建设工程消防设计审查验收技术指南（暖通空调)》（鲁建消技字〔2022〕4号）	7.3.6 防排烟系统管道的耐火极限应符合以下规定： 1 设于不同部位的防排烟系统管道，耐火极限应符合表7.4-3规定。 2 防排烟系统及通风空调系统的风管穿过防火隔墙、楼板和防火墙时，穿越处风管上的防火阀、排烟防火阀两侧各2.0m范围内的风管应采用耐火风管或风管外壁采取防火保护措施，且耐火极限不应低于该防火分隔体的耐火极限。 3 当采用钢板或镀锌钢板制作无耐火极限要求的防排烟风管或包覆系统的钢制风管本体时，钢板板材厚度应符合表7.4-4
风管的安装	《建筑防烟排烟系统技术标准》GB 51251—2017	6.3.4 风管的安装应符合下列规定： 1 风管的规格、安装位置、标高、走向应符合设计要求，且现场风管的安装不得缩小接口的有效截面。 2 风管接口的连接应严密、牢固，垫片厚度不应小于3mm，不应凸入管内和法兰外；排烟风管法兰垫片应为不燃材料，薄钢板法兰风管应采用螺栓连接。 3 风管吊、支架的安装应按现行国家标准《通风与空调工程施工质量验收规范》GB 50243 的有关规定执行。 4 风管与风机的连接宜采用法兰连接，或采用不燃材料的柔性短管连接。当风机仅用于防烟、排烟时，不宜采用柔性连接。 5 风管与风机连接若有转弯处宜加装导流叶片，保证气流顺畅。 6 当风管穿越隔墙或楼板时，风管与隔墙之间的空隙应采用水泥砂浆等不燃材料严密填塞。 7 吊顶内的排烟管道应采用不燃材料隔热，并应与可燃物保持不小于150mm 的距离。 6.3.5 风管（道）系统安装完毕后，应按系统类别进行严密性检验，检验应以主、干管道为主，漏风量应符合设计与本标准第6.3.3条的规定
风管支、吊架的安装	《通风与空调工程施工质量验收规范》GB 50243—2016	6.2.1 风管系统支、吊架的安装应符合下列规定： 1 预埋件位置应正确、牢固可靠，埋入部分应去除油污，且不得涂漆。 2 风管系统支、吊架的形式和规格应按工程实际情况选用。 3 风管直径大于2000mm或边长大于2500mm风管的支、吊架的安装要求，应按设计要求执行。 6.3.1 风管支、吊架的安装应符合下列规定： 1 金属风管水平安装，直径或边长小于等于400mm时，支、吊架间距不应大于4m；大于400mm时，间距不应大于3m。螺旋风管的支、吊架的间距可为5m与3.75m；薄钢板法兰风管的支、吊架间距不应大于3m。垂直安装时，应设置至少2个固定点，支架间距不应大于4m。 2 支、吊架的设置不应影响阀门、自控机构的正常动作，且不应设置在风口、检查门处，离风口和分支管的距离不宜小于200mm。 3 悬吊的水平主、干风管直线长度大于20m时，应设置防晃支架或防止摆动的固定点。

续表

验收内容	规范名称	主要内容
风管支、吊架的安装	《通风与空调工程施工质量验收规范》GB 50243—2016	4　矩形风管的抱箍支架，折角应平直，抱箍应紧贴风管。圆形风管的支架应设托座或抱箍，圆弧应均匀，且应与风管外径一致。 5　风管或空调设备使用的可调节减振支、吊架，拉伸或压缩量应符合设计要求。 6　不锈钢板、铝板风管与碳素钢支架的接触处，应采取隔绝或防腐绝缘措施。 7　边长（直径）大于1250mm的弯头、三通等部位应设置单独的支、吊架。 6.3.6　非金属风管的安装除应符合本规范第6.3.2条的规定外，尚应符合下列规定： 2　风管垂直安装时，支架间距不应大于3m
	《建筑机电工程抗震设计规范》GB 50981—2014	5.1.4　防排烟风道、事故通风风道及相关设备应采用抗震支吊架

表7.4-3　防排烟系统管道耐火极限（h）

系统	竖向管道		水平管道		
	独立管井内	多个同类风管合用	非走道吊顶内	走道吊顶内	非吊顶室内
机械加压送风系统	无要求	无要求	0.5	0.5	1.0
补风系统	无要求	无要求	0.5	0.5	1.0
机械排烟系统	无要求	1.0	0.5	1.0	1.0

注：1　本表引自《山东省建设工程消防设计审查验收技术指南（暖通空调）》（鲁建消技字〔2022〕4号）第7.3.6条中表7.3.6-1。

　　2　除加压送风管道外，通风（空调）风管、补风风管、排烟管道不应穿越建筑内楼梯间、前室（含建筑首层由走道和门厅等形成的扩大封闭楼梯间、防烟楼梯间扩大前室）、避难区及避难走道等防烟部位，当受条件限制必须穿越时，应采用耐火极限不低于2.0h的隔墙和1.5h的楼板进行防火分隔。对于避难区（间）等场所，当采用楼板进行防火分隔确有困难时，穿越避难区（间）的风管应采用耐火极限不低于2.0h的防火风管；或采用耐火极限不低于1.0h的防火风管，并采用耐火极限不低于1.0h的防火吊顶进行防火分隔。

　　3　水平穿越防火分区的机械加压送风管道、补风管道、排烟管道以及充电桩车库两个防火单元合用的排烟管道、补风管道，其耐火极限不应低于2.0h。

　　4　设置在设备用房、汽车库的排烟管道耐火极限可不低于0.5h。当排烟风机与平时通风、空调设备合用机房时，机房内排烟管道耐火极限不应低于1.0h。

　　5　竖向设置的防排烟管道，当仅与其他金属水管共用竖井时，其耐火极限可不作要求。

表7.4-4　镀锌钢板风管厚度（mm）

风管直径D或长边尺寸b	加压送风、补风系统		排烟系统
	圆形风管	矩形风管	
D（b）≤320	0.50	0.50	0.75
320<D（b）≤450	0.60	0.60	0.75
450<D（b）≤630	0.75	0.75	1.00

续表

风管直径 D 或长边尺寸 b	加压送风、补风系统		排烟系统
	圆形风管	矩形风管	
630＜D（b）≤1000	0.75	0.75	1.00
1000＜D（b）≤1500	1.00	1.00	1.20
1500＜D（b）≤2000	1.20	1.20	1.50
2000＜D（b）≤4000	1.50	1.20	2.00

注：1 本表引自《山东省建设工程消防设计审查验收技术指南（暖通空调）》（鲁建消技字〔2022〕4号）第 7.3.6条中表7.3.6-2。

2 螺旋风管的钢板厚度可适当减小10%～15%。

3 排烟系统风管的强度性试验检验可执行《通风与空调工程施工质量验收规范》GB 50243中的高压系统类别，严密性检验执行中压系统类别。

4 不适用于防火隔墙的预埋管。

7.4.3 部件的设置及安装

一、验收内容

1. 检查防烟、排烟系统中各类阀（口）型号、规格、数量、安装位置，动作可靠性。

2. 防烟、排烟系统柔性短管的制作材料必须为不燃材料。

二、验收方法

1. 对照消防设计文件及竣工图纸，现场核对设备数量、位置、型号，查验产品和材料的质量合格证明文件。

2. 对照消防设计文件及竣工图纸，查验产品和材料的燃烧性能检测报告。

三、规范依据

（一）《消防设施通用规范》GB 55036—2022的规定

第11.1.2条规定，防烟、排烟系统应具有保证系统正常工作的技术措施，系统中的管道、阀门和组件的性能应满足其在加压送风或排烟过程中正常使用的要求。

（二）《建筑防烟排烟系统技术标准》GB 51251—2017的规定

第3.1.7条规定，设置机械加压送风系统的场所，楼梯间应设置常开风口，前室应设置常闭风口；火灾时其联动开启方式应符合本标准第5.1.3条的规定。

第3.3.6条规定，加压送风口的设置应符合下列规定：

1 除直灌式加压送风方式外，楼梯间宜每隔2～3层设一个常开式百叶送风口；

2 前室应每层设一个常闭式加压送风口，并应设手动开启装置；

3 送风口的风速不宜大于7m/s；

4 送风口不宜设置在被门挡住的部位。

第4.4.12条规定，排烟口的设置应按第4.6.3条经计算确定，且防烟分区内任一点与最近的排烟口之间的水平距离不应大于30m（图7.4-1）。除第4.4.13条规定的情况以外，排烟口的设置尚应符合下列规定：

1 排烟口宜设置在顶棚或靠近顶棚的墙面上。

2 排烟口应设在储烟仓内，但走道、室内空间净高不大于3m的区域，其排烟口可设置在其净空高度的1/2以上；当设置在侧墙时，吊顶与其最近边缘的距离不应大于 0.5m。

3　对于需要设置机械排烟系统的房间，当其建筑面积小于 50m² 时，可通过走道排烟，排烟口可设置在疏散走道。

4　火灾时由火灾自动报警系统联动开启排烟区域的排烟阀或排烟口，应在现场设置手动开启装置。

5　排烟口的设置宜使烟流方向与人员疏散方向相反，排烟口与附近安全出口相邻边缘之间的水平距离不应小于 1.5m。

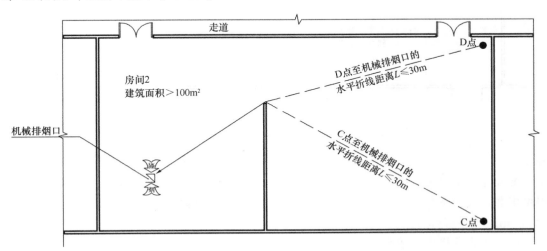

图 7.4-1　室内任一点至最近的机械排烟口之间的水平距离要求示意图

第 4.4.13 条规定，当排烟口设在吊顶内且通过吊顶上部空间进行排烟时，应符合下列规定：

1　吊顶应采用不燃材料，且吊顶内不应有可燃物；

2　封闭式吊顶上设置的烟气流入口的颈部烟气速度不宜大于 1.5m/s；

3　非封闭式吊顶的开孔率不应小于吊顶净面积的 25％，且孔洞应均匀布置。

第 4.5.4 条规定，补风口与排烟口设置在同一空间内相邻的防烟分区时，补风口位置不限；当补风口与排烟口设置在同一防烟分区时，补风口应设在储烟仓下沿以下；补风口与排烟口水平距离不应少于 5m（图 7.4-2）。

第 6.1.5 条规定，防烟、排烟系统中的送风口、排风口、排烟防火阀、送风风机、排烟风机、固定窗等应设置明显永久标识。

第 6.2.2 条规定，防烟、排烟系统中各类阀（口）应符合下列规定：

3　防烟、排烟系统柔性短管的制作材料必须为不燃材料。

第 6.4.1 条规定，排烟防火阀的安装应符合下列规定：

1　型号、规格及安装的方向、位置应符合设计要求；

2　阀门应顺气流方向关闭，防火分区隔墙两侧的排烟防火阀距墙端面不应大于 200mm；

3　手动和电动装置应灵活、可靠，阀门关闭严密；

4　应设独立的支、吊架，当风管采用不燃材料防火隔热时，阀门安装处应有明显

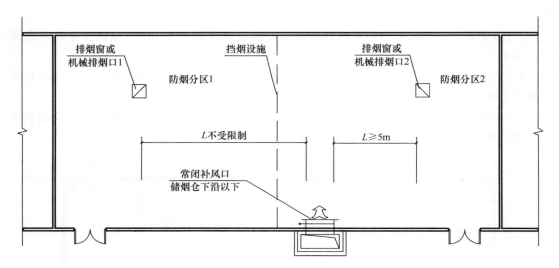

图 7.4-2　补风口与排烟口设置在同一空间内平面示意图

标识。

第 6.4.2 条规定，送风口、排烟阀或排烟口的安装位置应符合标准和设计要求，并应固定牢靠，表面平整、不变形，调节灵活；排烟口距可燃物或可燃构件的距离不应小于 1.5m。

第 6.4.3 条规定，常闭送风口、排烟阀或排烟口的手动驱动装置应固定安装在明显可见、距楼地面 1.3m～1.5m 之间便于操作的位置，预埋套管不得有死弯及瘪陷，手动驱动装置操作应灵活。

（三）《通风与空调工程施工质量验收规范》GB 50243—2016 的规定

第 5.3.7 条规定，柔性短管的制作应符合下列规定：

1　外径或外边长应与风管尺寸相匹配。

2　应采用抗腐、防潮、不透气及不易霉变的柔性材料。

3　用于净化空调系统的还应是内壁光滑、不易产生尘埃的材料。

4　柔性短管的长度宜为 150mm～250mm，接缝的缝制或粘接应牢固、可靠，不应有开裂；成型短管应平整，无扭曲等现象。

5　柔性短管不应为异径连接管，矩形柔性短管与风管连接不得采用抱箍固定的形式。

6　柔性短管与法兰组装宜采用压板铆接连接，铆钉间距宜为 60mm～80mm。

第 6.3.8 条规定，风阀的安装应符合下列规定：

2　直径或长边尺寸大于或等于 630mm 的防火阀，应设独立支、吊架。

7.5　系　统　功　能

7.5.1　防烟系统功能

一、验收内容

1. 送风机的手动、远程启停功能及信号反馈功能。

2. 送风机、常闭送风口的联动启动功能及信号反馈功能。

3. 送风口气流方向、风速及楼梯间、前室余压。

二、验收方法

1. 现场手动开启风机，叶轮旋转方向应正确、运转平稳、无异常振动与声响；在消防控制室手动控制风机的启动、停止，风机的启动、停止状态信号应能反馈到消防控制室。

2. 用火灾报警系统功能检测工具模拟火灾，相应区域火灾报警后，消防联动控制器在自动状态时，联动开启同一防火分区的常闭送风口，常闭送风口开启后，联动启动相应的送风机；常闭送风口及送风机开启后的状态信号应能反馈到消防控制室。

3. 结合火灾自动报警系统联动测试，采用微压计测量压差，用风速仪测量风口风速。

三、规范依据

对于防烟系统功能测试要求，见表7.5-1。

表 7.5-1　防烟系统功能测试要求

验收内容	规范名称	主要内容
送风机的手动、远程启停功能及信号反馈功能	《消防设施通用规范》GB 55036—2022	11.1.5　加压送风机、排烟风机、补风机应具有现场手动启动、与火灾自动报警系统联动启动和在消防控制室手动启动的功能。当系统中任一常闭加压送风口开启时，相应的加压风机均应能联动启动；当任一排烟阀或排烟口开启时，相应的排烟风机、补风机均应能联动启动
	《建筑防烟排烟系统技术标准》GB 51251—2017	7.2.5　送风机调试方法及要求应符合下列规定： 1　手动开启风机，风机应正常运转2.0h，叶轮旋转方向应正确、运转平稳、无异常振动与声响； 2　应核对风机的铭牌值，并应测定风机的风量、风压、电流和电压，其结果应与设计相符； 3　应能在消防控制室手动控制风机的启动、停止，风机的启动、停止状态信号应能反馈到消防控制室； 4　当风机进、出风管上安装单向风阀或电动风阀时，风阀的开启与关闭应与风机的启动、停止同步
	《火灾自动报警系统设计规范》GB 50116—2013	4.5.3　防烟系统、排烟系统的手动控制方式，应能在消防控制室内的消防联动控制器上手动控制防烟风机、排烟风机等设备的启动或停止，防烟、排烟风机的启动、停止按钮应采用专用线路直接连接至设置在消防控制室内的消防联动控制器的手动控制盘，并应直接手动控制防烟、排烟风机的启动、停止
送风机、送风口的联动启动功能及信号反馈功能	《消防设施通用规范》GB 55036—2022	11.1.5　加压送风机、排烟风机、补风机应具有现场手动启动、与火灾自动报警系统联动启动和在消防控制室手动启动的功能。当系统中任一常闭加压送风口开启时，相应的加压风机均应能联动启动；当任一排烟阀或排烟口开启时，相应的排烟风机、补风机均应能联动启动。 11.2.6　机械加压送风系统应与火灾自动报警系统联动，并应能在防火分区内的火灾信号确认后15s内联动同时开启该防火分区的全部疏散楼梯间、该防火分区所有着火层及其相邻上下各一层疏散楼梯间及其前室或合用前室的常闭加压送风口和加压送风机

验收内容	规范名称	主要内容
送风机、送风口的联动启动功能及信号反馈功能	《建筑防烟排烟系统技术标准》GB 51251—2017	5.1.1 机械加压送风系统应与火灾自动报警系统联动，其联动控制应符合现行国家标准《火灾自动报警系统设计规范》GB 50116 的有关规定。 7.2.2 常闭送风口的调试方法及要求应符合下列规定： 1 进行手动开启、复位试验，阀门动作应灵敏、可靠，远距离控制机构的脱扣钢丝连接不应松弛、脱落； 2 模拟火灾，相应区域火灾报警后，同一防火分区的常闭送风口应联动开启； 3 阀门开启后的状态信号应能反馈到消防控制室； 4 阀门开启后应能联动相应的风机启动。 7.3.1 机械加压送风系统的联动调试方法及要求应符合下列规定： 1 当任何一个常闭送风口开启时，相应的送风机均应能联动启动； 2 与火灾自动报警系统联动调试时，当火灾自动报警探测器发出火警信号后，应在 15s 内启动与设计要求一致的送风口、送风机，且其联动启动方式应符合现行国家标准《火灾自动报警系统设计规范》GB 50116 的规定，其状态信号应反馈到消防控制室
送风口气流方向、风速及楼梯间、前室余压	《消防设施通用规范》GB 55036—2022	**11.2.5 机械加压送风系统的送风量应满足不同部位的余压值要求。不同部位的余压值应符合下列规定：** **1 前室、合用前室、封闭避难层（间）、封闭楼梯间与疏散走道之间的压差应为 25Pa～30Pa；** **2 防烟楼梯间与疏散走道之间的压差应为 40Pa～50Pa**
	《建筑防烟排烟系统技术标准》GB 51251—2017	3.3.6 加压送风口的设置应符合下列规定： 3 送风口的风速不宜大于 7m/s。 3.4.4 机械加压送风量应满足走廊至前室至楼梯间的压力呈递增分布，余压值应符合下列规定： 3 当系统余压值超过最大允许压力差时应采取泄压措施。最大允许压力差应由本标准第 3.4.9 条计算确定

7.5.2 排烟系统功能

一、验收内容

1. 排烟风机、补风机的手动、远程启停功能及信号反馈功能。

2. 排烟风机、补风机、常闭排烟口的联动启动功能及信号反馈功能。

3. 自动排烟窗的手动启闭、联动开启功能及信号反馈功能。

4. 排烟防火阀关闭连锁停止排烟风机、补风机的功能。

5. 排烟口、补风口的气流方向、风速。

二、验收方法

1. 现场手动开启风机，叶轮旋转方向应正确、运转平稳、无异常振动与声响；在消防控制室手动控制风机的启动、停止，风机的启动、停止状态信号应能反馈到消防控制室。

2. 用火灾报警系统功能检测工具模拟火灾，相应区域火灾报警后，消防联动控制器自动状态下联动开启同一防烟分区的常闭排烟口，常闭排烟口开启后，联动启动相应的排烟风机；常闭排烟口及排烟风机开启后的状态信号应能反馈到消防控制室。有补风要求的机械排烟场所，当火灾确认后，补风系统应启动。

3. 现场手动操作排烟窗开关进行开启、关闭试验，排烟窗动作应灵敏、可靠；用火灾报警系统功能检测工具模拟火灾，相应区域火灾报警后，消防联动控制器自动状态下联动开启排烟窗，排烟窗完全开启后，其状态信号应反馈到消防控制室。

4. 手动关闭排烟防火阀，阀门动作应灵敏、可靠，关闭应严密，排烟防火阀关闭后应能连锁停止排烟风机、补风机。

5. 结合联动试验检查系统的控制功能，并采用风速仪测量风口风速。

三、规范依据

对于排烟系统功能测试要求，见表 7.5-2。

表 7.5-2　排烟系统功能测试要求

验收内容	规范名称	主要内容
排烟风机、补风机的手动、远程启停功能及信号反馈功能	《消防设施通用规范》GB 55036—2022	**11.1.5**　加压送风机、排烟风机、补风机应具有现场手动启动、与火灾自动报警系统联动启动和在消防控制室手动启动的功能。当系统中任一常闭加压送风口开启时，相应的加压风机均应能联动启动；当任一排烟阀或排烟口开启时，相应的排烟风机、补风机均应能联动启动
	《建筑防烟排烟系统技术标准》GB 51251—2017	5.2.2　排烟风机、补风机的控制方式应符合下列规定： 4　系统中任一排烟阀或排烟口开启时，排烟风机、补风机自动启动； 5　排烟防火阀在 280℃ 时应自行关闭，并应连锁关闭排烟风机和补风机。 7.2.5　排烟风机调试方法及要求应符合下列规定： 1　手动开启风机，风机应正常运转 2.0h，叶轮旋转方向应正确、运转平稳、无异常振动与声响； 2　应核对风机的铭牌值，并应测定风机的风量、风压、电流和电压，其结果应与设计相符； 3　应能在消防控制室手动控制风机的启动、停止，风机的启动、停止状态信号应能反馈到消防控制室； 4　当风机进、出风管上安装单向风阀或电动风阀时，风阀的开启与关闭应与风机的启动、停止同步
	《火灾自动报警系统设计规范》GB 50116—2013	4.5.3　防烟系统、排烟系统的手动控制方式，应能在消防控制室内的消防联动控制器上手动控制防烟风机、排烟风机等设备的启动或停止，防烟、排烟风机的启动、停止按钮应采用专用线路直接连接至设置在消防控制室内的消防联动控制器的手动控制盘，并应直接手动控制防烟、排烟风机的启动、停止

验收内容	规范名称	主要内容
排烟风机、补风机、常闭排烟口的联动启动功能及信号反馈功能	《消防设施通用规范》GB 55036—2022	**11.1.5** 加压送风机、排烟风机、补风机应具有现场手动启动、与火灾自动报警系统联动启动和在消防控制室手动启动的功能。当系统中任一常闭加压送风口开启时，相应的加压风机均应能联动启动；当任一排烟阀或排烟口开启时，相应的排烟风机、补风机均应能联动启动
	《建筑防烟排烟系统技术标准》GB 51251—2017	4.5.5 补风系统应与排烟系统联动开启或关闭。 5.2.2 排烟风机、补风机的控制方式应符合下列规定： 1 现场手动启动； 2 火灾自动报警系统自动启动； 3 消防控制室手动启动； 4 系统中任一排烟阀或排烟口开启时，排烟风机、补风机自动启动。 5.2.3 机械排烟系统中的常闭排烟阀或排烟口应具有火灾自动报警系统自动开启、消防控制室手动开启和现场手动开启功能，其开启信号应与排烟风机联动。当火灾确认后，火灾自动报警系统应在15s内联动开启相应防烟分区的全部排烟阀、排烟口、排烟风机和补风设施，并应在30s内自动关闭与排烟无关的通风、空调系统。 5.2.4 当火灾确认后，担负两个及以上防烟分区的排烟系统，应仅打开着火防烟分区的排烟阀或排烟口，其他防烟分区的排烟阀或排烟口应呈关闭状态。 7.2.2 常闭送风口、排烟阀或排烟口的调试方法及要求应符合下列规定： 1 进行手动开启、复位试验，阀门动作应灵敏、可靠，远距离控制机构的脱扣钢丝连接不应松弛、脱落； 2 模拟火灾，相应区域火灾报警后，同一防火分区的常闭送风口和同一防烟分区内的排烟阀或排烟口应联动开启； 3 阀门开启后的状态信号应能反馈到消防控制室； 4 阀门开启后应能联动相应的风机启动。 7.3.2 机械排烟系统的联动调试方法及要求应符合下列规定： 1 当任何一个常闭排烟阀或排烟口开启时，排烟风机均应能联动启动； 2 应与火灾自动报警系统联动调试。当火灾自动报警系统发出火警信号后，机械排烟系统应启动有关部位的排烟阀或排烟口、排烟风机；启动的排烟阀或排烟口、排烟风机应与设计和标准要求一致，其状态信号应反馈到消防控制室。 3 有补风要求的机械排烟场所，当火灾确认后，补风系统应启动。 4 排烟系统与通风、空调系统合用，当火灾自动报警系统发出火警信号后，由通风、空调系统转换为排烟系统的时间应符合本标准第5.2.3条的规定

续表

验收内容	规范名称	主要内容
自动排烟窗的手动启闭、联动开启功能及信号反馈功能	《建筑防烟排烟系统技术标准》GB 51251—2017	5.2.6　自动排烟窗可采用与火灾自动报警系统联动和温度释放装置联动的控制方式。当采用与火灾自动报警系统自动启动时，自动排烟窗应在 60s 内或小于烟气充满储烟仓时间内开启完毕。带有温控功能自动排烟窗，其温控释放温度应大于环境温度 30℃且小于 100℃。 7.2.4　自动排烟窗的调试方法及要求应符合下列规定： 　1　手动操作排烟窗开关进行开启、关闭试验，排烟窗动作应灵敏、可靠； 　2　模拟火灾，相应区域火灾报警后，同一防烟分区内排烟窗应能联动开启；完全开启时间应符合本标准第 5.2.6 条的规定； 　3　与消防控制室联动的排烟窗完全开启后，状态信号应反馈到消防控制室。 7.3.3　自动排烟窗的联动调试方法及要求应符合下列规定： 　1　自动排烟窗应在火灾自动报警系统发出火警信号后联动开启到符合要求的位置； 　2　动作状态信号应反馈到消防控制室
排烟防火阀关闭连锁停止排烟风机、补风机的功能	《消防设施通用规范》**GB 55036—2022**	**11.3.5　下列部位应设置排烟防火阀，排烟防火阀应具有在 280℃时自行关闭和联锁关闭相应排烟风机、补风机的功能：** **　1　垂直主排烟管道与每层水平排烟管道连接处的水平管段上；** **　2　一个排烟系统负担多个防烟分区的排烟支管上；** **　3　排烟风机入口处；** **　4　排烟管道穿越防火分区处**
	《建筑防烟排烟系统技术标准》GB 51251—2017	5.2.2　排烟风机、补风机的控制方式应符合下列规定： 　5　排烟防火阀在 280℃时应自行关闭，并应连锁关闭排烟风机和补风机
排烟口、补风口的气流方向、风速	《建筑防烟排烟系统技术标准》GB 51251—2017	4.4.12　排烟口的设置应按本标准第 4.6.3 条经计算确定，且防烟分区内任一点与最近的排烟口之间的水平距离不应大于 30m。除本标准第 4.4.13 条规定的情况以外，排烟口的设置尚应符合下列规定： 　7　排烟口的风速不宜大于 10m/s。 4.5.6　机械补风口的风速不宜大于 10m/s，人员密集场所补风口的风速不宜大于 5m/s；自然补风口的风速不宜大于 3m/s

第8章 气体灭火系统

8.1 防护区

一、验收内容

1. 防护区的位置、用途、划分和几何尺寸。

2. 防护区围护结构、门窗、吊顶的耐火极限。

3. 防护区供人员疏散的通道、出口和门，及通道和出口设置的应急照明与疏散指示标志。

4. 防护区的泄压口设置位置及泄压口尺寸。

5. 防护区内和入口处的声光报警装置、气体喷放指示灯、入口处的安全标志。

6. 气体灭火系统手动、自动转换装置的安装与设置，机械应急操作装置的安装与设置。

7. 无窗或固定窗扇的地上防护区和地下防护区的机械排风装置。

二、验收方法

1. 对照消防设计文件及竣工图纸，现场核查防护区的位置、用途、划分，采用测距仪、卷尺测量防护区的面积及容积。

2. 对照消防设计文件及竣工图纸，现场核查防护区围护结构、门窗、吊顶的耐火极限。

3. 对照消防设计文件及竣工图纸，现场核查防护区疏散通道、安全出口和疏散门、无窗或固定窗扇的地上防护区和地下防护区的机械排风装置，查看应急照明与疏散指示标志灯的设置情况。

4. 对照消防设计文件及竣工图纸，查看设有密封条门窗的防护区泄压口设置位置，并采用测距仪、卷尺测量泄压口尺寸。

5. 对照消防设计文件及竣工图纸，现场核查防护区内和入口处的声光报警装置、气体喷放指示灯、入口处的安全标志。

6. 查看气体灭火系统手动、自动转换装置及机械应急操作装置的安装与设置。

三、规范依据

对于防护区的设置要求，见表8.1-1。

表8.1-1　防护区的设置要求

验收内容	规范名称	主要内容
防护区设置、划分、围护结构	《消防设施通用规范》GB 55036—2022	8.0.2　全淹没气体灭火系统的防护区应符合下列规定： 1　防护区围护结构的耐超压性能，应满足在灭火剂释放和设计浸渍时间内保持围护结构完整的要求； 2　防护区围护结构的密闭性能，应满足在灭火剂设计浸渍时间内保持防护区内灭火剂浓度不低于设计灭火浓度或设计惰化浓度的要求

续表

验收内容	规范名称	主要内容
防护区设置、划分、围护结构	《气体灭火系统设计规范》GB 50370—2005	3.1.4　两个或两个以上的防护区采用组合分配系统时，一个组合分配系统所保护的防护区不应超过 8 个。 3.2.4　防护区划分应符合下列规定： 1　防护区宜以单个封闭空间划分；同一区间的吊顶层和地板下需同时保护时，可合为一个防护区； 2　采用管网灭火系统时，一个防护区的面积不宜大于 $800m^2$，且容积不宜大于 $3600m^3$； 3　采用预制灭火系统时，一个防护区的面积不宜大于 $500m^2$，且容积不宜大于 $1600m^3$。 3.2.5　防护区围护结构及门窗的耐火极限均不宜低于 0.5h；吊顶的耐火极限不宜低于 0.25h。 3.2.6　防护区围护结构承受内压的允许压强，不宜低于 1200Pa。 3.2.9　喷放灭火剂前，防护区内除泄压口外的开口能自行关闭。 3.2.10　防护区的最低环境温度不应低于 $-10℃$
	《二氧化碳灭火系统设计规范》GB/T 50193—93（2010 年版）	3.1.2　采用全淹没灭火系统的防护区，应符合下列规定： 3.1.2.1　对气体、液体、电气火灾和固体表面火灾，在喷放二氧化碳前不能自动关闭的开口，其面积不应大于防护区总内表面积的 3%，且开口不应设在底面。 3.1.2.2　对固体深位火灾，除泄压口以外的开口，在喷放二氧化碳前应自动关闭。 3.1.2.3　防护区的围护结构及门、窗的耐火极限不应低于 0.50h，吊顶的耐火极限不应低于 0.25h；围护结构及门窗的允许压强不宜小于 1200Pa。 3.1.2.4　防护区用的通风机和通风管道中的防火阀，在喷放二氧化碳前应自动关闭
防护区供人员疏散的通道、出口、疏散门，应急照明与疏散指示标志	**《消防设施通用规范》GB 55036—2022**	**8.0.2　全淹没气体灭火系统的防护区应符合下列规定：** **3　防护区的门应向疏散方向开启，并应具有自行关闭的功能**
	《气体灭火系统设计规范》GB 50370—2005	6.0.1　防护区应有保证人员在 30s 内疏散完毕的通道和出口。 6.0.2　防护区内的疏散通道及出口，应设应急照明与疏散指示标志。防护区内应设火灾声报警器，必要时，可增设闪光报警器。防护区的入口处应设火灾声、光报警器和灭火剂喷放指示灯，以及防护区采用的相应气体灭火系统的永久性标志牌。灭火剂喷放指示灯信号，应保持到防护区通风换气后，以手动方式解除。 6.0.3　防护区的门应向疏散方向开启，并能自行关闭；用于疏散的门必须能从防护区内打开。 6.0.11　设有气体灭火系统的场所，宜配置空气呼吸器
	《二氧化碳灭火系统设计规范》GB/T 50193—93（2010 年版）	7.0.2　防护区应有能在 30s 内使该区人员疏散完毕的走道与出口。在疏散走道与出口处，应设火灾事故照明和疏散指示标志。 7.0.6　防护区的门应向疏散方向开启，并能自动关闭；在任何情况下均应能从防护区内打开。 7.0.7　设置灭火系统的防护区的入口处明显位置应配备专用的空气呼吸器或氧气呼吸器

验收内容	规范名称	主要内容
防护区的泄压口设置位置及泄压口尺寸	《气体灭火系统设计规范》GB 50370—2005	3.2.7　防护区应设置泄压口，七氟丙烷灭火系统的泄压口应位于防护区净高的 2/3 以上。 3.2.8　防护区设置的泄压口，宜设在外墙上。泄压口面积按相应气体灭火系统设计规定计算
	《二氧化碳灭火系统设计规范》GB/T 50193—93（2010 年版）	3.2.6　防护区应设置泄压口，并宜设在外墙上，其高度应大于防护区净高的 2/3。当防护区设有防爆泄压孔时，可不单独设置泄压口。 3.2.7　泄压口的面积可按下式计算： $$A_x = 0.0076 \frac{Q_t}{\sqrt{P_t}}$$ 式中：A_x——泄压口面积（m^2）； 　　　Q_t——二氧化碳喷射率（kg/min）； 　　　P_t——围护结构的允许压强（Pa）。
防护区内和入口处的声光报警装置、气体喷放指示灯、入口处的安全标志	《气体灭火系统设计规范》GB 50370—2005	6.0.2　防护区内应设火灾声报警器，必要时，可增设闪光报警器。防护区的入口处应设火灾声、光报警器和灭火剂喷放指示灯，以及防护区采用的相应气体灭火系统的永久性标志牌。灭火剂喷放指示灯信号，应保持到防护区通风换气后，以手动方式解除
	《二氧化碳灭火系统设计规范》GB/T 50193—93（2010 年版）	7.0.1　防护区内应设火灾声报警器，必要时，可增设光报警器。防护区的入口处应设置火灾声、光报警器。报警时间不宜小于灭火过程所需的时间，并应能手动切除警报信号。 7.0.3　防护区入口处应设灭火系统防护标志和二氧化碳喷放指示灯
气体灭火系统手动、自动转换装置的安装与设置，机械应急操作装置的安装与设置	《气体灭火系统设计规范》GB 50370—2005	5.0.5　自动控制装置应在接到两个独立的火灾信号后才能启动。手动控制装置和手动与自动转换装置应设在防护区疏散出口的门外便于操作的地方，安装高度为中心点距地面 1.5m。机械应急操作装置应设在储瓶间内或防护区疏散出口门外便于操作的地方。 6.0.9　灭火系统的手动控制与应急操作应有防止误操作的警示显示与措施
	《二氧化碳灭火系统设计规范》GB/T 50193—93（2010 年版）	6.0.3　手动操作装置应设在防护区外便于操作的地方，并应能在一处完成系统启动的全部操作。局部应用灭火系统手动操作装置应设在保护对象附近。 6.0.3A　对于采用全淹没灭火系统保护的防护区，应在其入口处设置手动、自动转换控制装置；有人工作时，应置于手动控制状态
无窗或固定窗扇的地上防护区和地下防护区的机械排风装置	《气体灭火系统设计规范》GB 50370—2005	6.0.4　灭火后的防护区应通风换气，地下防护区和无窗或设固定窗扇的地上防护区，应设置机械排风装置，排风口宜设在防护区的下部并应直通室外。通信机房、电子计算机房等场所的通风换气次数应不少于每小时 5 次
	《二氧化碳灭火系统设计规范》GB/T 50193—93（2010 年版）	7.0.5　地下防护区和无窗或固定窗扇的地上防护区，应设机械排风装置

8.2　储存装置间

一、验收内容

储存装置间的位置、通道、耐火等级、应急照明装置及地下储存装置间机械排风装置。

二、验收方法

对照消防设计文件及竣工图纸，现场核查储存装置间设置位置、疏散通道、耐火等级、应急照明装置，查看地下储存装置间机械排风装置的设置情况。

三、规范依据

对于储存装置间的设置要求，见表 8.2-1。

表 8.2-1　储存装置间的设置要求

验收内容	规范名称	主要内容
储存装置间的位置、通道、耐火等级	《气体灭火系统设计规范》GB 50370—2005	4.1.1 储存装置应符合下列规定： 4 管网灭火系统的储存装置宜设在专用储瓶间内。储瓶间宜靠近防护区，并应符合建筑物耐火等级不低于二级的有关规定及有关压力容器存放的规定，且应有直接通向室外或疏散走道的出口。储瓶间和设置预制灭火系统的防护区的环境温度应为 $-10 \sim 50$℃
	《二氧化碳灭火系统设计规范》GB/T 50193—93（2010 年版）	5.1.7　储存装置宜设在专用的储存容器间内。局部应用灭火系统的储存装置可设置在固定的安全围栏内。专用的储存容器间的设置应符合下列规定： 5.1.7.1　应靠近防护区，出口应直接通向室外或疏散走道。 5.1.7.2　耐火等级不应低于二级
储瓶间应急照明、排风装置设置	《气体灭火系统设计规范》GB 50370—2005	6.0.5　储瓶间的门应向外开启，储瓶间内应设应急照明；储瓶间应有良好的通风条件，地下储瓶间应设机械排风装置，排风口应设在下部，可通过排风管排出室外
	《二氧化碳灭火系统设计规范》GB/T 50193—93（2010 年版）	5.1.7　储存装置宜设在专用的储存容器间内。局部应用灭火系统的储存装置可设置在固定的安全围栏内。专用的储存容器间的设置应符合下列规定： 5.1.7.3　室内应保持干燥和良好通风。 5.1.7.4　不具备自然通风条件的储存容器间，应设机械排风装置，排风口距储存容器间地面高度不宜大于 0.5m，排出口应直接通向室外，正常排风量宜按换气次数不小于 4 次/h 确定，事故排风量应按换气次数不小于 8 次/h 确定

8.3　灭火剂存储装置

一、验收内容

1. 灭火剂储存容器的数量、型号和规格，位置与固定方式，油漆和标志，操作面；储存装置上压力计、液位计、称重显示装置的安装位置。

2. 灭火剂储存容器的充装量、充装压力。

3. 集流管的材料、规格、连接方式、布置及安全泄压装置和泄压方向。

二、验收方法

1. 对照消防设计文件及竣工图纸，现场核查灭火剂储存容器的数量、型号、规格、充装量、充装压力及容器安装情况。现场查看各测量装置是否便于观察和操作。

2. 对照消防设计文件及竣工图纸，现场核查集流管的材料、规格、连接方式、布置及安全泄压装置和泄压方向。

三、规范依据

对于灭火剂存储装置的设置要求，见表 8.3-1。

表 8.3-1　灭火剂存储装置的设置要求

验收内容	规范名称	主要内容
灭火剂储存容器的数量、型号、规格、充装量、充装压力及容器安装情况；储存装置上压力计、液位计、称重显示装置的安装位置	《消防设施通用规范》GB 55036—2022	8.0.9　气体灭火系统的管道和组件、灭火剂的储存容器及其他组件的公称压力，不应小于系统运行时需承受的最大工作压力。灭火剂的储存容器或容器阀应具有安全泄压和压力显示的功能，管网系统中的封闭管段上应具有安全泄压装置。安全泄压装置应能在设定压力下正常工作，泄压方向不应朝向操作面或人员疏散通道。低压二氧化碳灭火系统的安全泄压装置应通过专用泄压管将泄压气体直接排至室外。高压二氧化碳储存容器应设置二氧化碳泄漏监测装置
	《气体灭火系统设计规范》GB 50370—2005	3.1.5　组合分配系统的灭火剂储存量，应按储存量最大的防护区确定。 3.1.6　灭火系统的灭火剂储存量，应为防护区的灭火设计用量、储存容器内的灭火剂剩余量和管网内的灭火剂剩余量之和。 3.1.7　灭火系统的储存装置72小时内不能重新充装恢复工作的，应按系统原储存量的100%设置备用量。 3.1.8　灭火系统的设计温度，应采用20℃。 3.1.9　同一集流管上的储存容器，其规格、充压压力和充装量应相同。 4.1.1　储存装置应符合下列规定： 1　管网系统的储存装置应由储存容器、容器阀和集流管等组成；七氟丙烷、IG 541预制灭火系统的储存装置，应由储存容器、容器阀等组成；热气溶胶预制灭火系统的储存装置应由发生剂罐、引发器和保护箱（壳）体等组成； 3　储存装置上应设耐久的固定铭牌，并应标明每个容器的编号、容积、皮重、灭火剂名称、充装量、充装日期和充压压力等； 5　储存装置的布置，应便于操作、维修及避免阳光照射。操作面距墙面或两操作面之间的距离，不宜小于1.0m，且不应小于储存容器外径的1.5倍。 4.1.3　储存装置的储存容器与其他组件的公称工作压力，不应小于在最高环境温度下所承受的工作压力。 6.0.8　防护区内设置的预制灭火系统的充压压力不应大于2.5MPa
	《气体灭火系统施工及验收规范》GB 50263—2007	5.2.1　储存装置的安装位置应符合设计文件的要求。 5.2.3　储存装置上压力计、液位计、称重显示装置的安装位置应便于人员观察和操作。 5.2.4　储存容器的支、框架应固定牢靠，并应做防腐处理。 5.2.5　储存容器宜涂红色油漆，正面应标明设计规定的灭火剂名称和储存容器的编号

验收内容	规范名称	主要内容
灭火剂储存容器的数量、型号、规格、充装量、充装压力及容器安装情况；储存装置上压力计、液位计、称重显示装置的安装位置	《二氧化碳灭火系统设计规范》GB/T 50193—93（2010年版）	5.1.1 高压系统的储存装置应由储存容器、容器阀、单向阀、灭火剂泄漏检测装置和集流管等组成，并应符合下列规定： 5.1.1.1 储存容器的工作压力不应小于15MPa，储存容器或容器阀上应设泄压装置，其泄压动作压力应为19MPa±0.95MPa。 5.1.1.3 储存装置的环境温度应为0℃～49℃。 5.1.1A 低压系统的储存装置应由储存容器、容器阀、安全泄压装置、压力表、压力报警装置和制冷装置等组成，并应符合下列规定： 5.1.1A.1 储存容器的设计压力不应小于2.5MPa，并应采取良好的绝热措施。储存容器上至少应设置两套安全泄压装置，其泄压动作压力应为2.38MPa±0.12MPa。 5.1.1A.2 储存装置的高压报警压力设定值应为2.2MPa，低压报警压力设定值应为1.8MPa。 5.1.1A.4 容器阀应能在喷出要求的二氧化碳量后自动关闭。 5.1.1A.5 储存装置应远离热源，其位置应便于再充装，其环境温度宜为−23℃～49℃。 5.1.4 储存装置应具有灭火剂泄漏检测功能，当储存容器中充装的二氧化碳损失量达到其初始充装量的10%时，应能发出声光报警信号并及时补充。 5.1.6 储存装置的布置应方便检查和维护，并应避免阳光直射
集流管的材料、规格、连接方式、布置及安全泄压装置和泄压方向	《消防设施通用规范》GB 55036—2022	**8.0.9 气体灭火系统灭火剂的储存容器或容器阀应具有安全泄压和压力显示的功能，管网系统中的封闭管段上应具有安全泄压装置。安全泄压装置应能在设定压力下正常工作，泄压方向不应朝向操作面或人员疏散通道。低压二氧化碳灭火系统的安全泄压装置应通过专用泄压管将泄压气体直接排至室外。高压二氧化碳储存容器应设置二氧化碳泄漏监测装置**
	《气体灭火系统设计规范》GB 50370—2005	4.1.1 储存装置应符合下列规定： 2 容器阀和集流管之间应采用挠性连接。储存容器和集流管应采用支架固定。 4.1.4 在储存容器或容器阀上，应设安全泄压装置和压力表。组合分配系统的集流管，应设安全泄压装置。安全泄压装置的动作压力，应符合相应气体灭火系统的设计规定。 4.2.3 在容器阀和集流管之间的管道上应设单向阀
	《气体灭火系统施工及验收规范》GB 50263—2007	5.2.2 灭火剂储存装置安装后，泄压装置的泄压方向不应朝向操作面。低压二氧化碳灭火系统的安全阀应通过专用的泄压管接到室外。 5.2.7 集流管上的泄压装置的泄压方向不应朝向操作面。 5.2.8 连接储存容器与集流管间的单向阀的流向指示箭头应指向介质流动方向。 5.2.9 集流管应固定在支、框架上。支、框架应固定牢靠，并做防腐处理。 5.2.10 集流管外表面宜涂红色油漆
	《二氧化碳灭火系统设计规范》GB/T 50193—93（2010年版）	5.1.1 高压系统的储存装置应由储存容器、容器阀、单向阀、灭火剂泄漏检测装置和集流管等组成，并应符合下列规定： 5.1.1.1 储存容器的工作压力不应小于15MPa，储存容器或容器阀上应设泄压装置，其泄压动作压力应为19MPa±0.95MPa。 5.1.1A 低压系统的储存装置应由储存容器、容器阀、安全泄压装置、压力表、压力报警装置和制冷装置等组成，并应符合下列规定： 5.1.1A.1 储存容器的设计压力不应小于2.5MPa，并应采取良好的绝热措施。储存容器上至少应设置两套安全泄压装置，其泄压动作压力应为2.38MPa±0.12MPa。 5.3.3 管网中阀门之间的封闭管段应设置泄压装置，其泄压动作压力：高压系统应为15MPa±0.75MPa，低压系统应为2.38MPa±0.12MPa

8.4 驱 动 装 置

一、验收内容

1. 阀驱动装置的数量、型号、规格和标志。

2. 当采用气动驱动时，驱动气瓶的介质名称和充装压力，以及气动驱动装置管道的规格、布置和连接方式。

二、验收方法

1. 对照消防设计文件及竣工图纸，现场核查阀驱动装置的数量、型号、规格。

2. 对照消防设计文件及竣工图纸，现场核查气动驱动装置中驱动气瓶的介质名称和充装压力，并查看气动驱动装置管道的规格、布置和连接方式，查看气体驱动装置安装完毕后的严密性试验记录。

三、规范依据

对于驱动装置的设置要求，见表 8.4-1。

表 8.4-1 驱动装置的设置要求

验收内容	规范名称	主要内容
阀驱动装置的数量、型号、规格和标志	《气体灭火系统施工及验收规范》 GB 50263—2007	4.3.4 阀驱动装置应符合下列规定： 1 电磁驱动器的电源电压应符合系统设计要求。通电检查电磁铁芯，其行程应能满足系统启动要求，且动作灵活，无卡阻现象。 2 气动驱动装置储存容器内气体压力不应低于设计压力，且不得超过设计压力的5%，气体驱动管道上的单向阀应启闭灵活，无卡阻现象。 3 机械驱动装置应传动灵活，无卡阻现象。 5.4.1 拉索式机械驱动装置的安装应符合下列规定： 1 拉索除必要外露部分外，应采用经内外防腐处理的钢管防护。 2 拉索转弯处应采用专用导向滑轮。 3 拉索末端拉手应设在专用的保护盒内。 4 拉索套管和保护盒应固定牢靠。 5.4.2 安装以重力式机械驱动装置时，应保证重物在下落行程中无阻挡，其下落行程应保证驱动所需距离，且不得小于25mm。 5.4.3 电磁驱动装置驱动器的电气连接线应沿固定灭火剂储存容器的支、框架或墙面固定。 5.4.4 气动驱动装置的安装应符合下列规定： 1 驱动气瓶的支、框架或箱体应固定牢靠，并做防腐处理。 2 驱动气瓶上应有标明驱动介质名称、对应防护区或保护对象名称或编号的永久性标志，并应便于观察
当采用气动驱动时，驱动气瓶的介质名称和充装压力，以及气动驱动装置管道的规格、布置和连接方式	《气体灭火系统施工及验收规范》 GB 50263—2007	5.4.5 气动驱动装置的管道安装应符合下列规定： 1 管道布置应符合设计要求。 2 竖直管道应在其始端和终端设防晃支架或采用管卡固定。 3 水平管道应采用管卡固定。管卡的间距不宜大于0.6m。转弯处应增设1个管卡。 5.4.6 气动驱动装置的管道安装后应做气压严密性试验，并合格。 7.3.6 驱动气瓶和选择阀的机械应急手动操作处，均应有标明对应防护区或保护对象名称的永久标志。 驱动气瓶的机械应急操作装置均应设安全销并加铅封，现场手动启动按钮应有防护罩

8.5　选择阀、管道、管道附件及喷头

一、验收内容

1. 选择阀的数量、型号、规格、位置、标志及其安装。

2. 输送气体灭火剂的管道规格、型号、连接方式及管道的防腐处理。

3. 管道穿过墙壁、楼板处安装的套管。穿越建筑物的变形缝时，设置的柔性管段。管道与套管间的空隙防火封堵。

4. 管道应固定牢靠，管道支、吊架设置。

5. 在通向每个防护区的灭火系统主管道上，应设压力讯号器或流量讯号器。

6. 经过有爆炸危险和变电、配电场所的管网，以及布设在以上场所的金属箱体等的防静电接地措施。

7. 喷头的布置位置、数量和方向。

8. 喷头的型号、规格的永久性标识。设置在有粉尘、油雾等防护区的喷头检查防护装置。

二、验收方法

1. 对照消防设计文件及竣工图纸，现场核查选择阀数量、型号、规格、位置是否与设计文件一致；查看选择阀是否设置所属防护区的标识牌。

2. 对照消防设计文件及竣工图纸，现场核查管道规格、型号、连接方式及管道的防腐处理。

3. 现场查看管道穿过墙壁、楼板处的防火封堵及穿越变形缝采取的措施。

4. 现场查看管道支、吊架的设置及管道安装情况，查看管道安装完毕后的严密性试验记录。

5. 对照消防设计文件及竣工图纸，现场核查压力讯号器或流量讯号器的安装情况。

6. 现场查看特殊场所金属箱体的防静电接地措施。

7. 对照消防设计文件及竣工图纸，现场核查喷头的布置位置、数量和方向。

8. 对照消防设计文件及竣工图纸，现场核查喷头的型号、规格及防护装置。

三、规范依据

对于选择阀、管道、管道附件及喷头的安装要求，见表 8.5-1。

表 8.5-1　选择阀、管道、管道附件及喷头的安装要求

验收内容	规范名称	主要内容
选择阀的数量、型号、规格、位置、标志及其安装	《气体灭火系统设计规范》GB 50370—2005	4.1.6　组合分配系统中的每个防护区应设置控制灭火剂流向的选择阀，其公称直径应与该防护区灭火系统的主管道公称直径相等。 选择阀的位置应靠近储存容器且便于操作。选择阀应设有标明其工作防护区的永久性铭牌
	《气体灭火系统施工及验收规范》GB 50263—2007	5.3.1　选择阀操作手柄应安装在操作面一侧，当安装高度超过 1.7m 时应采取便于操作的措施。 5.3.2　采用螺纹连接的选择阀，其与管网连接处宜采用活接。 5.3.3　选择阀的流向指示箭头应指向介质流动方向。

验收内容	规范名称	主要内容
选择阀的数量、型号、规格、位置、标志及其安装	《气体灭火系统施工及验收规范》GB 50263—2007	5.3.4 选择阀上应设置标明防护区域或保护对象名称或编号的永久性标志牌，并应便于观察。 7.3.6 驱动气瓶和选择阀的机械应急手动操作处，均应有标明对应防护区或保护对象名称的永久标志。 驱动气瓶的机械应急操作装置均应设安全销并加铅封，现场手动启动按钮应有防护罩
	《二氧化碳灭火系统设计规范》GB/T 50193—93（2010年版）	5.2.1 在组合分配系统中，每个防护区或保护对象应设一个选择阀。选择阀应设置在储存容器间内，并应便于手动操作，方便检查维护。选择阀上应设有标明防护区的铭牌。 5.2.2 选择阀可采用电动、气动或机械操作方式。选择阀的工作压力：高压系统不应小于12MPa，低压系统不应小于2.5MPa
输送气体灭火剂的管道规格、型号、连接方式及管道的防腐处理	《消防设施通用规范》**GB 55036—2022**	**8.0.9** 气体灭火系统灭火剂的储存容器或容器阀应具有安全泄压和压力显示的功能，管网系统中的封闭管段上应具有安全泄压装置。安全泄压装置应能在设定压力下正常工作，泄压方向不应朝向操作面或人员疏散通道。低压二氧化碳灭火系统的安全泄压装置应通过专用泄压管将泄压气体直接排至室外。高压二氧化碳储存容器应设置二氧化碳泄漏监测装置
	《气体灭火系统设计规范》GB 50370—2005	3.1.10 同一防护区，当设计两套或三套管网时，集流管可分别设置，系统启动装置必须共用。各管网上喷头流量均应按同一灭火设计浓度、同一喷放时间进行设计。 3.1.11 管网上不应采用四通管件进行分流。 4.1.9 管道及管道附件应符合下列规定： 1 输送气体灭火剂的管道应采用无缝钢管。无缝钢管内外应进行防腐处理，防腐处理宜采用符合环保要求的方式。 2 输送气体灭火剂的管道安装在腐蚀性较大的环境里，宜采用不锈钢管； 3 输送启动气体的管道，宜采用铜管； 4 管道的连接，当公称直径小于或等于80mm时，宜采用螺纹连接；大于80mm时，宜采用法兰连接。钢制管道附件应内外防腐处理，防腐处理宜采用符合环保要求的方式。使用在腐蚀性较大的环境里，应采用不锈钢的管道附件
	《二氧化碳灭火系统设计规范》GB/T 50193—93（2010年版）	5.3.2 管道可采用螺纹连接、法兰连接或焊接。公称直径等于或小于80mm的管道，宜采用螺纹连接；公称直径大于80mm的管道，宜采用法兰连接。 5.3.2A 二氧化碳灭火剂输送管网不应采用四通管件分流
管道应固定牢靠，管道支、吊架设置	《气体灭火系统施工及验收规范》GB 50263—2007	5.5.1 灭火剂输送管道连接应符合下列规定： 1 采用螺纹连接时，管材宜采用机械切割；螺纹不得有缺纹、断纹等现象；螺纹连接的密封材料应均匀附着在管道的螺纹部分，拧紧螺纹时，不得将填料挤入管道内；安装后的螺纹根部应有2～3条外露螺纹；连接后，应将连接处外部清理干净并做好防腐处理。 2 采用法兰连接时，衬垫不得凸入管内，其外边缘宜接近螺栓，不得放双垫或偏垫。连接法兰的螺栓，直径和长度应符合标准，拧紧后，凸出螺母的长度不应大于螺杆直径的1/2且保证有不少于2条外露螺纹。

验收内容	规范名称	主要内容
管道应固定牢靠，管道支、吊架设置	《气体灭火系统施工及验收规范》GB 50263—2007	3 已经防腐处理的无缝钢管不宜采用焊接连接，与选择阀等个别连接部位需采用法兰焊接连接时，应对被焊接损坏的防腐层进行二次防腐处理。 5.5.3 管道支、吊架的安装应符合下列规定： 1 管道应固定牢靠，管道支、吊架的最大间距应符合表8.5-2的规定。 2 管道末端应采用防晃支架固定，支架与末端喷嘴间的距离不应大于500mm。 3 公称直径大于或等于50 mm的主干管道，垂直方向和水平方向至少应各安装1个防晃支架，当穿过建筑物楼层时，每层应设1个防晃支架。当水平管道改变方向时，应增设防晃支架。 5.5.4 灭火剂输送管道安装完毕后，应进行强度试验和气压严密性试验，并合格。 5.5.5 灭火剂输送管道的外表面宜涂红色油漆
管道穿过墙壁、楼板处的防火封堵及穿越变形缝采取的措施	《气体灭火系统施工及验收规范》GB 50263—2007	5.5.2 管道穿过墙壁、楼板处应安装套管。套管公称直径比管道公称直径至少应大2级，穿墙套管长度应与墙厚相等，穿楼板套管长度应高出地板50mm。管道与套管间的空隙应采用防火封堵材料填塞密实。当管道穿越建筑物的变形缝时，应设置柔性管段
压力讯号器或流量讯号器的安装	《气体灭火系统设计规范》GB 50370—2005	4.1.5 在通向每个防护区的灭火系统主管道上，应设压力讯号器或流量讯号器
特殊场所金属箱体的防静电接地措施	《气体灭火系统设计规范》GB 50370—2005	6.0.6 经过有爆炸危险和变电、配电场所的管网，以及布设在以上场所的金属箱体等，应设防静电接地
	《二氧化碳灭火系统设计规范》GB/T 50193—93（2010年版）	7.0.4 当系统管道设置在可燃气体、蒸气或有爆炸危险粉尘的场所时，应设防静电接地
喷头的布置位置、数量和方向	**《消防设施通用规范》GB 55036—2022**	**8.0.7 全淹没气体灭火系统的喷头布置应满足灭火剂在防护区内均匀分布的要求，其射流方向不应直接朝向可燃液体的表面。局部应用气体灭火系统的喷头布置应能保证保护对象全部处于灭火剂的淹没范围内**
	《气体灭火系统设计规范》GB 50370—2005	3.1.12 喷头的保护高度和保护半径，应符合下列规定： 1 最大保护高度不宜大于6.5m； 2 最小保护高度不应小于0.3m； 3 喷头安装高度小于1.5m时，保护半径不宜大于4.5m； 4 喷头安装高度不小于1.5m时，保护半径不应大于7.5m。 3.1.13 喷头宜贴近防护区顶面安装，距顶面的最大距离不宜大于0.5m。 3.1.18 热气溶胶预制灭火系统装置的喷口宜高于防护区地面2.0m。 4.1.8 喷头的布置应满足喷放后气体灭火剂在防护区内均匀分布的要求。当保护对象属可燃液体时，喷头射流方向不应朝向液体表面。 6.0.10 热气溶胶灭火系统装置的喷口前1.0m内，装置的背面、侧面、顶部0.2m内不应设置或存放设备、器具等

验收内容	规范名称	主要内容
喷头的布置位置、数量和方向	《气体灭火系统施工及验收规范》GB 50263—2007	5.6.2　安装在吊顶下的不带装饰罩的喷嘴，其连接管管端螺纹不应露出吊顶；安装在吊顶下的带装饰罩的喷嘴，其装饰罩应紧贴吊顶7.3.8　喷嘴的数量、型号、规格、安装位置和方向，应符合设计要求和本规范第5.6节的有关规定
	《二氧化碳灭火系统设计规范》GB/T 50193—93（2010年版）	5.2.3A　全淹没灭火系统的喷头布置应使防护区内二氧化碳分布均匀，喷头应接近天花板或屋顶安装
喷头的型号、规格及防护装置	《气体灭火系统设计规范》GB 50370—2005	4.1.7　喷头应有型号、规格的永久性标识。设置在有粉尘、油雾等防护区的喷头，应有防护装置
	《气体灭火系统施工及验收规范》GB 50263—2007	7.3.8　喷嘴的数量、型号、规格、安装位置和方向，应符合设计要求和本规范第5.6节的有关规定
	《二氧化碳灭火系统设计规范》GB/T 50193—93（2010年版）	5.2.4　设置在有粉尘或喷漆作业等场所的喷头，应增设不影响喷射效果的防尘罩

表 8.5-2　支、吊架之间最大间距

DN（mm）	15	20	25	32	40	50	65	80	100	150
最大间距（m）	1.5	1.8	2.1	2.4	2.7	3.0	3.4	3.7	4.3	5.2

注：本表引自《气体灭火系统施工及验收规范》GB 50263—2007第5.5.3条中表5.5.3。

8.6　系　统　功　能

一、验收内容

1. 系统启动方式。

2. 喷放灭火剂前，防火区开口封闭功能：防护区内除泄压口外的开口（门、窗）自行关闭。

3. 系统其他控制功能：发出声、光报警，关闭通风空调、防火阀等设备的联动功能。

4. 设有消防控制室的场所，灭火控制系统信息反馈功能。

5. 主用、备用电源切换试验。

二、验收方法

系统功能验收检查需要严格按照专业人员的指导进行，防止损坏设备或导致人员受伤；试验前应将电磁阀从瓶组上取下，以免误动作启动气体灭火系统；试验完毕后应复原并检查系统功能正常。系统功能验收包含：手动模拟启动试验，自动模拟启动试验，主用、备用电源切换试验。

1. 手动模拟启动试验

（1）按下手动启动按钮，观察相关动作信号及联动设备动作是否正常（如发出声、光报警，启动输出端的负载响应，关闭通风空调、防火阀等）。

（2）人工使压力信号反馈装置动作，观察相关防护区门外的气体喷放指示灯是否正常。

（3）紧急启动按钮启动后，观察相关动作信号及联动设备动作是否正常（如发出声、光报警，启动输出端的负载响应，关闭通风空调、防火阀等），30s内紧急停止，查看系统是否能够停止动作。

2. 自动模拟启动试验

（1）将灭火控制器的启动输出端与灭火系统相应防护区驱动装置连接。驱动装置应与阀门的动作机构脱离。也可以用一个启动电压、电流与驱动装置的启动电压、电流相同的负载代替。

（2）人工模拟火警使防护区内任意一个火灾探测器动作，观察单一火警信号输出后，相关报警设备动作是否正常（如警铃、蜂鸣器发出报警声等）。

（3）人工模拟火警使该防护区内另一个火灾探测器动作，观察复合火警信号输出后，相关动作信号及联动设备动作是否正常（如发出声、光报警，启动输出端的负载，关闭通风空调、防火阀等）。

3. 将气体灭火控制器供电电源切换到备用电源，进行手动、自动模拟启动试验，试验结果应符合模拟启动的相关要求。

三、规范依据

对于气体灭火系统功能的规定，见表8.6-1。

表8.6-1 气体灭火系统功能

验收内容	规范名称	主要内容
系统功能	《消防设施通用规范》 GB 55036—2022	8.0.6 用于保护同一防护区的多套气体灭火系统应能在灭火时同时启动，相互间的动作响应时差应小于或等于2s。 8.0.8 用于扑救可燃、助燃气体火灾的气体灭火系统，在其启动前应能联动和手动切断可燃、助燃气体的气源。 8.0.10 管网式气体灭火系统应具有自动控制、手动控制和机械应急操作的启动方式。预制式气体灭火系统应具有自动控制和手动控制的启动方式
	《气体灭火系统设计规范》 GB 50370—2005	3.2.9 喷放灭火剂前，防护区内除泄压口外的开口应能自行关闭。 5.0.3 采用自动控制启动方式时，根据人员安全撤离防护区的需要，应有不大于30s的可控延迟喷射；对于平时无人工作的防护区，可设置为无延迟的喷射。 5.0.4 灭火设计浓度或实际使用浓度大于无毒性反应浓度（NOAEL浓度）的防护区和采用热气溶胶预制灭火系统的防护区，应设手动与自动控制的转换装置。当人员进入防护区时，应能将灭火系统转换为手动控制方式；当人员离开时，应能恢复为自动控制方式。防护区内外应设手动、自动控制状态的显示装置。 5.0.5 自动控制装置应在接到两个独立的火灾信号后才能启动。手动控制装置和手动与自动转换装置应设在防护区疏散出口的门外便于操作的地方，安装高度为中心点距地面1.5m。机械应急操作装置应设在储瓶间内或防护区疏散出口门外便于操作的地方。

验收内容	规范名称	主要内容
系统功能	《气体灭火系统设计规范》GB 50370—2005	5.0.6 气体灭火系统的操作与控制，应包括对开口封闭装置、通风机械和防火阀等设备的联动操作与控制。 5.0.7 设有消防控制室的场所，各防护区灭火控制系统的有关信息，应传送给消防控制室。 5.0.8 气体灭火系统的电源，应符合国家现行有关消防技术标准的规定；采用气动力源时，应保证系统操作和控制需要的压力和气量。 5.0.9 组合分配系统启动时，选择阀应在容器阀开启前或同时打开
	《气体灭火系统施工及验收规范》GB 50263—2007	7.4.1 系统功能验收时，应进行模拟启动试验，并合格。 7.4.4 系统功能验收时，应对主用、备用电源进行切换试验，并合格
	《二氧化碳灭火系统设计规范》GB/T 50193—93（2010 年版）	5.2.3 系统在启动时，选择阀应在二氧化碳储存容器的容器阀动作之前或同时打开；采用灭火剂自身作为启动气源打开的选择阀，可不受此限。 6.0.1 二氧化碳灭火系统应设有自动控制、手动控制和机械应急操作三种启动方式；当局部应用灭火系统用于经常有人的保护场所时可不设自动控制。 6.0.2 当采用火灾探测器时，灭火系统的自动控制应在接收到两个独立的火灾信号后才能启动。根据人员疏散要求，宜延迟启动，但延迟时间不应大于 30s。 6.0.3 手动操作装置应设在防护区外便于操作的地方，并应能在一处完成系统启动的全部操作。局部应用灭火系统手动操作装置应设在保护对象附近。 6.0.3A 对于采用全淹没灭火系统保护的防护区，应在其入口处设置手动、自动转换控制装置；有人工作时，应置于手动控制状态。 6.0.4 二氧化碳灭火系统的供电与自动控制应符合现行国家标准《火灾自动报警系统设计规范》的有关规定。当采用气动动力源时，应保证系统操作与控制所需要的压力和用气量。 6.0.5 低压系统制冷装置的供电应采用消防电源，制冷装置应采用自动控制，且应设手动操作装置。 6.0.5A 设有火灾自动报警系统的场所，二氧化碳灭火系统的动作信号及相关警报信号、工作状态和控制状态均应能在火灾报警控制器上显示

第9章 其他灭火系统

9.1 泡沫灭火系统

9.1.1 泡沫消防泵房、泡沫站、水源及水位指示装置

一、验收内容

1. 泡沫消防泵房、泡沫站的设置和耐火等级。

2. 水池或水罐的容量及补水设施。

3. 当采用天然水源作为消防水源时，天然水源水质和枯水期最低水位时确保用水量的措施。

4. 水位指示标志的设置。

二、验收方法

1. 对照消防设计文件及竣工图纸，现场核查泡沫消防泵房、泡沫站的设置和耐火等级。

2. 对照消防设计文件及竣工图纸，现场查看消防水源及室外给水管网的进水管管径及供水能力；查看消防水池施工验收记录，确定消防水池有效容积，采用卷尺测量确定消防水箱的有效容积，并核对消防水池、消防水箱的补水措施。

3. 当采用天然水源作为消防水源时，现场查看天然水源水质和枯水期最低水位时确保用水量的措施。

4. 现场查看水位指示标志的设置。

三、规范依据

对于泡沫消防泵房、泡沫站、水源及水位指示装置的设置要求，见表 9.1-1。

表 9.1-1　泡沫消防泵房、泡沫站、水源及水位指示装置的设置要求

验收内容	规范名称	主要内容
泡沫消防泵房、泡沫站的设置和耐火等级	《消防设施通用规范》GB 55036—2022	5.0.6　储罐或储罐区固定式低倍数泡沫灭火系统，自泡沫消防水泵启动至泡沫混合液或泡沫输送到保护对象的时间应小于或等于 5min。当储罐或储罐区设置泡沫站时，泡沫站应符合下列规定： 　　1　室内泡沫站的耐火等级不应低于二级； 　　2　泡沫站严禁设置在防火堤、围堰、泡沫灭火系统保护区或其他火灾及爆炸危险区域内； 　　3　靠近防火堤设置的泡沫站应具备远程控制功能，与可燃液体储罐罐壁的水平距离应大于或等于 20m
	《泡沫灭火系统技术标准》GB 50151—2021	7.1.1　泡沫消防泵站的设置应符合下列规定： 　　1　泡沫消防泵站可与消防水泵房合建，并应符合国家现行有关标准对消防水泵房或消防泵房的规定；

验收内容	规范名称	主要内容
泡沫消防泵房、泡沫站的设置和耐火等级	《泡沫灭火系统技术标准》GB 50151—2021	2 泡沫消防泵站与甲、乙、丙类液体储罐或装置的距离不得小于30m，并应符合本标准第4.1.11条的规定； 3 当泡沫消防泵站与甲、乙、丙类液体储罐或装置的距离为30m～50m时，泡沫消防泵站的门、窗不应朝向保护对象
消防水源、水位指示装置及通信设施	《泡沫灭火系统技术标准》GB 50151—2021	7.1.6 泡沫消防泵站内应设水池（罐）水位指示装置。泡沫消防泵站应设有与本单位消防站或消防保卫部门直接联络的通信设备。 7.2.1 泡沫灭火系统水源的水质应与泡沫液的要求相适宜；水源的水温宜为4℃～35℃。当水中含有堵塞比例混合装置、泡沫产生装置或泡沫喷射装置的固体颗粒时，应设置相应的管道过滤器。 10.0.7 系统水源的验收应符合下列规定： 1 室外给水管网的进水管管径及供水能力、消防水池（罐）和消防水箱容量，均应符合设计要求。 2 当采用天然水源时，其水量应符合设计要求，并应检查枯水期最低水位时确保消防用水的技术措施

9.1.2 泡沫消防水泵与泡沫液泵

一、验收内容

1. 泡沫消防水泵、泡沫液泵的规格、型号、数量、安装情况，消防水泵功能。

2. 电源负荷级别，备用动力的容量，电气设备的规格、型号、数量及安装质量，动力源和备用动力的切换功能。

二、验收方法

1. 对照消防设计文件及竣工图纸，核查泡沫消防水泵、泡沫液泵的规格、型号、数量；查看水泵的安装情况；测试手动启停和远程启动泡沫消防水泵、泡沫液泵，手动模拟主泵故障停止，测试备泵的自动启动功能。

2. 对照消防设计文件及竣工图纸，核查电源负荷级别，现场查看动力源与备用动力的设置及电气设备的规格、型号、数量及安装质量；现场断开主电源回路，测试备用电源自动投入功能。

三、规范依据

对于泡沫消防水泵与泡沫液泵的设置要求，见表9.1-2。

表 9.1-2 泡沫消防水泵与泡沫液泵的设置要求

验收内容	规范名称	主要内容
泡沫消防水泵、泡沫液泵的规格、型号、数量、安装位置，消防水泵启动功能	**《消防设施通用规范》GB 55036—2022**	**5.0.9 泡沫液泵的工作压力和流量应满足泡沫灭火系统设计要求，同时应保证在设计流量范围内泡沫液供给压力大于供水压力**
	《泡沫灭火系统技术标准》GB 50151—2021	3.3.1 泡沫消防水泵的选择与设置应符合下列规定： 1 应选择特性曲线平缓的水泵，且其工作压力和流量应满足系统设计要求； 2 泵出口管道上应设置压力表、单向阀，泵出口总管道上应设置持压泄压阀及带手动控制阀的回流管。

验收内容	规范名称	主要内容
泡沫消防水泵、泡沫液泵的规格、型号、数量、安装位置，消防水泵启动功能	《泡沫灭火系统技术标准》GB 50151—2021	3.3.2　泡沫液泵的选择与设置应符合下列规定： 　　1　泡沫液泵的工作压力和流量应满足系统设计要求，同时应保证在设计流量范围内泡沫液供给压力大于供水压力； 　　3　泡沫液泵及管道平时不得充入泡沫液； 　　4　除四级及以下独立石油库与油品站场、防护面积小于 200㎡ 单个非重要防护区设置的泡沫系统外，应设置备用泵，且工作泵故障时应能自动与手动切换到备用泵。 　　9.3.8　泡沫消防水泵进水管吸水口处设置滤网时，滤网架的安装应牢固；滤网应便于清洗。 　　9.3.9　拖动泡沫消防水泵的柴油机排气管应采用钢管连接后通向室外，其安装位置、口径、长度、弯头的角度及数量应满足设计要求。 　　10.0.10　泡沫消防水泵与稳压泵的验收应符合下列规定： 　　1　工作泵、备用泵、拖动泡沫消防水泵的电机或柴油机、吸水管、出水管及出水管上的泄压阀、止回阀、信号阀等的规格、型号、数量等应符合设计要求；吸水管、出水管上的控制阀应锁定在常开位置，并有明显标记，拖动泡沫消防水泵的柴油机排烟管的安装位置、口径、长度、弯头的角度及数量应符合设计要求，柴油机用油的牌号应符合设计要求。 　　2　泡沫消防水泵的引水方式及水池低液位引水应符合设计要求。 　　3　泡沫消防水泵在主电源下应能正常启动，主备电源应能正常切换。 　　4　柴油机拖动的泡沫消防水泵的电启动和机械启动性能应满足设计和相关标准的要求。 　　5　当自动系统管网中的水压下降到设计最低压力时，稳压泵应能自动启动。 　　6　自动系统的泡沫消防水泵启动控制应处于自动启动位置
电源负荷级别、动力源和备用动力的切换	《泡沫灭火系统技术标准》GB 50151—2021	3.3.3　泡沫液泵的动力源应符合下列规定： 　　1　在本标准第 7.1.3 条第 1 款～第 3 款规定的条件下，当泡沫灭火系统与消防冷却水系统合用一组消防给水泵时，主用泡沫液泵的动力源宜采用电动机，备用泡沫液泵的动力源应采用水轮机；当泡沫灭火系统与消防冷却水系统的消防给水泵分开设置时，主用与备用泡沫液泵的动力源应为水轮机或一组泵采用电动机、另一组采用水轮机； 　　2　其他条件下，当泡沫灭火系统需设置备用泡沫液泵时，主用与备用泡沫液泵可全部采用一级供电负荷电动机拖动。 　　7.1.3　固定式系统动力源和泡沫消防水泵的设置应符合下列规定： 　　1　石油化工园区、大中型石化企业与煤化工企业、石油储备库，应采用一级供电负荷电机拖动的泡沫消防水泵做主用泵，采用柴油机拖动的泡沫消防水泵做备用泵； 　　2　其他石化企业与煤化工企业、特级和一级石油库及油品站场，应采用电机拖动的泡沫消防水泵做主用泵，采用柴油机拖动的泡沫消防水泵做备用泵； 　　3　二级、三级石油库和油品站场，可采用电机拖动的泡沫消防水泵做主用泵，采用柴油机拖动的泡沫消防水泵做备用泵，也可采用柴油机拖动的泡沫消防水泵做主用泵和备用泵； 　　4　泡沫-水喷淋系统、泡沫喷雾系统、中倍数与高倍数泡沫系统，主用与备用泡沫消防水泵可全部采用由一级供电负荷电机拖动；也可采用由二级供电负荷电机拖动的泡沫消防水泵做主用泵，采用柴油机拖动的泡沫消防水泵做备用泵；

验收内容	规范名称	主要内容
电源负荷级别、动力源和备用动力的切换	《泡沫灭火系统技术标准》GB 50151—2021	5 除本条第4款规定的全部采用一级供电负荷电机拖动泡沫消防水泵的情况外，主用泵与备用泵扬程和流量均应满足系统的供水要求； 6 四级及以下独立石油库与油品站场、防护面积小于200㎡的单个非重要防护区设置的泡沫系统，可采用由二级供电负荷电机拖动的泡沫消防水泵供水，也可采用由柴油机拖动的泡沫消防水泵供水。 7.1.4 拖动泡沫消防水泵的柴油机应符合下列规定： 1 柴油机应采用闭式循环热交换型发动机，且当热交换系统利用消防泵供水时，其设计压力应大于供水管网的最高工作压力； 3 柴油机应采用丙类柴油，且当采用－10号丙类柴油时，其无任何辅助措施的启动极限温度不应高于－5℃； 4 柴油机应安装人工机械复位的超速空气切断阀； 5 柴油机应具备2组蓄电池并联启动功能、机械启动与手动盘车功能。 9.4.9 泡沫灭火系统的动力源和备用动力应进行切换试验，动力源和备用动力及电气设备运行应正常

9.1.3 泡沫液储罐

一、验收内容

泡沫液储罐的规格、型号、数量、安装位置和安装质量。

二、验收方法

1. 对照消防设计文件及竣工图纸，核对泡沫液储罐材质、规格、型号及安装位置，现场查看储罐液位计、呼吸阀、人孔、出液口等附件。

2. 现场查看泡沫液储罐铭牌，应标有泡沫液种类、型号、出厂、灌装日期、有效期及储量等内容。

三、规范依据

对于泡沫液储罐的设置要求，见表9.1-3。

表 9.1-3 泡沫液储罐的设置要求

验收内容	规范名称	主要内容
泡沫液储罐设置要求	《消防设施通用规范》GB 55036—2022	**5.0.4 储罐或储罐区低倍数泡沫灭火系统扑救一次火灾的泡沫混合液设计用量，应大于或等于罐内用量、该罐辅助泡沫枪用量、管道剩余量三者之和最大的一个储罐所需泡沫混合液用量**
	《泡沫灭火系统技术标准》GB 50151—2021	3.4.5 当采用囊式压力比例混合装置时，应符合下列规定： 1 泡沫液储罐的单罐容积不应大于5m³。 3.5.3 囊式压力比例混合装置的储罐上应标明泡沫液剩余量。 9.3.10 泡沫液储罐的安装位置和高度应符合设计要求。储罐周围应留有满足检修需要的通道，其宽度不宜小于0.7m，且操作面不宜小于1.5m；当储罐上的控制阀距地面高度大于1.8m时，应在操作面处设置操作平台或操作凳。储罐上应设置铭牌，并应标识泡沫液种类、型号、出厂日期和灌装日期、有效期及储量等内容，不同种类、不同牌号的泡沫液不得混存。

续表

验收内容	规范名称	主要内容
泡沫液储罐设置要求	《泡沫灭火系统技术标准》GB 50151—2021	10.0.11　泡沫液储罐和盛装100％型水成膜泡沫液的压力储罐的验收应符合下列规定： 1　材质、规格、型号及安装质量应符合设计要求。 2　铭牌标记应清晰，应标有泡沫液种类、型号、出厂、灌装日期、有效期及储量等内容，不同种类、不同牌号的泡沫液不得混存。 3　液位计、呼吸阀、人孔、出液口等附件的功能应正常

9.1.4　泡沫比例混合器

一、验收内容

泡沫比例混合器的规格、型号、数量、安装位置和安装质量。

二、验收方法

1. 对照消防设计文件及竣工图纸，现场核对泡沫比例混合器的规格、型号、数量。

2. 现场查看比例混合器的安装质量情况。

三、规范依据

对于泡沫比例混合器的设置要求，见表9.1-4。

表9.1-4　泡沫比例混合器的设置要求

验收内容	规范名称	主要内容
泡沫比例混合器的规格、型号	《泡沫灭火系统技术标准》GB 50151—2021	3.4.1　泡沫比例混合装置的选择应符合下列规定： 1　固定式系统，应选用平衡式、机械泵入式、囊式压力比例混合装置或泵直接注入式比例混合流程，混合类类型应与所选泡沫液一致，且混合比不得小于额定值； 2　单罐容量不小于5000m³的固定顶储罐、外浮顶储罐、内浮顶储罐，应选择平衡式或机械泵入式比例混合装置； 3　全淹没高倍数泡沫灭火系统或局部应用中倍数、高倍数泡沫灭火系统，应选用机械泵入式、平衡式或囊式压力比例混合装置； 4　各分区泡沫混合液流量相等或相近的泡沫-水喷淋系统宜采用泵直接注入式比例混合流程； 5　保护油浸变压器的泡沫喷雾系统，可选用囊式压力比例混合装置。 5.1.7　中倍数、高倍数泡沫灭火系统固定安装的泡沫液桶（罐）和比例混合器不应设置在防护区内
安装质量		3.4.2　当采用平衡式比例混合装置时，应符合下列规定： 1　平衡阀的泡沫液进口压力应大于水进口压力，且其压差应满足产品的使用要求； 2　比例混合器的泡沫液进口管道上应设单向阀； 3　泡沫液管道上应设冲洗及放空设施。 3.4.3　当采用机械泵入式比例混合装置时，应符合下列规定： 1　泡沫液进口管道上应设单向阀； 2　泡沫液管道上应设冲洗及放空设施。 3.4.4　当采用泵直接注入式比例混合流程时，应符合下列规定： 1　泡沫液注入点的泡沫液流压力应大于水流压力0.2MPa； 2　泡沫液进口管道上应设单向阀； 3　泡沫液管道上应设冲洗及放空设施。

验收内容	规范名称	主要内容
安装质量	《泡沫灭火系统技术标准》GB 50151—2021	3.4.5 当采用囊式压力比例混合装置时，应符合下列规定： 1 泡沫液储罐的单罐容积不应大于5m³； 2 内囊应由适宜所储存泡沫液的橡胶制成，且应标明使用寿命。 9.3.14 泡沫比例混合器（装置）的安装应符合下列规定： 1 泡沫比例混合器（装置）的标注方向应与液流方向一致。 2 泡沫比例混合器（装置）与管道连接处的安装应严密。 9.3.15 压力式比例混合装置应整体安装，并应与基础牢固固定。 9.3.16 平衡式比例混合装置的进水管道上应安装压力表，且其安装位置应便于观测。 9.3.17 管线式比例混合器应安装在压力水的水平管道上，或串接在消防水带上，并应靠近储罐或防护区，其吸液口与泡沫液储罐或泡沫液桶最低液面的高度不得大于1.0m。 9.3.18 机械泵入式比例混合装置的安装应符合下列规定： 1 安装方向应和水轮机上的箭头指示方向一致，安装过程中不得随意拆卸、替换组件。 3 应在水轮机进、出口管道上靠近水轮机进、出口的法兰（沟槽）处安装压力表，压力表的安装位置应便于观察。 10.0.12 泡沫比例混合装置的验收应符合下列规定： 1 泡沫比例混合装置的规格、型号及安装质量应符合设计及安装要求。 2 混合比不应低于所选泡沫液的混合比

9.1.5 泡沫产生装置

一、验收内容

泡沫产生装置的规格、型号、数量、安装位置和安装质量。

二、验收方法

1. 对照消防设计文件及竣工图纸，现场核对泡沫产生器的规格、型号、数量、位置。

2. 现场查看泡沫产生器的安装质量。

三、规范依据

对于泡沫产生装置的设置要求，见表9.1-5。

表9.1-5 泡沫产生装置的设置要求

验收内容	规范名称	主要内容
泡沫产生装置的规格、型号、安装质量	《消防设施通用规范》GB 55036—2022	**5.0.5 固定顶储罐的低倍数液上喷射泡沫灭火系统，每个泡沫产生器应设置独立的混合液管道引至防火堤外，除立管外，其他泡沫混合液管道不应设置在罐壁上**
	《泡沫灭火系统技术标准》GB 50151—2021	3.6.1 低倍数泡沫产生器应符合下列规定： 1 固定顶储罐、内浮顶储罐应选用立式泡沫产生器； 2 外浮顶储罐宜选用与泡沫导流罩匹配的立式泡沫产生器，并不得设置密封玻璃，当采用横式泡沫产生器时，其吸气口应为圆形； 6 泡沫产生器的空气吸入口及露天的泡沫喷射口，应设置防止异物进入的金属网。

验收内容	规范名称	主要内容
泡沫产生装置的规格、型号、安装质量	《泡沫灭火系统技术标准》GB 50151—2021	3.6.3 保护液化天然气（LNG）集液池的局部应用系统和不设导泡筒的全淹没系统，应选用水力驱动型泡沫产生器，且其发泡网应为奥氏体不锈钢材料。 4.2.6 固定顶储罐上液上喷射系统泡沫混合液管道的设置应符合下列规定： 1 每个泡沫产生器应用独立的混合液管道引至防火堤外； 2 除立管外，其他泡沫混合液管道不得设置在罐壁上； 3 连接泡沫产生器的泡沫混合液立管应用管卡固定在罐壁上，管卡间距不宜大于3m； 4 泡沫混合液的立管下端应设锈渣清扫口。 4.3.2 外浮顶储罐中单个泡沫产生器的最大保护周长不应大于24m。 4.4.2 钢制单盘式、双盘式内浮顶储罐的泡沫堰板设置、单个泡沫产生器保护周长及泡沫混合液供给强度与连续供给时间，应符合下列规定： 2 单个泡沫产生器保护周长不应大于24m。 5.1.4 中倍数、高倍数泡沫产生器的设置应符合下列规定： 1 高度应在泡沫淹没深度以上； 2 宜接近保护对象，但泡沫产生器整体不应设置在防护区内； 3 当泡沫产生器的进风侧不直通室外时，应设置进风口或引风管； 4 应使防护区形成比较均匀的泡沫覆盖层； 5 应便于检查、测试及维修； 6 当泡沫产生器在室外或坑道应用时，应采取防止风对泡沫产生器发泡和泡沫分布产生影响的措施。 5.1.5 当高倍数泡沫产生器的出口设置导泡筒时，应符合下列规定： 1 导泡筒的横截面积宜为泡沫产生器出口横截面积的1.05倍～1.10倍； 2 当导泡筒上设有闭合器件时，其闭合器件不得阻挡泡沫的通过。 9.3.32 低倍数泡沫产生器的安装应符合下列规定： 1 液上喷射的泡沫产生器应根据产生器类型安装，并应符合设计要求；用于外浮顶储罐时，立式泡沫产生器的吸气口应位于罐壁顶之下，横式泡沫产生器应安装于罐壁顶之下，且横式泡沫产生器出口应有不小于1m的直管段。 2 液下喷射的高背压泡沫产生器应水平安装在防火堤外的泡沫混合液管道上。 3 在高背压泡沫产生器进口侧设置的压力表接口应竖直安装；其出口侧设置的压力表、背压调节阀和泡沫取样口的安装尺寸应符合设计要求，环境温度为0℃及以下的地区，背压调节阀和泡沫取样口上的控制阀应选用钢质阀门。 4 液上喷射泡沫产生器或泡沫导流罩沿罐周均匀布置时，其间距偏差不宜大于100mm。 8 当一个储罐所需的高背压泡沫产生器并联安装时，应将其并列固定在支架上，且应符合本条第2款和第3款的有关规定。 9 泡沫产生器密封玻璃的划痕面应背向泡沫混合液流向，并应有备用量。外浮顶储罐的泡沫产生器安装时应拆除密封玻璃。固定顶和内浮顶储罐的泡沫产生器应在调试完成后更换密封玻璃

9.1.6 泡沫消火栓

一、验收内容

泡沫消火栓的规格、型号、数量、安装位置和安装质量。

二、验收方法

1. 对照消防设计文件及竣工图纸，现场核对泡沫消火栓的安装位置和数量。

2. 查看泡沫消火栓的安装质量。

三、规范依据

《泡沫灭火系统技术标准》GB 50151—2021 的规定

第 4.1.9 条规定，采用固定式系统的储罐区，当邻近消防站的泡沫消防车 5min 内无法到达现场时，应沿防火堤外均匀布置泡沫消火栓，且泡沫消火栓的间距不应大于 60m；当未设置泡沫消火栓时，应有保证满足本标准第 4.1.5 条要求的措施。

第 4.5.4 条规定，公路隧道泡沫消火栓箱的设置应符合下列规定：

1 设置间距不应大于 50m；

2 应配置带开关的吸气型泡沫枪，其泡沫混合液流量不应小于 30L/min，射程不应小于 6m；

3 泡沫混合液连续供给时间不应小于 20min，且宜配备水成膜泡沫液；

4 软管长度不应小于 25m。

第 9.3.25 条规定，泡沫消火栓的安装应符合下列规定：

1 泡沫混合液管道上设置泡沫消火栓的规格、型号、数量、位置、安装方式、间距应符合设计要求。

2 泡沫消火栓应垂直安装。

3 泡沫消火栓的大口径出液口应朝向消防车道。

4 室内泡沫消火栓的栓口方向宜向下，或与设置泡沫消火栓的墙面成 90°，栓口离地面或操作基面的高度宜为 1.1m，允许偏差为 ±20mm，坐标的允许偏差为 20mm。

第 10.0.18 条规定，泡沫消火栓的验收应符合下列规定：

1 规格、型号、安装位置及间距应符合设计要求。

2 应进行冷喷试验，且应与系统功能验收同时进行。

9.1.7 阀门、压力表、管道过滤器

一、验收内容

阀门、压力表、管道过滤器规格、型号、数量、安装位置和安装质量。

二、验收方法

对照消防设计文件及竣工图纸，现场核对阀门、压力表、管道过滤器规格、型号、数量、安装位置。

三、规范依据

对于阀门、压力表、管道过滤器的设置要求，见表 9.1-6。

表 9.1-6　阀门、压力表、管道过滤器的设置要求

验收内容	规范名称	主要内容
阀门、过滤器的规格、型号、安装位置、安装质量	《泡沫灭火系统技术标准》GB 50151—2021	3.7.1　系统中所用的控制阀门应有明显的启闭标志。 3.7.2　当泡沫消防水泵出口管道口径大于 300mm 时，不宜采用手动阀门。 4.1.6　当固定顶储罐区固定式系统的泡沫混合液流量大于或等于 100L/s 时，系统的泵、比例混合装置及其管道上的控制阀、干管控制阀应具备远程控制功能；浮顶储罐泡沫灭火系统的控制应执行现行相关国家标准的规定。 5.1.6　固定安装的中倍数、高倍数泡沫产生器前应设置管道过滤器、压力表和手动阀门。 5.1.9　中倍数、高倍数泡沫灭火系统管道上的控制阀门应设在防护区以外，自动控制阀门应具有手动启闭功能。 8.3.5　减压阀应符合下列规定： 1　应设置在报警阀组入口前； 2　入口前应设置过滤器； 3　当连接两个及两个以上报警阀组时，应设置备用减压阀； 4　垂直安装的减压阀，水流方向宜向下。 9.3.24　阀门的安装应符合下列规定： 1　泡沫混合液管道采用的阀门应按相关标准进行安装，并应有明显的启闭标志。 2　具有遥控、自动控制功能的阀门安装应符合设计要求；当设置在有爆炸和火灾危险的环境时，应按相关标准安装。 3　液下喷射泡沫灭火系统泡沫管道进储罐处设置的钢质明杆闸阀和止回阀应水平安装，其止回阀上标注的方向应与泡沫的流动方向一致。 4　高倍数泡沫产生器进口端泡沫混合液管道上设置的压力表、管道过滤器、控制阀宜安装在水平支管上。 6　连接泡沫产生装置的泡沫混合液管道上控制阀的安装，应符合下列规定： 1）控制阀应安装在防火堤外压力表接口的外侧，并应有明显的启闭标志； 2）泡沫混合液管道设置在地上时，控制阀的安装高度宜为1.1m～1.5m； 3）当环境温度为0℃及以下的地区采用铸铁控制阀时，若管道设置在地上，铸铁控制阀应安装在立管上；若管道埋地或地沟内设置，铸铁控制阀应安装在阀门井内或地沟内，并应采取防冻措施。 7　当储罐区固定式泡沫灭火系统同时又具备半固定系统功能时，应在防火堤外泡沫混合液管道上安装带控制阀和带闷盖的管牙接口，并应符合本条第 6 款的有关规定。 8　泡沫混合液立管上设置的控制阀，其安装高度宜为 1.1m～1.5m，并应有明显的启闭标志；当控制阀的安装高度大于 1.8m 时，应设置操作平台或操作凳。 9　泡沫消防水泵的出液管上设置的带控制阀的回流管，应符合设计要求，控制阀的安装高度距地面宜为 0.6m～1.2m。 10　管道上的放空阀应安装在最低处，埋地管道的放空阀阀井应有排水措施

验收内容	规范名称	主要内容
压力表规格、型号、安装位置、安装质量	《泡沫灭火系统技术标准》 GB 50151—2021	4.1.7 在固定式系统的泡沫混合液主管道上应留出泡沫混合液流量检测仪器的安装位置；在泡沫混合液管道上应设置试验检测口；在防火堤外侧最不利和最有利水力条件处的管道上宜设置供检测泡沫产生器工作压力的压力表接口。 4.2.4 液下喷射系统高背压泡沫产生器的设置应符合下列规定： 3 在高背压泡沫产生器的进口侧应设置检测压力表接口，在其出口侧应设置压力表、背压调节阀和泡沫取样口。 9.3.16 平衡式比例混合装置的进水管道上应安装压力表，且其安装位置应便于观测。 9.3.18 机械泵入式比例混合装置的安装应符合下列规定： 3 应在水轮机进、出口管道上靠近水轮机进、出口的法兰（沟槽）处安装压力表，压力表的安装位置应便于观察。 9.3.20 泡沫混合液管道的安装除应满足本标准第9.3.19条的规定外，尚应符合下列规定： 4 连接泡沫产生装置的泡沫混合液管道上设置的压力表接口宜靠近防火堤外侧，并应竖直安装

9.1.8 管道、金属软管

一、验收内容

1. 管道规格、型号、位置、坡向、坡度、连接方式。

2. 支吊架、管墩位置、间距及牢固程度。

3. 金属软管的规格、型号、数量、安装位置。

4. 套管尺寸、空隙的填充材料及穿变形缝时采取的保护措施。

二、验收方法

1. 对照消防设计文件及竣工图纸，核对管道的规格、型号、位置、连接方式。

2. 查看支吊架的安装位置，测量支吊架的间距。

3. 查看金属软管的安装质量。

4. 查看管道穿防火堤、楼板、防火墙、变形缝的防火处理情况。

三、规范依据

《泡沫灭火系统技术标准》GB 50151—2021 的规定

第3.7.3条规定，低倍数泡沫灭火系统的水与泡沫混合液及泡沫管道应采用钢管，且管道外壁应进行防腐处理。

第3.7.4条规定，中倍数、高倍数泡沫灭火系统的干式管道宜采用镀锌钢管；湿式管道宜采用不锈钢管或内部、外部进行防腐处理的钢管；中倍数、高倍数泡沫产生器与其管道过滤器的连接管道应采用奥氏体不锈钢管。

第3.7.5条规定，泡沫液管道应采用奥氏体不锈钢管。

第3.7.6条规定，在寒冷季节有冰冻的地区，泡沫灭火系统的湿式管道应采取防冻措施。

第4.2.6条规定，储罐上液上喷射系统泡沫混合液管道的设置应符合下列规定：

1　每个泡沫产生器应用独立的混合液管道引至防火堤外；

2　除立管外，其他泡沫混合液管道不得设置在罐壁上；

3　连接泡沫产生器的泡沫混合液立管应用管卡固定在罐壁上，管卡间距不宜大于 3m；

4　泡沫混合液的立管下端应设锈渣清扫口。

第 4.2.7 条规定，防火堤内泡沫混合液或泡沫管道的设置应符合下列规定：

1　地上泡沫混合液或泡沫水平管道应敷设在管墩或管架上，与罐壁上的泡沫混合液立管之间应用金属软管连接；

2　埋地泡沫混合液管道或泡沫管道距离地面的深度应大于 0.3m，与罐壁上的泡沫混合液立管之间应用金属软管连接；

3　泡沫混合液或泡沫管道应有 3‰的放空坡度；

4　在液下喷射系统靠近储罐的泡沫管线上，应设置供系统试验用的带可拆卸盲板的支管；

5　液下喷射系统的泡沫管道上应设钢质控制阀和逆止阀，并应设置不影响泡沫灭火系统正常运行的防油品渗漏设施。

第 4.2.8 条规定，防火堤外泡沫混合液或泡沫管道的设置应符合下列规定：

1　固定式液上喷射系统，对每个泡沫产生器应在防火堤外设置独立的控制阀；

2　半固定式液上喷射系统，对每个泡沫产生器应在防火堤外距地面 0.7m 处设置带闷盖的管牙接口；半固定式液下喷射系统的泡沫管道应引至防火堤外，并应设置相应的高背压泡沫产生器快装接口；

3　泡沫混合液管道或泡沫管道上应设置放空阀，且其管道应有 2‰的坡度坡向放空阀。

第 4.3.5 条规定，储罐上泡沫混合液管道的设置应符合下列规定：

1　可每两个泡沫产生器合用一根泡沫混合液立管；

2　当 3 个或 3 个以上泡沫产生器一组在泡沫混合液立管下端合用一根管道时，宜在每个泡沫混合液立管上设常开阀门；

3　每根泡沫混合液管道应引至防火堤外，且半固定式系统的每根泡沫混合液管道所需的混合液流量不应大于一辆泡沫消防车的供给量；

4　连接泡沫产生器的泡沫混合液立管应用管卡固定在罐壁上，管卡间距不宜大于 3m，泡沫混合液的立管下端应设锈渣清扫口。

第 4.3.6 条规定，防火堤内泡沫混合液管道的设置应符合本标准第 4.2.7 条的规定。

第 4.3.7 条规定，防火堤外泡沫混合液管道的设置应符合下列规定：

1　固定式系统的每组泡沫产生器应在防火堤外设置独立的控制阀；

2　半固定式系统的每组泡沫产生器应在防火堤外距地面 0.7m 处设置带闷盖的管牙接口；

3　泡沫混合液管道上应设置放空阀，且其管道应有 2‰的坡度坡向放空阀。

第 4.3.8 条规定，储罐各梯子平台上应设置二分水器，并应符合下列规定：

1　二分水器应由管道接至防火堤外，且管道的管径应满足所配泡沫枪的压力、流量要求；

2 应在防火堤外的连接管道上设置管牙接口，其距地面高度宜为 0.7m；

3 当与固定式系统连通时，应在防火堤外设置控制阀。

第 4.4.5 条规定，按固定顶储罐对待的内浮顶储罐，其泡沫混合液管道的设置应符合本标准第 4.2.6 条～第 4.2.8 条的规定；钢制单盘式、双盘式内浮顶储罐，其泡沫混合液管道的设置应符合本标准第 4.2.7 条、第 4.3.5 条、第 4.3.7 条的规定。

第 5.1.8 条规定，中倍数、高倍数泡沫灭火系统的干式水平管道最低点应设排液阀，且坡向排液阀的管道坡度不宜小于 3‰。

第 9.3.19 条规定，管道的安装应符合下列规定：

1 水平管道安装时，其坡度、坡向应符合设计要求，且坡度不应小于设计值，当出现 U 形管时应有放空措施。

5 管道支架、吊架安装应平整牢固，管墩的砌筑应规整，其间距应符合设计要求。

6 当管道穿过防火墙、楼板时，应安装套管。穿防火墙套管的长度不应小于防火墙的厚度，穿楼板套管长度应高出楼板 50mm，底部应与楼板底面相平；管道与套管间的空隙应采用防火材料封堵；管道穿过建筑物的变形缝时应采取保护措施。

第 9.3.20 条规定，泡沫混合液管道的安装除应满足本标准第 9.3.19 条的规定外，尚应符合下列规定：

1 当储罐上的泡沫混合液立管与防火堤内地上水平管道或埋地管道用金属软管连接时，不得损坏其编织网，并应在金属软管与地上水平管道的连接处设置管道支架或管墩，且管道支架或管墩不应支撑在金属软管上。

2 储罐上泡沫混合液立管下端设置的锈渣清扫口与储罐基础或地面的距离宜为 0.3m～0.5m；锈渣清扫口可采用闸阀或盲板封堵，当采用闸阀时，应竖直安装。

3 外浮顶储罐梯子平台上设置的二分水器，应靠近平台栏杆安装，并宜高出平台 1.0m，其接口应朝向储罐；引至防火堤外设置的相应管牙接口，应面向道路或朝下。

4 连接泡沫产生装置的泡沫混合液管道上设置的压力表接口宜靠近防火堤外侧，并应竖直安装。

9.1.9 泡沫灭火系统的其他要求

一、验收内容

1. 中倍数、高倍数全淹没系统防护区的设置。

2. 防火堤、防火隔堤的设置。

二、验收方法

1. 对照消防设计文件及竣工图纸，现场核对全淹没系统防护区的设置。

2. 对照消防设计文件及竣工图纸，现场核对防火堤、防火隔堤的设置，采用测距仪、卷尺测量防火堤、防火隔堤的有效容量及高度。

三、规范依据

对于泡沫灭火系统的其他要求，见表 9.1-7。

表 9.1-7　泡沫灭火系统的其他要求

验收内容	规范名称	主要内容
防护区设置	《消防设施通用规范》 GB 55036—2022	**5.0.7**　设置中倍数或高倍数全淹没泡沫灭火系统的防护区应符合下列规定： **1**　应为封闭或具有固定围挡的区域，泡沫的围挡应具有在设计灭火时间内阻止泡沫流失的性能； **2**　在系统的泡沫液量中应补偿围挡上不能封闭的开口所产生的泡沫损失； **3**　利用外部空气发泡的封闭防护区应设置排气口，排气口的位置应能防止燃烧产物或其他有害气体回流到泡沫产生器进气口
	《泡沫灭火系统技术标准》 GB 50151—2021	5.2.2　全淹没系统的防护区应符合下列规定： 1　泡沫的围挡应为不燃结构，且应在系统设计灭火时间内具备围挡泡沫的能力； 2　在保证人员撤离的前提下，门、窗等位于设计淹没深度以下的开口，应在泡沫喷放前或泡沫喷放的同时自动关闭；对于不能自动关闭的开口，全淹没系统应对其泡沫损失进行相应补偿； 3　利用防护区外部空气发泡的封闭空间，应设置排气口，排气口的位置应避免燃烧产物或其他有害气体回流到泡沫产生器进气口； 4　在泡沫淹没深度以下的墙上设置窗口时，宜在窗口部位设置网孔基本尺寸不大于 3.15mm 的钢丝网或钢丝纱窗； 5　排气口在灭火系统工作时应自动或手动开启，其排气速度不宜超过 5m/s； 6　防护区内应设置排水设施
防火堤设置	《建筑设计防火规范》 GB 50016—2014 （2018 年版）	4.2.5　甲、乙、丙类液体的地上式、半地下式储罐或储罐组，其四周应设置不燃性防火堤。防火堤的设置应符合下列规定： 1　防火堤内的储罐布置不宜超过 2 排，单罐容量不大于 1000m³ 且闪点大于 120℃ 的液体储罐不宜超过 4 排； 2　防火堤的有效容量不应小于其中最大储罐的容量。对于浮顶罐，防火堤的有效容量可为其中最大储罐容量的一半； 3　防火堤内侧基脚线至立式储罐外壁的水平距离不应小于罐壁高度的一半。防火堤内侧基脚线至卧式储罐的水平距离不应小于 3m； 4　防火堤的设计高度应比计算高度高出 0.2m，且为 1.0m～2.2m，在防火堤的适当位置应设置便于灭火救援人员进出防火堤的踏步； 5　沸溢性油品的地上式、半地下式储罐，每个储罐均应设置一个防火堤或防火隔堤； 6　含油污水排水管应在防火堤的出口处设置水封设施，雨水排水管应设置阀门等封闭、隔离装置。 4.2.6　甲类液体半露天堆场，乙、丙类液体桶装堆场和闪点大于 120℃ 的液体储罐（区），当采取了防止液体流散的设施时，可不设置防火堤
	《储罐区防火堤设计规范》 GB 50351—2014	3.1.2　防火堤、防护墙应采用不燃烧材料建造，且必须密实、闭合、不泄漏。 3.1.7　每一储罐组的防火堤、防护墙应设置不少于 2 处越堤人行踏步或坡道，并应设置在不同方位上。隔堤、隔墙应设置人行踏步或坡道。 3.2.6　油罐组防火堤顶面应比计算液面高出 0.2m。立式油罐的防火堤高于堤内设计地坪不应小于 1.0m，高于堤外设计地坪或消防道路路面（按较低者计）不应大于 3.2m。卧式油罐组的防火堤高于堤内设计地坪不应小于 0.5m

验收内容	规范名称	主要内容
防火堤设置	《石油化工企业设计防火标准》GB 50160—2008（2018年版）	6.1.1 可燃气体、助燃气体、液化烃和可燃液体的储罐基础、防火堤、隔堤及管架（墩）等，均应采用不燃烧材料。防火堤的耐火极限不得小于3h。 6.2.17 防火堤及隔堤应符合下列规定： 1 防火堤及隔堤应能承受所容纳液体的静压，且不应渗漏； 2 立式储罐防火堤的高度应为计算高度加0.2m，但不应低于1.0m（以堤内设计地坪标高为准），且不宜高于2.2m（以堤外3m范围内设计地坪标高为准）；卧式储罐防火堤的高度不应低于0.5m（以堤内设计地坪标高为准）； 3 立式储罐组内隔堤的高度不应低于0.5m；卧式储罐组内隔堤的高度不应低于0.3m； 4 管道穿堤处应采用不燃烧材料严密封闭； 5 在防火堤内雨水沟穿堤处应采取防止可燃液体流出堤外的措施； 6 在防火堤的不同方位上应设置人行台阶或坡道，同一方位上两相邻人行台阶或坡道之间距离不宜大于60m；隔堤应设置人行台阶
	《石油库设计规范》GB 50074—2014	6.5.3 地上储罐组的防火堤实高应高于计算高度0.2m，防火堤高于堤内设计地坪不应小于1.0m，高于堤外设计地坪或消防车道路面（按较低者计）不应大于3.2m。地上卧式储罐的防火堤应高于堤内设计地坪不小于0.5m。 6.5.4 防火堤宜采用土筑防火堤，其堤顶宽度不应小于0.5m。不具备采用土筑防火堤条件的地区，可选用其他结构形式的防火堤。 6.5.5 防火堤应能承受在计算高度范围内所容纳液体的静压力且不应泄漏；防火堤的耐火极限不应低于5.5h。 6.5.6 管道穿越防火堤处应采用不燃烧材料严密填实。在雨水沟（管）穿越防火堤处，应采取排水控制措施。 6.5.7 防火堤每一个隔堤区域内均应设置对外人行台阶或坡道，相邻台阶或坡道之间的距离不宜大于60m
防火隔堤设置	《储罐区防火堤设计规范》GB 50351—2014	3.2.12 油罐组内隔堤的布置应符合下列规定： 1 单罐容量小于5000m³时，隔堤内油罐数量不应多于6座； 2 单罐容量等于或大于5000m³且小于20000m³时，隔堤内油罐数量不应多于4座； 3 单罐容量等于或大于20000m³且小于50000m³时，隔堤内油罐数量不应多于2座； 4 单罐容量等于或大于50000m³时，隔堤内油罐数量不应多于1座； 5 沸溢性油品油罐，隔堤内储罐数量不应多于2座； 6 非沸溢性丙B类油品油罐，隔堤内储罐数量可不受以上限制，并可根据具体情况进行设置； 7 立式油罐组内隔堤高度宜为0.5m～0.8m，卧式油罐组内隔堤高度宜为0.3m
	《石油化工企业设计防火标准》GB 50160—2008（2018年版）	6.2.15 设有防火堤的罐组内应按下列要求设置隔堤： 1 单罐容积大于20000m³时，应每个储罐一隔； 2 单罐容积大于5000m³且小于或等于20000m³时，隔堤内的储罐不应超过4个；对于甲B、乙A类可燃液体储罐，储罐之间还应设置高度不低于300mm的围堰； 3 单罐容积小于或等于5000m³时，隔堤所分隔的储罐容积之和不应大于20000m³； 4 隔堤所分隔的沸溢性液体储罐不应超过2个

9.1.10 系统功能

一、验收内容

1. 低倍数、中倍数泡沫灭火系统混合比、发泡倍数、到最远防护区或储罐的时间和湿式联用系统水与泡沫的转换时间。

2. 高倍数泡沫灭火系统混合比、泡沫供给速率和自接到火灾模拟信号至开始喷泡沫的时间。

二、验收方法

1. 低倍数泡沫灭火系统

(1) 手动测试：以控制室远程启动或按下防护区外紧急启动按钮的方式启动泡沫消防水泵，用秒表测量喷射泡沫的时间和自泡沫消防水泵或泡沫混合液泵启动至泡沫混合液或泡沫到达最不利点试验接口的时间，取稳定喷出的泡沫混合液测量其发泡倍数。

(2) 自动测试：触发防护区内两个联动触发信号，用秒表测量喷射泡沫的时间和自接到经确认的火灾模拟信号至泡沫混合液或泡沫到达最不利点试验接口的时间，取稳定喷出的泡沫混合液测量其发泡倍数。

2. 中倍数、高倍数泡沫灭火系统

(1) 手动测试：手动启动防护区外紧急启动按钮，并用秒表开始计时，查看防护区内通风和空调设施、防火阀关闭、开口封闭装置、排气口打开、入口处声光报警装置、选择阀以及泡沫灭火装置的动作情况，观察并记录按下紧急启动按钮至开始喷泡沫的时间和控制室消防控制设备信号显示情况，取稳定喷出的泡沫混合液测量其发泡倍数。

(2) 自动测试：触发防护区内两个联动触发信号，并用秒表开始计时，查看防护区内通风和空调设施、防火阀关闭、开口封闭装置、排气口打开、入口处声光报警装置、选择阀以及泡沫灭火装置的动作情况，如设置了启动延时，在延时阶段按下紧急停止按钮时，应可以停止正在执行的联动操作。记录从接收到第二个触发信号到开始喷泡沫的时间和控制室消防控制设备信号显示情况，取稳定喷出的泡沫混合液测量其发泡倍数。

三、规范依据

对于泡沫灭火系统功能要求，见表 9.1-8。

表 9.1-8　泡沫灭火系统功能要求

验收内容	规范名称	主要内容
泡沫灭火系统混合比、发泡倍数、到最远防护区或储罐的时间	《消防设施通用规范》GB 55036—2022	5.0.1　泡沫灭火系统的工作压力、泡沫混合液的供给强度和连续供给时间，应满足有效灭火或控火的要求。 5.0.6　储罐或储罐区固定式低倍数泡沫灭火系统，自泡沫消防水泵启动至泡沫混合液或泡沫输送到保护对象的时间应小于或等于 5min。 5.0.8　对于中倍数或高倍数泡沫灭火系统，全淹没系统应具有自动控制、手动控制和机械应急操作的启动方式，自动控制的固定式局部应用系统应具有手动和机械应急操作的启动方式，手动控制的固定式局部应用系统应具有机械应急操作的启动方式

验收内容	规范名称	主要内容
泡沫灭火系统混合比、发泡倍数、到最远防护区或储罐的时间	《泡沫灭火系统技术标准》GB 50151—2021	5.1.2　全淹没系统或固定式局部应用系统应设置火灾自动报警系统，并应符合下列规定： 3　消防控制中心（室）和防护区应设置声光报警装置； 4　消防自动控制设备宜与防护区内门窗的关闭装置、排气口的开启装置以及生产、照明电源的切断装置等联动。 5.1.3　当系统以集中控制方式保护两个或两个以上的防护区时，其中一个防护区发生火灾不应危及其他防护区；泡沫液和水的储备量应按最大一个防护区的用量确定；手动与应急机械控制装置应有标明其所控制区域的标记。 9.4.18　泡沫灭火系统的调试应符合下列规定： 1　当为手动灭火系统时，选择最远的防护区或储罐，应以手动控制的方式进行一次喷水试验；当为自动灭火系统时，选择所需泡沫混合液流量最大和最远的两个防护区或储罐，应以手动和自动控制的方式各进行一次喷水试验，系统流量、泡沫产生装置的工作压力、比例混合装置的工作压力、系统的响应时间均应达到设计要求。 2　低倍数泡沫灭火系统按本条第1款的规定喷水试验完毕，将水放空后进行喷泡沫试验；当为自动灭火系统时，应以自动控制的方式进行；喷射泡沫的时间不宜小于1min；实测泡沫混合液的流量、发泡倍数及到达最远防护区或储罐的时间应符合设计要求，混合比不应低于所选泡沫液的混合比。 3　中倍数、高倍数泡沫灭火系统按本条第1款的规定喷水试验完毕，将水放空后进行喷泡沫试验，当为自动灭火系统时，应以自动控制的方式对防护区进行喷泡沫试验，喷射泡沫的时间不宜小于30s；实测泡沫供给速率及自接到火灾模拟信号至开始喷泡沫的时间应符合设计要求，混合比不应低于所选泡沫液的混合比

9.2　水喷雾灭火系统

9.2.1　供水设施

一、验收内容

1. 天然水源水量、水质，安全取水措施。

2. 市政供水进水管管径、供水能力、水池（罐）及消防水箱容量。

3. 消防水泵的规格、型号、数量、安装情况，消防水泵启动功能。

4. 电源负荷级别，备用动力的容量，电气设备的规格、型号、数量及安装质量，动力源和备用动力的切换试验。

二、验收方法

1. 当采用天然水源作为消防水源时，现场查看天然水源水质和枯水期最低水位时确保用水量的措施。

2. 对照消防设计文件及竣工图纸，现场查看消防水源及室外给水管网的进水管管径及供水能力，查看消防水池施工验收记录，确定消防水池有效容积，采用卷尺测量确定消防水箱的有效容积，并核对消防水池、消防水箱的补水措施。

3. 对照消防设计文件及竣工图纸，核查消防水泵、稳压泵的规格、型号、数量，现场查看水泵的安装情况；现场测试手动启停和远程启动消防水泵；现场手动模拟主泵故障停止，测试备泵的自动启动功能。

4. 对照消防设计文件及竣工图纸，核查电源负荷级别，现场查看动力源与备用动力的设置及电气设备的规格、型号、数量及安装质量；现场断开主电源回路，测试备用电源自动投入功能。

三、规范依据

对于水喷雾灭火系统供水设施的设置要求，见表 9.2-1。

表 9.2-1　水喷雾灭火系统供水设施的设置要求

验收内容	规范名称	主要内容
供水水源的设置	《消防设施通用规范》GB 55036—2022	**6.0.2　水喷雾灭火系统和细水雾灭火系统水源的水量与水质，应满足系统灭火、控火、防护冷却或防火分隔以及可靠运行和持续喷雾的要求**
	《水喷雾灭火系统技术规范》GB 50219—2014	5.1.1　系统用水可由消防水池（罐）、消防水箱或天然水源供给，也可由企业独立设置的稳高压消防给水系统供给；系统水源的水量应满足系统最大设计流量和供给时间的要求。 5.4.1　室内设置的系统宜设置水泵接合器。 8.4.4　水源测试应符合下列要求： 1　消防水池（罐）、消防水箱的容积及储水量、消防水箱设置高度应符合设计要求，消防储水应有不作他用的技术措施； 2　消防水泵接合器的数量和供水能力应符合设计要求。 9.0.7　系统水源的验收应符合下列要求： 1　室外给水管网的进水管管径及供水能力、消防水池（罐）和消防水箱容量均应符合设计要求； 2　当采用天然水源作为系统水源时，其水量应符合设计要求，并应检查枯水期最低水位时确保消防用水的技术措施。 9.0.13　水泵接合器的数量及进水管位置应符合设计要求，水泵接合器应进行充水试验，且系统最不利点的压力、流量应符合设计要求
消防水泵、稳压泵的设置	《水喷雾灭火系统技术规范》GB 50219—2014	5.2.1　系统的供水泵宜自灌引水。采用天然水源供水时，水泵的吸水口应采取防止杂物堵塞的措施。系统供水压力应满足在相应设计流量范围内系统各组件的工作压力要求，且应采取防止系统超压的措施。 5.2.2　系统应设置备用泵，其工作能力不应小于最大一台泵的供水能力。 5.2.3　一组消防水泵的吸水管不应少于两条，当其中一条损坏时，其余的吸水管应能通过全部用水量；供水泵的吸水管应设置控制阀。 5.2.4　雨淋报警阀入口前设置环状管道的系统，一组供水泵的出水管不应少于两条；出水管应设置控制阀、止回阀、压力表。 5.2.5　消防水泵应设置试泵回流管道和超压回流管道，条件许可时，两者可共用一条回流管道。 5.2.6　柴油机驱动的消防水泵，柴油机排气管应通向室外。 9.0.9　消防水泵的验收应符合下列要求： 1　工作泵、备用泵、吸水管、出水管及出水管上的泄压阀、止回阀、信号阀等的规格、型号、数量应符合设计要求；吸水管、出水管上的控制阀应锁定在常开位置，并有明显标记。 2　消防水泵的引水方式应符合设计要求。 3　消防水泵在主电源下应能在规定时间内正常启动。 4　当自动系统管网中的水压下降到设计最低压力时，稳压泵应能自动启动。 5　自动系统的消防水泵启动控制应处于自动启动位置

续表

验收内容	规范名称	主要内容
电源负荷级别，主、备电自动切换	《水喷雾灭火系统技术规范》GB 50219—2014	6.0.9 水喷雾灭火系统供水泵的动力源应具备下列条件之一： 1 一级电力负荷的电源； 2 二级电力负荷的电源，同时设置作备用动力的柴油机； 3 主、备动力源全部采用柴油机。 8.4.5 系统的主动力源和备用动力源进行切换试验时，主动力源和备用动力源及电气设备运行应正常

9.2.2 供水控制阀

一、验收内容

1. 雨淋报警阀的规格、型号、数量、安装质量、功能。

2. 电动控制阀或气动控制阀的规格、型号、数量、安装质量、功能。

二、验收方法

1. 对照消防设计文件及竣工图纸，现场核查供水控制阀的类型、规格、型号、数量、安装质量。

2. 测试供水控制阀（雨淋报警阀、电动控制阀、气动控制阀）手动控制和现场应急机械启动功能，查看控制阀信号反馈情况。

三、规范依据

对于供水控制阀的设置要求，见表 9.2-2。

表 9.2-2 供水控制阀的设置要求

验收内容	规范名称	主要内容
雨淋报警阀的规格、型号、数量、安装质量、功能	《水喷雾灭火系统技术规范》GB 50219—2014	4.0.3 按本规范表 3.1.2 的规定，响应时间不大于 120s 的系统，应设置雨淋报警阀组，雨淋报警阀组的功能及配置应符合下列要求： 1 接收电控信号的雨淋报警阀组应能电动开启，接收传动管信号的雨淋报警阀组应能液动或气动开启； 2 应具有远程手动控制和现场应急机械启动功能； 3 在控制盘上应能显示雨淋报警阀开、闭状态； 4 宜驱动水力警铃报警； 5 雨淋报警阀进出口应设置压力表； 6 电磁阀前应设置可冲洗的过滤器。 5.3.1 雨淋报警阀组宜设置在温度不低于 4℃ 并有排水设施的室内。 5.3.2 雨淋报警阀、电动控制阀、气动控制阀宜布置在靠近保护对象并便于人员安全操作的位置。 5.3.3 在严寒与寒冷地区室外设置的雨淋报警阀、电动控制阀、气动控制阀及其管道，应采取伴热保温措施。 5.3.4 不能进行喷水试验的场所，雨淋报警阀之后的供水干管上应设置排放试验检测装置，且其过水能力应与系统过水能力一致。 8.3.8 雨淋报警阀组的安装应符合下列要求： 1 雨淋报警阀组的安装应在供水管网试压、冲洗合格后进行。安装时应先安装水源控制阀、雨淋报警阀，再进行雨淋报警阀辅助管道的连接。水源控制阀、雨淋报警阀与配水干管的连接应使水流方向一致。雨淋报警阀组的安装位置应符合设计要求。

验收内容	规范名称	主要内容
雨淋报警阀的规格、型号、数量、安装质量、功能	《水喷雾灭火系统技术规范》 GB 50219—2014	2 水源控制阀的安装应便于操作，且应有明显开闭标志和可靠的锁定设施；压力表应安装在报警阀上便于观测的位置；排水管和试验阀应安装在便于操作的位置。 3 雨淋报警阀手动开启装置的安装位置应符合设计要求，且在发生火灾时应能安全开启和便于操作。 4 在雨淋报警阀的水源一侧应安装压力表。 9.0.10 雨淋报警阀组的验收应符合下列要求： 1 雨淋报警阀组的各组件应符合国家现行相关产品标准的要求。 2 打开手动试水阀或电磁阀时，相应雨淋报警阀动作应可靠。 3 打开系统流量压力检测装置放水阀，测试的流量、压力应符合设计要求。 4 水力警铃的安装位置应正确。测试时，水力警铃喷嘴处压力不应小于 0.05MPa，且距水力警铃 3m 远处警铃的响度不应小于 70dB（A）。 5 控制阀均应锁定在常开位置。 6 与火灾自动报警系统和手动启动装置的联动控制应符合设计要求
电动控制阀或气动控制阀的规格、型号、数量、安装质量、功能	《水喷雾灭火系统技术规范》 GB 50219—2014	4.0.4 当系统供水控制阀采用电动控制阀或气动控制阀时，应符合下列规定： 1 应能显示阀门的开、闭状态； 2 应具备接收控制信号开、闭阀门的功能； 3 阀门的开启时间不宜大于 45s； 4 应能在阀门故障时报警，并显示故障原因； 5 应具备现场应急机械启动功能； 6 当阀门安装在阀门井内时，宜将阀门的阀杆加长，并宜使电动执行器高于井顶； 7 气动阀宜设置储备气罐，气罐的容积可按与气罐连接的所有气动阀启闭 3 次所需气量计算。 5.3.2 雨淋报警阀、电动控制阀、气动控制阀宜布置在靠近保护对象并便于人员安全操作的位置。 5.3.3 在严寒与寒冷地区室外设置的雨淋报警阀、电动控制阀、气动控制阀及其管道，应采取伴热保温措施。 8.3.9 控制阀的规格、型号和安装位置均应符合设计要求；安装方向应正确，控制阀内应清洁、无堵塞、无渗漏；主要控制阀应加设启闭标志；隐蔽处的控制阀应在明显处设有指示其位置的标志

9.2.3 管道及组件

一、验收内容

1. 管道的材质与规格、管径、连接方式、安装情况、防冻措施。

2. 管道组件过滤器、减压阀、压力信号反馈装置、止回阀、试水阀、泄压阀的规格、型号、安装情况。

3. 管墩、管道支、吊架的固定方式、间距。

二、验收方法

1. 对照消防设计文件及竣工图纸，现场核对管道的材质与规格、管径、连接方式、安装情况、防冻措施。

2. 对照消防设计文件及竣工图纸，现场核对过滤器、减压阀、压力信号反馈装置、止回阀、试水阀、泄压阀等管道组件的规格、型号、安装情况。

3. 现场查看管墩、管道支、吊架的固定方式，并采用测距仪、卷尺测量管墩、管道支、吊架的间距。

三、规范依据

对于管道及组件的设置要求，见表 9.2-3。

表 9.2-3　管道及组件的设置要求

验收内容	规范名称	主要内容
管道的材质与规格、管径、连接方式、安装情况、防冻措施	《消防设施通用规范》GB 55036—2022	**6.0.3** 水喷雾灭火系统和细水雾灭火系统的管道应为具有相应耐腐蚀性能的金属管道
	《水喷雾灭火系统技术规范》GB 50219—2014	4.0.6　给水管道应符合下列规定： 1　过滤器与雨淋报警阀之间及雨淋报警阀后的管道，应采用内外热浸镀锌钢管、不锈钢管或铜管；需要进行弯管加工的管道应采用无缝钢管； 2　管道工作压力不应大于 1.6MPa； 3　系统管道采用镀锌钢管时，公称直径不应小于 25mm；采用不锈钢管或铜管时，公称直径不应小于 20mm； 4　系统管道应采用沟槽式管接件（卡箍）、法兰或丝扣连接，普通钢管可采用焊接； 7　应在管道的低处设置放水阀或排污口。 5.1.3　在严寒与寒冷地区，系统中可能产生冰冻的部分应采取防冻措施。 5.1.4　当系统设置两个及以上雨淋报警阀时，雨淋报警阀前宜设置环状供水管道。 5.3.3　在严寒与寒冷地区室外设置的雨淋报警阀、电动控制阀、气动控制阀及其管道，应采取伴热保温措施。 8.3.14　管道的安装应符合下列规定： 1　水平管道安装时，其坡度、坡向应符合设计要求。 3　埋地管道安装应符合相关要求。 8　管道穿过墙体、楼板处应使用套管；穿过墙体的套管长度不应小于该墙体的厚度，穿过楼板的套管长度应高出楼地面 50mm，底部应与楼板底面相平；管道与套管间的空隙应采用防火封堵材料填塞密实；管道穿过建筑物的变形缝时，应采取保护措施。 11　对于镀锌钢管，应在焊接后再镀锌，且不得对镀锌后的管道进行气割作业。 9.0.11　管网验收应符合下列规定： 2　管网放空坡度及辅助排水设施应符合设计要求
管道组件过滤器、减压阀、压力信号反馈装置、止回阀、试水阀、泄压阀的规格、型号、安装情况	《水喷雾灭火系统技术规范》GB 50219—2014	4.0.3　雨淋报警阀组电磁阀前应设置可冲洗的过滤器。 4.0.5　雨淋报警阀前的管道应设置可冲洗的过滤器，过滤器滤网应采用耐腐蚀金属材料，其网孔基本尺寸应为 0.600mm～0.710mm。 7.3.6　减压阀应符合下列要求： 1　减压阀的额定工作压力应满足系统工作压力要求； 2　减压阀入口前应设置过滤器； 3　当连接两个及两个以上报警阀组时，应设置备用减压阀； 4　垂直安装的减压阀，水流方向宜向下。 9.0.11　管网验收应符合下列规定： 3　管网上的控制阀、压力信号反馈装置、止回阀、试水阀、泄压阀等，其规格和安装位置均应符合设计要求

续表

验收内容	规范名称	主要内容
支、吊架的安装	《水喷雾灭火系统技术规范》GB 50219—2014	8.3.14 管道的安装应符合下列规定： 2 立管应用管卡固定在支架上，其间距不应大于设计值。 4 管道支、吊架应安装平整牢固，管墩的砌筑应规整，其间距应符合设计要求。 5 管道支、吊架与水雾喷头之间的距离不应小于0.3m，与末端水雾喷头之间的距离不宜大于0.5m

9.2.4 喷头

一、验收内容

1. 喷头的设置场所、规格、型号、备用量。
2. 水雾喷头的布置。
3. 冷却水管道的布置。

二、验收方法

1. 对照消防设计文件及竣工图纸，结合喷头的质量证明文件，现场核对喷头的设置场所、规格、型号；现场核查备用喷头的数量。
2. 对照消防设计文件及竣工图纸，现场查看水雾喷头的安装布置。
3. 对照消防设计文件及竣工图纸，现场查看冷却水管道的安装布置。

三、规范依据

对于喷头的设置要求，见表9.2-4。

表9.2-4 喷头的设置要求

验收内容	规范名称	主要内容
喷头布置场所、规格、型号、备用喷头数量	《消防设施通用规范》**GB 55036—2022**	**6.0.5 水喷雾灭火系统的水雾喷头应符合下列规定：** **1 应能使水雾直接喷射和覆盖保护对象；** **2 与保护对象的距离应小于或等于水雾喷头的有效射程；** **3 用于电气火灾场所时，应为离心雾化型水雾喷；** **4 水雾喷头的工作压力，用于灭火时，应大于或等于0.35MPa；用于防护冷却时，应大于或等于0.15MPa**
	《水喷雾灭火系统技术规范》GB 50219—2014	4.0.2 水雾喷头的选型应符合下列要求： 2 室内粉尘场所设置的水雾喷头应带防尘帽，室外设置的水雾喷头宜带防尘帽。 3 离心雾化型水雾喷头应带柱状过滤网。 9.0.12 喷头的验应应符合下列规定： 1 喷头的数量、规格、型号应符合设计要求。 2 喷头的安装位置、安装高度、间距及与梁等障碍物的距离偏差均应符合设计要求和本规范第8.3.18条的相关规定

验收内容	规范名称	主要内容
水雾喷头的布置	《水喷雾灭火系统技术规范》GB 50219—2014	3.2.2　水雾喷头、管道与电气设备带电（裸露）部分的安全净距宜符合现行行业标准《高压配电装置设计规范》DL/T 5352 的规定。 3.2.3　水雾喷头与保护对象之间的距离不得大于水雾喷头的有效射程。 3.2.4　水雾喷头的平面布置方式可为矩形或菱形。当按矩形布置时，水雾喷头之间的距离不应大于 1.4 倍水雾喷头的水雾锥底圆半径；当按菱形布置时，水雾喷头之间的距离不应大于 1.7 倍水雾喷头的水雾锥底圆半径。水雾锥底圆半径应按下式计算： $$R = B\tan\frac{\theta}{2}$$ 式中：R——水雾锥底圆半径（m）； 　　　B——水雾喷头的喷口与保护对象之间的距离（m）； 　　　θ——水雾喷头的雾化角（°）。 3.2.5　当保护对象为油浸式电力变压器时，水雾喷头的布置应符合下列要求： 1　变压器绝缘子升高座孔口、油枕、散热器、集油坑应设水雾喷头保护； 2　水雾喷头之间的水平距离与垂直距离应满足水雾锥相交的要求。 3.2.6　当保护对象为甲、乙、丙类液体和可燃气体储罐时，水雾喷头与保护储罐外壁之间的距离不应大于 0.7m。 3.2.7　当保护对象为球罐时，水雾喷头的布置尚应符合下列规定： 1　水雾喷头的喷口应朝向球心； 2　水雾锥纬线方向应相交，沿经线方向应相接； 3　当球罐的容积不小于 1000m³ 时，水雾锥沿纬线方向应相交，沿经线方向宜相接，但赤道以上环管之间的距离不应大于 3.6m； 4　无防护层的球罐钢支柱和罐体液位计、阀门等处应设水雾喷头保护。 3.2.8　当保护对象为卧式储罐时，水雾喷头的布置应使水雾完全覆盖裸露表面，罐体液位计、阀门等处也应设水雾喷头保护。 3.2.9　当保护对象为电缆时，水雾喷头的布置应使水雾完全包围电缆。 3.2.10　当保护对象为输送机皮带时，水雾喷头的布置应使水雾完全包络着火输送机的机头、机尾和上行皮带上表面。 3.2.11　当保护对象为室内燃油锅炉、电液装置、氢密封油装置、发电机、油断路器、汽轮机油箱、磨煤机润滑油箱时，水雾喷头宜布置在保护对象的顶部周围，并应使水雾直接喷向并完全覆盖保护对象。 8.3.18　喷头的安装应符合下列规定： 3　顶部设置的喷头应安装在被保护物的上部，室外安装坐标偏差不应大于 20mm，室内安装坐标偏差不应大于 10mm；标高的允许偏差，室外安装为 ±20mm，室内安装为 ±10mm。 9.0.12　喷头的验收应符合下列规定： 2　喷头的安装位置、安装高度、间距及与梁等障碍物的距离偏差均应符合设计要求和本规范第 8.3.18 条的相关规定

续表

验收内容	规范名称	主要内容
冷却水管道的布置	《水喷雾灭火系统技术规范》GB 50219—2014	3.2.12　用于保护甲B、乙、丙类液体储罐的系统，其设置应符合下列规定： 1　固定顶储罐和按固定顶储罐对待的内浮顶储罐的冷却水环管宜沿罐壁顶部单环布置，当采用多环布置时，着火罐顶层环管保护范围内的冷却水供给强度应按本规范表 3.1.2 规定的 2 倍计算。 2　储罐抗风圈或加强圈无导流设施时，其下面应设置冷却水环管。 3　当储罐上的冷却水环管分割成两个或两个以上弧形管段时，各弧形管段间不应连通，并应分别从防火堤外连接水管，且应分别在防火堤外的进水管道上设置能识别启闭状态的控制阀。 4　冷却水立管应用管卡固定在罐壁上，其间距不宜大于 3m。立管下端应设置锈渣清扫口，锈渣清扫口距罐基础顶面应大于 300mm，且集锈渣的管段长度不宜小于 300mm。 3.2.13　用于保护液化烃或类似液体储罐和甲B、乙、丙类液体储罐的系统，其立管与罐组内的水平管道之间的连接应能消除储罐沉降引起的应力。 3.2.14　液化烃储罐上环管支架之间的距离宜为 3m～3.5m

9.2.5　系统功能

一、验收内容

1. 系统应具有自动控制、手动控制和应急机械启动三种控制方式。

2. 当雨淋阀开启后，消防水泵、电磁阀和压力开关应及时动作，并将动作信号反馈至消防控制装置。

二、验收方法

1. 现场核查水喷雾灭火系统的控制方式。

2. 消防联动控制器处于自动状态时，采用感温探测器功能试验器对探测器输入模拟火灾信号，联动雨淋报警阀开启后，查看消防控制设备显示的消防水泵、电磁阀和压力开关的动作情况以及信号反馈情况。

三、规范依据

对于系统功能的设置要求，见表 9.2-5。

表 9.2-5　系统功能的设置要求

验收内容	规范名称	主要内容
系统功能	《消防设施通用规范》GB 55036—2022	**6.0.4　自动控制的水喷雾灭火系统和细水雾灭火系统应具有自动控制、手动控制和机械应急操作的启动方式**
	《水喷雾灭火系统技术规范》GB 50219—2014	6.0.1　系统应具有自动控制、手动控制和应急机械启动三种控制方式；但当响应时间大于 120s 时，可采用手动控制和应急机械启动两种控制方式。 6.0.2　与系统联动的火灾自动报警系统的设计应符合现行国家标准《火灾自动报警系统设计规范》GB 50116 的规定。 6.0.3　当系统使用传动管探测火灾时，应符合下列规定： 1　传动管宜采用钢管，长度不宜大于 300m，公称直径宜为 15mm～25mm，传动管上闭式喷头之间的距离不宜大于 2.5m；

验收内容	规范名称	主要内容
系统功能	《水喷雾灭火系统技术规范》GB 50219—2014	2 电气火灾不应采用液动传动管； 3 在严寒与寒冷地区，不应采用液动传动管；当采用压缩空气传动管时，应采取防止冷凝水积存的措施。 6.0.4 用于保护液化烃储罐的系统，在启动着火罐雨淋报警阀的同时，应能启动需要冷却的相邻储罐的雨淋报警阀。 6.0.5 用于保护甲B、乙、丙类液体储罐的系统，在启动着火罐雨淋报警阀（或电动控制阀、气动控制阀）的同时，应能启动需要冷却的相邻储罐的雨淋报警阀（或电动控制阀、气动控制阀）。 6.0.6 分段保护输送机皮带的系统，在启动起火区段的雨淋报警阀的同时，应能启动起火区段下游相邻区段的雨淋报警阀，并应能同时切断皮带输送机的电源。 6.0.7 当自动水喷雾灭火系统误动作会对保护对象造成不利影响时，应采用两个独立火灾探测器的报警信号进行联锁控制；当保护油浸电力变压器的水喷雾灭火系统采用两路相同的火灾探测器时，系统宜采用火灾探测器的报警信号和变压器的断路器信号进行联锁控制。 6.0.8 水喷雾灭火系统的控制设备应具有下列功能： 1 监控消防水泵的启、停状态； 2 监控雨淋报警阀的开启状态，监视雨淋报警阀的关闭状态； 3 监控电动或气动控制阀的开、闭状态； 4 监控主、备用电源的自动切换。 9.0.14 每个系统应进行模拟灭火功能试验，并应符合下列要求： 1 压力信号反馈装置应能正常动作，并应能在动作后启动消防水泵及与其联动的相关设备，可正确发出反馈信号。 2 系统的分区控制阀应能正常开启，并可正确发出反馈信号。 3 系统的流量、压力均应符合设计要求。 4 消防水泵及其他消防联动控制设备应能正常启动，并应有反馈信号显示。 5 主、备电源应能在规定时间内正常切换。 9.0.15 系统应进行冷喷试验，除应符合本规范第9.0.14条的规定外，其响应时间应符合设计要求，并应检查水雾覆盖保护对象的情况

9.3 细水雾灭火系统

9.3.1 系统选型

一、验收内容

系统的选型应与设计文件相符。

二、验收方法

对照消防设计文件及竣工图纸，现场核对细水雾系统的选型。

三、规范依据

《细水雾灭火系统技术规范》GB 50898—2013 的规定

第3.1.2条规定，系统的选型与设计，应综合分析保护对象的火灾危险性及其火灾特性、设计防火目标、保护对象的特征和环境条件以及喷头的喷雾特性等因素确定。

第 3.1.3 条规定，系统选型应符合下列规定：

1 液压站，配电室、电缆隧道、电缆夹层，电子信息系统机房，文物库，以及密集柜存储的图书库、资料库和档案库，宜选择全淹没应用方式的开式系统；

2 油浸变压器室、涡轮机房、柴油发电机房、润滑油站和燃油锅炉房、厨房内烹饪设备及其排烟罩和排烟管道部位，宜采用局部应用方式的开式系统；

3 采用非密集柜储存的图书库、资料库和档案库，可选择闭式系统。

第 3.1.4 条规定，系统宜选用泵组系统，闭式系统不应采用瓶组系统。

9.3.2 泵组式供水设施

一、验收内容

1. 进（补）水管管径及供水能力，储水箱的容量。

2. 水源水质，过滤器的材质、规格、设置。

3. 消防水泵的规格、型号、数量、安装情况，消防水泵启动功能，主、备电切换及主、备泵自动切换功能。

二、验收方法

1. 对照消防设计文件及竣工图纸，现场核对进（补）水管管径、储水箱的设置，并采用卷尺测量储水箱有效容积。

2. 查阅水质检测报告，并对照消防设计文件及竣工图纸，结合过滤器产品质量证明文件，现场查看过滤器的材质、规格、设置。

3. 对照消防设计文件及竣工图纸，核查消防水泵、稳压泵的规格、型号、数量，现场查看水泵的安装情况；现场测试手动启停和远程启动消防水泵；手动模拟主泵故障停止，测试备泵的自动启动功能；现场断开主电源回路，测试备用电源自动投入功能。

三、规范依据

对于泵组式供水设施的设置要求，见表 9.3-1。

表 9.3-1　泵组式供水设施的设置要求

验收内容	规范名称	主要内容
水源水质	《消防设施通用规范》GB 55036—2022	**6.0.2** 水喷雾灭火系统和细水雾灭火系统水源的水量与水质，应满足系统灭火、控火、防护冷却或防火分隔以及可靠运行和持续喷雾的要求
	《细水雾灭火系统技术规范》GB 50898—2013	3.5.1 系统水质除应符合制造商的技术要求外，尚应符合下列要求： 1 泵组系统的水质不应低于现行国家标准《生活饮用水卫生标准》GB 5749 的有关规定； 3 系统补水水源的水质应与系统的水质要求一致
喷水时间	《消防设施通用规范》GB 55036—2022	**6.0.1** 水喷雾灭火系统和细水雾灭火系统的工作压力、供给强度、持续供给时间和响应时间，应满足系统有效灭火、控火、防护冷却或防火分隔的要求。 **6.0.7** 细水雾灭火系统的持续喷雾时间应符合下列规定： 1 对于电子信息系统机房、配电室等电子、电气设备间，图书库、资料库、档案库、文物库、电缆隧道和电缆夹层等场所，应大于或等于 30min； 2 对于油浸变压器室、涡轮机房、柴油发电机房、液压站、润滑油站、燃油锅炉房等含有可燃液体的机械设备间，应大于或等于 20min； 3 对于厨房内烹饪设备及其排烟罩和排烟管道部位的火灾，应大于或等于 15s，且冷却水持续喷放时间应大于或等于 15min

验收内容	规范名称	主要内容
储水箱设置	《细水雾灭火系统技术规范》GB 50898—2013	3.5.4　泵组系统的供水装置宜由储水箱、水泵、水泵控制柜（盘）、安全阀等部件组成，并应符合下列规定： 1　储水箱应采用密闭结构，并应采用不锈钢或其他能保证水质的材料制作； 2　储水箱应具有防尘、避光的技术措施； 3　储水箱应具有保证自动补水的装置，并应设置液位显示、高低液位报警装置和溢流、透气及放空装置。 3.5.8　泵组系统应至少有一路可靠的自动补水水源，补水水源的水量、水压应满足系统的设计要求。 当水源的水量不能满足设计要求时，泵组系统应设置专用的储水箱，其有效容积应符合设计要求
过滤器材质、规格	《消防设施通用规范》**GB 55036—2022**	**6.0.8**　细水雾灭火系统中过滤器的材质应为不锈钢、铜合金，或其他耐腐蚀性能不低于不锈钢、铜合金的金属材料。滤器的网孔孔径与喷头最小喷孔孔径的比值应小于或等于 **0.8**
	《细水雾灭火系统技术规范》GB 50898—2013	3.5.9　在储水箱进水口处应设置过滤器，出水口或控制阀前应设置过滤器，过滤器的设置位置应便于维护、更换和清洗等
消防水泵的规格、型号、数量、安装情况，消防水泵启动功能，主、备电切换及主、备泵自动切换功能	《细水雾灭火系统技术规范》GB 50898—2013	3.5.4　泵组系统的供水装置宜由储水箱、水泵、水泵控制柜（盘）、安全阀等部件组成，并应符合下列规定： 4　水泵应具有自动和手动启动功能以及巡检功能。当巡检中接到启动指令时，应能立即退出巡检，进入正常运行状态； 5　水泵控制柜（盘）的防护等级不应低于 IP54。 3.5.5　泵组系统应设置独立的水泵，并应符合下列规定： 1　水泵应设置备用泵。备用泵的工作性能应与最大一台工作泵相同，主、备用泵应具有自动切换功能，并应能手动操作停泵。主、备用泵的自动切换时间不应小于 30s； 2　水泵应采用自灌式引水或其他可靠的引水方式； 3　水泵出水总管上应设置压力显示装置、安全阀和泄放试验阀； 4　每台泵的出水口均应设置止回阀； 5　水泵的控制装置应布置在干燥、通风的部位，并应便于操作和检修； 6　水泵采用柴油机泵时，应保证其能持续运行 60min。 3.5.6　闭式系统的泵组系统应设置稳压泵，稳压泵的流量不应大于系统中水力最不利点一只喷头的流量，其工作压力应满足工作泵的启动要求。 3.5.7　水泵或其他供水设备应满足系统对流量和工作压力的要求，其工作状态及其供电状况应能在消防值班室进行监视。 4.4.3　泵组调试应符合下列规定： 1　以自动或手动方式启动泵组时，泵组应立即投入运行。 2　以备用电源切换方式或备用泵切换启动泵组时，泵组应立即投入运行。 3　采用柴油泵作为备用泵时，柴油泵的启动时间不应大于 5s。 4.4.4　稳压泵调试时，在模拟设计启动条件下，稳压泵应能立即启动；当达到系统设计压力时，应能自动停止运行

9.3.3 瓶组式系统瓶组设置

一、验收内容

1. 储气瓶组和储水瓶瓶组及组件的数量、型号、规格、安装位置、固定方式和标志及安装情况。

2. 瓶组机械应急操作装置标志、铅封等保护装置。

二、验收方法

1. 对照消防设计文件及竣工图纸，现场核对瓶组及组件的数量、型号、规格、安装位置、固定方式和标志及安装情况，查看储气容器和储水容器安全阀的设置及铭牌。

2. 现场查看瓶组的机械应急操作装置的标志、铅封。

三、规范依据

《细水雾灭火系统技术规范》GB 50898—2013 的规定

第3.4.9条规定，系统的设计持续喷雾时间应符合下列规定：

4 对于瓶组系统，系统的设计持续喷雾时间可按其实体火灾模拟试验灭火时间的2倍确定，且不宜小于10min。

第3.5.2条规定，瓶组系统的供水装置应由储水容器、储气容器和压力显示装置等部件组成，储水容器、储气容器均应设置安全阀。

同一系统中的储水容器或储气容器，其规格、充装量和充装压力应分别一致。

储水容器组及其布置应便于检查、测试、重新灌装和维护，其操作面距墙或操作面之间的距离不宜小于0.8m。

第3.5.3条规定，瓶组系统的储水量和驱动气体储量，应根据保护对象的重要性、维护恢复时间等设置备用量。对于恢复时间超过48h的瓶组系统，应按主用量的100%设置备用量。

第3.6.4条规定，手动启动装置和机械应急操作装置应能在一处完成系统启动的全部操作，并应采取防止误操作的措施。手动启动装置和机械应急操作装置上应设置与所保护场所对应的明确标识。

设置系统的场所以及系统的手动操作位置，应在明显位置设置系统操作说明。

第4.3.3条规定，储水瓶组、储气瓶组的安装应符合下列规定：

1 应按设计要求确定瓶组的安装位置；

2 瓶组的安装、固定和支撑应稳固，且固定支框架应进行防腐处理；

3 瓶组容器上的压力表应朝向操作面，安装高度和方向应一致。

第5.0.5条规定，储气瓶组和储水瓶组的验收应符合下列规定：

3 瓶组的机械应急操作处的标志应符合设计要求。应急操作装置应有铅封的安全销或保护罩。

9.3.4 防护区

一、验收内容

1. 防护区的划分及防护区内开口处系统设置。

2. 防护区入口处的声光报警装置、系统动作指示灯的设置。

3. 细水雾灭火系统手动启动装置和机械应急操作装置的设置。

二、验收方法

1. 对照消防设计文件及竣工图纸，现场核对防护区的划分及防护区开口处系统设置情况。

2. 对照消防设计文件及竣工图纸，现场查看防护区入口处的声光报警装置、系统动作指示灯的设置情况。

3. 对照消防设计文件及竣工图纸，现场查看消防控制室内和防护区入口处手动启动装置的设置；查看现场手动启动装置和机械应急操作装置的设置、标识及操作说明。

三、规范依据

《细水雾灭火系统技术规范》GB 50898—2013 的规定

第3.1.6条规定，开式系统采用局部应用方式时，保护对象周围的气流速度不宜大于3m/s。必要时，应采取挡风措施。

第3.4.5条规定，采用全淹没应用方式的开式系统，其防护区数量不应大于3个。

单个防护区的容积，对于泵组系统不宜超过3000m³，对于瓶组系统不宜超过260m³。当超过单个防护区最大容积时，宜将该防护区分成多个分区进行保护，并应符合下列规定：

1 各分区的容积，对于泵组系统不宜超过3000m³，对于瓶组系统不宜超过260m³；

2 当各分区的火灾危险性相同或相近时，系统的设计参数可根据其中容积最大分区的参数确定；

3 当各分区的火灾危险性存在较大差异时，系统的设计参数应分别按各自分区的参数确定；

4 当设计参数与本规范表3.4.4不相符合时，应经实体火灾模拟试验确定。

第3.4.8条规定，开式系统的设计响应时间不应大于30s。

采用全淹没应用方式的开式系统，当采用瓶组系统且在同一防护区内使用多组瓶组时，各瓶组应能同时启动，其动作响应时差不应大于2s。

第3.6.3条规定，在消防控制室内和防护区入口处，应设置系统手动启动装置。

第3.6.4条规定，手动启动装置和机械应急操作装置应能在一处完成系统启动的全部操作，并应采取防止误操作的措施。手动启动装置和机械应急操作装置上应设置与所保护场所对应的明确标识。

设置系统的场所以及系统的手动操作位置，应在明显位置设置系统操作说明。

第3.6.5条规定，防护区或保护场所的入口处应设置声光报警装置和系统动作指示灯。

9.3.5 控制阀

一、验收内容

1. 控制阀的型号、规格、安装及控制阀前后阀门的状态。

2. 开式系统、闭式系统分区控制阀的启闭功能。

二、验收方法

1. 对照消防设计文件及竣工图纸，现场核对分区控制阀的型号、规格、安装情况，并查看控制阀前后阀门的启闭状态。

2. 现场手动测试开式系统分区控制阀的启闭功能，并结合火灾自动报警系统，测试开式系统分区控制阀的自动启动功能；现场手动测试闭式系统分区控制阀的启闭灵活性。

三、规范依据

《细水雾灭火系统技术规范》GB 50898—2013 的规定

第3.3.2条规定，开式系统应按防护区设置分区控制阀。每个分区控制阀上或阀后邻近位置，宜设置泄放试验阀。

第3.3.3条规定，闭式系统应按楼层或防火分区设置分区控制阀。分区控制阀应为带开关锁定或开关指示的阀组。

第3.3.4条规定，分区控制阀宜靠近防护区设置，并应设置在防护区外便于操作、检查和维护的位置。

分区控制阀上宜设置系统动作信号反馈装置。当分区控制阀上无系统动作信号反馈装置时，应在分区控制阀后的配水干管上设置系统动作信号反馈装置。

第3.6.6条规定，开式系统分区控制阀应符合下列规定：

1　应具有接收控制信号实现启动、反馈阀门启闭或故障信号的功能；

2　应具有自动、手动启动和机械应急操作启动功能，关闭阀门应采用手动操作方式；

3　应在明显位置设置对应于防护区或保护对象的永久性标识，并应标明水流方向。

第4.3.6条规定，阀组的安装除应符合现行国家标准《工业金属管道工程施工规范》GB 50235 的有关规定外，尚应符合下列规定：

1　应按设计要求确定阀组的观测仪表和操作阀门的安装位置，并应便于观测和操作。阀组上的启闭标志应便于识别，控制阀上应设置标明所控制防护区的永久性标志牌。

2　分区控制阀的安装高度宜为 1.2m～1.6m，操作面与墙或其他设备的距离不应小于 0.8m，并应满足安全操作要求。

3　分区控制阀应有明显启闭标志和可靠的锁定设施，并应具有启闭状态的信号反馈功能。

4　闭式系统试水阀的安装位置应便于安全的检查、试验。

第4.4.5条规定，分区控制阀调试应符合下列规定：

1　对于开式系统，分区控制阀应能在接到动作指令后立即启动，并应发出相应的阀门动作信号。

2　对于闭式系统，当分区控制阀采用信号阀时，应能反馈阀门的启闭状态和故障信号。

第5.0.6条规定，控制阀的验收应符合下列规定：

1　控制阀的型号、规格、安装位置、固定方式和启闭标识等，应符合设计要求和本规范第4.3.6条的规定。

2　开式系统分区控制阀组应能采用手动和自动方式可靠动作。

3　闭式系统分区控制阀组应能采用手动方式可靠动作。

4　分区控制阀前后的阀门均应处于常开位置。

9.3.6 管道及组件

一、验收内容

1. 管道的材质与规格、管径、连接方式、安装及采取的防冻措施、静电导除措施。

2. 管网上的控制阀、动作信号反馈装置、止回阀、试水阀、安全阀、排气阀的规格、安装情况。

3. 管道固定支、吊架的固定方式、间距、防电化学腐蚀措施。

二、验收方法

1. 对照消防设计文件及竣工图纸，查阅管道的材质证明文件，核对管道的材质与规格，现场查看管道的管径、连接方式、安装情况及采取的防冻措施、静电导除措施。

2. 对照消防设计文件及竣工图纸，现场核对管网上的控制阀、动作信号反馈装置、止回阀、试水阀、安全阀、排气阀的规格、安装情况。

3. 现场查看管道固定支、吊架的固定方式，并采用测距仪、卷尺测量管墩、管道支、吊架的间距；查看支、吊架采取的防腐蚀措施。

三、规范依据

对于管道及组件的设置要求，见表 9.3-2。

表 9.3-2　管道及组件的设置要求

验收内容	规范名称	主要内容
管道的材质与规格、管径及安装	《消防设施通用规范》GB 55036—2022	**6.0.3　水喷雾灭火系统和细水雾灭火系统的管道应为具有相应耐腐蚀性能的金属管道**
	《细水雾灭火系统技术规范》GB 50898—2013	3.3.6　采用全淹没应用方式的开式系统，其管网宜均衡布置。 3.3.7　系统管网的最低点处应设置泄水阀。 3.3.8　对于油浸变压器，系统管道不宜横跨变压器的顶部，且不应影响设备的正常操作。 3.3.10　系统管道应采用冷拔法制造的奥氏体不锈钢钢管，或其他耐腐蚀和耐压性能相当的金属管道。管道的材质和性能应符合现行国家标准《流体输送用不锈钢无缝钢管》GB/T 14976 和《流体输送用不锈钢焊接钢管》GB/T 12771 的有关规定。 系统最大工作压力不小于 3.50MPa 时，应采用符合现行国家标准《不锈钢 牌号及化学成分》GB/T 20878 中规定牌号为 022Cr17Ni12Mo2 的奥氏体不锈钢无缝钢管，或其他耐腐蚀和耐压性能不低于牌号为 022Cr17Ni12Mo2 的金属管道。 3.3.11　系统管道连接件的材质应与管道相同。系统管道宜采用专用接头或法兰连接，也可采用氩弧焊焊接。 3.3.13　设置在有爆炸危险环境中的系统，其管网和组件应采取静电导除措施。 3.5.11　闭式系统的供水设施和供水管道的环境温度不得低于 4℃，且不得高于 70℃。 4.3.7　管道和管件的安装除应符合现行国家标准《工业金属管道工程施工规范》GB 50235 和《现场设备、工业管道焊接工程施工规范》GB 50236 的有关规定外，尚应符合下列规定： 4　管道穿越墙体、楼板处应使用套管；穿过墙体的套管长度不应小于该墙体的厚度，穿过楼板的套管长度应高出楼地面 50mm。管道与套管间的空隙应采用防火封堵材料填塞密实。设置在有爆炸危险场所的管道应采取导除静电的措施。

续表

验收内容	规范名称	主要内容
管道的材质与规格、管径及安装	《细水雾灭火系统技术规范》GB 50898—2013	5.0.7 管网验收应符合下列规定： 1 管道的材质与规格、管径、连接方式、安装位置及采取的防冻措施，应符合设计要求和本规范第4.3.7条的有关规定
管网上组件的规格、安装		3.3.5 闭式系统的最高点处宜设置手动排气阀，每个分区控制阀后的管网应设置试水阀，并应符合下列规定： 1 试水阀前应设置压力表； 2 试水阀出口的流量系数应与一只喷头的流量系数等效； 3 试水阀的接口大小应与管网末端的管道一致，测试水的排放不应对人员和设备等造成危害。 5.0.7 管网验收应符合下列规定： 2 管网上的控制阀、动作信号反馈装置、止回阀、试水阀、安全阀、排气阀等，其规格和安装位置均应符合设计要求
支、吊架的安装		3.3.9 系统管道应采用防晃金属支、吊架固定在建筑构件上。支、吊架应能承受管道充满水时的重量及冲击，其间距不应大于表9.3-3的规定。 支、吊架应进行防腐蚀处理，并应采取防止与管道发生电化学腐蚀的措施

表 9.3-3 系统管道支、吊架的间距

管道外径（mm）	≤16	20	24	28	32	40	48	60	≥76
最大间距（m）	1.5	1.8	2.0	2.2	2.5	2.8	2.8	3.2	3.8

注：本表引自《细水雾灭火系统技术规范》GB 50898—2013 第3.3.9条中表3.3.9。

9.3.7 喷头

一、验收内容

1. 喷头的数量、规格、型号、公称动作温度。
2. 喷头的安装位置、安装高度、间距。
3. 喷头的备用量。

二、验收方法

1. 对照消防设计文件及竣工图纸，现场核对喷头数量，查阅喷头的质量证明文件，核对喷头的规格、型号、公称动作温度。

2. 对照消防设计文件及竣工图纸，现场核对喷头的安装情况，采用测距仪、卷尺测量喷头高度、布置间距。

3. 现场核查备用喷头的数量。

三、规范依据

对于喷头的设置要求，见表9.3-4。

表 9.3-4 喷头的设置要求

验收内容	规范名称	主要内容
喷头的数量、规格、型号、公称动作温度	《消防设施通用规范》GB 55036—2022	6.0.6 细水雾灭火系统的细水雾喷头应符合下列规定： 1 应保证细水雾喷放均匀并完全覆盖保护区域； 2 与遮挡物的距离应能保证遮挡物不影响喷头正常喷放细水雾，不能保证时应采取补偿措施； 3 对于使用环境可能使喷头堵塞的场所，喷头应采取相应的防护措施
	《细水雾灭火系统技术规范》GB 50898—2013	3.2.1 喷头选择应符合下列规定： 1 对于环境条件易使喷头喷孔堵塞的场所，应选用具有相应防护措施且不影响细水雾喷放效果的喷头； 2 对于电子信息系统机房的地板夹层，宜选择适用于低矮空间的喷头； 3 对于闭式系统，应选择响应时间指数（RTI）不大于 50 $(m \cdot s)^{0.5}$ 的喷头，其公称动作温度宜高于环境最高温度 30℃，且同一防护区内应采用相同热敏性能的喷头。 3.4.3 闭式系统的作用面积不宜小于 140m²。 每套泵组所带喷头数量不应超过 100 只。 5.0.8 喷头验收应符合下列规定： 1 喷头的数量、规格、型号以及闭式喷头的公称动作温度等，应符合设计要求
喷头的安装位置、安装高度、间距	《细水雾灭火系统技术规范》GB 50898—2013	3.2.2～3.2.4 规定了闭式系统、开式系统、局部应用开式系统的喷头安装要求，见表 9.3-5。 3.2.5 喷头与无绝缘带电设备的最小距离不应小于表 9.3-6 的规定。 3.4.2 闭式系统的喷雾强度、喷头的布置间距和安装高度，宜经实体火灾模拟试验确定。 当喷头的设计工作压力不小于 10MPa 时，闭式系统也可根据喷头的安装高度按表 9.3-7 的规定确定系统的最小喷雾强度和喷头的布置间距；当喷头的设计工作压力小于 10MPa 时，应经试验确定。 3.4.4 采用全淹没应用方式的开式系统，其喷雾强度、喷头的布置间距、安装高度和工作压力，宜经实体火灾模拟试验确定，也可根据喷头的安装高度按表 9.3-8 确定系统的最小喷雾强度和喷头的布置间距。 4.3.11 喷头的安装应在管道试压、吹扫合格后进行，并应符合下列规定： 4 不带装饰罩的喷头，其连接管管端螺纹不应露出吊顶；带装饰罩的喷头应紧贴吊顶；带有外置式过滤网的喷头，其过滤网不应伸入支干管内； 5 喷头与管道的连接宜采用端面密封或 O 型圈密封，不应采用聚四氟乙烯、麻丝、粘结剂等作密封材料。 5.0.8 喷头验收应符合下列规定： 2 喷头的安装位置、安装高度、间距及与墙体、梁等障碍物的距离，均应符合设计要求和本规范第 4.3.11 条的有关规定，距离偏差不应大于±15mm
喷头的备用量	《细水雾灭火系统技术规范》GB 50898—2013	3.2.6 系统应按喷头的型号规格储存备用喷头，其数量不应小于相同型号规格喷头实际设计使用总数的 1%，且分别不应少于 5 只

表 9.3-5　不同系统对喷头的安装要求

系统	喷头安装要求
闭式系统	喷头布置应能保证细水雾喷放均匀、完全覆盖保护区域，并应符合下列规定： 1　喷头与墙壁的距离不应大于喷头最大布置间距的 1/2； 2　喷头与其他遮挡物的距离应保证遮挡物不影响喷头正常喷放细水雾；当无法避免时，应采取补偿措施； 3　喷头的感温组件与顶棚或梁底的距离不宜小于 75mm，并不宜大于 150mm。当场所内设置吊顶时，喷头可贴临吊顶布置
开式系统	喷头布置应能保证细水雾喷放均匀并完全覆盖保护区域，并应符合下列规定： 1　喷头与墙壁的距离不应大于喷头最大布置间距的 1/2； 2　喷头与其他遮挡物的距离应保证遮挡物不影响喷头正常喷放细水雾；当无法避免时，应采取补偿措施； 3　对于电缆隧道或夹层，喷头宜布置在电缆隧道或夹层的上部，并应能使细水雾完全覆盖整个电缆或电缆桥架
局部应用开式系统	喷头布置应能保证细水雾完全包络或覆盖保护对象或部位，喷头与保护对象的距离不宜小于 0.5m。用于保护室内油浸变压器时，喷头的布置尚应符合下列规定： 1　当变压器高度超过 4m 时，喷头宜分层布置； 2　当冷却器距变压器本体超过 0.7m 时，应在其间隙内增设喷头； 3　喷头不应直接对准高压进线套管； 4　当变压器下方设置集油坑时，喷头布置应能使细水雾完全覆盖集油坑

表 9.3-6　喷头与无绝缘带电设备的最小距离

带电设备额定电压等级 V（kV）	最小距离（m）
$110 < V \leqslant 220$	2.2
$35 < V \leqslant 110$	1.1
$V \leqslant 35$	0.5

注：本表引自《细水雾灭火系统技术规范》GB 50898—2013 第 3.2.5 条中表 3.2.5。

表 9.3-7　闭式系统的喷雾强度、喷头的布置间距和安装高度

应用场所	喷头的安装高度（m）	系统的最小喷雾强度 [L/（min·m²）]	喷头的布置间距（m）
采用非密集柜储存的图书库、资料库、档案库	>3.0 且 ≤5.0	3.0	>2.0 且 ≤3.0
	≤3.0	2.0	

注：本表引自《细水雾灭火系统技术规范》GB 50898—2013 第 3.4.2 条中表 3.4.2。

表 9.3-8　采用全淹没应用方式开式系统的喷雾强度、喷头的布置间距、安装高度和工作压力

应用场所	喷头的工作压力（MPa）	喷头的安装高度（m）	系统的最小喷雾强度 [L/（min·m²）]	喷头的最大布置间距（m）
油浸变压器室，液压站，润滑油站，柴油发电机房，燃油锅炉房等	>1.2 且 ≤3.5	≤7.5	2.0	2.5
电缆隧道，电缆夹层		≤5.0	2.0	
文物库，以密集柜存储的图书库、资料库，档案库		≤3.0	0.9	

应用场所		喷头的工作压力（MPa）	喷头的安装高度（m）	系统的最小喷雾强度[L/（min·m²）]	喷头的最大布置间距（m）
油浸变压器室，涡轮机房等		≥10	≤7.5	1.2	3.0
液压站，柴油发电机房，燃油锅炉房等			≤5.0	1.0	
电缆隧道，电缆夹层			>3.0且≤5.0	2.0	
			≤3.0	1.0	
文物库，以密集柜存储的图书库、资料库、档案库			>3.0且≤5.0	2.0	
			≤3.0	1.0	
电子信息系统机房	控制器工作空间		≤3.0	0.7	
	地板夹层		≤0.5	0.3	

注：本表引自《细水雾灭火系统技术规范》GB 50898—2013 第3.4.4条中表3.4.4。

9.3.8 系统功能

一、验收内容

1. 泵组式系统

（1）泵组系统应具有自动、手动控制方式。

（2）开式系统分区控制阀、泵组联动功能、反馈信号正常，入口处警示灯动作，联动切断相关电源及防护区内影响灭火效果或因灭火可能带来更大危害的设备和设施功能正常。

（3）开式系统的响应时间不应大于30s。

（4）闭式系统联锁自动启动功能正常。

2. 瓶组式系统

（1）瓶组系统应具有自动、手动和机械应急操作控制方式。

（2）分区控制阀、储水瓶组和储气瓶组联动功能、反馈信号正常，入口处警示灯动作，联动切断相关电源及防护区内影响灭火效果或因灭火可能带来更大危害的设备和设施功能正常。

二、验收方法

1. 泵组式系统

（1）现场核查泵组系统的控制方式。

（2）将细水雾泵组控制柜和细水雾系统控制器调至自动状态，在防护区内采用火灾报警系统功能检测工具模拟两个不同类型的火警信号，分区控制阀应联动打开，防护区内火灾报警装置应能发出报警信号，入口处的警示灯闪烁，细水雾泵组启动；采用秒表测定开式系统从报警到动作的时间。

将消防联动控制器调至自动状态，在上述模拟火灾信号下，火灾报警装置应能自动发出报警信号，系统应动作，相关联动控制装置应能发出自动关断指令，火灾时需要关闭的相关可燃气体或液体供给源关闭等设施应能联动关断。

（3）打开闭式系统试水阀，直观检查细水雾泵组启动情况。

2. 瓶组式系统

（1）现场核查瓶组系统的控制方式。

（2）系统的联动测试方法参照泵组式系统；联动过程中采用秒表测定系统的响应时间。

三、规范依据

对于系统功能的设置要求，见表9.3-9。

表9.3-9　系统功能的设置要求

验收内容	规范名称	主要内容
系统功能测试	《消防设施通用规范》GB 55036—2022	**6.0.4　自动控制的水喷雾灭火系统和细水雾灭火系统应具有自动控制、手动控制和机械应急操作的启动方式**
	《细水雾灭火系统技术规范》GB 50898—2013	3.1.5　开式系统采用全淹没应用方式时，防护区内影响灭火有效性的开口宜在系统动作时联动关闭。当防护区内的开口不能在系统启动时自动关闭时，宜在该开口部位的上方增设喷头。 3.4.8　开式系统的设计响应时间不应大于30s。 采用全淹没应用方式的开式系统，当采用瓶组系统且在同一防护区内使用多组瓶组时，各瓶组应能同时启动，其动作响应时差不应大于2s。 3.6.1　瓶组系统应具有自动、手动和机械应急操作控制方式，其机械应急操作应能在瓶组间内直接手动启动系统。 泵组系统应具有自动、手动控制方式。 3.6.2　开式系统的自动控制应能在接收到两个独立的火灾报警信号后自动启动。 闭式系统的自动控制应能在喷头动作后，由动作信号反馈装置直接联锁自动启动。 3.6.7　火灾报警联动控制系统应能远程启动水泵或瓶组、开式系统分区控制阀，并应能接收水泵的工作状态、分区控制阀的启闭状态及细水雾喷放的反馈信号。 3.6.8　系统应设置备用电源。系统的主备电源应能自动和手动切换。 3.6.9　系统启动时，应联动切断带电保护对象的电源，并应同时切断或关闭防护区内或保护对象的可燃气体、液体或可燃粉体供给等影响灭火效果或因灭火可能带来次生危害的设备和设施。 3.6.10　与系统联动的火灾自动报警和控制系统的设计，应符合现行国家标准《火灾自动报警系统设计规范》GB 50116的有关规定。 5.0.9　每个系统应进行模拟联动功能试验，并应符合下列规定： 1　动作信号反馈装置应能正常动作，并应能在动作后启动泵组或开启瓶组及与其联动的相关设备，可正确发出反馈信号。 2　开式系统的分区控制阀应能正常开启，并可正确发出反馈信号。 3　系统的流量、压力均应符合设计要求。 4　泵组或瓶组及其他消防联动控制设备应能正常启动，并应有反馈信号显示。 5　主、备电源应能在规定时间内正常切换。 5.0.10　开式系统应进行冷喷试验，除应符合本规范第5.0.9条的规定外，其响应时间应符合设计要求

9.4　干粉灭火系统

9.4.1　系统选型

一、验收内容
系统的选型应与设计文件相符。
二、验收方法
对照消防设计文件及竣工图纸，现场核对干粉灭火系统的选型。
三、规范依据
《干粉灭火系统设计规范》GB 50347—2004 的规定

第 3.1.1 条规定，干粉灭火系统按应用方式可分为全淹没灭火系统和局部应用灭火系统。扑救封闭空间内的火灾应采用全淹没灭火系统；扑救具体保护对象的火灾应采用局部应用灭火系统。

9.4.2　防护区与保护对象

一、验收内容
1. 全淹没灭火系统防护区的开口面积及位置。
2. 全淹没灭火系统防护区围护结构、门窗、吊顶的耐火极限。
3. 全淹没灭火系统防护区内和入口的声光报警装置、入口的喷放指示灯。
4. 全淹没灭火系统防护区的安全疏散。
5. 全淹没灭火系统防护区入口的手动、自动转换开关及安装高度。
6. 全淹没灭火系统无窗或固定窗扇的地上防护区和地下防护区的机械排风装置。
7. 局部应用灭火系统保护对象的设置要求。
二、验收方法
1. 对照消防设计文件及竣工图纸，现场核查防护区开口的位置，采用测距仪、卷尺测量防护区开口面积。

2. 对照消防设计文件及竣工图纸，现场核查防护区围护结构、门窗、吊顶的耐火极限。

3. 对照消防设计文件及竣工图纸，现场核查防护区内和入口的声光报警装置、入口的喷放指示灯与干粉灭火系统永久性标志牌。

4. 对照消防设计文件及竣工图纸，现场核查防护区的走道、出口和疏散门。

5. 对照消防设计文件及竣工图纸，现场核查手动、自动转换开关设置位置。

6. 对照消防设计文件及竣工图纸，现场核查无窗或固定窗扇的地上防护区和地下防护区的机械排风装置。

7. 对照消防设计文件及竣工图纸，现场核查局部应用灭火系统保护对象的设置要求。
三、规范依据
对于防护区的设置要求，见表 9.4-1。

表 9.4-1　防护区的设置要求

验收内容	规范名称	主要内容
防护区开口面积及设置位置，围护结构、门窗、吊顶的耐火极限	《消防设施通用规范》GB 55036—2022	**9.0.1　全淹没干粉灭火系统的防护区应符合下列规定：** **1　在系统动作时防护区不能关闭的开口应位于防护区内高于楼地板面的位置，其总面积应小于或等于该防护区总内表面积的15%**
	《干粉灭火系统设计规范》GB 50347—2004	3.1.2　采用全淹没灭火系统的防护区，应符合下列规定：2　防护区的围护结构及门、窗的耐火极限不应小于0.50h，吊顶的耐火极限不应小于0.25h；围护结构及门、窗的允许压力不宜小于1200Pa
防护区内和入口的声光报警装置、入口的喷放指示灯及干粉灭火系统永久性标志牌	《干粉灭火系统设计规范》GB 50347—2004	7.0.1　防护区内及入口处应设火灾声光警报器，防护区入口处应设置干粉灭火剂喷放指示门灯及干粉灭火系统永久性标志牌
防护区的安全疏散	《消防设施通用规范》GB 55036—2022	**9.0.1　全淹没干粉灭火系统的防护区应符合下列规定：** **2　防护区的门应向疏散方向开启，并应具有自行关闭的功能**
	《干粉灭火系统设计规范》GB 50347—2004	7.0.2　防护区的走道和出口，必须保证人员能在30s内安全疏散。7.0.3　防护区的门，在任何情况下均应能在防护区内打开
防护区入口的手动、自动转换开关的设置要求	《干粉灭火系统设计规范》GB 50347—2004	7.0.4　防护区入口处应装设自动、手动转换开关。转换开关安装高度宜使中心位置距地面1.5m
防护区的机械排风装置	《干粉灭火系统设计规范》GB 50347—2004	7.0.5　地下防护区和无窗或设固定窗扇的地上防护区，应设置独立的机械排风装置，排风口应通向室外
局部应用灭火系统保护对象的设置要求	《消防设施通用规范》GB 55036—2022	**9.0.2　局部应用干粉灭火系统的保护对象应符合下列规定：** **1　保护对象周围的空气流速应小于或等于2m/s；** **2　在喷头与保护对象之间的喷头喷射角范围内不应有遮挡物；** **3　可燃液体保护对象的液面至容器缘口的距离应大于或等于150mm**

9.4.3　干粉灭火剂的储存量、储存装置间的设置要求

一、验收内容

1. 干粉灭火剂的储存量。

2. 储存装置间的设置位置、耐火等级、应急照明。

二、验收方法

1. 对照消防设计文件及竣工图纸，现场核查干粉灭火剂的储存量。

2. 对照消防设计文件及竣工图纸，现场核查储存装置间的设置位置、耐火等级、应急照明。

三、规范依据

对于干粉灭火剂的储存量及储存装置间的设置要求，见表9.4-2。

表 9.4-2 干粉灭火剂的储存量及储存装置间的设置要求

验收内容	规范名称	主要内容
干粉灭火剂的储存量	《消防设施通用规范》GB 55036—2022	9.0.3 干粉灭火系统应保证系统动作后在防护区内或保护对象周围形成设计灭火浓度，并应符合下列规定： 1 对于全淹没干粉灭火系统，干粉持续喷放时间不应大于30s； 2 对于室外局部应用干粉灭火系统，干粉持续喷放时间不应小于60s； 3 对于有复燃危险的室内局部应用干粉灭火系统，干粉持续喷放时间不应小于60s；对于其他室内局部应用干粉灭火系统，干粉持续喷放时间不应小于30s。 9.0.4 用于保护同一防护区或保护对象的多套干粉灭火系统应能在灭火时同时启动，相互间的动作响应时差应小于或等于2s。 9.0.5 组合分配干粉灭火系统的灭火剂储存量，应大于或等于该系统保护的全部防护区中需要灭火剂储存量的最大者
干粉灭火剂的储存量	《干粉灭火系统设计规范》GB 50347—2004	3.1.7 组合分配系统保护的防护区与保护对象之和不得超过8个。当防护区与保护对象之和超过5个时，或者在喷放后48h内不能恢复到正常工作状态时，灭火剂应有备用量。备用量不应小于系统设计的储存量。 备用干粉储存容器应与系统管网相连，并能与主用干粉储存容器切换使用
储存装置间的设置位置、耐火等级、应急照明	《干粉灭火系统设计规范》GB 50347—2004	5.1.3 储存装置的布置应方便检查和维护，并宜避免阳光直射。其环境温度应为—20～50℃。 5.1.4 储存装置宜设在专用的储存装置间内。专用储存装置间的设置应符合下列规定： 1 应靠近防护区，出口应直接通向室外或疏散通道。 2 耐火等级不应低于二级。 3 宜保持干燥和良好通风，并应设应急照明。 5.1.5 当采取防湿、防冻、防火等措施后，局部应用灭火系统的储存装置可设置在固定的安全围栏内

9.4.4 储存装置

一、验收内容

储存装置的安装及性能要求。

二、验收方法

对照消防设计文件及竣工图纸，现场核查干粉灭火系统储存装置的安装及性能要求。

三、规范依据

对于储存装置的安装及性能要求，见表9.4-3。

表 9.4-3　储存装置的安装及性能要求

验收内容	规范名称	主要内容
储存装置的安装及性能要求	《消防设施通用规范》GB 55036—2022	**9.0.6　干粉灭火系统的管道及附件、干粉储存容器和驱动气体储瓶的性能应满足在系统最大工作压力和相应环境条件下正常工作的要求，喷头的单孔直径应大于或等于 6mm**
	《干粉灭火系统设计规范》GB 50347—2004	5.1.1　储存装置宜由干粉储存容器、容器阀、安全泄压装置、驱动气体储瓶、瓶头阀、集流管、减压阀、压力报警及控制装置等组成。并应符合下列规定： 2　干粉储存容器设计压力可取 1.6MPa 或 2.5MPa 压力级；其干粉灭火剂的装量系数不应大于 0.85；其增压时间不应大于 30s。 3　安全泄压装置的动作压力及额定排放量应按现行国家标准《干粉灭火系统部件通用技术条件》GB 16668 执行。 4　干粉储存容器应满足驱动气体系数、干粉储存量、输出容器阀出口干粉输送速率和压力的要求。 5.1.2　驱动气体应选用惰性气体，宜选用氮气；二氧化碳含水率不应大于 0.015%（m/m），其他气体含水率不得大于 0.006%（m/m）；驱动压力不得大于干粉储存容器的最高工作压力

9.4.5　管道、管道附件、选择阀及喷头

一、验收内容

1. 管道及管道附件的规格、安装。

2. 选择阀的数量、规格、位置及动作要求。

3. 喷头的规格、型号及安装。

二、验收方法

1. 对照消防设计文件及竣工图纸，现场核查管道及管道附件的规格及安装。

2. 对照消防设计文件及竣工图纸，现场核查选择阀的数量、规格、位置，查看选择阀是否设置所属防护区的标识牌，并核实选择阀的动作情况。

3. 对照消防设计文件及竣工图纸，现场核查喷头的规格、型号及安装。

三、规范依据

对于管道、管道附件、选择阀及喷头的设置要求，见表 9.4-4。

表 9.4-4　管道、管道附件、选择阀及喷头的设置要求

验收内容	规范名称	主要内容
管道、管道附件的规格、安装	《消防设施通用规范》GB 55036—2022	**9.0.6　干粉灭火系统的管道及附件、干粉储存容器和驱动气体储瓶的性能应满足在系统最大工作压力和相应环境条件下正常工作的要求**
	《干粉灭火系统设计规范》GB 50347—2004	5.3.1　管道及附件应能承受最高环境温度下工作压力，并应符合下列规定： 1　管道应采用无缝钢管，管道规格符合设计要求。管道及附件应进行内外表面防腐处理，并宜采用符合环保要求的防腐方式。 2　对防腐层有腐蚀的环境，管道及附件可采用不锈钢、铜管或其他耐腐蚀的不燃材料。 3　输送启动气体的管道，宜采用铜管，其质量应符合现行国家标准《铜及铜合金拉制管》GB/T 1527 的规定。

验收内容	规范名称	主要内容
管道、管道附件的规格、安装	《干粉灭火系统设计规范》GB 50347—2004	4　管网应留有吹扫口。 5　管道变径时应使用异径管。 6　干管转弯处不应紧接支管。 7　管道分支不应使用四通管件。 8　管道转弯时宜选用弯管。 9　管道附件应通过国家法定检测机构的检验认可。 5.3.4　在通向防护区或保护对象的灭火系统主管道上，应设置压力信号器或流量信号器。 5.3.5　管道应设置固定支、吊架，其间距可按表 9.4-5 取值。可能产生爆炸的场所，管网宜吊挂安装并采取防晃措施
选择阀的数量、规格、位置及动作要求	《干粉灭火系统设计规范》GB 50347—2004	5.2.1　在组合分配系统中，每个防护区或保护对象应设一个选择阀。选择阀的位置宜靠近干粉储存容器，并便于手动操作，方便检查和维护。选择阀上应设有标明防护区的永久性铭牌。 5.2.2　选择阀应采用快开型阀门，其公称直径应与连接管道的公称直径相等。 5.2.3　选择阀可采用电动、气动或液动驱动方式，并应有机械应急操作方式。阀的公称压力不应小于干粉储存容器的设计压力。 5.2.4　系统启动时，选择阀应在输出容器阀动作之前打开
喷头的规格、型号及安装	《消防设施通用规范》GB 55036—2022	**9.0.6　干粉灭火系统的管道及附件、干粉储存容器和驱动气体储瓶的性能应满足在系统最大工作压力和相应环境条件下正常工作的要求，喷头的单孔直径应大于或等于 6mm**
	《干粉灭火系统设计规范》GB 50347—2004	5.2.5　喷头应有防止灰尘与异物堵塞喷孔的防护装置，防护装置在灭火剂喷放时应能被自动吹掉或打开。 5.2.6　喷头的单孔直径不得小于 6mm

表 9.4-5　管道支、吊架最大间距

公称直径（mm）	15	20	25	32	40	50	65	80	100
最大间距（m）	1.5	1.8	2.1	2.4	2.7	3.0	3.4	3.7	4.3

注：本表引自《干粉灭火系统设计规范》GB 50347—2004 附录 A 中表 A-3。

9.4.6　系统功能

一、验收内容

1. 启动前或启动同时联动切断防护区或保护对象的气体、液体供应源的功能。
2. 启动控制方式。
3. 手动、自动模拟启动功能。

二、验收方法

系统功能验收检查需要严格按照专业人员的指导进行，防止损坏设备或导致人员受伤；试验前应将电磁阀从瓶组上取下，以免误动作启动干粉灭火系统；试验完毕后应复原并检查系统功能是否正常。系统功能验收包含：手动模拟启动试验、自动模拟试验。

1. 手动模拟启动试验

（1）按下手动启动按钮，观察相关动作信号及联动设备动作是否正常（如发出声、光报警，启动输出端的负载响应，切断防护区或保护对象的气体、液体供应源等）。

（2）人工使压力信号反馈装置动作，观察相关防护区门外的气体喷放指示灯是否正常。

（3）紧急启动按钮启动后，观察相关动作信号及联动设备动作是否正常（如发出声、光报警，启动输出端的负载响应，切断防护区或保护对象的气体、液体供应源等），30s内紧急停止，查看系统是否能够停止动作。

2. 自动模拟启动试验

（1）将灭火控制器的启动输出端与灭火系统相应的防护区驱动装置连接。驱动装置应与阀门的动作机构脱离。也可以用一个启动电压、电流与驱动装置的启动电压、电流相同的负载代替。

（2）人工模拟火警使防护区内任意一个火灾探测器动作，观察单一火警信号输出后，相关报警设备动作是否正常（如警铃、蜂鸣器发出报警声等）。

（3）人工模拟火警使该防护区内另一个火灾探测器动作，观察复合火警信号输出后，相关动作信号及联动设备动作是否正常（如发出声、光报警，启动输出端的负载，切断防护区或保护对象的气体、液体供应源等）。

三、规范依据

对于系统功能的设置要求，见表 9.4-6。

表 9.4-6　系统功能的设置要求

验收内容	规范名称	主要内容
系统功能——切断气体、液体供应源	《消防设施通用规范》GB 55036—2022	**9.0.7　干粉灭火系统应具有在启动前或同时联动切断防护区或保护对象的气体、液体供应源的功能**
系统功能——启动控制方式	《消防设施通用规范》GB 55036—2022	**9.0.8　用于经常有人停留场所的局部应用干粉灭火系统应具有手动控制和机械应急操作的启动方式，其他情况的全淹没和局部应用干粉灭火系统均应具有自动控制、手动控制和机械应急操作的启动方式**
	《干粉灭火系统设计规范》GB 50347—2004	6.0.6　预制灭火装置可不设机械应急操作启动方式
系统功能——手动、自动模拟启动测试与紧急停止	《干粉灭火系统设计规范》GB 50347—2004	6.0.2　设有火灾自动报警系统时，灭火系统的自动控制应在收到两个独立火灾探测信号后才能启动，并应延迟喷放，延迟时间不应大于30s，且不得小于干粉储存容器的增压时间。 6.0.3　全淹没灭火系统的手动启动装置应设置在防护区外邻近出口或疏散通道便于操作的地方；局部应用灭火系统的手动启动装置应设在保护对象附近的安全位置。手动启动装置的安装高度宜使其中心位置距地面1.5m。所有手动启动装置都应明显地标示出其对应的防护区或保护对象的名称。 6.0.4　在紧靠手动启动装置的部位应设置手动紧急停止装置，其安装高度应与手动启动装置相同。手动紧急停止装置应确保灭火系统能在启动后和喷放灭火剂前的延迟阶段中止。在使用手动紧急停止装置后，应保证手动启动装置可以再次启动。 6.0.5　干粉灭火系统的电源与自动控制应符合现行国家标准《火灾自动报警系统设计规范》GB 50116 的有关规定。当采用气动动力源时，应保证系统操作与控制所需要的气体压力和用气量

第10章 建筑灭火器

10.1 灭火器的配置

一、验收内容

1. 查看灭火器类型与场所可能发生的火灾类型相符性。
2. 灭火器规格、灭火级别和数量。
3. 抽查灭火器，并核对其证明文件。

二、验收方法

1. 对照消防设计文件及竣工图纸，现场核查灭火器类型与场所可能发生的火灾类型相符性。
2. 对照消防设计文件及竣工图纸，现场核查灭火器规格、灭火级别和数量。
3. 查看灭火器的强制认证标识及证书。

三、规范依据

对于配置点灭火器的配置要求，见表10.1-1。

表10.1-1 配置点灭火器的配置要求

验收内容	规范名称	主要内容
灭火器类型与场所可能发生的火灾类型相符性	《消防设施通用规范》GB 55036—2022	10.0.1 灭火器的配置类型应与配置场所的火灾种类和危险等级相适应，并应符合下列规定： 1 A类火灾场所应选择同时适用于A类、E类火灾的灭火器。 2 B类火灾场所应选择适用于B类火灾的灭火器。B类火灾场所存在水溶性可燃液体（极性溶剂）且选择水基型灭火器时，应选用抗溶性的灭火器。 3 C类火灾场所应选择适用于C类火灾的灭火器。 4 D类火灾场所应根据金属的种类、物态及其特性选择适用于特定金属的专用灭火器。 5 E类火灾场所应选择适用于E类火灾的灭火器。带电设备电压超过1kV且灭火时不能断电的场所不应使用灭火器带电扑救。 6 F类火灾场所应选择适用于E类、F类火灾的灭火器。 7 当配置场所存在多种火灾时，应选用能同时适用扑救该场所所有种类火灾的灭火器
	《建筑灭火器配置设计规范》GB 50140—2005	4.1.2 在同一灭火器配置场所，宜选用相同类型和操作方法的灭火器。当同一灭火器配置场所存在不同火灾种类时，应选用通用型灭火器。 4.1.3 在同一灭火器配置场所，当选用两种或两种以上类型灭火器时，应采用灭火剂相容的灭火器。 4.1.4 不相容的灭火剂举例见表10.1-2。 4.2.1～4.2.5规定了不同火灾类型适用的灭火器类型，见表10.1-3

续表

验收内容	规范名称	主要内容
灭火器规格、灭火级别和数量	《消防设施通用规范》GB 55036—2022	10.0.2　灭火器设置点的位置和数量应根据被保护对象的情况和灭火器的最大保护距离确定，并应保证最不利点至少在 1 具灭火器的保护范围内。灭火器的最大保护距离和最低配置基准应与配置场所的火灾危险等级相适应。 10.0.3　灭火器配置场所应按计算单元计算与配置灭火器，并应符合下列规定： 　1　计算单元中每个灭火器设置点的灭火器配置数量应根据配置场所内的可燃物分布情况确定。所有设置点配置的灭火器灭火级别之和不应小于该计算单元的保护面积与单位灭火级别最大保护面积的比值。 　2　一个计算单元内配置的灭火器数量应经计算确定且不应少于 2 具
	《建筑灭火器配置设计规范》GB 50140—2005	6.1.2　每个设置点的灭火器数量不宜多于 5 具。 6.1.3　当住宅楼每层的公共部位建筑面积超过 100m² 时，应配置 1 具 1A 的手提式灭火器；每增加 100m² 时，增配 1 具 1A 的手提式灭火器。 7.1.1　灭火器配置的设计与计算应按计算单元进行。灭火器最小需配灭火级别和最少需配数量的计算值应进位取整。 7.1.2　每个灭火器设置点实配灭火器的灭火级别和数量不得小于最小需配灭火级别和数量的计算值。 7.2.1　灭火器配置设计的计算单元应按下列规定划分： 　1　当一个楼层或一个水平防火分区内各场所的危险等级和火灾种类相同时，可将其作为一个计算单元。 　2　当一个楼层或一个水平防火分区内各场所的危险等级和火灾种类不相同时，应将其分别作为不同的计算单元。 　3　同一计算单元不得跨越防火分区和楼层。 7.2.2　计算单元保护面积的确定应符合下列规定： 　1　建筑物应按其建筑面积确定； 　2　可燃物露天堆场，甲、乙、丙类液体储罐区，可燃气体储罐区应按堆垛、储罐的占地面积确定

表 10.1-2　不相容的灭火剂举例

灭火剂类型	不相容的灭火剂	
干粉与干粉	磷酸铵盐	碳酸氢钠、碳酸氢钾
干粉与泡沫	碳酸氢钠、碳酸氢钾	蛋白泡沫
泡沫与泡沫	蛋白泡沫、氟蛋白泡沫	水成膜泡沫

表 10.1-3　火灾类型与灭火器适用性

火灾类型	适用灭火器
A 类	水型灭火器、磷酸铵盐干粉灭火器、泡沫灭火器或卤代烷灭火器
B 类	泡沫灭火器、碳酸氢钠干粉灭火器、磷酸铵盐干粉灭火器、二氧化碳灭火器、灭 B 类火灾的水型灭火器或卤代烷灭火器；极性溶剂的 B 类火灾场所应选择灭 B 类火灾的抗溶性灭火器
C 类	磷酸铵盐干粉灭火器、碳酸氢钠干粉灭火器、二氧化碳灭火器或卤代烷灭火器
D 类	扑灭金属火灾的专用灭火器
E 类	磷酸铵盐干粉灭火器、碳酸氢钠干粉灭火器、卤代烷灭火器或二氧化碳灭火器，但不得选用装有金属喇叭喷筒的二氧化碳灭火器

10.2 灭火器的布置

一、验收内容

1. 灭火器设置点距离。
2. 灭火器设置点位置、摆放和使用环境。

二、验收方法

1. 对照消防设计文件及竣工图纸，现场采用测距仪、卷尺测量灭火器的保护距离。
2. 对照消防设计文件及竣工图纸，现场核查灭火器设置点位置、摆放和使用环境。

三、规范依据

对于灭火器布置的要求，见表10.2-1。

表 10.2-1 灭火器布置的要求

验收内容	规范名称	主要内容
灭火器设置点距离	《消防设施通用规范》GB 55036—2022	**10.0.2** 灭火器设置点的位置和数量应根据被保护对象的情况和灭火器的最大保护距离确定，并应保证最不利点至少在1具灭火器的保护范围内。灭火器的最大保护距离和最低配置基准应与配置场所的火灾危险等级相适应
	《建筑灭火器配置设计规范》GB 50140—2005	5.2.1 设置在 A 类火灾场所的灭火器，其最大保护距离应符合表10.2-2 的规定。 5.2.2 设置在 B、C 类火灾场所的灭火器，其最大保护距离应符合表10.2-3 的规定。 5.2.3 D 类火灾场所的灭火器，其最大保护距离应根据具体情况研究确定。 5.2.4 E 类火灾场所的灭火器，其最大保护距离不应低于该场所内 A 类或 B 类火灾的规定
灭火器设置点位置、摆放和使用环境	《消防设施通用规范》GB 55036—2022	**10.0.4** 灭火器应设置在位置明显和便于取用的地点，且不应影响人员安全疏散。当确需设置在有视线障碍的设置点时，应设置指示灭火器位置的醒目标志。 **10.0.5** 灭火器不应设置在可能超出其使用温度范围的场所，并应采取与设置场所环境条件相适应的防护措施
	《建筑灭火器配置设计规范》GB 50140—2005	5.1.3 灭火器的摆放应稳固，其铭牌应朝外。手提式灭火器宜设置在灭火器箱内或挂钩、托架上，其顶部离地面高度不应大于 1.50m；底部离地面高度不宜小于 0.08m。灭火器箱不得上锁。 5.1.4 灭火器不宜设置在潮湿或强腐蚀性的地点。当必须设置时，应有相应的保护措施。 灭火器设置在室外时，应有相应的保护措施
	《建筑灭火器配置验收及检查规范》GB 50444—2008	3.2.1 手提式灭火器宜设置在灭火器箱内或挂钩、托架上。对于环境干燥、洁净的场所，手提式灭火器可直接放置在地面上

表 10. 2-2　A 类火灾场所的灭火器最大保护距离（m）

危险等级　　灭火器型式	手提式灭火器	推车式灭火器
严重危险级	15	30
中危险级	20	40
轻危险级	25	50

注：本表引自《建筑灭火器配置设计规范》GB 50140—2005 第 5.2.1 条中表 5.2.1。

表 10. 2-3　B、C 类火灾场所的灭火器最大保护距离（m）

危险等级　　灭火器型式	手提式灭火器	推车式灭火器
严重危险级	9	18
中危险级	12	24
轻危险级	15	30

注：本表引自《建筑灭火器配置设计规范》GB 50140—2005 第 5.2.1 条中表 5.2.2。

第11章 消防电气

11.1 消防电源

一、验收内容

消防电源的负荷等级和供电形式。消防负荷供电等级应与建筑物、储罐（区）和堆场的性质、功能匹配。

二、验收方法

1. 查看消防设计文件及竣工图纸，核查消防电源的供电形式与设计的一致性。

2. 查看配电室和柴油发电机房的供电情况，消防负荷供电等级应符合消防设计文件的要求，且应为正式供电。

三、规范依据

对于消防电源的设置要求，见表11.1-1。

表11.1-1　消防电源的设置要求

验收内容	规范名称	主要内容
消防电源的负荷等级和供电形式	《建筑防火通用规范》GB 55037—2022	10.1.1　建筑高度大于150m的工业与民用建筑的消防用电应符合下列规定： 1　应按特级负荷供电； 2　应急电源的消防供电回路应采用专用线路连接至专用母线段； 3　消防用电设备的供电电源干线应有两个路由。 10.1.2　除简仓、散装粮食仓库及工作塔外，下列建筑的消防用电负荷等级不应低于一级： 1　建筑高度大于50m的乙、丙类厂房； 2　建筑高度大于50m的丙类仓库； 3　一类高层民用建筑； 4　二层式、二层半式和多层式民用机场航站楼； 5　Ⅰ类汽车库； 6　建筑面积大于5000m²且平时使用的人民防空工程； 7　地铁工程； 8　一、二类城市交通隧道。 10.1.3　下列建筑的消防用电负荷等级不应低于二级： 1　室外消防用水量大于30L/s的厂房； 2　室外消防用水量大于30L/s的仓库； 3　座位数大于1500个的电影院或剧场，座位数大于3000个的体育馆； 4　任一层建筑面积大于3000m²的商店和展览建筑； 5　省（市）级及以上的广播电视、电信和财贸金融建筑； 6　总建筑面积大于3000m²的地下、半地下商业设施； 7　民用机场航站楼； 8　Ⅱ类、Ⅲ类汽车库和Ⅰ类修车库； 9　本条上述规定外的其他二类高层民用建筑； 10　本条上述规定外的室外消防用水量大于25L/s的其他公共建筑； 11　水利工程，水电工程； 12　三类城市交通隧道

验收内容	规范名称	主要内容
消防电源的负荷等级和供电形式	《建筑设计防火规范》 GB 50016—2014 （2018 年版）	10.1.2　下列建筑物、储罐（区）和堆场的消防用电应按二级负荷供电： 　2　室外消防用水量大于 35L/s 的可燃材料堆场、可燃气体储罐（区）和甲、乙类液体储罐（区）； 　3　粮食仓库及粮食筒仓。 10.1.3　除本规范第 10.1.1 条和第 10.1.2 条外的建筑物、储罐（区）和堆场等的消防用电，可按三级负荷供电
	《消防给水及消火栓系统技术规范》 GB 50974—2014	4.4.2　井水作为消防水源向消防给水系统直接供水时，其最不利水位应满足水泵吸水要求，其最小出流量和水泵扬程应满足消防要求，且当需要两路消防供水时，水井不应少于两眼，每眼井的深井泵的供电均应采用一级供电负荷 6.1.10　当室内临时高压消防给水系统仅采用稳压泵稳压，且为室外消火栓设计流量大于 20L/s 的建筑和建筑高度大于 54m 的住宅时，消防水泵的供电或备用动力应符合下列要求： 　1　消防水泵应按一级负荷要求供电，当不能满足一级负荷要求供电时应采用柴油发电机组作备用动力

11.2　备　用　电　源

一、验收内容

1. 消防用电按一、二级负荷供电的建筑，当采用自备发电设备作备用电源时，检查自备发电设备的启动方式和启动时间。

2. 建筑内消防应急照明和灯光疏散指示标志的备用电源的连续供电时间；备用消防电源的供电时间和容量。

3. EPS、UPS 等设置。

二、验收方法

1. 对照消防设计文件及竣工图纸，核对自备发电设备的启动方式和启动时间。

（1）当采用手动启动方式时，现场操作启动装置，测试自备发电设备的手动启动功能。

（2）当采用自动启动方式时，现场断开市电电源，测试自动启动功能和转入正常供电时间。

2. 对照消防设计文件、竣工图纸和消防备用电源技术资料，核对供电时间和容量是否符合设计要求。

3. 当采用 EPS、UPS 作为备用电源时，核查技术资料，确认参数指标符合设计要求。

三、规范依据

对于备用电源的设置要求，见表 11.2-1。

表 11.2-1　备用电源的设置要求

验收内容	规范名称	主要内容
自备发电设备的启动方式和启动时间	《建筑设计防火规范》GB 50016—2014（2018 年版）	10.1.4　消防用电按一、二级负荷供电的建筑，当采用自备发电设备作备用电源时，自备发电设备应设置自动和手动启动装置。当采用自动启动方式时，应能保证在 30s 内供电
消防应急照明和灯光疏散指示标志的备用电源的连续供电时间	《建筑防火通用规范》GB 55037—2022	10.1.4　建筑内消防应急照明和灯光疏散指示标志的备用电源的连续供电时间应满足人员安全疏散的要求，且不应小于表 11.2-2 的规定值
备用消防电源的供电时间和容量	《建筑防火通用规范》GB 55037—2022	10.1.5　建筑内的消防用电设备应采用专用的供电回路，当其中的生产、生活用电被切断时，应仍能保证消防用电设备的用电需要。除三级消防用电负荷外，消防用电设备的备用消防电源的供电时间和容量，应能满足该建筑火灾延续时间内消防用电设备的持续用电要求。不同建筑的设计火灾延续时间不应小于表 11.2-3 的规定
EPS、UPS 的参数	《建筑电气与智能化通用规范》GB 55024—2022	8.3.3　EPS/UPS 应进行下列技术参数检查： 1　初装容量； 2　输入回路断路器的过载和短路电流整定值； 3　蓄电池备用时间及应急电源装置的允许过载能力； 4　对控制回路进行动作试验，检验 EPS/UPS 的电源切换时间； 5　投运前，应核对 EPS/UPS 各输出回路的负荷量，且不应超过 EPS/UPS 的额定最大输容量

表 11.2-2　建筑内消防应急照明和灯光疏散指示标志的备用电源的连续供电时间

建筑类别		连续供电时间（h）
建筑高度大于 100m 的民用建筑		1.5
建筑高度大于 100m 的医疗建筑，老年人照料设施，总建筑面积大于 100000m² 的其他公共建筑		1.0
水利工程，水电工程，总建筑面积大于 20000m² 的地下或半地下建筑		1.0
城市轨道交通工程	区间和地下车站	1.0
	地上车站、车辆基地	0.5
城市交通隧道	一、二类	1.5
	三类	1.0
城市综合管廊，平时使用的人民防空工程，除上述规定外的其他建筑		0.5

注：本表引自《建筑防火通用规范》GB 55037—2022 第 10.1.4 条中表 10.1.4。

表 11.2-3　不同建筑的设计火灾延续时间

建筑类别	具体类型	设计火灾延续时间（h）
仓库	甲、乙、丙类仓库	3.0
	丁、戊类仓库	2.0

续表

建筑类别	具体类型	设计火灾延续时间（h）
厂房	甲、乙、丙类厂房	3.0
	丁、戊类厂房	2.0
公共建筑	一类高层建筑、建筑体积大于100000m³的公共建筑	3.0
	其他公共建筑	2.0
住宅建筑	一类高层住宅建筑	2.0
	其他住宅建筑	1.0
平时使用的人民防空工程	总建筑面积不大于3000m²	1.0
	总建筑面积大于3000m²	2.0
城市交通隧道	一、二类	3.0
	三类	2.0
城市轨道交通工程	—	2.0

注：本表引自《建筑防火通用规范》GB 55037—2022 第 10.1.5 条中表 10.1.5。

11.3　消　防　配　电

一、验收内容

1. 消防用电设备应采用专用的供电回路，当建筑内的生产、生活用电被切断时，应仍能保证消防用电。

2. 消防用电设备供配电线路的最末一级配电箱及自动切换装置的设置情况。

3. 消防配电线路的敷设情况。

二、验收方法

1. 查看消防用电设备供电回路的设置情况，是否为专用配电箱或专用供电回路。

2. 在消防控制室、消防水泵房、消防电梯机房内，查看消防设备配电箱内自动切换装置配置的设置情况；试验自动切换装置的切换功能。

3. 查看消防配电线缆槽盒或电井、消防配电线路的敷设情况，暗敷时查看隐蔽工程施工验收记录。

三、规范依据

对于消防配电的设置要求，见表 11.3-1。

表 11.3-1　消防配电的设置要求

验收内容	规范名称	主要内容
消防用电设备供电回路的设置情况	《建筑防火通用规范》GB 55037—2022	10.1.5　建筑内的消防用电设备应采用专用的供电回路，当其中的生产、生活用电被切断时，应仍能保证消防用电设备的用电需要。除三级消防用电负荷外，消防用电设备的备用消防电源的供电时间和容量，应能满足该建筑火灾延续时间内消防用电设备的持续用电要求。不同建筑的设计火灾延续时间不应小于表 11.2-3 的规定
	《建筑设计防火规范》GB 50016—2014（2018年版）	10.1.7　消防配电干线宜按防火分区划分，消防配电支线不宜穿越防火分区

验收内容	规范名称	主要内容
消防用电设备供配电线路的最末一级配电箱及自动切换装置的设置情况	《建筑防火通用规范》GB 55037—2022	10.1.6 除按照三级负荷供电的消防用电设备外，消防控制室、消防水泵房的消防用电设备及消防电梯等的供电，应在其配电线路的最末一级配电箱内设置自动切换装置。防烟和排烟风机房的消防用电设备的供电，应在其配电线路的最末一级配电箱内或所在防火分区的配电箱内设置自动切换装置。防火卷帘、电动排烟窗、消防潜污泵、消防应急照明和疏散指示标志等的供电，应在所在防火分区的配电箱内设置自动切换装置
消防配电线路的敷设情况	《建筑设计防火规范》GB 50016—2014（2018 年版）	10.1.10 消防配电线路应满足火灾时连续供电的需要，其敷设应符合下列规定： 1 明敷时（包括敷设在吊顶内），应穿金属导管或采用封闭式金属槽盒保护，金属导管或封闭金属槽盒应采取防火保护措施；当采用阻燃或耐火电缆并敷设在电缆井、沟内时，可不穿金属导管或采用封闭式金属槽盒保护；当采用矿物绝缘类不燃性电缆时，可直接明敷。 2 暗敷时，应穿管并应敷设在不燃性结构内且保护层厚度不应小于 30mm。 3 消防配电线路宜与其他配电线路分开敷设在不同的电缆井、沟内；确有困难需敷设在同一电缆井、沟内时，应分别布置在电缆井、沟的两侧，且消防配电线路应采用矿物绝缘类不燃性电缆

11.4 防雷、防静电、电力线路及电器装置

一、验收内容

1. 防雷、防静电措施。

2. 架空电力线与甲、乙类厂房（仓库），可燃材料堆垛，甲、乙、丙类液体储罐，液化石油气储罐，可燃、助燃气体储罐的最近水平距离，35kV 及以上架空电力线与单罐容积大于 200m³ 或总容积大于 1000m³ 液化石油气储罐（区）的最近水平距离。

3. 电力电缆在管沟内的敷设情况。

4. 配电线路敷设及其防火保护措施。

5. 可燃材料仓库使用照明灯具选取及其采取的隔热等防火措施。

6. 老年人照料设施的非消防用电负荷应设置电气火灾监控系统。

二、验收方法

1. 查看电缆进出线、低压架空进出线、进出建筑物的金属管道所采取的防雷、防静电措施与设计的一致性。用接地电阻测试仪测量接地电阻值，不应大于设计要求。

2. 用测距仪或卷尺测量架空电力线与甲、乙类厂房（仓库），可燃材料堆垛，甲、乙、丙类液体储罐，液化石油气储罐，可燃、助燃气体储罐的最近水平距离，35kV 及以上架空电力线与单罐容积大于 200m³ 或总容积大于 1000m³ 液化石油气储罐（区）的最近水平距离不应小于设计要求。

3. 查看电力电缆的隐蔽工程施工验收记录，施工做法应满足设计要求。

4. 消防明敷线管应涂刷防火涂料。

5. 对于可燃材料仓库，查看安装的照明灯具类型及开关、配电箱安装位置与设计的符合性。

6. 对于老年人照料设施，查看非消防电源配电箱内设置电气火灾监控探测器，应符合本手册第 3.3.11 节的要求。

三、规范依据

（一）《民用建筑电气设计标准》GB 51348—2019 对防雷、防静电措施的规定

第 11.4.4 条规定，防闪电电涌侵入的措施应符合下列规定：

1　对电缆进出线，应在进出端将电缆的金属外皮、金属导管等与电气设备接地相连。架空线转换为电缆时，电缆长度不宜小于 15m，并应在转换处装设避雷器或电涌保护器。避雷器或电涌保护器、电缆金属外皮和绝缘子铁脚、金具应连在一起接地，其冲击接地电阻不宜大于 30Ω。

2　对低压架空进出线，应在进出处装设电涌保护器，并应与绝缘子铁脚、金具连在一起接到电气设备的接地装置上；当多回路进出线时，可仅在母线或总配电箱处装设电涌保护器，但绝缘子铁脚、金具仍应接到接地装置上。

3　进出建筑物的架空金属管道，在进出处应就近接到防雷或电气设备的接地网上或独自接地，其冲击接地电阻不宜大于 30Ω。

（二）《建筑设计防火规范》GB 50016—2014（2018 年版）对电力线路及电器装置设置情况的规定

第 10.2.1 条规定，架空电力线与甲、乙类厂房（仓库），可燃材料堆垛，甲、乙、丙类液体储罐，液化石油气储罐，可燃、助燃气体储罐的最近水平距离应符合表 11.4-1 的规定。

表 11.4-1　架空电力线与甲、乙类厂房（仓库）、可燃材料堆等的最近水平距离 （m）

名称	架空电力线
甲、乙类厂房（仓库），可燃材料堆垛，甲、乙类液体储罐，液化石油气罐，可燃、助燃气体储罐	电杆（塔）高度的 1.5 倍
直埋地下的甲、乙类液体储罐和可燃气体储罐	电杆（塔）高度的 0.75 倍
丙类液体储罐	电杆（塔）高度的 1.2 倍
直埋地下的丙类液体储罐	电杆（塔）高度的 0.6 倍

注：本表引自《建筑设计防火规范》GB 50016—2014（2018 年版）第 10.2.1 条中表 10.2.1。

35kV 及以上架空电力线与单罐容积大于 200m³ 或总容积大于 1000m³ 液化石油气储罐（区）的最近水平距离不应小于 40m。

第 10.2.2 条规定，电力电缆不应和输送甲、乙、丙类液体管道、可燃气体管道、热力管道敷设在同一管沟内。

第 10.2.3 条规定，配电线路不得穿越通风管道内腔或直接敷设在通风管道外壁上，穿金属导管保护的配电线路可紧贴通风管道外壁敷设。

第 10.2.5 条规定，可燃材料仓库内宜使用低温照明灯具，并应对灯具的发热部件采取隔热等防火措施，不应使用卤钨灯等高温照明灯具。

配电箱及开关应设置在仓库外。

第 10.2.7 条规定，老年人照料设施的非消防用电负荷应设置电气火灾监控系统。下列建筑或场所的非消防用电负荷宜设置电气火灾监控系统：

　　1　建筑高度大于 50m 的乙、丙类厂房和丙类仓库，室外消防用水量大于 30L/s 的厂房（仓库）；

　　2　一类高层民用建筑；

　　3　座位数超过 1500 个的电影院、剧场，座位数超过 3000 个的体育馆，任一层建筑面积大于 3000m² 的商店和展览建筑，省（市）级及以上的广播电视、电信和财贸金融建筑，室外消防用水量大于 25L/s 的其他公共建筑；

　　4　国家级文物保护单位的重点砖木或木结构的古建筑。

第12章　消防验收常用检测仪器及其使用

消防验收应当依据消防法律法规、国家工程建设消防技术标准和涉及消防的建设工程竣工图纸、消防设计审查意见，对建筑物防（灭）火设施的外观进行现场抽样查看；通过专业仪器设备对涉及距离、高度、宽度、长度、面积、厚度等可测量的指标进行现场抽样测量；对消防设施的功能进行抽样测试、联调联试消防设施的系统功能等。

根据消防验收需要测量、测试的设施设备性能及状态，需要配备秒表、测距仪、风速仪、微压计、声级计、消火栓系统试水检测装置、火灾报警系统功能检测工具、照度计、卷尺、水喷淋末端试水装置、超声波流量计、防火涂料测厚仪、线性光束感烟火灾探测器滤光片、火焰探测器功能试验器、防爆静电电压表、接地电阻测试仪、万用表、钳形电流表、测力计、坡度仪等工具。下面具体介绍各设备的应用范围及其使用方法。

12.1　秒　　表

秒表分为机械秒表和电子秒表两类，现在主要使用的是电子秒表。秒表是一种记录时间的仪器（图12.1-1），国产秒表一般是利用石英振荡器的振荡频率作为时间基准。

一、应用范围

在消防验收中，秒表主要用于测量火灾自动报警系统响应时间、消防水泵的启泵时间、启动水力警铃动作时间、消防电梯从首层至顶层的运行时间、自备发电设备自动启动时间等。

二、使用方法（本设备为JD-1Ⅱ型，仅供参考，具体可参阅说明书）

1. 测量单个时间

按下"START/STOP"键开始记录时间，再次按下"START/STOP"键停止记录时间；记录后按"MODE/SET"复零。

2. 测量两个时间

图12.1-1　秒表

按下"START/STOP"键开始记录时间，按下"SPLIT/RESET"键显示第一段时间；再按下"START/STOP"键停止，再按"SPLIT/RESET"键显示第二段时间，按"MODE/SET"复零。

12.2　测　距　仪

测距仪是测量距离的工具（图12.2-1），目前使用最广泛的是激光测距仪。

一、应用范围

在消防验收中，测距仪主要用于防火间距、疏散宽度、消防车道宽度、防火分区面积、消防设施安装高度及距离等数据的测量。

二、使用方法（本设备为GLM500，仅供参考，具体可参阅说明书）

1. 测量单个距离

按"C"键，开机，选择测量距离档位（按"Func"后按"＋""－"可选择不同的测量方式），将激活的激光瞄准目标区域，轻按"△"键；设备立即显示出结果，测量完成后按关机键关机。

2. 测量面积

按"C"键，开机，选择测量面积档位（按"Func"后按"＋""－"可选择不同的测量方式），将激活的激光瞄准目标区域，轻按"△"键；设备立即显示出结果，测量完成后按关机键关机。

图12.2-1　测距仪

3. 测量体积

按"C"键，开机，选择测量体积档位（按"Func"后按"＋""－"可选择不同的测量方式），将激活的激光瞄准目标区域，轻按"△"键；设备立即显示出结果，测量完成后按关机键关机。

12.3 风　速　计

扫码观看视频

风速计是测量空气流速的仪器（图12.3-1），一般为螺旋桨风速计。风速计由一个三叶或四叶螺旋桨组成感应部分、信号处理单元和显示装置组成。感应部分负责感知空气流动并将信号传递给信号处理单元，处理单元将信号转换为数字数据，并最终在显示装置上显示。

一、应用范围

在消防验收中，风速计主要是用于测量机械防排烟系统中送风口、排烟口的风速。

二、使用方法（本设备为GM8901，仅供参考，具体可参阅说明书）

1. 按开机键开机，按"UNIT"键后通过按"△"键选择测量单位"m/s"（可选择的单位有m/s、km/h、ft/min、knots、mph），按"℃/℉LED"按键选择温度档位为"℃"。

2. 将风轮依顺风方向与风向垂直放置，使风轮依风速大小自由转动，读取显示器上的风速及风温值（具体使用可参照第7章防烟排烟系统部分中关于风速的测量方法）。

图12.3-1　风速计

3. 测量完成后再次按开机键关机。

4. 举例说明（排烟口风速测量）

排烟口的排烟量一般采用风速仪来测量。风口面积小于$0.3m^2$的小截面风口可采用5个测点，如图12.3-2所示。风口面积大于$0.3m^2$时，对于矩形风口，按风口断面的大小划分成若干个面积相等的矩形，如图 12.3-3 所示，测点布置在图中每个小矩形的中心，小矩形每边的长度为 200mm 左右；对于条形风口，在高度方向上，至少安排 2 个测点，沿其长度方向上，可取 4～6 个测点，如图 12.3-4 所示；对于圆形风口，至少取 5 个测点，测点间距≤200mm，如图 12.3-5 所示。若风口气流偏斜时，可临时安装一段长度为 0.5～1m、断面尺寸与风口相同的短管进行测定。

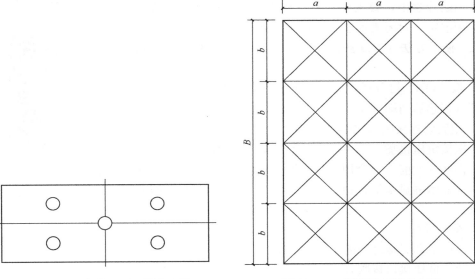

图 12.3-2　小截面风口测点布置　　　图 12.3-3　矩形风口测点布置

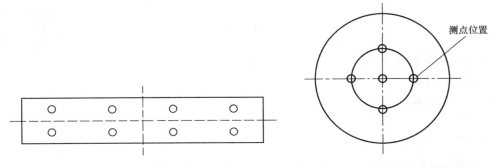

图 12.3-4　条形风口测点布置　　　图 12.3-5　圆形风口测点布置

在测得每个测点上的流速 V_i 后，就可通过公式（12.3-1）计算得到整个排烟口平面上的平均排烟速度 V_{pj}：

$$V_{pj} = (V_1 + V_2 + V_3 + \cdots + V_n)/n \tag{12.3-1}$$

式中：V_{pj}——风口平均风速（m/s）；

　　　V_i——各测点风速（m/s）；

　　　n——测点总数。

12.4 微 压 计

微压计是测量微小压力、负压或差压的压力计（图 12.4-1），可以用于测量高层建筑机械加压送风系统中送风部位压力差。

一、应用范围

在消防验收中，微压计主要应用于测量楼梯间与走道、楼梯间前室、合用前室、封闭避难层（间）与走道的余压值。

二、使用方法（本设备为 DP1000-ⅢB 型，仅供参考，可查阅具体说明书）

1. 按"ON"键开机，预热 15min，按动调零按钮，使显示屏显示"0000"（传感器两端等压）。

2. 用胶管连接嘴与被测压力源，测高于大气压接正压接嘴；测低于大气压接负压接嘴。另一接嘴通大气、仪器示值即为表压。正压侧放置于楼梯间（或前室、合用前室、避难层间），负压侧放置于走道，观察微压计显示屏显示值，稳定后记录测量结果。测量完成后按"OFF"键关机。

图 12.4-1 微压计

3. 举例说明

测量前室和走道之间的压力差，微压计放在前室一侧，高压接口不用接胶管，与前室空间相通，低压接口接胶管，胶管另一端引至走道，观察微压计显示屏显示值，稳定后记录测量结果；微压计放在走道一侧，低压接口不用接胶管，与走道空间相通，高压接口接胶管，胶管另一端引至前室，进行测量。

12.5 声 级 计

声级计是用于测量声音的仪器（图 12.5-1），测量时应使用 A 计权，单位为分贝（dB）。

一、应用范围

在消防验收中，声级计主要用于测量消防应急广播、水力警铃、火灾声警报器等器件的声响效果。

二、使用方法（本设备为 AWA5636 型，仅供参考，具体可参阅说明书）

1. 按下"ON"电源开关。

2. 如要读取实时的噪声量应选择 F 档（如测量应急广播、声光警报器），如要获得当时的平均声量应选 S 档（如测量水力警铃）。

3. 如要取得噪声量的最大值，可按"MAX"功能键，即可读到噪声的最大值。

图 12.5-1 声级计

4. 测量完成后，按关机键，关闭声级计。

5. 注意事项

（1）环境噪声大于 60dB 的场所，声警报的声压级应高于背景噪声 15dB。

（2）用声级计测量报警阀动作后，距水力警铃 3m 处声压级不应低于 70dB。

12.6　消火栓系统试水检测及栓口测压装置

扫码观看视频

消火栓系统试水检测装置是用于检测室内消火栓静压、水枪头动压的专用工具，可以用来等效代换消火栓的充实水柱（图 12.6-1）；消火栓系统栓口测压装置是连接在消火栓栓口，直接测量消火栓栓口压力的工具（图 12.6-2）。

扫码观看视频

图 12.6-1　消火栓系统试水检测装置

图 12.6-2　消火栓系统栓口测压装置

一、应用范围

在消防验收中，消火栓系统试水检测装置是用于检测消火栓静水压力和动水压力，并校核水枪充实水柱的装置；消火栓系统栓口测压装置可用于栓口无压力表时栓口压力的测量。

二、使用方法

1. 静水压力测试

使用消火栓系统试水检测装置，选择最不利点处消火栓，连接消火栓，缓慢开启消火栓栓阀至最大，待稳定后读取压力表数值。选择最有利点消火栓，缓慢开启消火栓栓阀至最大，待稳定后读取压力表数值（注：栓口静水压力不应大于 1.0MPa）。

2. 动水压力测试

使用消火栓系统试水检测装置，连接消防水带、消火栓系统栓口测压装置、消火栓，启动消火栓泵，待水压稳定后读取消火栓系统试水检测装置动压（喷嘴动压）、消火栓系统栓口测压装置动压（栓口动压）。

消火栓栓口动压与消火栓水枪动压关系，见公式（12.6-1）和图 12.6-3。

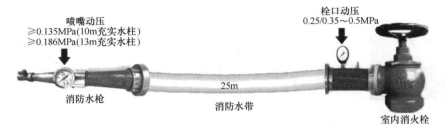

图 12.6-3　消火栓栓口动压与消火栓水枪动压关系

$$H_{xh} = H_g + h_d + H_k \qquad (12.6\text{-}1)$$

式中：H_{xh}——消火栓栓口压力（MPa）；

　　　H_g——水枪喷嘴处的压力（MPa）；

　　　H_d——水带的水头损失（MPa）；

　　　H_k——消火栓栓口水头损失，可按 0.02MPa 计算。

高层建筑、高架库房、厂房和室内净空高度超过 8m 的民用建筑，配置 $DN65$ 消火栓、65mm 麻质水带 25m 长、19mm 喷嘴水枪充实水柱按 13m 计时，水枪喷嘴流量 5.4L/s，H_g 为 0.185MPa；水带水头损失 h_d 为 0.046MPa；计算得到消火栓栓口压力 H_{xh} 为 0.251MPa，考虑到其他因素规定消火栓栓口动压不得低于 0.35MPa。室内消火栓出水量不应小于 5L/s，充实水柱应为 11.5m。当配置条件与上款相同时，计算得到消火栓栓口压力 H_{xh} 为 0.21MPa。故规定其他建筑消火栓栓口动压不得低于 0.25MPa。

12.7　火灾报警系统功能检测工具

火灾报警系统功能检测工具现在多具备多合一检测功能，一套仪器就可以用来测试点型感烟探测器、点型感温探测器及用于吹风功能（图 12.7-1）。

一、应用范围

在消防验收中，火灾报警系统功能检测工具应用于测试点型感烟火灾探测器、点型感温火灾探测器、吸气式感烟火灾探测器（图 12.7-2～图 12.7-4）。

二、使用方法

根据建筑高度，连接适当的连接杆，选择感烟或感温指示档位，将检测工具靠近感烟火灾探测器或感温火灾探测器，按动试验开关，等待试验器出烟或热风，感烟火灾探测器或感温火灾探测器应能及时报警。

图 12.7-1　火灾报警系统功能检测工具

图 12.7-2　火灾报警系统功能检测工具测试感烟火灾探测器

图 12.7-3　火灾报警系统功能检测工具测试感温火灾探测器

图 12.7-4　火灾报警系统功能检测工具测试吸气式感烟火灾探测器

12.8　照　度　计

扫码观看视频

照度计是一种测量光度、亮度的专用仪器仪表（图 12.8-1）。光照强度（简称照度）是指单位面积上所接受可见光的能量，用于指示光照的强弱和物体表面积被照明程度的量，单位为勒克斯（LUX，简化 lx）。

一、应用范围

在消防验收中，照度计主要应用于测量应急照明设施的照度值。测量时应排除其他光源对应急照明设施照度的影响。

二、使用方法（本设备为 HS 1330 型，仅供参考，具体可参阅说明书）

1. 拧开照度计盖子，并将照度计水平放置在测量目标照射范围内的最不利点处，打开照度计电源。

2. 选择测量倍数档位（长按"MODE"键，超过 5s，进入"LUX/FC"测量单位选择功能，如液晶屏"LUX"符号闪动即可，按"RANGE"键，选择合适的档位）。

3. 锁定并读取数据，确认是否符合规范要求，测量完毕，按电源键关闭电源，盖上光检测头盖。

4. 举例说明

测量楼梯间应急照明灯具的照度，要求没有外部光源的影响，点

图 12.8-1　照度计

亮应急照明灯具，将照度计放置在地面上，选择合适的倍数档位，进行测量。可以沿楼梯踏步中心线多测量几个点，如楼梯踏步中端、休息平台等位置，见图 12.8-2。

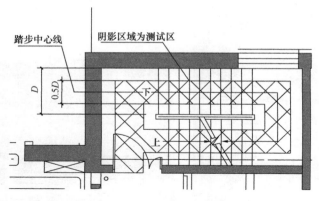

图 12.8-2　照度测试区域

12.9　卷　尺

卷尺是一种长度或高度的测量仪器（图 12.9-1），最常用的是钢卷尺。

一、应用范围

在消防验收中，卷尺主要应用于不便于使用测距仪场所的距离测量（如危化品区域的距离测量）、排烟窗长度、高度测量，及消火栓栓口距地面的高度测量等。

二、使用方法

一端固定，拉出卷尺，移动卷尺盒至测量位置，读取数值即可，测量完成后，收回卷尺。

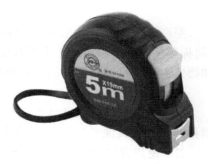

图 12.9-1　卷尺

12.10　水喷淋末端试水装置

水喷淋末端试水装置可用于模拟喷头破裂放水，进行灭火功能试验，并进行动、静压的测量（图 12.10-1）。

一、应用范围

在消防验收中，水喷淋末端试水装置应用于末端试水装置的模拟测试，测量末端试水装置的静水压力、动水压力、喷淋泵完成启泵的时间、预作用自动喷水系统和干式自动喷水灭火系统的排气充水时间等参数。

二、使用方法

将接头与水喷淋系统末端的试验管路连接，开启末端试水装置的试验阀门（图 12.10-2）。

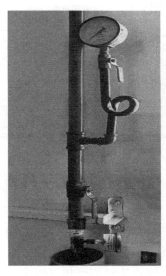

图 12.10-1　水喷淋末端试水装置

图 12.10-2　水喷淋末端试水
装置进行末端放水测试

12.11　超声波流量计

当超声波束在液体中传播时，液体的流动将使传播时间发生微小变化，其传播时间的变化与液体的流速成正比，超声波流量计利用此原理测量液体流量（图 12.11-1）。

一、应用范围

在消防验收中，超声波流量计用来测量消火栓系统和水喷淋系统的给水流量以及消防竖管的流量分配。

二、使用方法（本设备为手持式超声波流量计）

先将传感器与主机相接，红色传感器接于上游端子，蓝色传感器放于下游端子。然后将两个磁性传感器与所测流量的管道连接，若不能相吸引，则采用支架将传感器固定。固定好后，打开主机，输入管道材质、直径、传感器距离、流体性质等相应的参数，即可开始测量。

超声波流量计的传感器一般采用"V"方式和"Z"方式安装。"V"方式安装见图 12.11-2，"Z"方式安装见图 12.11-3。

图 12.11-1　超声
波流量计

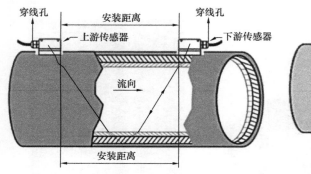

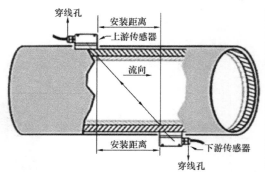

图 12.11-2　超声波流量计"V"方式安装　　　图 12.11-3　超声波流量计"Z"方式安装

12.12　防火涂料测厚仪

防火涂料测厚仪又叫涂层测厚仪，主要用于对磁性金属基体上的非磁性覆盖层厚度进行测量（图 12.12-1）。

一、应用范围

在消防验收中，防火涂料测厚仪适用于测量膨胀型钢结构防火涂料的厚度检查。

二、使用方法

1. 按"ON/OFF"键开机，用测试接头测量标准件厚度不超过其误差范围。

2. 在已施工涂料的构件上，随机均匀选取 3 个不同的涂层部位，分别用磁性测厚仪测量其厚度，测完后按"ON/OFF"键关机。

图 12.12-1　防火涂料测厚仪

12.13　测针（涂料测厚仪）

测针（涂料测厚仪），由针杆和可滑动的圆盘组成，圆盘始终保持与针杆垂直，并在其上装有固定装置，圆盘直径不大于 30mm，以保证完全接触被测试件的表面。如果其不易插入被插材料中，也可使用其他适宜的方法测试。

一、应用范围

在消防验收中，测针（涂料测厚仪）是用来测量钢结构厚涂型防火涂料涂层厚度的设备（图 12.13-1）。

二、使用方法

首先按"OFF/ON"打开仪器开关，测试前，先找一个硬的平面按"ZERO"将测针（涂料测厚仪）归零，然后开始测试，测试时将测针垂直插入防火涂层直至钢基材表面上，记录标尺读数，"mm"为公英制转换按钮，见图 12.13-2。

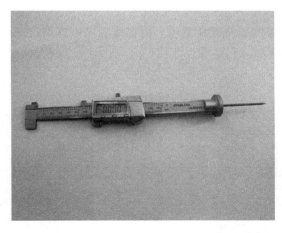

图 12.13-1　测针（涂料测厚仪）

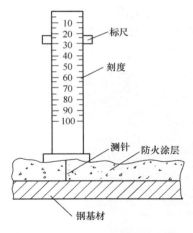

图 12.13-2　测量厚度示意图

1. 测点选定

（1）楼板和防火墙的防火涂层厚度测定，可选两相邻纵、横轴线相交中的面积为一个单元，在其对角线上，按每米长度选一点进行测试。

（2）全钢框架结构的梁和柱的防火涂层厚度测定，在构件长度内每隔 3m 取一个截面，见图 12.13-3。

（3）桁架结构，上弦和下弦按第 2 条的规定每隔 3m 取一截面检测，其他腹杆每根取一截面检测。

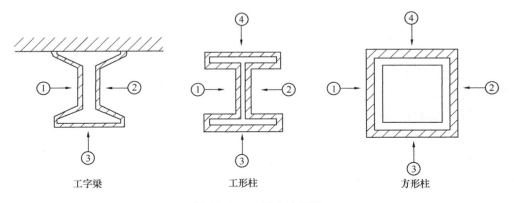

图 12.13-3　测点示意图

2. 测量结果

对于楼板和墙面，在所选择的面积中，至少测出 5 个点。对于梁和柱在所选择的位置中，分别测出 6 个和 8 个点，分别计算出它们的平均值，精确到 0.5mm。

12.14　线性光束感烟火灾探测器滤光片

线性光束感烟火灾探测器滤光片用于检测验收线性光束感烟火灾探测器的功能（图 12.14-1）。

一、应用范围

在消防验收中，线性光束感烟火灾探测器滤光片适用于检查线型光束感烟火灾探测器的火警或故障报警功能（图 12.14-2、图 12.14-3）。

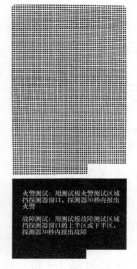

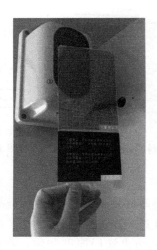

图 12.14-1　线性光束感烟　　图 12.14-2　滤光片测试线型光束　　图 12.14-3　滤光片测试线型光束
火灾探测器滤光片　　　　火灾探测器火警功能　　　　火灾探测器故障报警功能

二、使用方法（仅供参考，具体可查阅说明书）

1. 应调整探测器的光路调节装置，使探测器处于正常监视状态。

2. 应采用减光率为 0.9dB 的减光片或等效设备遮挡光路，探测器不应发出火灾报警信号。

3. 应采用产品生产企业设定的减光率为 1.0～10.0dB 的减光片或等效设备遮挡光路，探测器的火警确认灯应点亮并保持，火灾报警控制器的火灾报警和信息显示动能应符合火灾自动报警系统设计规范要求。

4. 应采用减光率为 11.5dB 的减光片或等效设备遮挡光路，探测器的火警或故障确认灯应点亮，火灾报警控制器的火灾报警、故障报警和信息显示功能应符合火灾自动报警系统设计规范要求。

5. 系统恢复正常。

12.15　火焰探测器功能试验器

火焰探测器功能试验器是用于测试火焰探测器功能的仪器（图 12.15-1）。

一、应用范围

火焰探测器功能试验器（火焰探测器试验装置、感温探测器试验装置）主要用于火灾自动报警系统调试、试验和维护检查。对红外、紫外火焰探测器进行火灾响应试验时，模拟火灾条件下探测器在一定时间内是否能正确响应，并输出火灾报警信号，同时启动报警确认灯。其还可以应用于对感温（定温、差定温）探测器进行火灾响应试验时，使探测器加热升温，模拟火灾条件下探测器所处环境温度变化情况。

二、使用方法（仅供参考，具体可参见说明书）

1. 从燃烧笔尾部向燃烧笔内注满丁烷气，向上推点火开关点燃燃烧嘴（保持顶盖处于开启状态），可以通过调节"＋""－"调节火焰大小。

2. 松开连接接头的固定套，将检测杆的第一段杆，插入固定套，锁紧固定套锁母。

3. 根据被测红外、紫外火焰探测器（图 12.15-2）的高度调节检测杆长度，将 FDT3.5 火焰探测器功能试验器（火焰探测器试验装置、感温探测器试验装置）举高到探测器监测视角范围内、距离探测器 0.20～1.00m 以内的部位，将 FDT3.5 火焰探测器功能试验器（火焰探测器试验装置、感温探测器试验装置）红外镜筒或紫外镜筒对准红外或紫外火焰探测器，查看火灾报警控制器火警信号显示。

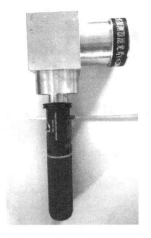 

图 12.15-1 火焰探测器　　　　图 12.15-2 火焰探测器功能试验器
功能试验器　　　　　　　测试紫外探测器

12.16　接地电阻测试仪

扫码观看视频

接地电阻测试仪是一种电阻测量仪器（图 12.16-1）。钳形接地电阻测试仪具有测量任何有回路系统的接电电阻，测量时不必使用辅助接地棒，也无需中断待测设备的接地的特点。

一、应用范围

在消防验收中，接地电阻测试仪是测量接地电阻的常用仪器，一般用于测量储油罐及其附属设施的接地电阻、火灾报警控制器的接地电阻。

二、使用方法（本设备为 UT278A 型，仅供参考，具体可参见说明书）

1. 按开机键后完成自检，显示"0Ω"后自动进入电阻测量模式，若不正常显示则可能是钳口闭合不好，或钳口有污垢。

2. 扣压扳机，打开钳口，钳住待测回路，读取电阻值。

3. 扣压扳机，打开钳口，取出后按关机键关机。

图 12.16-1　接地电阻测试仪

12.17　万　用　表

万用表是对电气设备检测的常用工具，其可测量电阻、直流电流、电压等参数（图 12.17-1）。

一、应用范围

在消防验收中，万用表可对电气设备的电阻、直流电流、电压等参数进行测量，例如对气体灭火系统中驱动气体瓶组的启动信号进行电压 24V 的测量。

二、使用方法（本设备为 UT151A 型，仅供参考，具体可参见说明书）（以测量气体灭火系统驱动启动瓶组电磁阀动作电压为例）

1. 将万用表测量表笔分别接至万用表插孔中（红色接 COM，黑色接 VΩ）。

2. 按"POWER"开机，将万用表档位拨至直流 200V，拔下电磁阀，连接电磁阀两个触点，读取电压。

图 12.17-1　万用表

3. 松开触点，将档位拨至"OFF"档（若无"OFF"档，调至电阻最大值），取下万用表表笔。

12.18　钳　形　电　流　表

钳形电流表是由电流互感器和电流表组成，测量时，不需要切断导线，利用电流互感原理测量电流、电压、电阻的仪器（图 12.18-1）。

图 12.18-1　钳形电流表

一、应用范围

在消防验收中，钳形电流表可在不切断电源的情况下测量较大交流电流、交直流电压、电阻等。

二、使用方法（本设备为 T-26C 型，仅供参考，具体可参见说明书）

旋开开关，选择合适的电流值，将钳头掐住单根导线，钳头应闭合良好，读取数值即可。

12.19　测　力　计

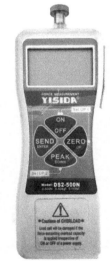

图 12.19-1　测力计

测力计是利用金属的弹性变化来测量力的大小的仪器（图 12.19-1）。常用的是弹簧测力计。

一、应用范围

在消防验收中，可通过测力计测量防火门的开启力、灭火器箱箱门的开启力等。

二、使用方法（本设备为数显推拉力计，型号 DS2-500N，仅供参考，具体可参见说明书）

查看数显推拉力计在初始状态是否指向"0"，若不为"0"则需校核。用数显推拉力计挂钩挂住需测量的组件，拉动数显推拉力计至组件需开启的角度，待示数稳定后读取数显推拉力计示数。测量完成后，松开挂钩，数显推拉力计恢复原样。

12.20　坡　度　仪

坡度仪是一种测量水平面高低差的仪器（图 12.20-1），其工作原理是基于重力作用和气泡的运动规律。

一、应用范围

坡度仪是测量坡度的仪器，在消防验收中，坡度仪可用于消防车道、消防管道等的坡度计算。

二、使用方法

将坡度仪放置于水平面上，校核坡度仪指针指向"0"，若不为"0"则转动调节旋钮，使指针指向"0"。将坡度仪放置于被测物上，读取角度进行计算，核对是否符合规范要求。

图 12.20-1　坡度仪

附录 A 主要依据的标准规范和参考文献

1. 《建筑防火通用规范》GB 55037—2022
2. 《消防设施通用规范》GB 55036—2022
3. 《建筑设计防火规范》GB 50016—2014（2018 年版）
4. 《汽车库、修车库、停车场设计防火规范》GB 50067—2014
5. 《建筑钢结构防火技术规范》GB 51249—2017
6. 《石油化工企业设计防火标准》GB 50160—2008（2018 年版）
7. 《精细化工企业工程设计防火标准》GB 51283—2020
8. 《民用建筑设计统一标准》GB 50352—2019
9. 《建筑内部装修设计防火规范》GB 50222—2017
10. 《冷库设计标准》GB 50072—2021
11. 《电动汽车充电站设计规范》GB 50966—2014
12. 《汽车加油加气加氢站技术标准》GB 50156—2021
13. 《火灾自动报警系统设计规范》GB 50116—2013
14. 《火灾自动报警系统施工及验收标准》GB 50166—2019
15. 《自动喷水灭火系统设计规范》GB 50084—2017
16. 《自动喷水灭火系统施工及验收规范》GB 50261—2017
17. 《民用建筑电气设计标准》GB 51348—2019
18. 《消防应急照明和疏散指示系统技术标准》GB 51309—2018
19. 《消防给水及消火栓系统技术规范》GB 50974—2014
20. 《建筑防烟排烟系统技术标准》GB 51251—2017
21. 《防火卷帘、防火门、防火窗施工及验收规范》GB 50877—2014
22. 《物流建筑设计规范》GB 51157—2016
23. 《纺织工程设计防火规范》GB 50565—2010
24. 《锅炉房设计标准》GB 50041—2020
25. 《燃气工程项目规范》GB 55009—2021
26. 《爆炸危险环境电力装置设计规范》GB 50058—2014
27. 《气体灭火系统设计规范》GB 50370—2005
28. 《二氧化碳灭火系统设计规范》GB/T 50193—93（2010 年版）
29. 《泡沫灭火系统技术标准》GB 50151—2021
30. 《水喷雾灭火系统技术规范》GB 50219—2014
31. 《细水雾灭火系统技术规范》GB 50898—2013
32. 《干粉灭火系统设计规范》GB 50347—2004
33. 《建筑灭火器配置设计规范》GB 50140—2005
34. 《建筑灭火器配置验收及检查规范》GB 50444—2008

35.《挡烟垂壁》XF 533—2012

36.《建设工程消防设计审查验收管理暂行规定》

37.《山东省建设工程消防设计审查验收实施细则》

38.《山东省建设工程消防设计审查验收技术指南（暖通空调)》（鲁建消技字〔2022〕4 号）

附录 B 有耐火极限防排烟风管参考做法

B.0.1 钢板风管外覆防火柔性包覆系统

一、包覆材料采用夹筋铝箔封装式硅酸盐纤维防火柔性卷材

钢板风管厚度见前文表7.4-4,包覆材料采用夹筋铝箔封装式硅酸盐纤维防火柔性卷材,卷材密度为96kg/m³,最高耐温1200℃。在温度280℃下,导热系数小于等于0.054W/(m·K);在温度800℃下,导热系数小于等于0.176W/(m·K)。材料燃烧性能应达到A_1级,烟气毒性等级应达到ZA_1级。包覆材料采用金属焊钉固定,间距宜为250~300mm,外覆面采用宽度不小于80mm的阻燃铝箔胶带密封。表B.0.1-1给出了某系列不同耐火极限硅酸盐纤维防火柔性卷材厚度作为参考。

表 B.0.1-1 某系列不同耐火极限硅酸盐纤维防火柔性卷材厚度

耐火极限（h）	0.5	1.0	1.5	2.0
防火包覆层厚度（mm）	30	30	60	60

二、包覆材料采用板状防火棉

钢板风管厚度见前文表7.4-4,包覆材料采用新型板状防火棉材质,最高使用温度不低于1050℃,容重为110kg/m³,燃烧性能为不燃A_1级,憎水率不低于98%,不含有石棉成分。外覆面采用阻燃加筋铝箔贴面。风管的整体燃烧性等级达到A_2级,烟气毒性等级达到ZA_1级。包覆材料采用金属焊钉固定,间距宜为250~300mm,外覆面采用宽度不小于80mm的阻燃铝箔胶带密封。表B.0.1-2给出了某系列不同耐火极限防火包覆层厚度作为参考。

表 B.0.1-2 某系列不同耐火极限防火包覆层厚度

耐火极限（h）	0.5	1.0	1.5	2.0
板状防火厚度（mm）	50	50	60	60

B.0.2 一体化复合风管

一、双面彩钢无机硅晶复合风管

内外层彩钢板厚度大于等于0.2mm,芯材层采用单层结构的无机硅晶板,风管板材整体燃烧性能达到不燃A_1级,芯材密度大于等于320kg/m³。在温度70℃下,芯材导热系数小于等于0.053W/(m·K);在温度900℃下,芯材导热系数小于等于0.085W/(m·K)。风管采用角钢法兰螺栓连接,法兰之间设置防火密封条。表B.0.2-1给出了某系列双面彩钢无机硅晶复合风管厚度作为参考。

表 B.0.2-1 某系列双面彩钢无机硅晶复合风管厚度

耐火极限（h）	0.5	1.0	1.5~2.0	3.0
复合风管厚度（mm）	20	30	40	50

二、钢板风管加防火板外包覆系统

参照图集 20K607—127～131。其中钢板风管厚度见前文表 7.4-4，表 B.0.2-2 为国标图集提供的工业一体化硅酸钙复合板技术参数。

表 B.0.2-2　工业一体化硅酸钙复合板技术参数

板材名称	芯材表观密度(kg/m³)		芯材厚度(mm)		导热系数[W/(m·K)]		燃烧性能	耐火极限（h）
	硅酸钙防火板	岩棉	硅酸钙防火板	岩棉	硅酸钙防火板	岩棉		
工业一体化硅酸钙复合板	170	120	20	30	≤0.055 ≤0.078☆	≤0.043	不燃 A 级	1.0
	170	120	30	30	≤0.055 ≤0.078☆	≤0.043	不燃 A 级	2.0

注：表中带☆的导热系数的数值是在平均温度为 1000℃时的；无☆的导热系数的数值是在平均温度为 70℃时的。